"十二五"普通高等教育本科国家级规划教材

大学物理学（第三版）

DAXUE WULIXUE

下册

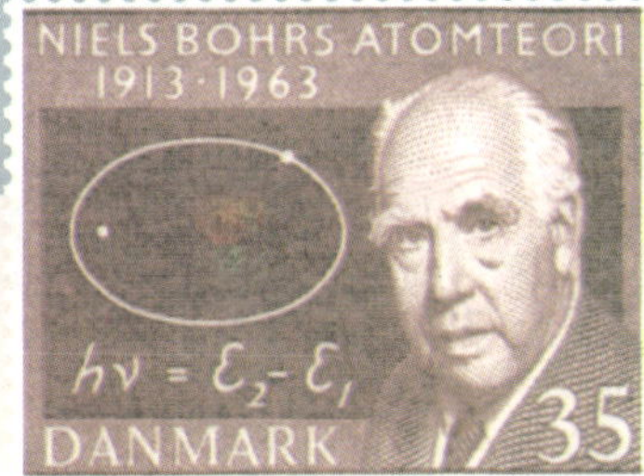

主编
毛骏健
顾　牡

高等教育出版社·北京

内容提要

本书是“十二五”普通高等教育本科国家级规划教材，2007年被教育部评为首批“普通高等教育精品教材”。新版保持了教材的原有特点，结构清晰、表述精练，继承了国内教材的传统特色；同时在书的内容体例、写作风格、图片和图示设计等方面又充分借鉴了国外优秀物理教材的特点，理论与实际结合紧密、物理思想和物理图像突出、内容通俗易懂而不乏趣味性。

本书内容基本涵盖了《理工科类大学物理课程教学基本要求》（2010年版）的核心内容，全书分上、下两册。上册内容为力学、振动与波动、电磁学；下册内容为热学、光学、近代物理学。其中在近代物理学部分更新和丰富了广义相对论的内容，并把近年来引力波和黑洞的最新研究成果编入其中。

结合当前的教育信息化技术，本书编入了相应的教学动画和教学视频，读者利用智能手机就可以方便地观看。在各章的习题中，本书适量给出了一些适合于计算机数值计算的习题，希望此举能将数值模拟的研究方法逐步引入大学物理的教学中。

本书可作为普通高等学校理科非物理学类专业和工科各专业的大学物理课程教材或参考书，也可供社会读者阅读。

图书在版编目（CIP）数据

大学物理学.下册 / 毛骏健，顾牡主编. -- 3版
. -- 北京：高等教育出版社，2020.11（2024.5重印）
ISBN 978-7-04-054904-1

Ⅰ.①大… Ⅱ.①毛… ②顾… Ⅲ.①物理学-高等学校-教材 Ⅳ.①O4

中国版本图书馆CIP数据核字(2020)第153786号

策划编辑 高聚平　责任编辑 高聚平　封面设计 姜　磊　版式设计 童　丹
插图绘制 于　博　责任校对 陈　杨　责任印制 刘思涵

出版发行	高等教育出版社	网　址	http://www.hep.edu.cn
社　址	北京市西城区德外大街4号		http://www.hep.com.cn
邮政编码	100120	网上订购	http://www.hepmall.com.cn
印　刷	高教社（天津）印务有限公司		http://www.hepmall.com
开　本	889 mm×1194 mm　1/16		http://www.hepmall.cn
印　张	17.75	版　次	2006年1月第1版
字　数	480千字		2020年11月第3版
购书热线	010-58581118	印　次	2024年5月第5次印刷
咨询电话	400-810-0598	定　价	55.00元

本书如有缺页、倒页、脱页等质量问题，请到所购图书销售部门联系调换

物 料 号　54904-00

大学物理学

(第三版)下册

主　编

毛骏健　顾　牡

1　电脑访问http://abook.hep.com.cn/12458217，或手机扫描二维码、下载并安装Abook应用。

2　注册并登录，进入"我的课程"。

3　输入封底数字课程账号(20位密码，刮开涂层可见)，或通过Abook应用扫描封底数字课程账号二维码，完成课程绑定。

4　点击"进入学习"，开始本数字课程的学习。

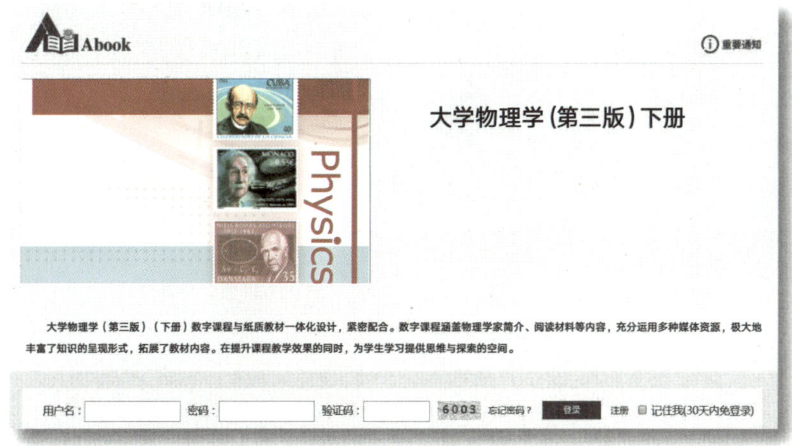

课程绑定后一年为数字课程使用有效期。受硬件限制，部分内容无法在手机端显示，请按提示通过电脑访问学习。

如有使用问题，请发邮件至abook@hep.com.cn。

http://abook.hep.com.cn/12458217

目录

第13章 狭义相对论 133

☆第14章 广义相对论 155

第15章 量子物理 171

乘坐热气球升空，鸟瞰大自然的美景，已经成为现代旅游的一个重要活动项目。热气球升空运用到了热力学基本原理。热气球系统由球囊、吊篮和加热装置三个部分组成。通过对球囊内的空气进行加热，使空气温度升高而发生膨胀，导致其质量密度减小，多余的空气则从球囊底部排出。由于外界冷空气的密度相对较高而对球囊形成升力，使气球不断上升。

第 9 章 热力学基础

热学(heat)是物理学的一个重要组成部分，是专门研究热现象的规律及其应用的一门学科，它起源于人类对冷热现象的探索.不言而喻，人类生存在四季交替、气候变幻的自然界中，冷热现象是人们最早观察和认识的自然现象之一.

生活经验告诉我们，当温度达到 100 ℃以上时，水将发生汽化，当温度降低到 0 ℃以下时，水将凝结成冰块；登山运动员在高山上烧煮食物必须使用高压锅，否则得到的必然是一锅“夹生饭”；夏日，当我们驾驶着汽车在高速公路上奔驰时，切记车胎中的气体不能充得太足，以免在行驶过程中由于温度升高而发生车胎爆裂.诸如此类的现象，都与物体的冷热程度有关，我们把它们称为**热现象**(thermal phenomenon).

对于热现象及其规律的研究可以有两种截然不同的方法，一是**热力学**(thermodynamics)，二是**统计物理学**(statistical physics).热力学是一门宏观理论，它是根据观察和实验，总结出宏观热现象所遵循的基本规律，然后运用严密的逻辑推理方法，来研究宏观物体的热性质.统计物理学则是一门微观理论，它是从物质内部的微观结构出发，即从组成物质的大量分子、原子的运动以及它们之间的相互作用出发，运用统计的方法来探讨宏观物体的热性质.由于热力学理论以观察和实验为基础，因此它具有较高的准确性和可靠性，可以用来验证微观理论的正确性.但是它没有涉及热现象的本质，对于所得的结果往往是知其然而不知其所以然.统计物理学则能深入热现象的本质，从分子热运动出发找出宏观观测量的微观决定因素，从而弥补了热力学的缺陷.热力学和统计物理学在对热现象的研究上是相辅相成的，正如美国物理学家托尔曼所说：“用较为抽象的统计力学对热力学作出了完满的解释，这是物理学的最大成就之一.”本章我们将从热力学理论出发，来探讨宏观热现象.

9-1 热力学的基本概念

9-1-1 热力学系统

热力学研究一切与热现象有关的问题，其对象可以是固体、液体和气体，本章仅就气体的热力学性质进行讨论.这些由大量分子、原子组成的宏观物质，在热力学中称为**热力学系统**(thermodynamic system)，简称**系统**.与系统发生相互作用的外部环境物质称为**外界**(surroundings).如果一个热力学系统与外界不发生任何能量和物质的交换，则被称为**孤立系统**(isolated system)；与外界只有能量交换而没有物质交换的系统称为**封闭系统**(closed system)；与外界同时发生能量交换和物质交换的系统称为**开放系统**(open system).

图 9-1 读出氧气瓶上的压力表读数，再根据瓶上标注的氧气瓶容积以及当时的温度，可以估算出氧气的用量

描述热力学系统状态的物理量称为**状态参量**(state parameter).在力学中为了描述质点的运动状态，我们曾引入了位置矢量、速度等物理量，但是现在我们所要描述的是由大量气体分子构成的宏观热力学系统，从本质上讲，系统的一切宏观热现象与构成系统的大量分子作杂乱无章的运动有关，因此这种大量分子无序的运动称为分子**热运动**(thermal motion).参与热运动的分子数量巨大，我们不可能去追踪每一个分子的运动状态.每个分子所具有的质量、速度、动量以及能量等物理量都是**微观量**(microscopic quantity).在热力学实验中，我们通常不可能对微观量进行直接观察和测量.宏观实验中所能获得的只是气体的**体积**(volume)、**压强**(pressure)和**温度**(temperature)等状态参量，这些都称为**宏观量**(macroscopic quantity).比如，医用氧气钢瓶上往往贴有表示钢瓶容积的标签，并在出口处装有压力表，如图 9-1 所示.压力表上的读数、钢瓶的容积以及当时氧气的温度，反映了氧气的某一个状态.在使用氧气以后，氧气的状态参量要发生变化，根据这一变化，可以估算出氧气的用量.

气体的体积一般用 V 表示，它是指气体分子运动时所能够到达的空间.而容器的容积则是气体分子的活动空间与分子本身占有的体积之和，两者不能混为一谈.一般在压强不太高、温度不太低的情况下，可以近似用容积来代表体积.在国际单位制中，体积的单位为**立方米**(m^3)，其他常用单位有**升**(L)，换算关系为 $1\ m^3=10^3\ L$.

图 9-2 在相同的环境温度下，用手分别去触摸一个铁球和一个木球，在冬天会感觉铁球比木球冷，在夏天会感觉铁球比木球热

气体的压强一般用 p 表示，其宏观定义是：气体作用在容器壁单位面积上指向器壁的垂直作用力.在国际单位制中，压强的单位为**帕斯卡**，简称**帕**(Pa)，$1\ Pa=1\ N\cdot m^{-2}$.过去还常用**标准大气压**(atm)、**约定毫米汞柱**(mmHg)作压强的单位，其换算关系如下：

$$1\ atm=1.013\ 25\times10^5\ Pa=760\ mmHg$$

温度是热力学中的一个非常重要和特殊的状态参量,它最初的概念基于人们对冷热程度的感觉,但是这种感觉往往是不准确的.例如,在冬天里,在相同的环境温度下用手触摸一个铁球或一个木球,如图 9-2 所示,我们会明显感觉到铁球要比木球冷;反之,在夏日里则会感觉到铁球比木球热.但实际上它们具有相同的温度.其中的原因在于两种物质的导热本领不同,铁的散热效果优于木头.由此看来不能仅仅凭借人们对冷热的主观感觉来定义温度.以下我们将对温度给出科学的定义.

人们都有这样的经验,如果将一杯热牛奶放在一盆冷水中,降温不久杯中的牛奶将逐渐变冷,与此同时盆中的水将逐渐变热,最终两者的冷热程度趋于一致.不难发现,如果之后两者与外界没有热量交换,则它们的冷热程度将不会再发生变化.这时,我们称牛奶与水达到了**热平衡**(thermal equilibrium).

现在我们再来做一个实验,将系统 A 和系统 B 分别与热源 C 接触,经过足够长的时间后,A 和 B 分别与 C 达到了热平衡,如图 9-3(a)所示.然后再将 A 和 B 接触,这时我们观察不到 A 和 B 的状态发生任何变化,如图 9-3(b)所示,这表明 A 与 B 也已处于热平衡.这一实验规律称为**热力学第零定律**,表述为**如果两个热力学系统中的每一个都与第三个热力学系统处于热平衡,则这两个系统彼此也必处于热平衡**.热力学第零定律表明:处在同一热平衡状态的所有热力学系统都具有一个共同的宏观特征,描述这一宏观特征的状态参量被定义为**温度**.因此**温度是表征系统热平衡时宏观状态的物理量**.

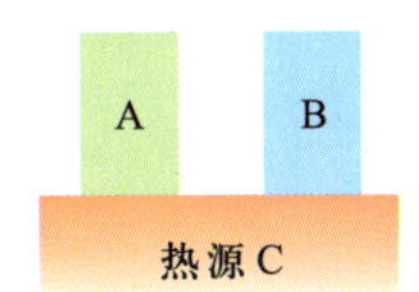

(a) 系统 A 和系统 B 分别与热源 C 接触,且分别与 C 达到热平衡

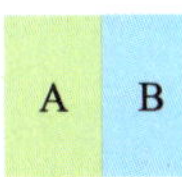

(b) 分别与热源 C 达到热平衡的两个热力学系统 A 和 B 相互之间也必处于热平衡

图 9-3

热力学第零定律的重要性不仅在于它给出了温度的定义,而且在于它指出了温度的测量方法.但是要定量地描述温度,还必须给出温度的数值表示法——**温标**(temperature scale).同一温度在不同的温标中具有不同的数值.在日常生活中常用的一种温标是**摄氏温标**,用 t 表示,其单位为**摄氏度**(℃),人们将水的冰点定义为摄氏温标的 0 ℃,水的沸点定义为摄氏温标的 100 ℃,并将冰点温度和沸点温度之差的 1 %规定为 1 ℃.在科学技术领域中,常用的是另一种温标,称为**热力学温标**①(thermodynamic scale of temperature),也叫**开尔文温标**,用 T 表示,它在国际单位制中的名称为**开尔文**,简称**开**(K).

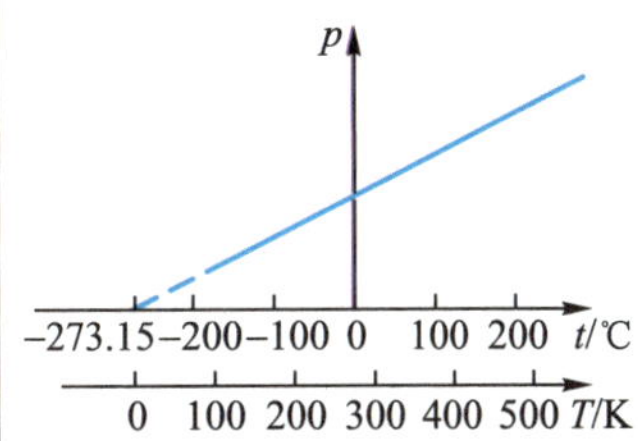

图 9-4 热力学温标与摄氏温标之间的换算关系

热力学温标的刻度单位与摄氏温标相同,它们之间的换算关系为

$$T/\mathrm{K}=273.15+t/℃ \tag{9-1}$$

温度没有上限,却有下限.温度的下限是热力学温标的绝对零度.温度可以无限接近于 0 K,但永远不能达到 0 K.目前实验室能够达到的最低温度为 2.4×10^{-11} K.表 9-1 列出了一些典型的温度值.

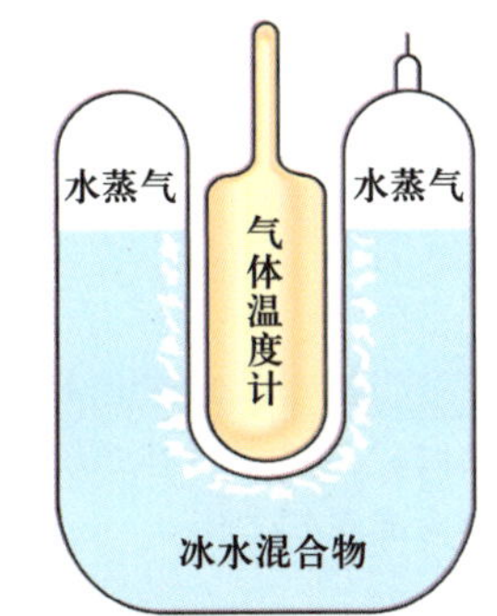

图 9-5 水的三相点,即冰、水、水蒸气同时存在且达到平衡状态时的热力学温度定义为 273.16 K

① 比较常用的另一种温标是理想气体温标.理想气体温标基于一个实验事实,即通常情况下一定量的气体在体积不变的条件下,压强与温度成正比.在实验中,我们可以测出理想气体的压强-温度线,如图 9-4 所示.该直线与温度坐标轴交于一点,交点的温度值为-273.15 ℃,我们以-273.15 ℃作为理想气体温标的零点(后也被定为热力学温标的零点).定义摄氏温标时用了两个参考点,水的冰点(0 ℃)和水的沸点(100 ℃);而定义热力学温标时只需要一个参考点.第 13 届国际计量大会将水的三相点(气态、液态、固态共存时的状态)温度定义为 273.16 K(在摄氏温标中对应的温度是0.01 ℃),作为热力学温标的参考点,如图 9-5 所示.

表 9-1 一些典型温度值

大爆炸后的宇宙温度	10^{39} K
实验室能够达到的最高温度	10^{8} K
太阳中心的温度	1.5×10^{7} K
太阳表面的温度*	6 000 K
地球中心的温度	4 000 K
水的三相点的温度	273.16 K
微波背景辐射温度	2.7 K
实验室能够达到的最低温度(激光制冷)	2.4×10^{-11} K

* 太阳由于辐射而不断地耗失能量,可是其状态变化甚慢,可以认为处于热平衡状态.

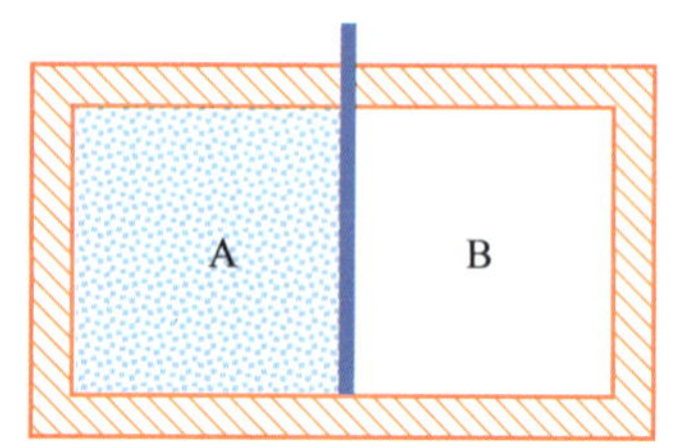

(a) A室充满某种气体并处在平衡态,B室为真空

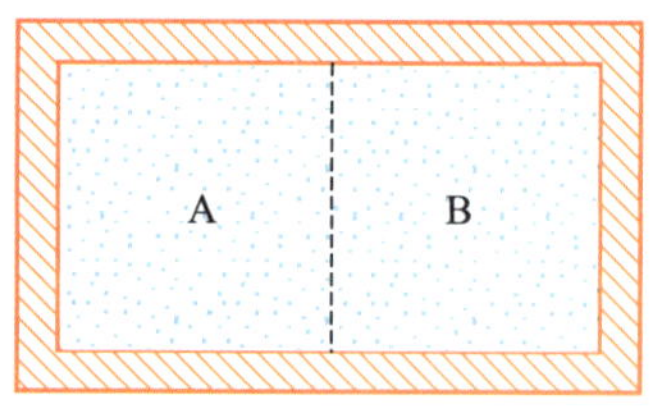

(b) 抽取隔板后,A室气体向B室扩散,最后达到新的平衡态

图 9-6

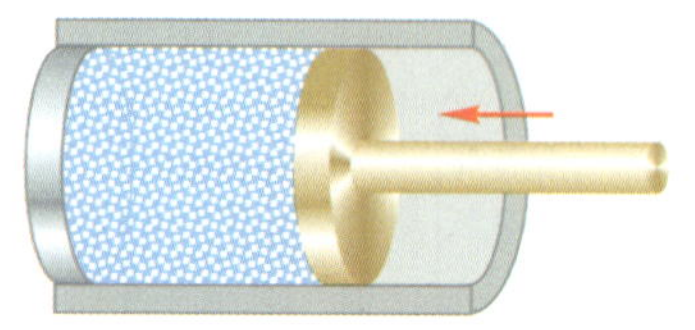

图 9-7 当活塞沿缸壁非常缓慢地移动时,气缸内的气体系统的变化过程为准静态过程

9-1-2 平衡态 准静态过程

体积、压强和温度是描述气体宏观性质的三个状态参量.**对于一个孤立系统而言,如果其宏观性质在经过充分长的时间后保持不变,即系统的状态参量不再随时间改变,则此时系统所处的状态称为平衡态**(equilibrium state),人们通常用 $p-V$ 图上的一个点来具体地表示一个平衡态.而不满足上述条件的系统状态称为非平衡态(nonequilibrium state).比如,有一密闭孤立容器,中间用一隔板隔开,将其分成A、B两室,其中A室充满某种气体,B室为真空,如图9-6(a)所示.最初A室气体处在平衡态,其宏观性质不随时间变化,然后将隔板抽去,A室气体向B室扩散.由于气体在扩散过程中,其状态参量没有确定的值,因此过程中的每一中间态都是非平衡态.随着时间的推移,气体充满了整个容器,扩散停止.此时系统的宏观性质不再随时间变化,系统达到了新的平衡态,如图9-6(b)所示.

注意:如果系统与外界有能量交换,即使系统的宏观性质不随时间变化,也不能断定系统是否处于平衡态.比如,将铁棒的一端与高温热源相接触,另一端与低温热源相接触,在经过足够长的时间后,铁棒上每一点的宏观性质不会随时间变化,但由于铁棒不是孤立系统,因此这不是平衡态.

平衡态是一个理想概念,因为任何一个系统不可能不受到外界的影响,所以状态参量严格地不随时间变化是不可能的.

当热力学系统受到外界的影响而发生能量或物质的交换时,其状态会发生变化.例如,我们对自行车轮胎充气时,通过外界做功把空气压入车胎.如果把车胎中的气体作为一个热力学系统,此过程中既有能量的交换,又有质量的交换,气体的压强将增加,温度会升高,体积也会增大,系统的状态参量发生了变化.我们把系统状态发生变化的整个历程称为**热力学过程**,简称**过程**.在系统状态发生变化的过程中,其每一个中间状态不可能再是平衡态.但是,如果过程进行得无限缓慢,过程中的每个中间状态都无限接近于平衡态,这样的过程被称为**准静态过程**(quasi-static process).准静态过程可以在 $p-V$ 图上用一条曲线表示,曲线上的每一点具有确定的 p、V 值,对应于过程中的一个平衡态。如果系统状态变化的过程非常快,中间的每一个状态无法趋于平衡,这样的过程则被称为**非静态过程**.非静态过程无法在 $p-V$ 图上用曲线表示,因为每一个中间态没有确定的状态参量值.如图9-7所示,气缸内充有一定量的气体.当活塞缓慢地移动时,气体在过程中的每一个中间态都可以近似为平衡态,所以可以把它近似为一个准静态过程.反之,如果我们快速地移动活塞,使系统的体积迅速变小,则气缸中气体分子分布不均匀,靠近活塞部分的分子数密度较大,压强也较大,远离活塞部分的分子数密度较小,压强也较小,因此无法用状态参量描述整个系统的状态,这样,过程中的状态为非平衡态,过程为非静态过程.事实上,除了一些极快的过程(如爆炸)外,大多数情况下都可以把实际过程近似为准静态过程来处理.

9-1-3 理想气体物态方程

当质量一定的气体处于平衡态时，其三个状态参量 p、V、T 并不相互独立，而是存在一定的关系，其表达式称为气体的**物态方程**(equation of state)，一般可表示为

$$f(p,V,T)=0 \tag{9-2}$$

对于比较复杂的系统，状态参量之间的关系虽然找不到相应的简单表达形式，但常可以根据实验数据，用曲线或图表加以描述.

在中学物理中，我们已经知道，一定量的气体在温度不太低、压强不太高的条件下，一般遵守玻意耳(R. Boyle，1627—1691)定律、盖吕萨克(L. J. Gay-Lussac，1778—1850)定律和查理(J. A. C. Charles，1746—1823)定律.我们把同时严格服从这三个定律的气体称为理想气体，这是理想气体的宏观定义，其微观定义将在下一章介绍.综合上述三个实验定律，可以得到描述理想气体的状态参量 p、V、T 三者之间关系的物态方程：

$$\frac{p_1V_1}{T_1}=\frac{p_2V_2}{T_2} \tag{9-3}$$

上式主要用来描述一定量的理想气体在封闭系统内两个不同状态之间的关系.使用时，要注意温度的单位必须用 K，并统一压强和体积的单位.

根据阿伏伽德罗定律，一定量的理想气体在相同温度和压强下，具有相同的体积.当温度为 273.15 K，压强为 1.013×10^5 Pa 时，1 mol 任何理想气体的体积，即摩尔体积均为 $V_m=22.4\times10^{-3}\ \mathrm{m^3\cdot mol^{-1}}$，如图 9-8 所示.气体处于 $T_0=273.15$ K，$p_0=1.013\times10^5$ Pa 时的状态称为**标准状态**(standard state).设质量为 m，摩尔质量为 M 的理想气体从状态(p,V,T)经一系列变化过程到达标准状态(p_0,V_0,T_0)，根据式(9-3)有

$$\frac{pV}{T}=\frac{p_0V_0}{T_0}=\frac{m}{M}\frac{p_0V_m}{T_0}$$

令 $R=p_0V_m/T_0$，则有

$$pV=\frac{m}{M}RT \tag{9-4}$$

式中 $R=8.31\ \mathrm{J\cdot mol^{-1}\cdot K^{-1}}$，称为**摩尔气体常量**(molar gas constant).式(9-4)称为**理想气体的物态方程**.

设某种理想气体的分子质量为 m_0，分子数为 N，并以 N_A 表示阿伏伽德罗常量($N_A=6.022\times10^{23}\ \mathrm{mol^{-1}}$).则气体质量 $m=Nm_0$，气体的摩尔质量 $M=N_Am_0$，代入式(9-4)可得

$$p=\frac{m}{M}\frac{RT}{V}=\frac{Nm_0}{N_Am_0}\frac{RT}{V}=\frac{N}{V}\frac{R}{N_A}T$$

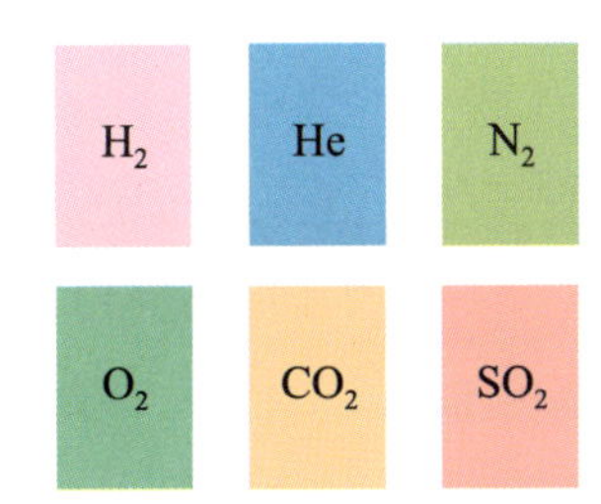

图 9-8　1 mol 任何理想气体在标准状态下的体积均为 22.4 L

令 $k=R/N_A=1.38\times10^{-23}\ \text{J}\cdot\text{K}^{-1}$，称为玻耳兹曼常量(Boltzmann constant)，并称 $n(n=N/V)$ 为分子数密度，则有

$$p=nkT \tag{9-5}$$

式(9-5)是理想气体物态方程的另一种表示形式.式(9-5)多用于计算气体的分子数密度，以及与它相关的其他物理量.比如，在标准状态下 $p_0=1.013\ 25\times10^5\ \text{Pa}$，$T_0=273\ \text{K}$，将它们代入式(9-5)可以得到标准状态下理想气体的分子数密度为 $2.69\times10^{25}\ \text{m}^{-3}$.这个量称为洛施密特常量(Loschmidt constant).

例 9-1

计算喷气发动机推力时，需要知道每秒从喷口喷出多少气体.设喷气发动机喷口的截面积 $S=0.5\ \text{m}^2$，高温气流喷射速度 $v=500\ \text{m}\cdot\text{s}^{-1}$，喷出的气体主要是空气，空气的摩尔质量 $M=2.89\times10^{-2}\ \text{kg}\cdot\text{mol}^{-1}$，测出喷口处压强 $p=1.18\times10^5\ \text{Pa}$，温度 $T=873\ \text{K}$，求每秒喷出多少气体.

解 每秒喷出气体的体积为 $V'=\dfrac{V}{t}=Sv$，由理想气体物态方程(9-4)，可算得每秒喷出气体的质量

$$m'=\frac{pV'M}{RT}=\frac{pSvM}{RT}$$

$$=\frac{1.18\times10^5\times0.5\times500\times2.89\times10^{-2}}{8.31\times873}\ \text{kg}$$

$$=1.18\times10^2\ \text{kg}$$

例 9-2

一个封闭的圆筒内部被一个导热而不漏气的可移动活塞隔为两部分，圆筒的横截面积为 S.开始时，活塞位于圆筒的中央，即此时活塞两侧的圆柱长度 $l_1=l_2$，左右两边分别充有 $p_1=10^5\ \text{Pa}$，$T_1=680\ \text{K}$ 和 $p_2=2\times10^5\ \text{Pa}$，$T_2=280\ \text{K}$ 的相同气体，问平衡时活塞在什么位置(l_1'/l_2' 为多少)？

解 设初始时刻，活塞左右两侧的体积分别为 V_1 和 V_2，平衡时左边气体的状态参量为 p_1'、T_1'、V_1'，右边气体的状态参量为 p_2'、T_2'、V_2'；左右两部分气体的质量不变，分别用理想气体物态方程(9-3)：

$$\frac{p_1'V_1'}{T_1'}=\frac{p_1V_1}{T_1}$$

$$\frac{p_2'V_2'}{T_2'}=\frac{p_2V_2}{T_2}$$

因为 $V_1=l_1S$，$V_2=l_2S$，$V_1'=l_1'S$，$V_2'=l_2'S$，可得

$$p_1'=\frac{p_1l_1ST_1'}{T_1l_1'S}$$

$$p_2'=\frac{p_2l_2ST_2'}{T_2l_2'S}$$

平衡时 $p_1'=p_2'$，即

$$\frac{p_1l_1T_1'}{T_1l_1'}=\frac{p_2l_2T_2'}{T_2l_2'}$$

根据题意有 $l_1=l_2$，$T_1'=T_2'$，代入上式得

$$\frac{l_1'}{l_2'}=\frac{p_1T_2}{p_2T_1}$$

$$=\frac{10^5\times280}{2\times10^5\times680}$$

$$=0.206$$

9-2 热力学第一定律

9-2-1 改变系统内能的两条途径 热功当量

能量可以有多种形式,力学中有动能、势能,电磁学中有电场能量、磁场能量.就一个热力学系统而言,由于内部大量分子不停息的无序运动以及分子之间的相互作用,因此也具有能量,我们把**系统内分子热运动的动能和分子之间的相互作用势能之总和称为系统的内能**(internal energy).内能的大小取决于系统的状态,就一般气体而言,其内能是状态参量温度 T 和体积 V 的函数,可表示为 $E=f(T,V)$,这是因为分子热运动的动能在宏观上表现为气体具有一定的温度(理论分析将在下一章中讨论);分子的相互作用势能取决于分子之间的距离,显然势能的总和与气体的体积有关.在压强不太高,温度不太低的情况下,一般气体的性质近似于理想气体,气体分子之间的距离较大,分子之间的作用力可以忽略,因此可以不考虑分子的相互作用势能.这就是说,**理想气体的内能只与分子热运动的动能有关,是温度的单值函数**,可表示为 $E=f(T)$.

图 9-9 搓手的时候,我们通过克服摩擦力做功,把机械能转化为手的内能,从而使手的温度升高

改变系统的内能可以有两种不同的方法.例如在冬天里,当我们的两只手被冻得有点僵硬时,可以搓一下手,如图 9-9 所示,或者把手放在火炉边.两种方法都可以提高手的温度.从能量守恒和转化的角度分析,前者是通过做功的方式将机械能转化为手的内能;后者则是直接通过能量传递的方式使手的内能增加.当两个温度不同的系统相接触时,能量会自发地由高温系统向低温系统传递,致使较热的系统变冷,较冷的系统变热,最后达到热平衡而具有相同的温度.这种**系统之间由于热相互作用而传递的能量称为热量**(heat),用 Q 表示.

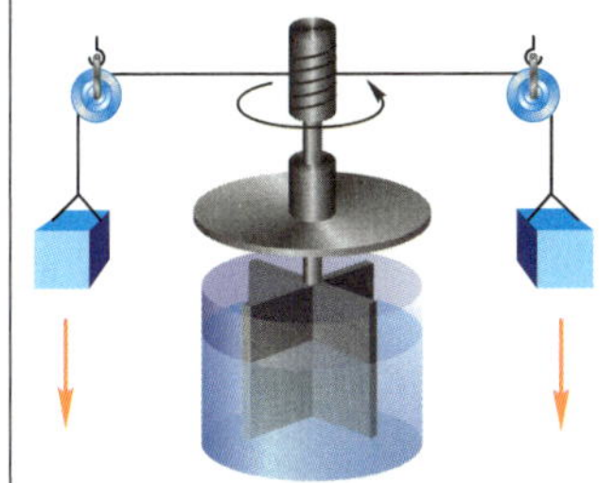

图 9-10 焦耳用于测定热功当量的实验装置

应该注意,功和热量都是过程量,而内能是状态量,通过做功或传递热量都可以使系统的内能发生变化,因此就内能的改变而言,对系统做功与向系统传递热量是等效的.

焦耳在他的《论热功当量》一文中,介绍了一个测定热功当量的实验.如图 9-10 所示,在一个绝热的注满水的容器中装上一个带有旋转叶片的搅拌器,用两个下坠的重物带动叶片旋转.如果两重物的质量均为 m,那么重物下降 h,对系统所做的机械功为 $2mgh$.机械功转化为水的内能,使水温升高,相当于水吸收了热量 Q.过去习惯上用卡(cal)来表示热量.焦耳实验给出了功和热量之间单位的换算关系,这个关系称为**热功当量**(mechanical equivalent of heat),用 J 表示,$J=2mgh/Q=4.16\ \text{J}\cdot\text{cal}^{-1}$,现在公认的当量值为

$$J=4.18\ \text{J}\cdot\text{cal}^{-1}$$

焦耳当时的热功当量实验值与现在的测量值4.18 J·cal^{-1}相比较只差0.02 J·cal^{-1},误差仅为0.5 %.在19世纪中叶,焦耳的实验精度竟有如此之高,足见他对科学实验工作的严谨态度.

必须指出,现在已经把热量的国际单位制单位统一用"焦耳"(J)表示.

9-2-2 热力学第一定律的数学描述

力学中的功能原理反映了功与机械能之间的关系.但在热力学中,我们并不关注系统作为一个整体的宏观机械运动,而是考虑系统内部由于分子热运动所表现出来的宏观热现象.包括热现象在内的能量守恒与转化的规律称为**热力学第一定律**,其数学表达形式为

$$Q=\Delta E+W \tag{9-6}$$

其中的 Q 和 W 分别表示在状态变化过程中系统与外界交换的热量以及系统对外界所做的功,ΔE 表示内能的增量.式中的三个物理量都有相应的符号规定:当系统吸热时 Q 取正($Q>0$),系统放热时 Q 取负($Q<0$);系统对外做功时 W 取正($W>0$),外界对系统做功时 W 取负($W<0$);系统的内能增加时 ΔE 取正($\Delta E>0$),系统的内能减少时 ΔE 取负($\Delta E<0$).

图9-11 历史上曾经有过的"第一类永动机"模型.设计者试图利用左右两侧摆锤产生力矩的不平衡使轮子转动,以达到永动目的.请读者分析:系统是否真的能始终处在不平衡状态呢?

式(9-6)表明,系统从外界吸收的热量,一部分用于增加自身的内能,另一部分用于对外界做功,在状态变化过程中遵从能量守恒与转化规律.热力学第一定律不仅适用于气体,而且适用于液体和固体.在运用热力学第一定律的公式时,要注意统一式中各物理量的单位,一般采用国际单位制单位焦耳(J).热力学第一定律的适用条件为:初、末两个状态为平衡态,定律不仅适用于准静态过程,而且适用于非静态过程.对微小过程而言,可将热力学第一定律的表达式改写成

$$\mathrm{d}Q=\mathrm{d}E+\mathrm{d}W \tag{9-7}$$

使用上式时,要求系统所经历的过程必须是准静态过程.

历史上,曾经有人试图制造一种机器,它可以不需要外界提供能量,但可以连续不断地对外做功.这种机器称为**第一类永动机**,显然这是违反热力学第一定律的.因此热力学第一定律又可以表述为:**不可能制造出第一类永动机**.图9-11是历史上曾经有过的一架第一类永动机的模型.

阅读 热力学第一定律的建立

9-2-3 准静态过程中的热量、功和内能

1. 准静态过程中的功

如图9-12所示,一带有活塞的气缸,将气缸内的气体作为热力学系统,并

假设系统状态的变化过程为准静态过程.图中 F 为气体作用在活塞上的压力,p 为气体压强,S 为活塞的面积.设在气体压力作用下,活塞移动了 $\mathrm{d}l$ 距离,从而使气体的体积增加了 $\mathrm{d}V$.在这一过程中系统对外所做的元功为

$$\mathrm{d}W=\boldsymbol{F}\cdot\mathrm{d}\boldsymbol{l}=pS\mathrm{d}l=p\mathrm{d}V \tag{9-8}$$

若气体体积从 V_1 变化到 V_2,则系统对外做功为

$$W=\int_{V_1}^{V_2}p\mathrm{d}V \tag{9-9}$$

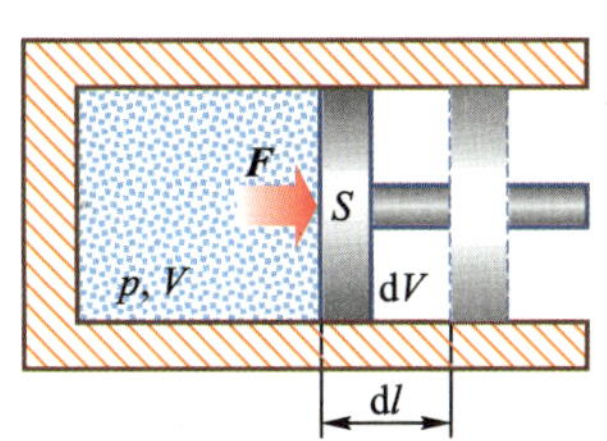

图 9-12 准静态过程中活塞移动微小距离,系统所做的元功为 $pSdl$

在任何准静态过程中,系统(气体)所做的功都可以用式(9-9)来计算.当 $V_2>V_1$ 时,气体膨胀,系统对外界做功,$W>0$;当 $V_2<V_1$ 时,气体被压缩,外界对系统做功(即系统对外界做负功),$W<0$.

当气体的状态变化过程为准静态过程时,在 $p-V$ 图上可以用一条曲线来表示,如图 9-13 所示.由式(9-8)可知,如系统的体积由 V 变化到 $V+\mathrm{d}V$,系统对外所做的元功 $\mathrm{d}W$ 在数值上就等于 $p-V$ 图上过程曲线下细窄长方形的面积;而在气体体积从 V_1 变化到 V_2 的整个过程中,由式(9-9)可知,系统对外界所做的功,在数值上等于整条曲线下的面积.由此可以清楚地看到,系统做功的大小与过程有关,功是一个过程量.

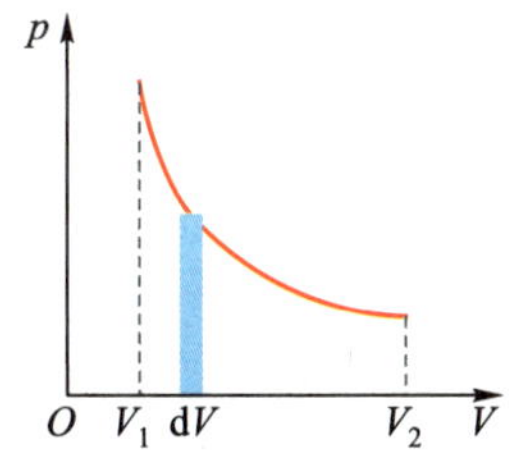

图 9-13 在准静态过程中系统所做的功在数值上等于 $p-V$ 图中曲线下的面积

2. 准静态过程中的热量

在热量传递的某个微过程中,热力学系统吸收热量 $\mathrm{d}Q$,温度升高了 $\mathrm{d}T$,则定义

$$C=\frac{\mathrm{d}Q}{\mathrm{d}T} \tag{9-10}$$

为系统在该过程中的热容,其单位是 $\mathrm{J\cdot K^{-1}}$.由于热容 C 与系统的质量有关,因此把单位质量的热容称为**比热容**(specific heat),记作 c,其单位为 $\mathrm{J\cdot kg^{-1}\cdot K^{-1}}$.设系统的质量为 m,则有

$$C=mc$$

由式(9-10)可知,一个质量为 m,摩尔质量 M 的系统,在某一微过程中吸收的热量为

$$\mathrm{d}Q=C\mathrm{d}T=\frac{m}{M}cM\mathrm{d}T=\frac{m}{M}C_{\mathrm{m}}\mathrm{d}T \tag{9-11a}$$

当温度从 T_1 升高至 T_2 时,其吸收的热量为

$$Q=\int_{T_1}^{T_2}\frac{m}{M}C_{\mathrm{m}}\mathrm{d}T \tag{9-11b}$$

式中的 m/M 为系统的物质的量,$C_{\mathrm{m}}=cM$ 称为**摩尔热容**(molar heat capacity),其单位为 $\mathrm{J\cdot mol^{-1}\cdot K^{-1}}$,即 1 mol 物质温度升高(或降低)1 K 所吸收(或放出)的热量.摩尔热容的定义式为

$$C_{\mathrm{m}}=\frac{M}{m}\left(\frac{\mathrm{d}Q}{\mathrm{d}T}\right) \tag{9-12}$$

式(9-11b)是计算系统吸、放热量的基本公式.对于一个微小过程,热量的计算公式为

$$\mathrm{d}Q=\frac{m}{M}C_{\mathrm{m}}\mathrm{d}T \tag{9-13}$$

值得注意的是,摩尔热容因不同的物质和热力学过程而异,如果理想气体在状态变化过程中体积保持不变时,其摩尔热容为

$$C_{V,\mathrm{m}}=\frac{M}{m}\left(\frac{\mathrm{d}Q}{\mathrm{d}T}\right)_V=\frac{i}{2}R \tag{9-14}$$

$C_{V,\mathrm{m}}$称为摩尔定容热容,R为摩尔气体常量,i是气体分子的自由度数(自由度的概念将在下一章详细讨论),对于刚性分子而言,单原子分子(如氦、氖等气体)$i=3$;双原子分子(如氧气、氢气、氮气等气体)$i=5$;多原子分子(如二氧化碳、甲烷等气体)$i=6$.式(9-14)的结论将在下面一章中给出解释.如果理想气体在状态变化过程中压强保持不变时,其摩尔热容为

$$C_{p,\mathrm{m}}=\frac{M}{m}\left(\frac{\mathrm{d}Q}{\mathrm{d}T}\right)_p=\left(\frac{i}{2}+1\right)R \tag{9-15}$$

式中 $C_{p,\mathrm{m}}$ 为摩尔定压热容①.

一般只要知道了过程的摩尔热容,就可以根据式(9-11)计算出系统在相应过程中吸收(或放出)的热量.

3. 准静态过程中内能的变化

由于内能是一个状态量,因此对于不同的热力学过程,只要对应的始、末两个状态相同,不管经历了怎样的过程,内能的改变量都相同.由此看来,内能的改变量与始、末两个状态的关系式应具有普适性.因此,可以用一个特殊的过程来确定内能改变的计算式.以理想气体在状态变化过程中体积不变的过程为例,由于在这一过程中,系统做功为零($\mathrm{d}W=p\mathrm{d}V=0$),根据热力学第一定律,内能的增量等于过程中系统从外界吸收的热量,由式(9-11),可得内能增量的微分表达式

$$\mathrm{d}E=\frac{m}{M}C_{V,\mathrm{m}}\mathrm{d}T \tag{9-16a}$$

对质量为 m,摩尔质量为 M,摩尔定容热容 $C_{V,\mathrm{m}}$恒定的理想气体,系统内能的增量为

$$E_2-E_1=\int_{T_1}^{T_2}\frac{m}{M}C_{V,\mathrm{m}}\mathrm{d}T=\frac{m}{M}C_{V,\mathrm{m}}(T_2-T_1) \tag{9-16b}$$

① 这里直接给出了 $C_{V,\mathrm{m}}$和 $C_{p,\mathrm{m}}$的计算式,至于式(9-14)和式(9-15)为什么都与气体的自由度有关,这一问题将在下一章“气体动理论”中作出解释.

这一过程中内能增量的表达式具有普遍意义，适用于任何不同的过程. 由式(9-14)，上两式又可表示为

$$dE = \frac{m}{M}\frac{i}{2}RdT \tag{9-17a}$$

或

$$E_2 - E_1 = \frac{m}{M}\frac{i}{2}R(T_2 - T_1) \tag{9-17b}$$

可见，理想气体的内能只是温度的单值函数，内能变化与热力学具体过程无关.

9-3 热力学第一定律的应用

作为热力学第一定律的应用，本节将讨论一定量的理想气体在等容、等压、等温和绝热等过程中的功、热量及内能的一般变化规律.

9-3-1 热力学的等值过程

1. 等容过程

系统体积保持不变的过程称为等容过程(isochoric process)，如图 9-14 所示. 由理想气体物态方程式(9-4)可以得到等容过程的特征方程为

$$\frac{p}{T} = \frac{m}{M}\frac{R}{V} = 常量$$

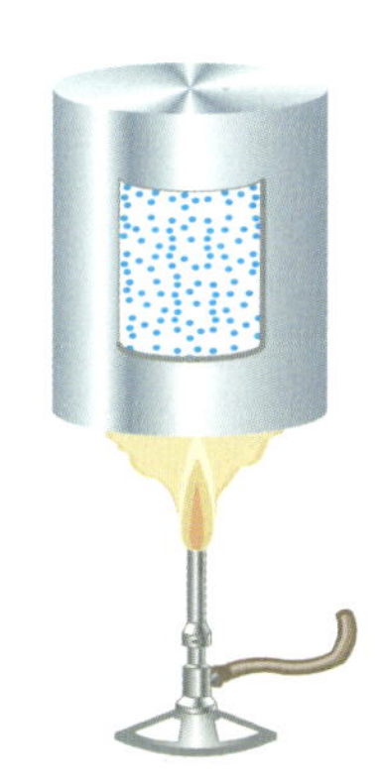

图 9-14 理想气体在刚性的容器内被加热，整个过程中气体的体积保持不变，吸收的热量完全转化为气体的内能

可见在等容过程中，压强与温度成正比. 此方程在 $p-V$ 图上可表示为一条垂直于 V 轴的直线，如图 9-15 所示，这条直线称为等容线.

在等容过程中，由于 $dV=0$，因此 $dW=pdV=0$，即系统对外不做功. 根据热力学第一定律，系统在等容过程中吸收的热量为 Q_V，它等于内能的增量，即

$$Q_V = E_2 - E_1 = \frac{m}{M}C_{V,m}(T_2 - T_1)$$

式中物理量的脚标 V 表示相应的过程为等容过程. 将 $C_{V,m} = \frac{i}{2}R$ 代入上式，并考虑到理想气体的物态方程(9-4)，可得等容过程中热量和内能增量的关系式：

$$Q_V = \Delta E = \frac{m}{M}\frac{i}{2}R(T_2 - T_1) = \frac{i}{2}(p_2 - p_1)V \tag{9-18}$$

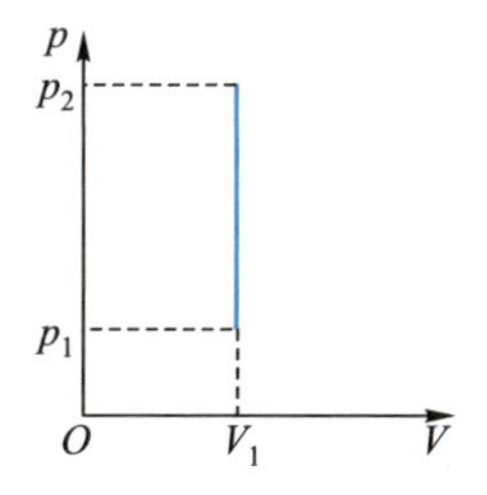

图 9-15 气体的等容过程

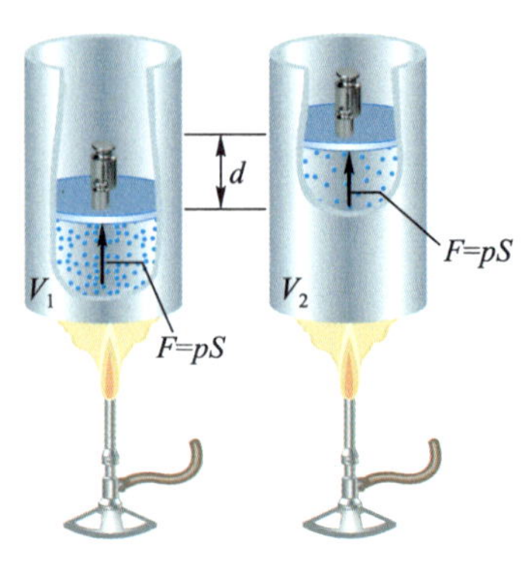

图 9-16 气体在状态变化过程中克服一个恒定不变的外界压力缓慢做功，这是一个等压过程

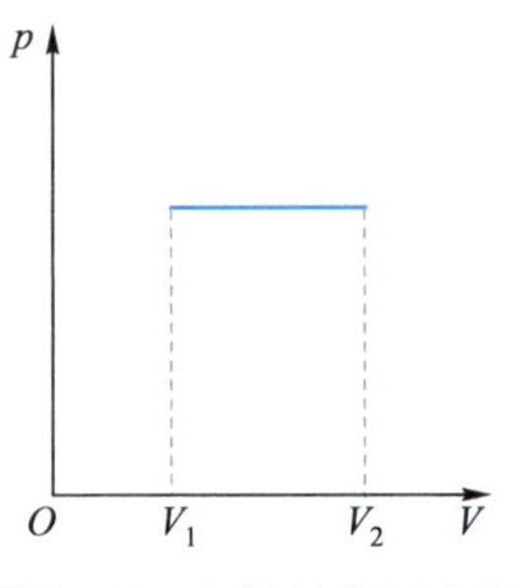

图 9-17 气体的等压过程

2. 等压过程

系统压强保持不变的过程称为等压过程（isobaric process），如图 9-16 所示.由理想气体物态方程（9-4）可以得到等压过程的特征方程为

$$\frac{V}{T}=\frac{m}{M}\frac{R}{p}=\text{常量}$$

可见在等压过程中，体积与温度成正比.此方程在 $p-V$ 图上可表示为一条平行于 V 轴的直线，如图 9-17 所示，这条直线称为等压线.

在等压过程中系统对外界做功为

$$W=\int_{V_1}^{V_2}p\mathrm{d}V=p(V_2-V_1) \tag{9-19a}$$

由理想气体物态方程（9-4），上式又可表示为

$$W=\frac{m}{M}R(T_2-T_1) \tag{9-19b}$$

由于系统的内能变化与过程无关，因此等压过程中内能的增量也可表示为式（9-17）的形式：

$$\Delta E=\frac{m}{M}\frac{i}{2}R(T_2-T_1)$$

根据热力学第一定律，系统在等压过程中吸收的热量为

$$\begin{aligned}Q_p&=(E_2-E_1)+W\\&=\frac{m}{M}\frac{i}{2}R(T_2-T_1)+\frac{m}{M}R(T_2-T_1)\\&=\frac{m}{M}\left(\frac{i}{2}+1\right)R(T_2-T_1)\end{aligned} \tag{9-20a}$$

或

$$Q_p=\left(\frac{i}{2}+1\right)p(V_2-V_1) \tag{9-20b}$$

式中物理量的脚标 p 表示相应的过程为等压过程.

由式（9-11），吸热也可以表示为

$$Q_p=\frac{m}{M}C_{p,\mathrm{m}}(T_2-T_1) \tag{9-21}$$

比较式（9-20a）和式（9-21），可以得到摩尔定压热容的计算式（9-15）.

在等压过程中，理想气体吸收的热量，一部分转化成系统的内能，另一部分转化为系统对外界所做的功.

3. 摩尔定容热容与摩尔定压热容的关系

由式（9-14）和式（9-15），可以得到摩尔定容热容与摩尔定压热容的关

系式为

$$C_{p,\mathrm{m}} = C_{V,\mathrm{m}} + R \tag{9-22}$$

上式称为**迈耶(Mayer)公式**.迈耶公式指出,要使同一状态下 1 mol 的理想气体温度升高 1 K,等压过程需要吸收的热量比等容过程吸收的热量多 8.31 J.这是因为在这两个不同过程中内能的增量相同,但是等压过程需要吸收更多的热量用于对外做功.由此可以知道摩尔气体常量 R 在数值上等于 **1 mol 理想气体在等压过程中温度升高 1 K 时对外做的功**.

$C_{p,\mathrm{m}}$ 与 $C_{V,\mathrm{m}}$ 的比值称为**摩尔热容比**(ratio of the molar heat capacity):

$$\gamma = \frac{C_{p,\mathrm{m}}}{C_{V,\mathrm{m}}} = \frac{i+2}{i} \tag{9-23}$$

表 9-2 列出了理想气体的 γ、$C_{V,\mathrm{m}}$、$C_{p,\mathrm{m}}$ 的理论值.

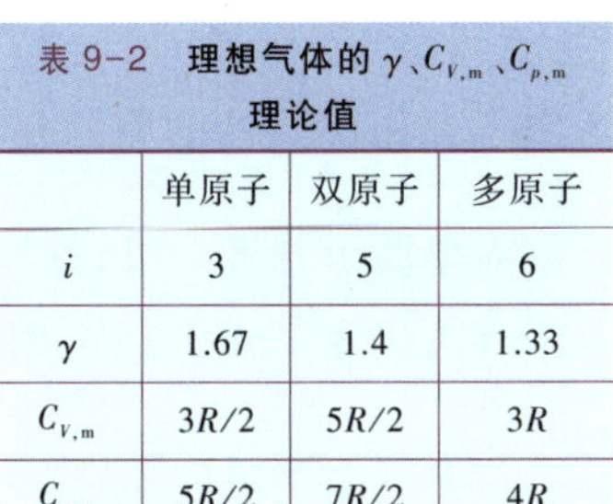

表 9-2 理想气体的 γ、$C_{V,\mathrm{m}}$、$C_{p,\mathrm{m}}$ 理论值

	单原子	双原子	多原子
i	3	5	6
γ	1.67	1.4	1.33
$C_{V,\mathrm{m}}$	$3R/2$	$5R/2$	$3R$
$C_{p,\mathrm{m}}$	$5R/2$	$7R/2$	$4R$

4. 等温过程

系统温度保持不变的过程称为**等温过程**(isothermal process),如图 9-18 所示.由理想气体物态方程(9-4)可以得到等温过程的特征方程为

$$pV = \frac{m}{M}RT = 常量$$

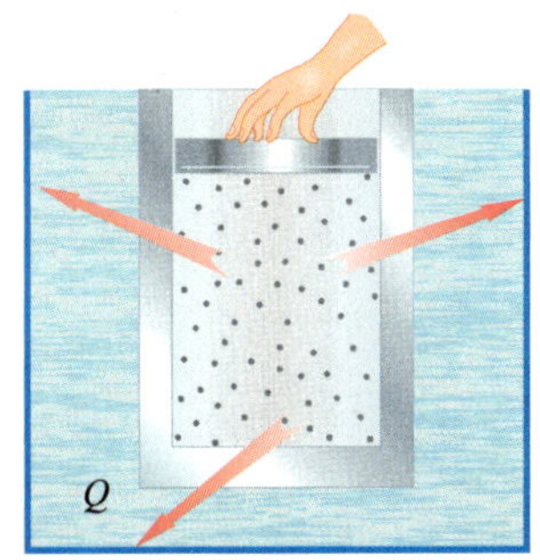

图 9-18 气缸置于一个恒温热源(例如:大量恒温的水)中,用手推动活塞做功,气体不断缓慢地向水中释放热量.气体在状态变化中温度保持不变,这是一个等温过程

可见在等温过程中,压强与体积成反比.此方程在 $p-V$ 图上可表示为在第一象限内的一条双曲线,如图 9-19 所示.由上式可知,温度越高,式中的恒量值越大,曲线离两坐标轴越远.

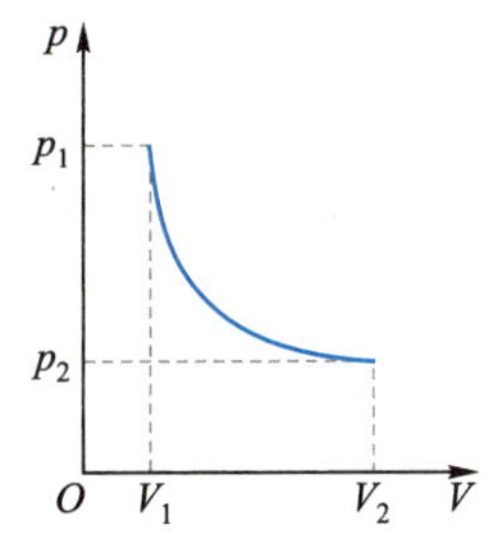

图 9-19 气体的等温过程

在等温过程中,由于温度保持不变($\Delta T=0$),因而内能也保持不变($\Delta E=0$),因此系统吸收的热量完全用来对外界做功.根据热力学第一定律有 $W=Q_T$.由功的一般计算式(9-9)和理想气体的物态方程式(9-4),可计算出等温过程的功为

$$\begin{aligned} W &= \int_{V_1}^{V_2} p\mathrm{d}V = \int_{V_1}^{V_2} \frac{m}{M}RT\frac{1}{V}\mathrm{d}V \\ &= \frac{m}{M}RT\ln\frac{V_2}{V_1} \\ &= \frac{m}{M}RT\ln\frac{p_1}{p_2} \end{aligned} \tag{9-24}$$

等温过程中系统吸收的热量为

$$\begin{aligned} Q_T = W &= \frac{m}{M}RT\ln\frac{V_2}{V_1} \\ &= \frac{m}{M}RT\ln\frac{p_1}{p_2} \end{aligned} \tag{9-25}$$

对于等温过程,由关系式(9-11)可得

$$Q_T = \frac{m}{M}C_{T,\mathrm{m}}\Delta T$$

动画 理想气体的等温、等压、等容三个过程的状态变化(建议横屏观看)

式中的 $C_{T,\mathrm{m}}$ 称为摩尔定温热容. 当 $\Delta T\to 0$ 时, Q_T 却不为零,因此必有

$$C_{T,\mathrm{m}}=\frac{M}{m}\left(\frac{\mathrm{d}Q}{\mathrm{d}T}\right)_T\to\infty \tag{9-26}$$

理想气体等温过程中系统吸收的热量全部用来对外界做功.

例 9-3

求由 1.0×10^{-3} kg 氩气、7.0×10^{-3} kg 氮气和 9.0×10^{-3} kg 水蒸气组成的混合气体在常温下的摩尔定容热容.

解 常温下气体的摩尔定容热容为 $C_{V,\mathrm{m}}=\frac{i}{2}R$. 氩气为单原子分子 $i=3$; 氮气为双原子分子 $i=5$; 水蒸气为多原子分子 $i=6$, 则

氩气的摩尔定容热容: $C_{V,\mathrm{m1}}=\frac{3}{2}R$

氮气的摩尔定容热容: $C_{V,\mathrm{m2}}=\frac{5}{2}R$

水蒸气的摩尔定容热容: $C_{V,\mathrm{m3}}=3R$

由式(9-14)可得温度升高 1 K, 混合气体吸收的热量为

$$\frac{m_1}{M_1}C_{V,\mathrm{m1}}+\frac{m_2}{M_2}C_{V,\mathrm{m2}}+\frac{m_3}{M_3}C_{V,\mathrm{m3}}$$

$$=\left(\frac{m_1}{M_1}+\frac{m_2}{M_2}+\frac{m_3}{M_3}\right)C_{V,\mathrm{m}}$$

式中的 $C_{V,\mathrm{m}}$ 为混合气体的摩尔定容热容, 则

$$C_{V,\mathrm{m}}=\frac{\frac{m_1}{M_1}C_{V,\mathrm{m1}}+\frac{m_2}{M_2}C_{V,\mathrm{m2}}+\frac{m_3}{M_3}C_{V,\mathrm{m3}}}{\frac{m_1}{M_1}+\frac{m_2}{M_2}+\frac{m_3}{M_3}}$$

$$=\frac{\left(\frac{m_1}{M_1}\times\frac{3}{2}+\frac{m_2}{M_2}\times\frac{5}{2}+\frac{m_3}{M_3}\times3\right)R}{\frac{m_1}{M_1}+\frac{m_2}{M_2}+\frac{m_3}{M_3}}$$

$$=\frac{\left(\frac{1.0}{40}\times\frac{3}{2}+\frac{7.0}{28}\times\frac{5}{2}+\frac{9.0}{18}\times3\right)\times10^{-3}\times8.31}{\left(\frac{1.0}{40}+\frac{7.0}{28}+\frac{9.0}{18}\right)\times10^{-3}}\ \mathrm{J\cdot mol^{-1}\cdot K^{-1}}$$

$$=23.2\ \mathrm{J\cdot mol^{-1}\cdot K^{-1}}$$

例 9-4

0.1 mol 的氮气由状态 1 变化到状态 2, 所经历的过程如图 9-20 所示: (1) 沿蓝线过程, (2) 沿红色双曲线过程. 求两个过程中的 W、Q 和 ΔE.

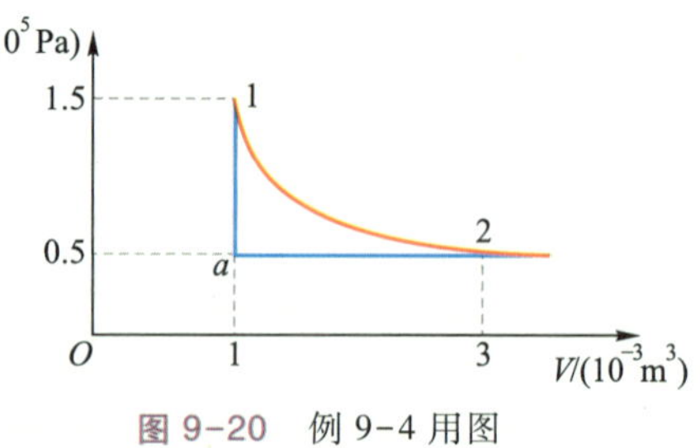

图 9-20 例 9-4 用图

解 (1) 蓝线所示过程中, 系统做的功为

$$W_{12}=W_{1a}+W_{a2}=0+W_{a2}$$

$$=\int_{V_1}^{V_2}p_a\mathrm{d}V=p_a(V_2-V_1)$$

$$=0.5\times10^5\times(3-1)\times10^{-3}\ \mathrm{J}$$

$$=100\ \mathrm{J}$$

内能差为

$$E_2-E_1=\frac{m}{M}\frac{i}{2}R(T_2-T_1)$$

$$=\frac{i}{2}(p_2V_2-p_1V_1)$$

由 p-V 图可知 $p_1V_1=p_2V_2$，故

$$\Delta E_{蓝}=E_2-E_1=0$$

氮气吸热

$$Q_{1a2}=W_{1a2}+\Delta E=W_{12}=100\ \text{J}$$

(2) 红色双曲线过程

由图可知，状态 1 和状态 2 的温度相同，气体的等温过程在 p-V 图中为一双曲线，所以红线所示过程为等温过程.过程中系统做的功为

$$W_{12}=\int_{V_1}^{V_2}p\mathrm{d}V=\int_{V_1}^{V_2}\frac{m}{M}RT\frac{1}{V}\mathrm{d}V$$

$$=\frac{m}{M}RT\ln\frac{V_2}{V_1}=p_1V_1\ln\frac{V_2}{V_1}$$

$$=1.5\times10^5\times1\times10^{-3}\times\ln\frac{3}{1}\ \text{J}=164.8\ \text{J}$$

由于内能增量与路径无关，故 $\Delta E_{红}=0$，因而氮气吸热

$$Q_{12}=W_{12}+\Delta E=W_{12}=164.8\ \text{J}$$

9-3-2 绝热过程　多方过程

首先请读者观察一幅实验现象图，如图 9-21 所示.也许有人会对图中所反映的实验现象的真实性感到困惑，从高压锅中突然喷射出的水蒸气应当有很高的温度，甚至能把人烫伤，然而距喷嘴一定高度处，热气的“杀伤力”大大减弱.要解释这一问题，可以从绝热过程中去寻找答案.

图 9-21 距高压锅喷嘴一定高度处，喷出的热气已没有想象中的那样灼热烫人，这是为什么？

1. 绝热过程

在状态变化过程中，系统与外界没有热量的交换，这样的过程称为**绝热过程**(adiabatic process)，如图 9-22 所示.绝热过程在 p-V 图上的过程曲线如图 9-23 所示.因为在绝热过程中 $\mathrm{d}Q=0$，所以根据热力学第一定律应有 $\Delta E+W=0$，亦即

$$\Delta E=-W\quad 或\quad -\Delta E=W$$

图 9-22 气缸置于厚厚的绝热套中，因此气体在状态变化过程中与外界没有热量的交换，这样的过程称为绝热过程

左式表示在绝热过程中，外界对系统所做的功全部用来增加系统的内能；右式则表示在绝热过程中，系统要对外界做功只能凭借消耗自身的内能.由于内能的变化与过程无关，都可以由式(9-17)表示，因此在绝热过程中系统所做的功可以表示为

$$W_Q=-\Delta E=-\frac{m}{M}\frac{i}{2}R(T_2-T_1)\tag{9-27}$$

根据热力学第一定律，理想气体进行绝热膨胀做功的微过程可表示为

$$p\mathrm{d}V=-\frac{m}{M}C_{V,\mathrm{m}}\mathrm{d}T$$

又对理想气体物态方程式(9-4)两边求微分可得

$$p\mathrm{d}V+V\mathrm{d}p=\frac{m}{M}R\mathrm{d}T$$

将以上两式中的 $\mathrm{d}T$ 消去，并整理后可得

$$(C_{V,m}+R)\,p\mathrm{d}V=-C_{V,m}V\mathrm{d}p$$

因为 $C_{p,m}=C_{V,m}+R$，$C_{p,m}/C_{V,m}=\gamma$，所以上式可改写为

$$\frac{\mathrm{d}p}{p}+\gamma\frac{\mathrm{d}V}{V}=0$$

对上式积分，可得

$$pV^{\gamma}=C_1 \tag{9-28a}$$

上式为理想气体的**绝热方程**. 进一步利用理想气体的物态方程(9-4)与上式联立，可以导出绝热方程的另外两种表达形式：

$$TV^{\gamma-1}=C_2 \tag{9-28b}$$

$$\frac{p^{\gamma-1}}{T^{\gamma}}=C_3 \tag{9-28c}$$

其中 C_1、C_2、C_3 为常量. 值得注意：式(9-28a)、(9-28b)、(9-28c)适用于理想气体的准静态绝热过程，对非静态过程不适用.

现在我们可以回答本节开始提出的问题了. 虽然高压锅中的水蒸气温度非常高，但是一旦移去安全阀后气体会迅速膨胀，在此过程中由于系统还来不及与外界交换热量，因此这是一个近似的绝热过程. 气体迅速膨胀时对外做的功以消耗自身的内能为代价，因此气温急剧下降. 水蒸气的摩尔热容比 $\gamma=4/3$，假设冲出气流的体积增大 5 倍，由式(9-28b)可得，气流的温度降为原来温度的 0.79 倍(热力学温度)，所以"杀伤力"大大减弱. 尽管如此，出于安全考虑，建议读者不要去做这样带有一定危险性的实验，可以用另一个简单实验体验. 不妨把自己自行车轮胎上的气门芯拔掉，同时用手摸一下气门口的铜圈，会感到冰冷.

由绝热方程式(9-28a)，可以得到准静态绝热过程中系统对外界做功的另一个表达式. 设系统的初始状态为(p_1, V_1, T_1)，经绝热膨胀后到达状态(p_2, V_2, T_2)，在状态变化过程中有 $pV^{\gamma}=p_1V_1^{\gamma}=p_2V_2^{\gamma}$，由式(9-9)，得

$$W=\int_{V_1}^{V_2}p\mathrm{d}V=p_1V_1^{\gamma}\int_{V_1}^{V_2}\frac{1}{V^{\gamma}}\mathrm{d}V$$

$$=p_1V_1^{\gamma}\frac{1}{\gamma-1}(V_1^{1-\gamma}-V_2^{1-\gamma})$$

图 9-23 气体的绝热过程

由式 $p_1V_1^{\gamma}=p_2V_2^{\gamma}$，可把上式简化为

$$W=\frac{1}{\gamma-1}(p_1V_1-p_2V_2) \tag{9-29}$$

在 $p-V$ 图中，绝热线与等温线相似，但从曲线的斜率分析，两者有明显的区别. 等温过程的特征方程为 $pV=C$，两边求微分可得 $p\mathrm{d}V+V\mathrm{d}p=0$，曲线任意一点的斜率为

$$k=\frac{\mathrm{d}p}{\mathrm{d}V}=-\frac{p}{V} \tag{9-30}$$

绝热过程的特征方程为 $pV^{\gamma}=C$，两边求微分可得

$$\gamma pV^{\gamma-1}\mathrm{d}V+V^{\gamma}\mathrm{d}p=0$$

由此得绝热线任意一点的斜率为

$$k'=\frac{\mathrm{d}p}{\mathrm{d}V}=-\gamma\frac{p}{V} \tag{9-31}$$

当等温线与绝热线相交于某一点 A 时，由于 $\gamma>1$，比较式(9-30)和式(9-31)，显然有 $|k'_A|>|k_A|$，即在 $p-V$ 图上，绝热线要比等温线稍陡些，如图 9-24 所示.

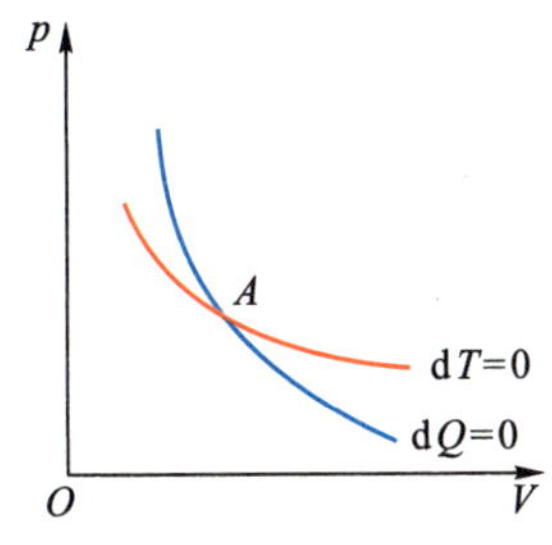

图 9-24 在绝热线与等温线的交点上，绝热线比等温线要陡峭些

*2. 多方过程

以上讨论的几个等值过程和绝热过程都是一些特殊过程，但是实际过程往往介于这些特殊过程之间，一般可以用如下的过程方程表示，即

$$pV^{n}=C \tag{9-32}$$

式中，n 为任意实数，我们定义此过程为理想气体的**多方过程**(polytropic process).当 n 取不同值时，式(9-32)表示不同的过程，当 $n=\gamma$ 时，表示绝热过程，当 $n=1$ 时为等温过程，当 $n=0$ 时为等压过程.将多方过程改写为 $p^{\frac{1}{n}}V=$ 常量，可见当 $n\to\infty$ 时为等容过程.各过程的 $p-V$ 关系曲线如图 9-25 所示.

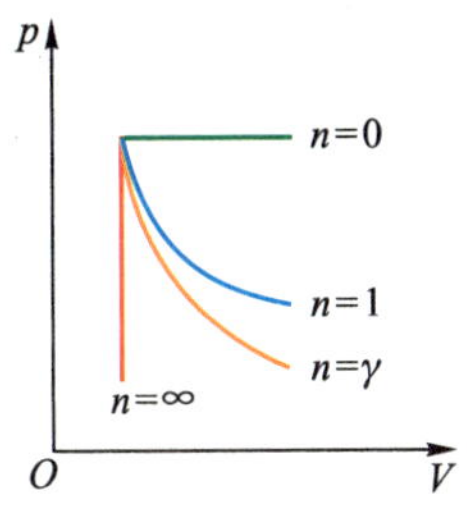

图 9-25 在多方过程的表达式中，当 n 取不同的值时，可以对应于各种不同的等值过程或绝热过程

理想气体在多方过程中对外做功为

$$W=\int_{V_1}^{V_2}p\mathrm{d}V=\frac{p_1V_1-p_2V_2}{n-1} \tag{9-33}$$

其形式与式(9-29)相同，推导方法也一样.系统内能的变化与过程无关，即

$$\Delta E=\frac{m}{M}C_{V,\mathrm{m}}(T_2-T_1)$$

根据热力学第一定律，系统在多方过程中从外界吸收的热量为

$$\begin{aligned}Q&=\Delta E+W=\frac{m}{M}C_{V,\mathrm{m}}\Delta T+\frac{p_2V_2-p_1V_1}{1-n}\\&=\frac{m}{M}C_{V,\mathrm{m}}\Delta T+\frac{1}{1-n}\frac{m}{M}R\Delta T=\frac{m}{M}\left(C_{V,\mathrm{m}}+\frac{R}{1-n}\right)\Delta T\end{aligned}$$

设多方过程的摩尔热容为 $C_{n,\mathrm{m}}$，则系统吸收的热量可表示为

$$Q_n=\frac{m}{M}C_{n,\mathrm{m}}\Delta T$$

比较以上两式，可得多方过程的摩尔热容

$$C_{n,\mathrm{m}}=C_{V,\mathrm{m}}+\frac{R}{1-n} \tag{9-34a}$$

由式(9-22)和式(9-23)，$C_{n,\mathrm{m}}$ 还可以表示为

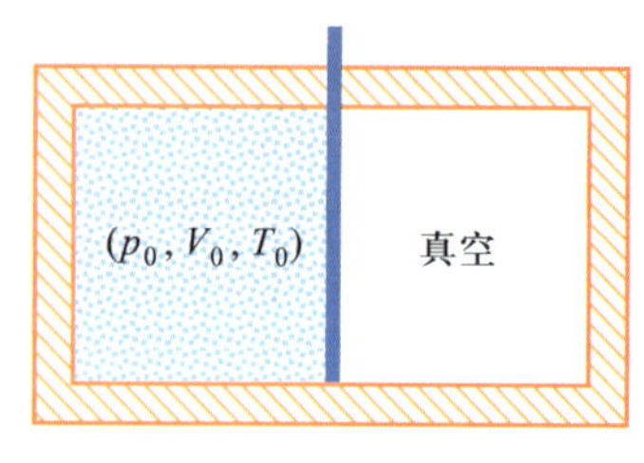

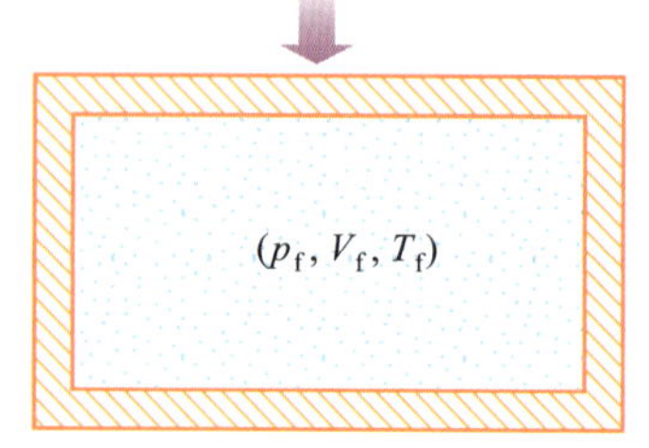

图 9-26 理想气体作绝热自由膨胀

$$C_{n,m}=\frac{\gamma-n}{1-n}C_{V,m} \tag{9-34b}$$

3. 理想气体的绝热自由膨胀

理想气体的绝热自由膨胀是一个非静态过程.如图 9-26 所示,设一绝热容器被一隔板分隔为两个相同的区域,左侧储有理想气体,初态为(p_0,V_0,T_0),右侧为真空.现将隔板抽去,气体向右侧扩散,末态为(p_f,V_f,T_f).整个过程在绝热的条件下进行($Q=0$).由于气体向真空区膨胀,故整个过程中系统对外不做功($W=0$),因此这是一种自由膨胀过程.根据热力学第一定律,始、末两个状态的内能应该相同($\Delta E=0$).由于理想气体的内能是温度的单值函数,因此 $T_0=T_f$.根据一定量理想气体的物态方程(9-3),应有 $p_0V_0=p_fV_f$.当体积从 V_0 经绝热自由膨胀到 $V_f=2V_0$ 时,有 $p_f=p_0/2$.显然,这与绝热方程(9-28a)不符.这是因为绝热自由膨胀不是一个准静态过程,绝热方程(9-28a)不适用.

作为归纳,将准静态过程中热量、内能、功的一些重要计算公式列入表 9-3.

表 9-3 一些准静态过程的重要计算公式

过程	特征	过程方程	热量 Q	对外做功 W	内能增量 ΔE
等容	$dV=0$	$\frac{p}{T}=C$	$\frac{m}{M}C_{V,m}(T_2-T_1)$	0	$\frac{m}{M}C_{V,m}(T_2-T_1)$
等压	$dp=0$	$\frac{V}{T}=C$	$\frac{m}{M}C_{p,m}(T_2-T_1)$	$p(V_2-V_1)$	$\frac{m}{M}C_{V,m}(T_2-T_1)$
等温	$dT=0$	$pV=C$	$\frac{m}{M}RT\ln\frac{V_2}{V_1}$	$\frac{m}{M}RT\ln\frac{V_2}{V_1}$	0
绝热	$dQ=0$	$pV^\gamma=C$	0	$\frac{p_1V_1-p_2V_2}{\gamma-1}$	$\frac{m}{M}C_{V,m}(T_2-T_1)$
多方		$pV^n=C$	$\frac{m}{M}C_{n,m}(T_2-T_1)$	$\frac{p_1V_1-p_2V_2}{n-1}$	$\frac{m}{M}C_{V,m}(T_2-T_1)$

例 9-5

有体积为 $10^{-2}\ m^3$ 的一氧化碳,其压强为 10^7 Pa,温度为 300 K.膨胀后,压强为 10^5 Pa.试求:(1)在等温过程中系统所做的功和吸收的热量;(2)如果是绝热过程,情况将怎样?

解 (1) 等温过程,系统对外做功

$$W_T=\int_{V_1}^{V_2}p\mathrm{d}V=\frac{m}{M}RT\ln\frac{V_2}{V_1}=p_1V_1\ln\frac{p_1}{p_2}$$

$$=10^7\times10^{-2}\times\ln\frac{10^7}{10^5}\ \mathrm{J}\approx4.6\times10^5\ \mathrm{J}$$

内能变化

$$\Delta E_T=0$$

系统吸热

$$Q_T=\Delta E_T+W_T=W_T=4.6\times10^5\ \mathrm{J}$$

(2) 绝热过程,系统对外做功

$$W_Q=-\frac{m}{M}C_{V,m}(T_2-T_1)=-\frac{m}{M}RT_1\frac{i}{2}\left(\frac{T_2}{T_1}-1\right)$$

利用理想气体的绝热方程(9-28c),有

$$\frac{p_1^{\gamma-1}}{T_1^\gamma}=\frac{p_2^{\gamma-1}}{T_2^\gamma}$$

将上式代入做功的表达式,并由理想气体物态方程

$p_1V_1=\frac{m}{M}RT_1$ 可得

$$W_Q=\frac{i}{2}p_1V_1\left[1-\left(\frac{p_2}{p_1}\right)^{\frac{\gamma-1}{\gamma}}\right]$$

$$=\frac{5}{2}\times10^7\times10^{-2}\left[1-\left(\frac{10^5}{10^7}\right)^{\frac{1.4-1}{1.4}}\right]\text{ J}$$

$$=1.8\times10^5\text{ J}$$

系统吸热

$$Q=0$$

9-4 循环过程

图为瓦特改良后的蒸汽机，利用循环过程实现将热量转化为对外做的功，导致了世界上第一次工业技术革命.

阅读 蒸汽机的发明与应用

9-4-1 循环过程

瓦特改进了蒸汽机，这直接导致了第一次工业技术革命，极大地推进了社会生产力的发展.蒸汽机的发明是对近代科学和生产的巨大贡献，在当时具有划时代的意义.时至今日，古老的蒸汽机已经发展成为各种先进的内燃机，无论是汽车、轮船还是大部分火车，其动力部分都是内燃机.从蒸汽机到内燃机，更多地体现了技术的发展，而用到的物理学原理并没有改变，其实质就是凭借气体的循环过程将热量转化为对外做的功.所谓**循环过程**(cyclic processes)，是指**系统经历了一系列状态变化以后，又回到原来状态的过程**.

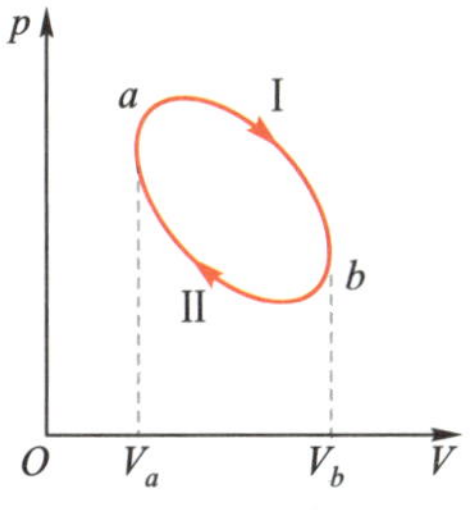

图 9-27 循环过程

图 9-27 是一条准静态循环过程的曲线，过程变化沿顺时针方向进行.我们把整个循环分为 $a\to\text{I}\to b$ 和 $b\to\text{II}\to a$ 两部分，前者系统对外做功(正功)，体

积增大,后者外界对系统做功(负功),体积被压缩.整个循环过程中系统对外所做的净功为

$$W=W_{a\mathrm{I}b}-W_{b\mathrm{II}a}>0$$

由于在 $p-V$ 图上系统做功在数值上等于过程曲线下面局限于区间 $[V_a, V_b]$ 内的面积,因此循环过程曲线所围的面积在数值上就等于系统对外所做的净功.

循环过程沿顺时针方向进行时,系统对外所做的净功为正,这样的循环称为**正循环**,能够实现正循环的机器称为**热机**(heat engine).

如果系统沿逆时针方向进行循环,则有

$$W=W_{a\mathrm{II}b}-W_{b\mathrm{I}a}<0$$

系统对外所做的净功为负,这样的循环称为**逆循环**,能够实现逆循环的机器称为**制冷机**(refrigerator).

由于内能是状态的单值函数,系统经过一次循环后又回到了初始状态,因此循环过程具有一个很重要的特征,即系统的内能不变($\Delta E=0$).如果系统在一个循环过程中吸收热量为 Q_1,放出热量的绝对值为 Q_2,对外所做的净功为 W,则循环过程的热力学第一定律可表示为

$$Q_1-Q_2=W \tag{9-35}$$

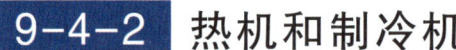

9-4-2 热机和制冷机

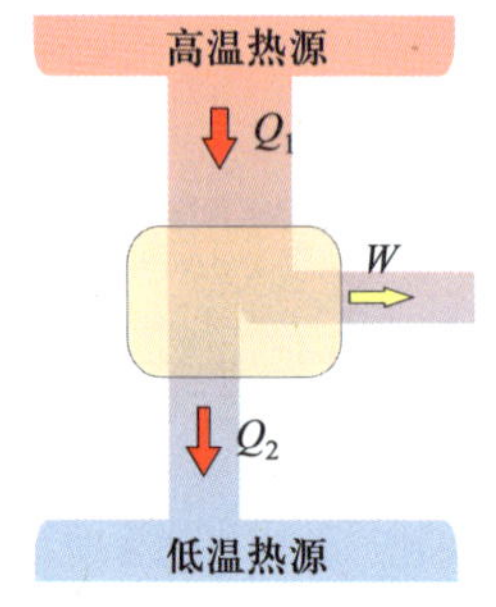

图 9-28 热机的工作原理.工作物质从高温热源吸收热量对外做功,并将多余的热量向低温热源放出

在热机中被用来吸收热量并对外做功的物质称为**工作物质**(working medium),简称**工质**.热机在工作时,需要有高温和低温两个热源.例如,汽车发动机中的燃烧室是高温热源,汽车尾管排出的废气散逸在大气中,大气就是低温热源.工作物质在高温热源吸收热量 Q_1 对外做功 W,并将多余的热量 Q_2 在低温热源放出,如图 9-28 所示.反映热机效能的重要标志之一是**热机效率**(efficiency of heat engine),用 η 表示,定义为:此循环过程中,系统(工作物质)对外所做的净功 W 与它从高温热源吸收的热量 Q_1 之比.热机的效率标志着循环过程吸收的热量有多少转化成有用的功.即

$$\eta=\frac{W}{Q_1} \tag{9-36a}$$

由式(9-35),热机的效率还可以表示为

$$\eta=1-\frac{Q_2}{Q_1} \tag{9-36b}$$

在整个循环过程中,Q_2 不可能为零(关于这个问题将在下节讨论),所以 η 总是小于 1.

制冷机的工作过程与热机正好相反,其循环曲线在 $p-V$ 图上沿逆时针方

向.制冷机通过外界对系统做功 W,使工作物质从低温热源吸取热量 Q_2,并在高温热源放出热量 Q_1,如图 9-29 所示.在完成一个循环后,根据热力学第一定律,有 $-W=Q_2-Q_1$,即 $W=Q_1-Q_2$.这就是说,通过外界做功,制冷机在经历了一个循环后,把热量从低温热源传递到高温热源.为了描述制冷机的制冷效能,我们引入制冷系数(coefficient of refrigerating)的概念,定义为:在一次循环中,制冷机从低温热源吸取的热量与外界做功之比,即

$$e=\frac{Q_2}{W}=\frac{Q_2}{Q_1-Q_2} \tag{9-37}$$

注意:式(9-36)、(9-37)中的所有物理量均取绝对值.

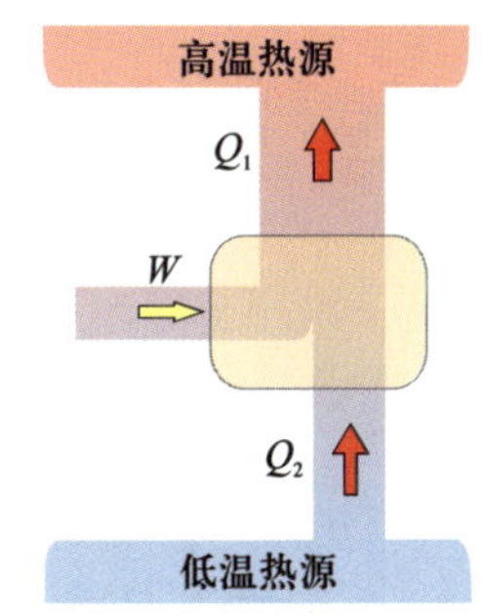

图 9-29 制冷机工作原理.外界对工作物质做功,使工作物质从低温热源吸收热量,并向高温热源放出热量

9-4-3 卡诺循环及其效率

蒸汽机的发明虽然对 19 世纪的工业起到了积极的影响作用,但是当时蒸汽机的效率却非常低,一般达不到 5 %.正是在这种形势下,一大批科学家和工程师开始从事提高热机效率的理论研究.1824 年,法国青年工程师卡诺(S. Carnot,1796—1832)提出一种理想热机,工作物质只与两个恒定热源(一个高温热源、一个低温热源)交换热量.整个循环过程由两个等温过程和两个绝热过程构成,这种循环过程称为卡诺循环(Carnot cycle).

如图 9-30 所示,在 AB 过程中,工作物质从高温热源 T_1 吸收热量,体积从 V_A 等温地缓慢膨胀至 V_B;BC 过程中工作物质在无热源的情况下绝热膨胀至 V_C;CD 过程中工作物质向低温热源 T_2 放出热量的同时被等温地压缩至 V_D;DA 过程中工作物质在绝热条件下,继续被压缩回原来的体积 V_A,完成一次循环.下面我们以理想气体为工质讨论卡诺循环的效率.

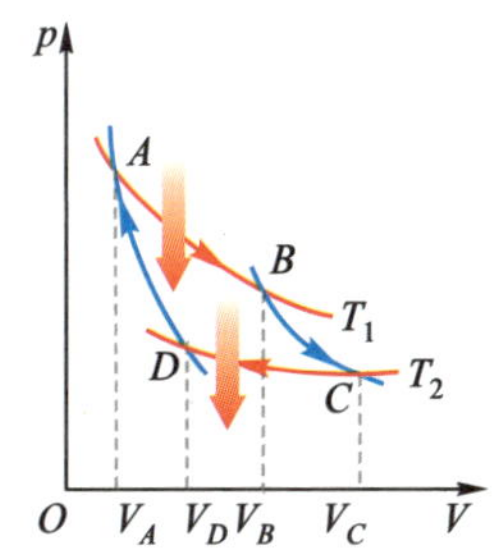

图 9-30 由两个等温过程和两个绝热过程构成的卡诺循环,工作物质在高温热源吸收热量,并对外做功,同时向低温热源放出热量

在两个等温过程中吸收和放出的热量 Q_1 和 Q_2(取绝对值)分别为

$$Q_1=Q_{AB}=\frac{m}{M}RT_1\ln\frac{V_B}{V_A} \quad (吸热)$$

$$Q_2=Q_{CD}=\frac{m}{M}RT_2\ln\frac{V_C}{V_D} \quad (放热)$$

由热机的效率公式(9-36),卡诺循环的效率为

$$\eta=1-\frac{Q_2}{Q_1}$$

$$=1-\frac{\frac{m}{M}RT_2\ln\frac{V_C}{V_D}}{\frac{m}{M}RT_1\ln\frac{V_B}{V_A}}=1-\frac{T_2}{T_1}\frac{\ln\frac{V_C}{V_D}}{\ln\frac{V_B}{V_A}} \tag{9-38}$$

动画 卡诺循环(横屏观看)

考虑到 DA、BC 分别为绝热过程,应满足理想气体的绝热方程(9-28b),有

$$V_A^{\gamma-1}T_1=V_D^{\gamma-1}T_2 \quad 和 \quad V_B^{\gamma-1}T_1=V_C^{\gamma-1}T_2$$

将以上两式两边分别相除，可得

$$\frac{V_B}{V_A}=\frac{V_C}{V_D} \tag{9-39}$$

将上式代入式(9-38)，便可给出卡诺循环的效率公式为

$$\eta=1-\frac{Q_2}{Q_1}=1-\frac{T_2}{T_1} \tag{9-40}$$

卡诺循环是无摩擦准静态的理想循环，是对实际热机抽象的结果.卡诺循环的效率只与两个热源温度有关，而与工作物质无关.从式(9-40)不难看出，卡诺循环的效率取决于两个热源的温度.无论是提高高温热源的温度，还是降低低温热源的温度，都可以提高热机的效率，但实际上低温热源的温度受到大气温度的限制，降低低温热源温度需要额外消耗能量，所以只有尽可能提高高温热源的温度才有助于提高卡诺热机的效率.

如果让卡诺循环沿逆时针方向进行，那就是卡诺制冷循环.在逆循环过程中，外界对系统做功 W，使系统从低温热源 T_2 吸收热量 Q_2，并向高温热源 T_1 放出热量 Q_1.卡诺逆循环的制冷系数为

$$e=\frac{Q_2}{W}=\frac{Q_2}{Q_1-Q_2}$$

由式(9-40)可知，$Q_2/Q_1=T_2/T_1$，将其代入上式，便得

$$e=\frac{T_2}{T_1-T_2} \tag{9-41}$$

例 9-6

奥托内燃机的循环过程如图9-31所示.$E\to A$ 为吸入燃料过程，$A\to B$ 为压缩过程，$B\to C$ 为燃烧过程，$C\to D$ 为工作过程(膨胀过程)，$D\to A$ 为气门打开时的降压过程，$A\to E$ 为废气的排出过程，过程 $A\to B$、$C\to D$ 可认为是绝热的.过程 $B\to C$、$D\to A$ 可认为是等容的.试证明循环的效率为 $\eta=1-\left(\frac{V_2}{V_1}\right)^{\gamma-1}$

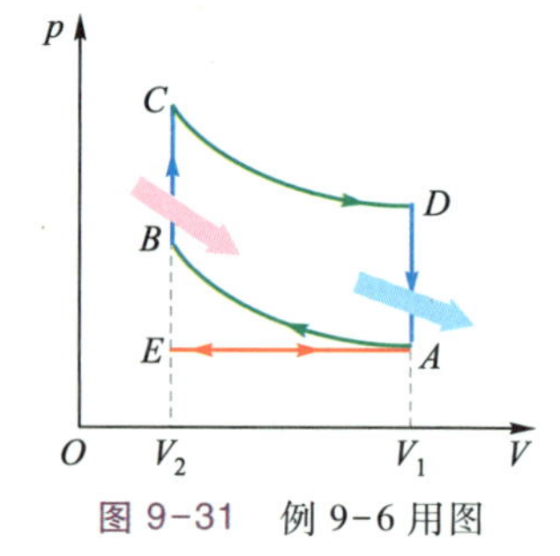

图 9-31 例 9-6 用图

证明 放热过程 $|Q_{DA}|=\frac{m}{M}C_{V,m}(T_D-T_A)$

吸热过程 $Q_{BC}=\frac{m}{M}C_{V,m}(T_C-T_B)$

热机效率 $\eta=1-\frac{Q_2}{Q_1}=1-\frac{|Q_{DA}|}{Q_{BC}}$

$$=1-\frac{T_D-T_A}{T_C-T_B}$$

AB 过程、CD 过程为绝热过程，有

$$T_A V_A^{\gamma-1}=T_B V_B^{\gamma-1}$$

$$T_D V_D^{\gamma-1}=T_C V_C^{\gamma-1}$$

两式相减，并利用 $V_A=V_D=V_1$，$V_B=V_C=V_2$ 化简，可得

$$(T_D-T_A)V_1^{\gamma-1}=(T_C-T_B)V_2^{\gamma-1}$$

$$\frac{T_D-T_A}{T_C-T_B}=\left(\frac{V_2}{V_1}\right)^{\gamma-1}$$

将上式代入效率公式，可得

$$\eta=1-\left(\frac{V_2}{V_1}\right)^{\gamma-1}$$

例 9-7

一卡诺循环 $ABCDA$，其工质为理想气体，热源温度 $T_1=100$ ℃，冷凝器温度 $T_0=0$ ℃. 如果维持冷凝器温度不变，提高热源温度到 T_2，使循环 $ABC'D'A$ 的净功增加为原循环 $ABCDA$ 的两倍，如图 9-32 所示. 试求：(1) $ABC'D'A$ 循环的热源温度 T_2；(2) $ABC'D'A$ 循环的效率.

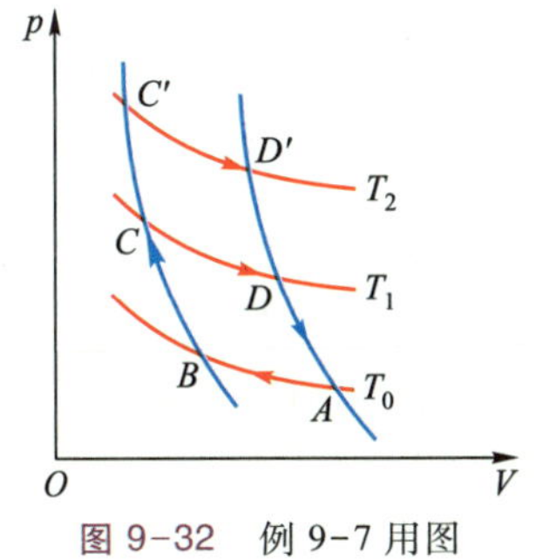

图 9-32 例 9-7 用图

解 (1) 利用热机效率公式(9-36)和卡诺热机效率公式(9-40)，有

$$\eta_1=\frac{W_1}{Q_{1吸}}=\frac{W_1}{W_1+|Q_{1放}|}=1-\frac{T_0}{T_1}$$

式中各物理量的脚标 1 是对 $ABCDA$ 循环而言的，解得

$$|Q_{1放}|=\frac{T_0}{T_1-T_0}W_1$$

同理，对 $ABC'D'A$ 循环而言，有

$$\eta_2=\frac{W_2}{Q_{2吸}}=\frac{W_2}{W_2+|Q_{2放}|}=1-\frac{T_0}{T_2}$$

式中各物理量的脚标 2 是对 $ABC'D'A$ 循环而言的，解得

$$|Q_{2放}|=\frac{T_0}{T_2-T_0}W_2$$

由题意，$ABCDA$ 循环和 $ABC'D'A$ 循环的放热都是在状态 A 和状态 B 之间的等温过程中发生的，因此有

$$|Q_{1放}|=|Q_{2放}|$$

从而可得

$$\frac{T_0}{T_2-T_0}W_2=\frac{T_0}{T_1-T_0}W_1$$

且已知 $W_2=2W_1$，即

$$\frac{2}{T_2-T_0}=\frac{1}{T_1-T_0}$$

于是，便可算得 $ABC'D'A$ 循环的热源温度

$$T_2=2T_1-T_0=2\times373\ \text{K}-273\ \text{K}=473\ \text{K}$$

(2) 此时，卡诺循环的效率为

$$\eta_2=1-\frac{T_0}{T_2}=1-\frac{273}{473}=42.3\%$$

9-5 热力学第二定律

9-5-1 热力学过程的方向性

冬天里人们常爱倒一杯热水，然后用手捂着杯子，暖和一下被冻僵的手.这时我们会感觉到手逐渐变暖，而热水则逐渐变凉.这是因为不断有热量自发地从杯子向手传递.但是我们是否想过，为什么热量不会自发地从我们的手向杯子传递呢？这并不违反能量守恒定律.如果这种情况真会发生，那么我们的手会越来越冷，而杯中的水则会越来越热.可我们有谁见过这样的现象吗？从来没有过.显然，热量的传递具有方向性，它只能自发地从高温物体向低温物体传递.

在焦耳的热功当量实验中（图9-10），重物自动下落，带动叶片在水中转动，与水发生摩擦，这时机械能完全转化为水的内能，致使水温升高.但是就是这样一个系统，我们也无法让水的温度自动降低来使轮子转动起来，从而达到提升重物的目的.显然，功热转化也具有方向性.

其实，自然界的许多实际过程都具有方向性.例如将一滴墨水滴入清水中，墨水会自发地向周围逐渐扩散，经过足够长的时间后，两种液体均匀混合.但是它的逆过程，即墨水自发地从弥散的混合状态逐渐收缩为一滴，与清水分离，这种现象永远不会实现.显然，扩散过程具有方向性.

对于实际的自发过程具有方向性这一事实，我们将引入不可逆过程和可逆过程的概念.如果一个系统从某一状态经过一个过程到达另一状态，而它的逆过程可以使系统逆向重复原过程的每一状态而回到原来的状态，并且在逆过程中不会引起其他的变化，则原来的过程称为**可逆过程**（reversible process）；反之，如果系统不能重复原过程每一状态回复到初态，或者虽然可以复原，但是不可避免地引起了其他的变化，这样的过程称为**不可逆过程**（irreversible process）.

大量事实告诉我们，自然界一切与热现象有关的实际宏观过程都是不可逆的，所谓可逆过程只是一种理想过程.在实际过程中，如果能够忽略摩擦等耗散力所做的功，并且过程进行得足够缓慢，则这样的过程可以近似被当作可逆过程来处理.能够实现可逆过程的机器称为**可逆机**（reversible engine），否则称为**不可逆机**（irreversible engine）.可逆过程的概念在理论研究和计算上有着重要意义.

9-5-2 热力学第二定律

一切与热现象有关的实际宏观过程都具有不可逆性反映了自然界的一种普遍规律,热力学第二定律正是这一规律的总结.

热力学第二定律是在研究热机和制冷机的工作原理以及如何提高它们效能的基础上逐渐被认识和总结出来的.

由热机的效率表达式 $\eta=1-Q_2/Q_1$ 可知,在一个完整的循环过程中,工作物质向低温热源放出的热量 Q_2 越少,热机的效率就越高.可以设想,如果 $Q_2=0$,那么热机效率就可以达到 100 %,这就是说,系统只从单一热源吸取热量完全用来对外做功.如果这种情况能够实现,那真是求之不得.例如,巨轮出海可以不必携带燃料,而直接从海水中吸取热量转化为机械功作为轮船的动力,这并不违反热力学第一定律.能够实现只从单一热源吸取热量并完全转化为有用功的热机称为**第二类永动机**.但事实并非如此,任何热机必须工作在两个热源之间,在高温热源吸取的热量中只有一部分能转化为有用的功,而另一部分则会在低温热源释放掉.1851 年英国物理学家开尔文(Lord Kelvin,W. Thomson,1824—1907)指出:不可能制成这样一种热机,它只从单一热源吸取热量,并将其完全转变为有用的功而不产生其他影响.这就是热力学第二定律的**开尔文表述**.显然,热力学第二定律否定了第二类永动机的存在.

在此之前,1850 年,德国物理学家克劳修斯(R.Clausius,1822—1888)在对制冷机的工作原理进行研究时指出:**不可能把热量从低温物体传到高温物体而不产生其他影响**.这是热力学第二定律的又一种表述,称为**克劳修斯表述**.克劳修斯表述也可以表述为:**热量不可能自发地从低温热源向高温热源传递**.

热力学第二定律的两种表述分别用到了两个不可逆过程.开尔文表述反映了热功转化的不可逆性;而克劳修斯表述则反映了热传导的不可逆性,两者在形式上虽然不同,但其实质却是一致的.我们可以用反证法互相推证两种表述的一致性.首先我们来证明,克劳修斯表述不成立,则开尔文表述也必不成立.如图 9-33 所示,假设热量 Q_2 可以自发地从低温热源 T_2 传到高温热源 T_1.然后设想一部卡诺热机工作在这两个热源之间.工作物质从高温热源吸收热量 Q_1,并向低温热源放出热量 Q_2,热机对外做功 $W=Q_1-Q_2$.在一次循环后,总的效果是系统从高温热源净吸收了热量 Q_1-Q_2,全部用来对外做功,而在低温热源的净吸放热量为零.这就是说,系统从单一热源吸收热量用来全部对外做功,而并没有产生其他影响,这与开尔文表述不一致.

相反,如果假设开尔文表述不成立,如图 9-34 所示,从高温热源吸收的热量 Q_1 可以全部用来对外做功($W=Q_1$),这时我们让这部分功来驱动在这两个热源之间工作的一部制冷机,使它从低温热源吸收热量 Q_2,在高温热源放出的热量为 Q_1+Q_2.在一个循环后,其总效果是热量 Q_2 从低温热源传到高温热源,而对外界没有产生任何影响.这就是说,克劳修斯表述也不成立.

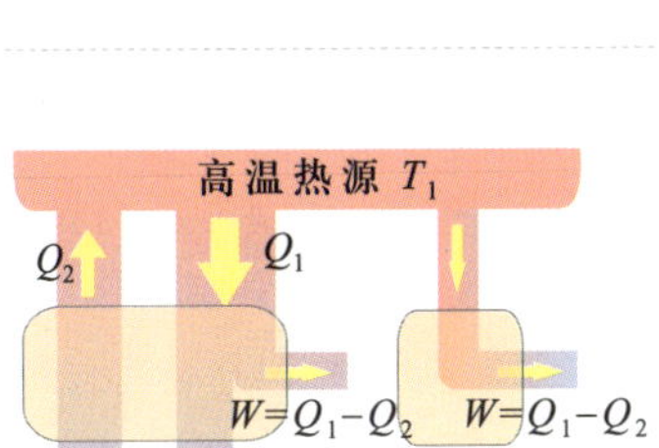

图 9-33 热力学第二定律两种表述的等效性证明.假设克劳修斯表述不成立,那么开尔文表述也不成立

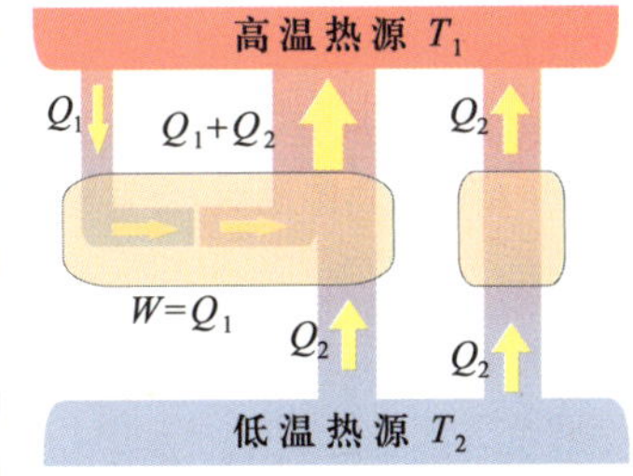

图 9-34 热力学第二定律两种表述的等效性证明.假设开尔文表述不成立,那么克劳修斯表述也不成立

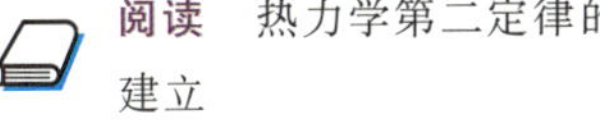

阅读 热力学第二定律的建立

9-5-3 卡诺定理

18世纪工业革命以后,蒸汽机得到了广泛的应用,但是人们遇到的一个最突出的问题是蒸汽机的效率实在太低,一般不超过5%.由于当时对蒸汽机的理论了解甚少,仅仅凭借经验来改善其效率,因此收效不大.当时,法国青年工程师卡诺在提高热机效率方面做了大量的理论研究,并于1824年发表了《关于热的动力的思考》一文.在他所提出的理想循环——卡诺循环的基础上,进一步提出了关于热机效率的核心论点——卡诺定理(Carnot theorem):

定理1:在相同的高温热源和相同的低温热源之间工作的一切可逆热机,其效率都相等,与工作物质无关.

既然任何可逆机在相同的热源之间工作的效率相等,那么,我们就可以用工作物质为理想气体的卡诺机来具体确定一切可逆机的效率,有

$$\eta = 1-\frac{T_2}{T_1}$$

定理2:在相同的高温热源和相同的低温热源之间工作的一切不可逆热机,其效率都小于可逆热机的效率,于是有

$$\eta \leqslant 1-\frac{T_2}{T_1} \quad (\text{可逆机取等号}) \qquad (9-42)$$

卡诺定理为提高热机的效率指明了方向.一是尽可能使实际的热机接近于可逆机,具体来说,就是要减少各种耗散力做功,避免漏气、漏热等情况出现;二是尽可能地提高高温热源的温度.从理论上讲,降低低温热源的温度也可以提高热机的效率,但是要获得较低的温度需要耗费较大能量,很不经济.因此通常采用与环境温度接近的冷凝器作为低温热源.

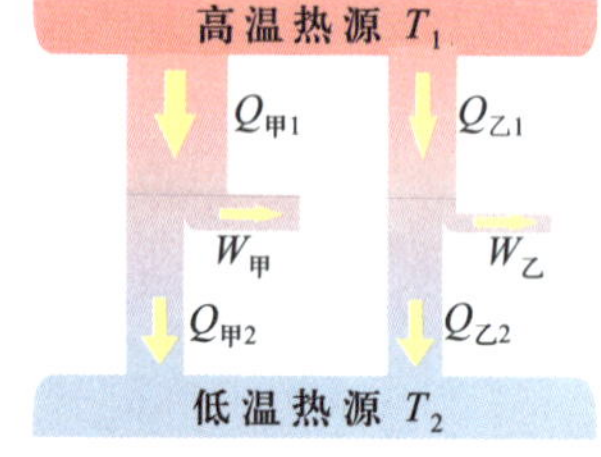

(a) 两部可逆热机甲、乙同时工作于两个相同的热源之间,而且放热相同

卡诺当时是用"热质说"的观点来对他的定理进行推证的,而热质说认为热的本性是一种物质,热量的传递是一种热素的流动.现在已经证明,热质说是一种错误的观点.证明卡诺定理的正确方法是采用热力学第二定律.下面我们从热力学第二定律出发来证明卡诺定理.

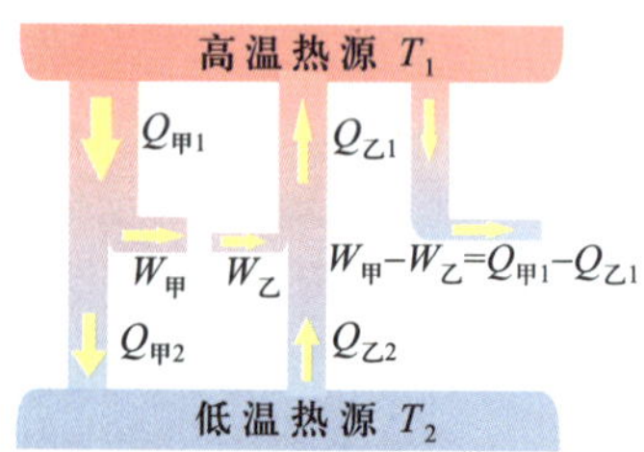

(b) 卡诺定理证明.若要不违背热力学第二定律的开尔文表述,两部可逆热机的效率必须相等

图 9-35

假设 T_1 为高温热源的温度,T_2 为低温热源的温度,同时有两部可逆热机甲、乙工作于两个热源之间,如图9-35(a)所示.两可逆热机的吸热分别为 $Q_{甲1}$、$Q_{乙1}$;放热分别为 $Q_{甲2}$、$Q_{乙2}$,且使 $Q_{甲2}=Q_{乙2}$;系统对外做功分别为 $W_甲$、$W_乙$,则两可逆机的效率 $\eta_甲$、$\eta_乙$ 分别为

$$\eta_甲 = 1-\frac{Q_{甲2}}{Q_{甲1}}$$

$$\eta_乙 = 1-\frac{Q_{乙2}}{Q_{乙1}}$$

我们现在利用反证法证明:如果 $\eta_甲 \neq \eta_乙$,则将与热力学第二定律相矛盾.假设

$\eta_{甲}>\eta_{乙}$，则有

$$1-\frac{Q_{甲2}}{Q_{甲1}}>1-\frac{Q_{乙2}}{Q_{乙1}}$$

由 $Q_{甲2}=Q_{乙2}$，得 $Q_{甲1}>Q_{乙1}$.

现在让可逆热机乙作逆循环，作为制冷机来使用，如图 9-36(b)所示.对热机甲来说，系统对外做功 $W_{甲}=Q_{甲1}-Q_{甲2}>0$，而对热机乙来说外界对系统做功 $W_{乙}=Q_{乙1}-Q_{乙2}$，如今我们把这两部热机作为一个复合机系统，则整个系统对外做功为

$$W=W_{甲}-W_{乙}=Q_{甲1}-Q_{甲2}-Q_{乙1}+Q_{乙2}$$

化简后为

$$W=Q_{甲1}-Q_{乙1}>0$$

由于 $Q_{甲2}=Q_{乙2}$，因此复合机的总效果是系统从 T_1 这个单一热源吸收热量 $Q_{甲1}-Q_{乙1}$完全用来对外做功，而没有产生任何其他影响.显而易见，这就违反了热力学第二定律的开尔文描述.所以 $\eta_{甲}\not>\eta_{乙}$.

同理可以证明，$\eta_{甲}\not<\eta_{乙}$.综合上面的讨论可知，只有一种可能，即 $\eta_{甲}=\eta_{乙}$.这就证明了定理 1.

至于定理 2，只要用上面前半部分的证明就行了，请读者自行考虑.

阅读 卡诺的热机理论

思考题

9-1 一金属杆一端与沸水接触，另一端与冰水接触，过一段时间后，金属杆上的温度不随时间变化，问金属杆上各点的温度是否相同？此时的金属杆是否处于平衡态？为什么？

9-2 什么是准静态过程？如何才能实现准静态过程？

9-3 理想气体物态方程的微分形式 $pdV=(m/M)RdT$，$pdV+Vdp=0$，$Vdp=(m/M)RdT$ 分别表示什么过程？

9-4 内能与机械能的概念有什么区别？

9-5 内能和热量有什么区别，是否温度越高则内能越大，热量越多？

9-6 说明焦耳热功当量实验在建立热力学第一定律过程中所起的作用.

9-7 试解释为什么两条等温线不相交，两条绝热线不相交，等温线和绝热线只有一个相交点.

9-8 试解释为什么在 $p-V$ 图上绝热线要比等温线陡.

9-9 试分别在 $p-T$ 图和 $V-T$ 图上表示等容过程、等压过程、等温过程、绝热过程.

9-10 一绝热容器被隔板等分为左右两半，左边充满理想气体.其温度为 T_0，压强为 p_0，右边为真空.当把隔板抽出后，左边气体向右边真空部分自由膨胀，问达到平衡后气体的温度与压强各为多少？

9-11 为什么气体的摩尔热容的数值可以有无限多个？分别指出等容过程、等压过程、等温过程、绝热过程的摩尔热容.对不同的气体而言，相同过程的摩尔热容是否相同？

9-12 什么是卡诺循环？一个卡诺机的工作效率取决于什么条件？怎样才能提高卡诺机的工作效率？

9-13 在一个房间里，有一台冰箱正在工作.如果打开冰箱的门，能不能降低房间的温度？为什么？温度将会怎样变化？用空调能不能降低房间的温度？为什么？

习题

9-1 一个热气球通过加热，其内部气体密度低于外部环境空气密度，从而获得升力.假设热气球的体积是 1 800 m^3，气球负载重量 2 700 N(设备和载客)，外界环境温度是 0 ℃.试计算在地面附近使热气球匀速上升时，气球内部气体的温度.并讨论热气球采用这种方法上升时影响热气球上升高度的因素.(已知空气在标准状态下的密度是 1.293 $kg \cdot m^{-3}$.)

9-2 目前真空设备的真空度可达到 10^{-18} Pa，求此真空度下，1 m^3 空气内有多少个分子？设空气的温度为 27 ℃.

9-3 星际空间氢云内的氢原子数密度可达 10^{10} m^{-3}，温度可达 10^4 K，求氢云内的压强.

9-4 一系统由如图所示的 A 状态沿 ACB 到达 B 状态，吸收热量 335 J，系统对外做功 126 J.问：(1) 经 ADB 过程，系统做功 42 J，求系统吸收热量多少？(2) 当系统由 B 状态沿曲线 BA 返回 A 状态时，外界对系统做功为 84 J，求系统吸收多少热量？

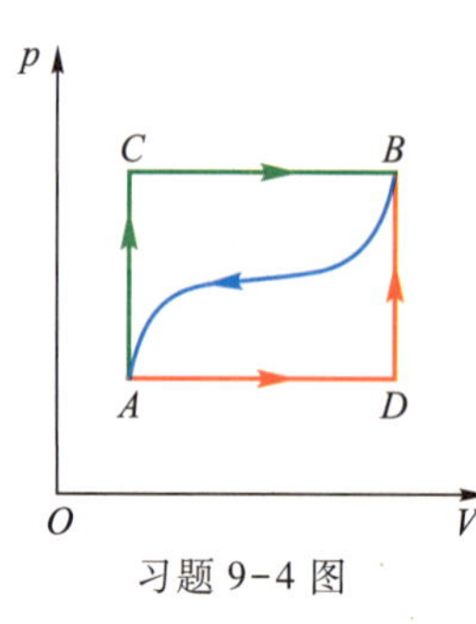

习题 9-4 图

9-5 质量为 2.8 g，温度为 27 ℃，压强为标准大气压的氮气，先经等压膨胀至体积加倍，再经等容过程至压强加倍，最后经等温过程，使其压强恢复至初态.试求气体在全过程中所做的功以及吸收的热量和内能的改变量.

9-6 在一个大教室内，有 200 位学生，假设每位学生每秒新陈代谢所产生的热量为 13.0 J，教室的容积为 1 200 m^3，初始压强为 1.01×10^5 Pa，初始温度为 21 ℃，室内气体的摩尔定容热容为 $5R/2$，如果学生新陈代谢所产生的热量全部被气体吸收，则 50 min 以后，教室的温度为多少？

9-7 一家发电厂的机组发电效率是 38%，输出功率是 1 000 MW，冷却塔将耗散热量排放于大气之中.(1) 如果环境温度提高了 7 ℃，则每天有多少体积的空气被加热？(2) 如果被加热的空气层厚度为 $H=200$ m，则环境温度升高波及的范围有多少？(已知空气的摩尔热容 $C_m=29.3\ J \cdot mol^{-1} \cdot K^{-1}$ 为一常量；假设初始环境温度为 20 ℃，忽略大气压强随温度的变化.)

9-8 温度为 25 ℃，压强为标准大气压的 1 mol 刚性双原子分子理想气体，经等温过程体积膨胀至原来的 3 倍.(摩尔气体常量 $R=8.31\ J \cdot mol^{-1} \cdot K^{-1}$.) (1) 计算这个过程中气体对外所做的功.(2) 假如气体经绝热过程体积膨胀至原来的 3 倍，那么，气体对外所做的功为多少？

9-9 一理想气体的可逆循环过程如图所示，MN 为等温过程，NK 为绝热过程，填表.用“+”表示增量，“-”表示减量，“0”表示不变.

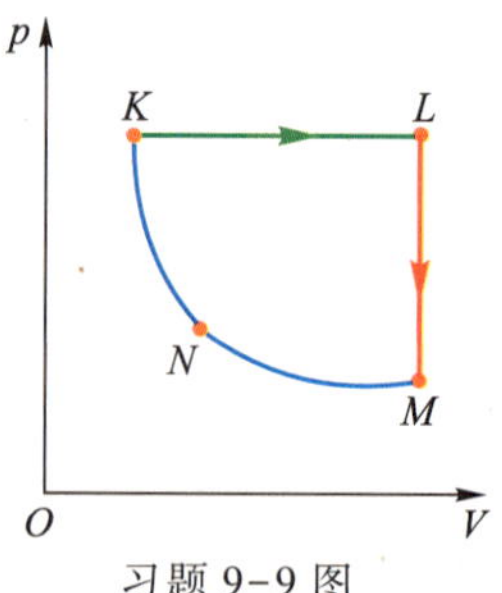

习题 9-9 图

过程	ΔQ	W	ΔE	ΔT
KL				
LM				
MN				
NK				

9-10 如图所示，$ABCDA$ 为 1 mol 单原子分子理想气体的循环过程.试求：(1) 气体循环一次，在吸热过程中从外界吸收的热量；(2) 气体循环一次对外界做的功；(3) 此循环的效率.

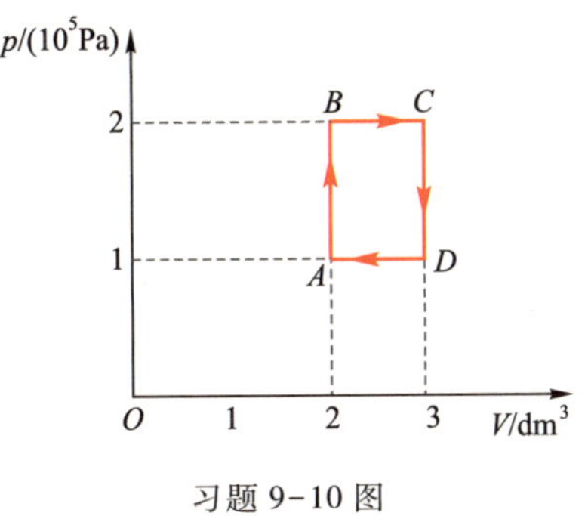

习题 9-10 图

9-11 四冲程柴油机工作的理论循环(狄塞尔循环)如图所示，其中 BC 为绝热压缩，DE 为绝热膨胀，CD 为等压膨胀，EB 为等容冷却过程.已知体积 V_1、V_2、V_3 及摩尔热容比 γ，求此循环的效率.

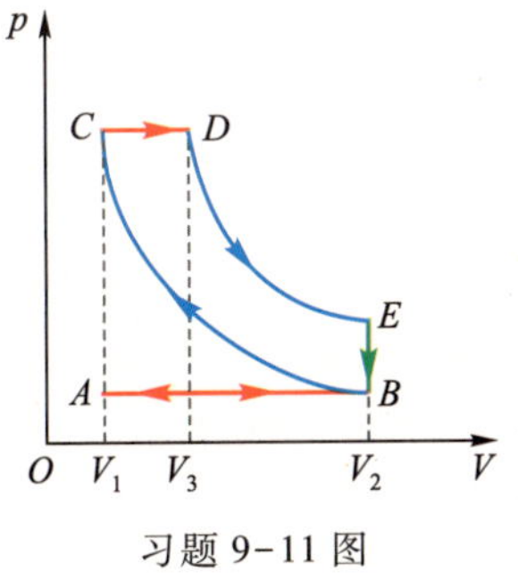

习题 9-11 图

9-12 如果利用海水不同深度的温度差来制造热机，已知表层海水的温度为 25 ℃，300 m 深处的海水温度为 5 ℃，那么 (1) 在这两个温度之间工作的卡诺热机的效率为多大？(2) 设想一电站在此最大理论效率下工作时获得的机械功率是 1 MW，则它将以多大的速率排出废热？

9-13 室内、外的温度分别为 299 K 和 312 K，一工作的卡诺空调机向室外排放的热量为 6.12×10^5 J，则在室内可吸收多少热量？

9-14 室外的气温为 32 ℃时，用空调器维持室内温度为 21 ℃.已知漏入室内的热量的速率是 $3.8\times10^4\ \mathrm{kJ\cdot h^{-1}}$，求所用空调器需要的最小机械功率.

*9-15 以二氧化碳气体为例编写程序绘制范德瓦耳斯气体等温线，要求输入温度后便可画出相应等温线.已知范德瓦耳斯气体方程为 $\left(p+\frac{a}{V_m^2}\right)(V_m-b)=RT$，其中对二氧化碳气体而言，$a=0.360\ 6\ \mathrm{Pa\cdot m^6\cdot mol^{-2}}$，$b=0.042\ 80\times10^{-3}\ \mathrm{m^3\cdot mol^{-1}}$.

*9-16 一热力学系统作卡诺循环，1 mol 双原子理想气体从压强 $p_1=6\times10^5$ Pa，体积 $V_1=10^{-2}\ \mathrm{m^3}$ 的状态 1 经等温膨胀过程到达状态 2，此时体积为原来的 3 倍，再经绝热膨胀过程到达状态 3，这时的温度为 300 K，最后经过等温压缩和绝热压缩过程回到状态 1，形成循环.试编程绘制 $p-V$ 图，并计算卡诺循环效率.

喜马拉雅山脉位于青藏高原南缘，是全球海拔最高的山脉.其中有 110 多座山峰海拔超过 7 000 m，主峰珠穆朗玛峰海拔 8 844.43 m，堪称世界第一高峰.人们在高原的第一反应是寒冷和缺氧，这是因为密度随着海拔的升高而减小，同时大气压强和温度都将随之降低，这是一种热现象.气体动理论会让我们了解空气的密度、环境的气压和温度与海拔高度之间的关系.

第 10 章 气体动理论

气体动理论(kinetic theory of gases)是统计物理学的一个组成部分，它是由麦克斯韦(J.C. Maxwell,1831—1879)、玻耳兹曼(L.Boltzmann,1844—1906)等人在 19 世纪中叶建立起来的.这一理论从气体的微观模型出发，根据大量分子运动所表现出来的统计规律，解释气体的宏观热性质，从而揭示气体所表现出来的宏观热现象的本质.

早在 1738 年伯努利(D.Bernoulli)就认为气体由大量激烈运动的分子组成，气体的压强来自分子对器壁的碰撞.1744 年罗蒙诺索夫提出热是分子运动的表现，他把机械运动的守恒定律推广到分子运动的热现象中去.1857 年克劳修斯把分子看成无限小的质点，假设分子以平均速率运动，首先导出了气体的压强公式，1858 年克劳修斯采用弹性球分子模型，利用概率概念，导出了平均自由程的公式.1859 年麦克斯韦指出，气体分子的频繁碰撞并未使它们的速率趋于一致，而是出现稳定的分布，他首次导出平衡态气体分子的速率分布和速度分布，即麦克斯韦分布，据此可得到能量按自由度均分定理，玻耳兹曼将麦克斯韦分布推广到处于保守场的气体中，得到了玻耳兹曼能量分布律，玻耳兹曼还提出了熵的统计解释.

气体动理论的建立和发展标志着物理学进入了分子世界.作为第一个微观理论，它采用的概率概念和统计平均方法已被后来的统计理论继承.

10-1 气体动理论的基本概念

10-1-1 分子动理论的基本观点

自然界的一切宏观物体，无论是气体、液体还是固体，都是由大量分子或原子构成的. 1 mol 的任何物质含有的分子数都相同，这个数称为阿伏伽德罗常量，用符号 N_A 表示，有

$$N_A = 6.022\ 140\ 76 \times 10^{23}\ \text{mol}^{-1}$$

表 10-1 分别列出了固态、液态和气态三种不同物质的一些物理量. 从中可以看出，在一般情况下，固体和液体的分子数密度 n 的数量级约为 10^{28}，而气体的分子数密度的数量级约为 10^{25}.

表 10-1 单位体积内的分子数

	密度 $\rho/(\text{kg}\cdot\text{m}^{-3})$	摩尔质量 $M/(\text{kg}\cdot\text{mol}^{-1})$	分子质量 m_0/kg	分子数密度 n/m^{-3}
铁	7.8×10^{3}	56×10^{-3}	9.3×10^{-26}	8.4×10^{28}
水	10^{3}	18×10^{-3}	3.0×10^{-26}	3.3×10^{28}
氮	1.15	28×10^{-3}	4.6×10^{-26}	2.5×10^{25}

分子与分子之间存在着一定的距离. 固体和液体的分子间距较小，一般很难被压缩. 但是，实验发现，即使是致密钢材，其分子间还是存在一定的间隙. 在密闭的钢瓶内放满油，然后加压，当压强达到 2×10^{9} Pa 时会发现油透过钢瓶壁渗出，这就表明钢材料的分子之间存在间隙. 就气体而言，其分子间距要大得多，因此很容易被压缩. 以氧气为例，在标准状态下平均每个分子所占有的体积是氧分子本身体积的 1 000 倍. 因此在常态下气体分子自身的体积可以忽略，从而被看作质点来处理. 但是在高压情况下当另作别论.

分子间存在相互作用力. 固体和液体之所以能聚集在一起，是由于分子之间的相互吸引力. 不同材料分子之间的作用力不同，固体材料分子间的作用力最大，分子只能被束缚在各自的平衡位置附近振动. 例如，要切开一块金属或使金属发生形变，需要很大的外力来克服分子间的相互作用；液体分子之间的作用力相对要小得多，因此它具有流动性，其形状可以任意改变；气体分子间的作用力最小，在常温、常压下其作用力几乎为零，分子可以自由运动. 因此，在一般情况下，研究气体的性质时可以忽略分子之间的相互作用.

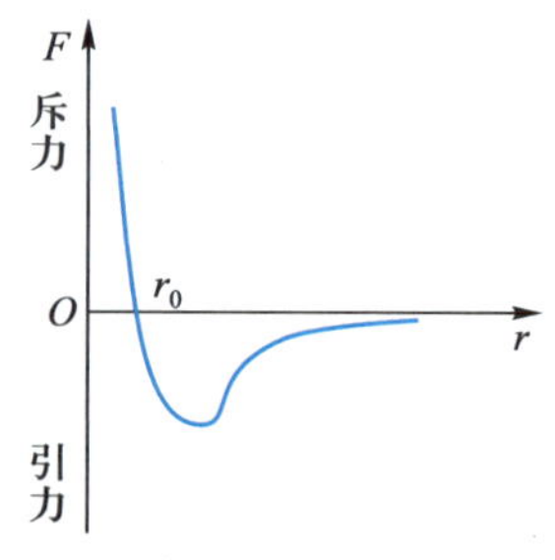

图 10-1 分子作用力. 当 $F<0$ 时，分子之间的作用表现为引力，当 $F>0$ 时，分子之间的作用表现为斥力

分子之间的相互作用可以是引力，也可以是斥力，其作用规律如图 10-1 所示. r_0 为分子间引力与斥力相互平衡时的距离（约为 10^{-10} m）. 当分子间距为 r_0 时，分子之间的作用力 $F=0$；当分子间距 $r<r_0$ 时，$F>0$，分子之间的作用力表现为斥力，相应的曲线非常陡峭，随着间距变小，斥力迅速增大；当 $r>r_0$

时，$F<0$，分子之间的作用力表现为引力，随着分子间距 r 增大，引力迅速减小，一般当 $r>10r_0$ 时，分子之间的作用力可以忽略不计.因此分子之间的作用力是一种短程力.

1827 年，英国植物学家布朗（R.Brown，1773—1858）用显微镜观察悬浮在液体中的花粉，发现花粉颗粒在液体中不停地作无规则的运动，这种运动称为**布朗运动**（Brownian motion）.图 10-2 是追踪花粉颗粒运动的轨迹.这种直径约为 10^{-6} m 的花粉微粒为什么会走出这样一种无规则的轨迹呢？这是因为它受到了周围液体分子不断的碰撞.由于花粉颗粒非常小，而各个方向运动的分子对它的碰撞并不均匀，因此花粉颗粒将沿分子碰撞较强烈的方向运动.布朗运动间接地反映了一个很重要的事实：**构成物质的分子处于永恒的、杂乱无章的运动之中**.

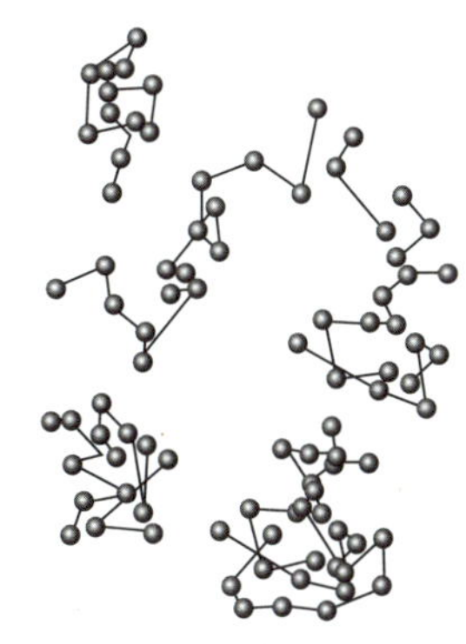

图 10-2 布朗运动.追踪花粉颗粒运动的轨迹图，可以得到一个结论：构成物质的分子处于永恒的、杂乱无章的运动之中

动画 布朗运动

10-1-2 分子热运动与统计规律

一切宏观热现象从本质上而言，是由于构成物质的大量分子作杂乱无章运动的外在表现，因此这种大量分子无规则的运动又称为热运动.分子动理论是从分子的微观热运动出发探讨宏观热现象的理论，旨在解释气体的宏观性质及其规律的微观本质.就大量的气体分子而言，由于分子之间的频繁碰撞，使得各个分子的运动毫无规律可循.在任意时刻，某个分子位于何处，具有怎样的速度、动量、能量，都有一定的偶然性.但是就大量分子的整体表现来看，却呈现出一种必然的规律性，这种大量分子运动偶然事件在整体上所呈现的规律性，称为**统计规律性**（statistical regularity）.每个分子的运动遵从力学规律，而大量分子的热运动则遵从统计规律，这就是气体动理论的基本观点.

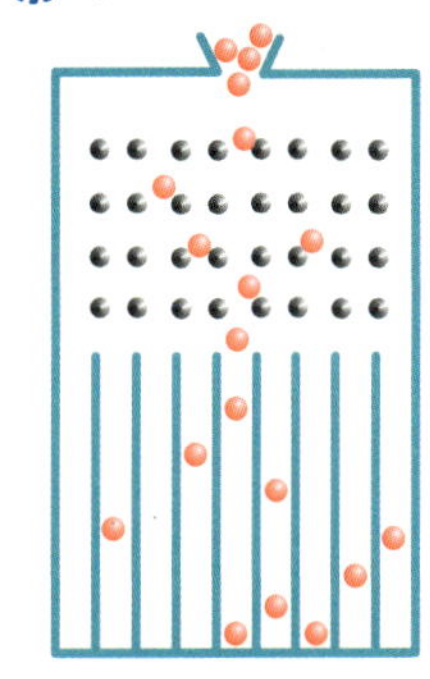

图 10-3 某一个小球落入伽尔顿板中的哪一条狭槽是完全偶然的

视频 伽尔顿板实验

为了帮助理解统计规律性，我们先来看一个模拟演示实验（视频：伽尔顿板实验）.图 10-3 是伽尔顿板的实验示意图.在一块竖直放置的平板上部，有一排排等间隔的铁钉，下面部分是用隔板隔开的等宽狭槽，顶部有一个漏斗状的开口，小钢球由此落入，掉进狭槽.在实验中，首先我们将小球一个一个地从开口处投入，小球与铁钉发生碰撞，最后落入某一条狭槽里.我们发现对每一个小球而言，落在哪个狭槽完全是偶然的，这种现象称为**随机现象**.随着投入的小球越来越多，最后我们看到小球在各狭槽中的分布如图 10-4 所示，中间狭槽中的小球较多，两侧狭槽中的小球较少.然后，我们一次性地将大量的小球同时投入，其分布还是和原来几乎一样.多次重复实验都可以得到同样的结果.对于某一个小球，每次可能出现在不同的狭槽内，但是小球出现在每个狭槽的概率却是不变的.这就表明，大量偶然的事件在整体上表现出统计规律.**统计规律告诉我们，可以通过对微观物理量求统计平均值的方法得到宏观物理量**.气体分子杂乱无章的微观热运动在宏观上遵循一定的统计规律.下面我们将会看到，气体的宏观参量（温度、压强等）是气体分子热运动的微观量的统计平均值.

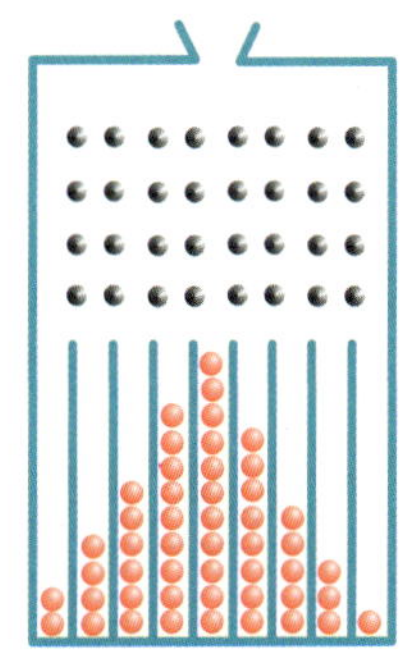

图 10-4 大量小球在各狭槽中的分布具有统计规律性

10-2 麦克斯韦速率分布

气体的宏观热现象表现为具有一定的压强、温度和内能等.气体动理论认为这些在实验室里可以测量到的宏观参量是由于大量微观分子作杂乱无章热运动的统计平均结果,而这些统计平均值却都与气体分子的速率分布有直接的关系.因此,在探讨这些热现象的微观本质以前,将先介绍理想气体在热平衡状态下的分子速率分布规律.

10-2-1 麦克斯韦速率分布函数

根据气体动理论,处于热运动中的分子各自以不同的速度作杂乱无章的运动,并且由于相互碰撞,每个分子的速度都在不断地变化着.如果在某一个瞬间去考察某一个分子,则它的速度具有怎样的大小和方向完全是偶然的.然而,就大量分子整体来看,它们的速度分布却遵从一定的统计规律.1859年,麦克斯韦把统计方法引入了分子动理论,首先从理论上导出了气体分子的速度分布律.以下我们不去考虑速度的方向,仅就平衡态下气体分子的速率分布进行讨论.

设在一定量理想气体中,总分子数为 N,速率在 $v\sim v+\Delta v$ 内的分子数为 ΔN,用$\frac{\Delta N}{N}$表示在这一速率区间内的分子数占总分子数的百分率.$\frac{\Delta N}{N}$与 Δv 有关,Δv 越大,分布在该速率区间内的分子数就越多;$\frac{\Delta N}{N}$还与 v 有关,在不同的 v 值附近,即使 Δv 相同,该速率区间内的分子数也不同.$\frac{\Delta N}{N\Delta v}$为单位速率区间内的分子数占总分子数的百分率,当 $\Delta v\to 0$ 时,其极限变成速率 v 的一个连续函数,数学上可表示为

$$f(v)=\lim_{\Delta v\to 0}\frac{\Delta N}{N\Delta v}=\frac{\mathrm{d}N}{N\mathrm{d}v} \tag{10-1}$$

于是有

$$\frac{\mathrm{d}N}{N}=f(v)\,\mathrm{d}v \tag{10-2}$$

或写成

$$f(v)=\frac{\mathrm{d}N}{N\mathrm{d}v}$$

式中 $f(v)$ 称为速率分布函数(distribution function of speed).其物理意义是:速率

在 v 附近单位速率区间内的分子数占总分子数的百分率.或者说速率在 v 附近单位速率区间内的分子出现的概率.1859 年麦克斯韦首先从理论上导出理想气体在平衡态下分子的速率分布函数:

$$f(v)=4\pi\left(\frac{m_0}{2\pi kT}\right)^{3/2}\mathrm{e}^{-\frac{m_0v^2}{2kT}}v^2 \tag{10-3}$$

上式称为麦克斯韦速率分布函数,T 为热力学温度,m_0 为分子质量,k 为玻耳兹曼常量.对于确定的气体,麦克斯韦速率分布函数只与温度有关.麦克斯韦速率分布函数的曲线如图 10-5 所示.由式(10-2)可知,图中的分布曲线以下,对应于速率区间 $v\sim v+\mathrm{d}v$ 的小长方形的面积在数值上等于在该速率区间内的分子数占总分子数的百分率.图中一较大面积在数值上等于

$$\int_{v_1}^{v_2}f(v)\,\mathrm{d}v=\int_{v_1}^{v_2}\frac{\mathrm{d}N}{N\mathrm{d}v}\mathrm{d}v=\frac{\Delta N}{N}$$

表示在平衡态下,理想气体分子速率在 $v_1\sim v_2$ 区间的分子数占总分子数的百分率.

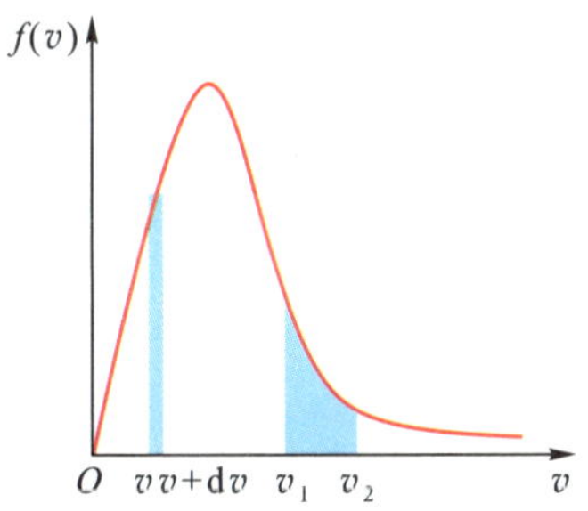

图 10-5 麦克斯韦速率分布函数曲线

曲线下包围的总面积表示在整个速率区间(0→∞)[1]内分子出现的概率.显然应该有

$$\int_0^\infty f(v)\,\mathrm{d}v=1 \tag{10-4}$$

称为分布函数的归一化条件(normalization condition).

由图 10-5 可以看到,在某一温度下分子速率可取自 0 到 ∞ 的一切数值,但速率很小和速率很大的分子出现的概率都非常小,而具有中等速率的分子出现的概率较大.

1934 年,我国物理学家葛正权用实验测定了气体分子的速率分布,证明了麦克斯韦速率分布函数的正确性.实验装置如图 10-6 所示,原子炉内放有金属铋,经过加热蒸发的铋分子通过准直狭缝,形成一分子射线束.具有不同速率的分子束,进入一个带有狭缝 S 的圆筒,圆筒以角速度 ω 旋转.筒的内壁上有一块可以沉积铋分子的弯曲玻璃板,由于分子通过狭缝时的速率不同,所以落在玻璃板上的位置也会不同.速率较大的分子先到达玻璃板沉积在离 P 端较近的位置,速率较小的分子稍后才到达,落在离 P 端较远的位置.我们只要测出玻璃板上沉积层的厚度分布就能换算出分子速率的分布,并可以与麦克斯韦从理论上推出的速率分布函数进行比较.

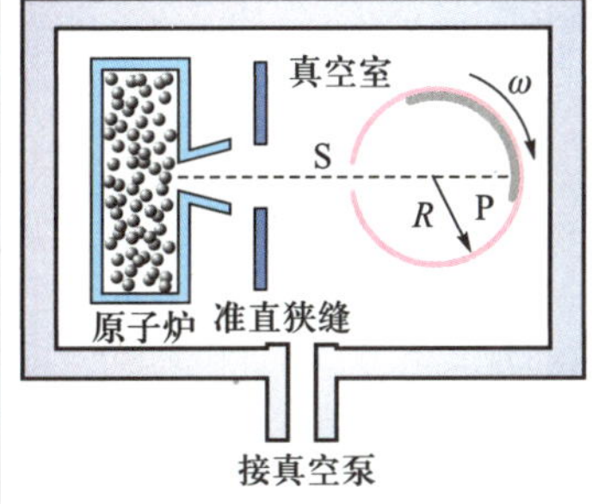

图 10-6 测定气体分子速率的装置

阅读 麦克斯韦速度分布律的建立

① 分子的运动速率不可能超过光速,但实际上在分子速率接近于无限大时,$\Delta N/N$ 趋于零,从而不影响麦克斯韦速率分布。所谓速率可以从 0 到 ∞,其物理含义是表示囊括了一切可能的速率.

10-2-2 三个统计速率

在气体动理论中，有三个重要的关于分子速率的统计平均值，它们分别是平均速率、方均根速率以及最概然速率.以下应用麦克斯韦速率分布函数推导这三种不同的速率.

1. 平均速率(mean speed)

大量分子运动速率的算术平均值，用 $\bar{v}$ 表示.根据统计平均的定义，应有

$$\bar{v}=\frac{\int_0^{\infty} v\mathrm{d}N}{N}=\int_0^{\infty} vf(v)\,\mathrm{d}v$$

将麦克斯韦速率分布函数式(10-3)代入后并积分，可得

$$\bar{v}=\sqrt{\frac{8kT}{\pi m_0}}=\sqrt{\frac{8RT}{\pi M}}\approx 1.60\sqrt{\frac{RT}{M}} \tag{10-5}$$

读者应注意，我们讨论的是平均速率，而不是平均速度.在平衡态时，由于分子向各个方向运动的概率相等，所以分子的平均速度为零.表 10-2 给出了一些气体分子在 25 ℃时的平均速率.

表 10-2　25 ℃下几种气体分子的平均速率实验值

气体	摩尔质量/($\mathrm{g\cdot mol^{-1}}$)	平均速率/($\mathrm{m\cdot s^{-1}}$)
H_2	2	1 960
He	4	1 360
H_2O	18	650
N_2	28	520
O_2	32	490
CO_2	44	415

2. 方均根速率

大量气体分子作无规则热运动时，分子速率二次方的平均值的二次方根称为**方均根速率**(root-mean-square speed)，表示为 $v_{\mathrm{rms}}=\sqrt{\overline{v^2}}$.在此可以利用麦克斯韦速率分布函数，求取方均根速率，根据统计平均的定义，有

$$\overline{v^2}=\frac{\int v^2\mathrm{d}N}{N}=\int_0^{\infty} v^2f(v)\,\mathrm{d}v \tag{10-6}$$

将麦克斯韦速率分布函数式(10-3)代入后，积分得

$$\sqrt{\overline{v^2}}=\sqrt{\frac{3kT}{m_0}}=\sqrt{\frac{3RT}{M}}\approx 1.73\sqrt{\frac{RT}{M}} \tag{10-7}$$

上式表明在相同的温度下，分子的摩尔质量越小，其方均根速率越大.表 10-3 给出了一些气体分子在 20 ℃时的方均根速率.从表中可以看出，一般气体分子在常温下的速率为几百米每秒到上千米每秒.

表 10-3　20 ℃下几种气体分子的方均根速率实验值

气体	摩尔质量/($\mathrm{g\cdot mol^{-1}}$)	方均根速率/($\mathrm{m\cdot s^{-1}}$)
H_2	2	1 904
He	4	1 352
H_2O	18	637
N_2	28	511
O_2	32	478
CO_2	44	408

3. 最概然速率

与分布函数 $f(v)$ 的极大值相对应的速率称为**最概然速率**(most probable speed)，用 v_{p} 表示.其物理意义是：**在平衡态条件下，理想气体分子速率分布在 v_{p} 附近的单位速率区间内的分子数占气体总分子数的百分率最大.**这里要注意，由于 v 是连续性变量，$f(v)$ 为概率密度函数，所以并不表示速率等于 v_{p} 时分子出现的概率最大，而是指在 v_{p} 附近的单位速率区间内分子出现的概率最

大.根据极值条件$\frac{\mathrm{d}f(v)}{\mathrm{d}v}=0$,可以得到

$$v_{\mathrm{p}}=\sqrt{\frac{2kT}{m_0}}=\sqrt{\frac{2RT}{M}}\approx1.41\sqrt{\frac{RT}{M}} \tag{10-8}$$

最概然速率 v_{p} 是反映速率分布特征的物理量,并不是分子运动的最大速率.同一种气体,当温度增加时,最概然速率 v_{p} 向 v 增大的方向移动,如图 10-7 所示.在温度相同的条件下,不同气体的最概然速率 v_{p} 随着分子质量 m_0 的增大而减小.

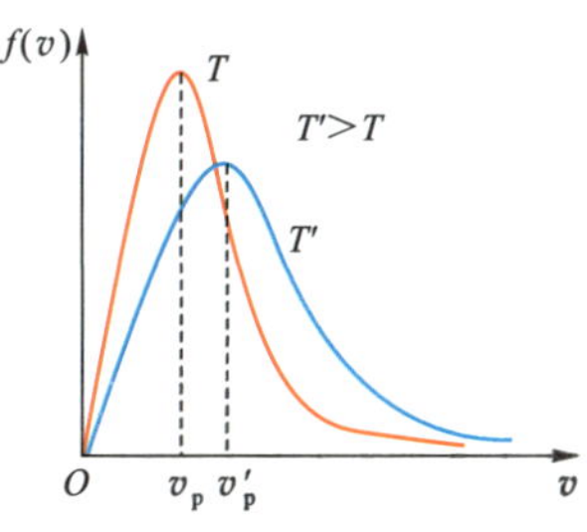

图 10-7 不同温度下的最概然速率

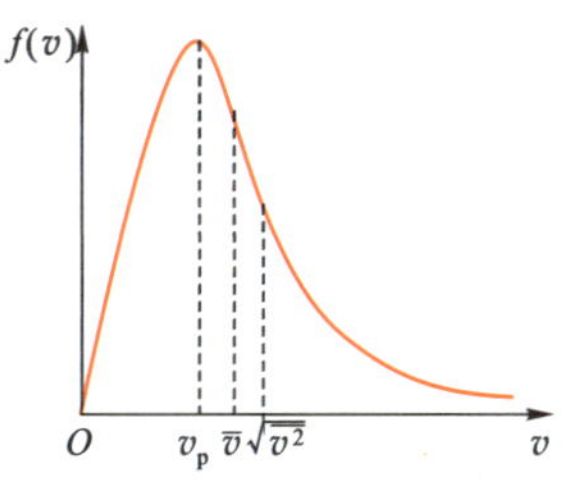

图 10-8 三种气体分子速率

动画 麦克斯韦分子速率分布(横屏观看)

由上述三种速率公式可以发现,三种速率都含有统计平均的意义,对少量分子无意义,它们都与$\sqrt{T}$成正比,与$\sqrt{M}$成反比.特别应该注意的是$\sqrt{\overline{v^2}}\neq\sqrt{\bar{v}^2}=\bar{v}$,在同一温度下三个速率统计平均值之比为$\sqrt{\overline{v^2}}:\bar{v}:v_{\mathrm{p}}=1.73:1.60:1.41$.由此可知,$\sqrt{\overline{v^2}}>\bar{v}>v_{\mathrm{p}}$,如图 10-8 所示.这三种不同的速率有不同的含义,也有不同的用处,不能混用.比如在讨论气体压强、平均平动动能时要用到方均根速率,不能用平均速率(动画:麦克斯韦分子速率分布给出了分布函数曲线,读者可以通过调节温度、分子质量参数观察分布曲线的变化).

例 10-1

求在标准状态下,1.0 m^3 氮气中速率处于 500~501 $\mathrm{m\cdot s^{-1}}$之间的分子数目.

解 标准状态下的温度 $T=273.15\ \mathrm{K}$,压强 $p=1.013\times10^5\ \mathrm{Pa}$,氮气的摩尔质量 $M=2.8\times10^{-2}\ \mathrm{kg\cdot mol^{-1}}$.氮分子的质量为

$$m_0=\frac{M}{N_{\mathrm{A}}}=\frac{2.8\times10^{-2}}{6.022\times10^{23}}\ \mathrm{kg}\approx4.65\times10^{-26}\ \mathrm{kg}$$

由理想气体物态方程 $p=nkT=\frac{N}{V}kT$,得

$$N=\frac{pV}{kT}$$
$$=\frac{1.013\times10^5\times1.0}{1.38\times10^{-23}\times273.15}$$
$$\approx2.7\times10^{25}(\text{个})$$

根据麦克斯韦速率分布,即

$$\Delta N=N4\pi\left(\frac{m_0}{2\pi kT}\right)^{\frac{3}{2}}\mathrm{e}^{-\frac{m_0v^2}{2kT}}v^2\Delta v$$

将 $v=500\ \mathrm{m\cdot s^{-1}}$,$\Delta v=1\ \mathrm{m\cdot s^{-1}}$,$N=2.7\times10^{25}$,$T=273.15\ \mathrm{K}$,$m_0=4.65\times10^{-26}\ \mathrm{kg}$,$k=1.38\times10^{-23}\ \mathrm{J\cdot K^{-1}}$代入,计算得

$$\Delta N\approx5.0\times10^{22}(\text{个})$$

例 10-2

有 N 个粒子,其速率分布函数为

$$f(v)=\frac{\mathrm{d}N}{N\mathrm{d}v}=\begin{cases}c & (v_0>v>0)\\0 & (v>v_0)\end{cases}$$

(1)画速率分布曲线;(2)由 N 和 v_0 求常量 c;(3)求粒子的平均速率 $\bar{v}$;(4)求粒子的方均根速率$\sqrt{\overline{v^2}}$.

解 (1) 速率分布函数曲线如图 10-9 所示.

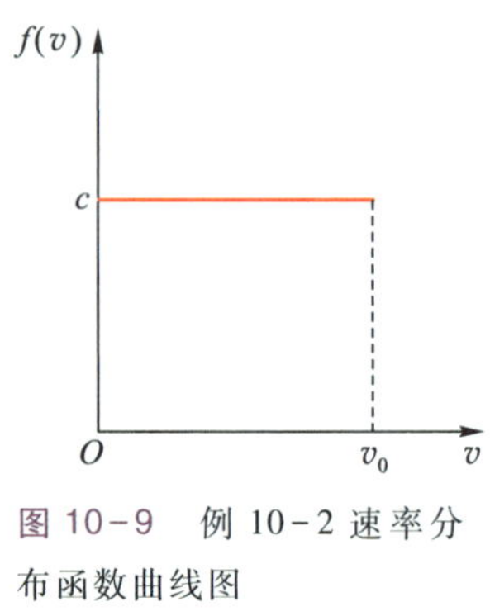

图 10-9 例 10-2 速率分布函数曲线图

(2) 速率分布函数必须满足归一化条件,即

$$\int_0^{\infty} f(v)\,\mathrm{d}v = \int_0^{v_0} c\,\mathrm{d}v = cv_0 = 1$$

则
$$c = \frac{1}{v_0}$$

(3) 由平均速率的定义,可得

$$\bar{v} = \int_0^{\infty} vf(v)\,\mathrm{d}v = \int_0^{v_0} cv\,\mathrm{d}v = \frac{c}{2}v_0^2 = \frac{v_0}{2}$$

(4) 由统计平均的概念,先求速率平方的平均值

$$\overline{v^2} = \int_0^{\infty} v^2 f(v)\,\mathrm{d}v = \int_0^{v_0} cv^2\,\mathrm{d}v$$
$$= \frac{c}{3}v_0^3 = \frac{v_0^2}{3}$$

得方均根速率

$$\sqrt{\overline{v^2}} = \frac{\sqrt{3}}{3}v_0$$

注意:对不同的分布函数,有不同的平均速率、方均根速率和最概然速率.

*10-3 玻耳兹曼能量分布

麦克斯韦运用统计的观点得出了平衡态下理想气体分子按速率的分布律.但是,在麦克斯韦的理论中,忽略了外力场对气体分子分布的影响,认为分子在空间的分布是均匀的,分子数密度处处相等.然而,实际中的气体分子总是处于一定的外力场中,例如在重力场中,因此,气体分子在空间的分布不可能是均匀的.

奥地利物理学家玻耳兹曼,在麦克斯韦速率分布的基础上考虑到外力场对气体分子分布的影响,建立了气体分子按能量分布的规律.

10-3-1 玻耳兹曼能量分布

在外力场中,气体分子不仅具有动能 ε_k,而且具有势能 ε_p,分子的能量为 $\varepsilon=\varepsilon_k+\varepsilon_p$.分子的动能是速率的函数,分子势能则是位置的函数.由于受外力场的作用,气体分子的分布不再均匀,因此我们在讨论分子的能量分布时,不仅要指出它的速率区间,而且也要指出它的空间区域.

玻耳兹曼考虑到外力场对气体分子的作用,对麦克斯韦速率分布率进行了修正，给出了在平衡态下，气体分子按能量的分布规律.他把式(10-3)中的因子 $e^{-m_0v^2/2kT}$ 表示为 $e^{-\varepsilon_k/kT}$，其中的 ε_k 用 $\varepsilon=\varepsilon_k+\varepsilon_p$ 来替代，得到在坐标区域($x\sim x+dx, y\sim y+dy, z\sim z+dz$)内，分子速率介于($v_x\sim v_x+dv_x, v_y\sim v_y+dv_y, v_z\sim v_z+dv_z$)之间的分子数为

$$dN=n_0\left(\frac{m_0}{2\pi kT}\right)^{3/2}e^{-\frac{\varepsilon_k+\varepsilon_p}{kT}}dxdydzdv_xdv_ydv_z \tag{10-9}$$

式中 n_0 表示在零势能位置处单位体积内含有的分子数.这一结论称为**玻耳兹曼能量分布律**.式(10-9)指出：在平衡态下，确定的速率区间和空间区域中，分子的能量越大，分子数就越少.从统计意义上看，即分子处于能量较低状态的概率比处于能量较高状态的概率要大.

根据归一化条件，对式(10-9)中的整个速率空间进行积分，可得

$$\iiint\limits_{\infty}\left(\frac{m_0}{2\pi kT}\right)^{3/2}e^{-\varepsilon_k/kT}dv_xdv_ydv_z=1$$

因此在空间区域($x\sim x+dx, y\sim y+dy, z\sim z+dz$)中的分子数为

$$dN'=n_0e^{-\frac{\varepsilon_p}{kT}}dxdydz \tag{10-10}$$

在该空间区域内分子数密度为

$$n=n_0e^{-\frac{\varepsilon_p}{kT}} \tag{10-11}$$

此式称为**玻耳兹曼密度分布律**.玻耳兹曼分布律适用于任何物质分子在任何保守力场中的分布，它是一条普遍的统计规律.

10-3-2 重力场中的分子数密度分布

地球周围的大气处于重力场中，气体分子的势能表示为 $\varepsilon_p=m_0gz$，根据玻耳兹曼能量分布律，在高度为 z 处的分子数密度为

$$n_z=n_0e^{-\frac{m_0g}{kT}z}=n_0e^{-\frac{Mg}{RT}z} \tag{10-12}$$

式中的 n_0 为 $z=0$ 处的分子数密度.上式表示，分子数密度随着高度增加而减小.这就解释了为什么海拔越高处空气越稀薄的原因，其物理图像如图 10-10 所示.由式(10-12)还可以看出，在同一海拔高度，分子质量越小的气体，其分子数密度越大.这也告诉我们，在高层空间较轻气体(如氢气、氦气等)的分子数密度在整个空气中所占的比例要高于在地面上所占的比例，而氧气的分子数密度相对占比要小一些.

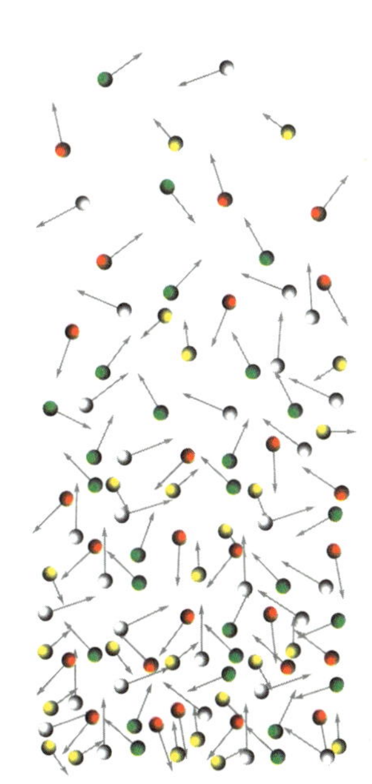

图 10-10 在大气层中，由于受到重力场的作用，随着高度增高，空气分子数密度会变小

根据理想气体的物态方程 $p=nkT$，可以将式(10-12)所表示的气体分子数

密度分布律变换成大气压强分布律：

$$p_z = p_0 e^{-\frac{m_0 g}{kT}z} = p_0 e^{-\frac{Mg}{RT}z} \tag{10-13}$$

上式称为**等温气压公式**，p_z 表示高度为 z 处的大气压强，p_0 表示在海平面上的大气压强.式(10-13)指出：在温度一定时，大气压强随海拔高度升高而按指数规律减小.在实际应用中，式(10-13)又可以表示为

$$z = \frac{RT}{Mg}\ln\frac{p_0}{p_z} \tag{10-14}$$

在高山上，一般只要测出大气压强 p_z，便可由式(10-14)估算出所在地的海拔高度.但是由于大气的温度一般也随着高度变化而改变，因此用上述方法测算高度只能是粗略的.

10-3-3 大气的垂直温度梯度

在前面的讨论中，我们已经得到了等温大气模型中的压强和气体分子数密度随高度的变化规律，但实际上大气在不同的高度具有不同的温度.现在我们来讨论大气的温度随高度的变化规律.

一般来说，空气的导热性能较差，而且在竖直方向上热空气分子上升的速度较慢，我们可以近似地认为气体的上升过程是一个准静态的绝热过程，满足理想气体的绝热方程 $T^{\gamma}/p^{\gamma-1}=C$.对此式取微分，可得

$$\gamma T^{\gamma-1}\mathrm{d}T = C(\gamma-1)p^{\gamma-2}\mathrm{d}p \tag{10-15}$$

利用绝热方程将微分形式中的 C 消去并化简，可得压强变化与温度变化的关系：

$$\mathrm{d}p = \frac{\gamma}{\gamma-1}\frac{p}{T}\mathrm{d}T \tag{10-16}$$

将等温气压公式(10-13)的微分形式代入上式，消去 $\mathrm{d}p$，可得温度梯度公式为

$$\frac{\mathrm{d}T}{\mathrm{d}z} = -\frac{\gamma-1}{\gamma}\frac{m_0 g}{k} = -\frac{\gamma-1}{\gamma}\frac{Mg}{R} \tag{10-17}$$

式中 R 为摩尔气体常量，g 为重力加速度，M 为气体分子的摩尔质量，γ 为摩尔热容比.可见，对于给定的气体，温度梯度为常量.若取空气的平均摩尔质量 $M=2.9\times10^{-2}\ \mathrm{kg\cdot mol^{-1}}$，$\gamma=1.4$，便得

$$\frac{\mathrm{d}T}{\mathrm{d}z} = -9.8\times10^{-3}\ \mathrm{K\cdot m^{-1}} \tag{10-18}$$

即每升高 100 m 温度降低 1 K.

10-4 理想气体物态方程的微观解释

10-4-1 理想气体的微观模型

为了从气体动理论的观点出发探讨理想气体的宏观热现象，需要建立理想气体的微观结构模型.根据实验现象的归纳和总结，可以对理想气体作如下假设：

(1) 气体分子的大小与气体分子之间的平均距离相比要小得多，因此可以忽略不计，可将理想气体分子看作质点.

(2) 除分子之间的瞬间碰撞以外，可以忽略分子之间的相互作用力.因此分子在相继两次碰撞之间作匀速直线运动.

(3) 分子间的相互碰撞以及分子与器壁的碰撞可以看作完全弹性碰撞.

以上三条基本假设是否合理？通过以下的简单分析便可见一斑.

我们知道，在标准状态下的洛施密特常量为 $n_0=2.69\times10^{25}\ \mathrm{m^{-3}}$，由此可以估算出分子之间的距离为 $L=\left(\dfrac{1}{n_0}\right)^{\frac{1}{3}}=3.3\times10^{-9}\ \mathrm{m}$.而一般分子的平衡距离 r_0 的数量级约为 $10^{-10}\ \mathrm{m}$，显然满足条件 $L>10r_0$，因此分子之间的相互作用可以忽略.并且，由于分子之间的距离约为分子本身线度的 10 倍，因此可以把理想气体分子作为质点看待.由此可见，前两条基本假设是合理的.至于第 3 条假设，不妨这样设想：如果碰撞是非弹性的，那么由于分子间的碰撞非常频繁，分子的动能损失会很大，最终分子的动能将趋于零，这显然有悖于实验事实，因此第 3 条假设也是合理的.

综上所述：**理想气体分子可以被看作自由的、无规则运动着的弹性质点群.**

10-4-2 理想气体压强的统计意义

理想气体的微观模型是由德国物理学家克劳修斯首先建立的，此后他开始着手推导气体的压强公式.克劳修斯指出："气体对容器壁的压强是大量分子对容器壁碰撞的平均效果".生活中我们都有这样的经验，当你撑着雨伞在瓢泼大雨中行走时，你会感觉到由于密集的雨点打在雨伞上所产生的压力，如图 10-11 所示.其实，构成气体的大量分子与容器壁碰撞产生的效果与雨点打

图 10-11　密集的雨点打在雨伞上，对雨伞表面产生了压力

在伞上的效果是一样的.以下我们将用气体动理论的观点来分析和解释理想气体的压强.

设在体积为 V 的长方体容器内储有某种理想气体,气体分子质量为 m_0,分子数为 N.由于分子数 N 非常巨大,因此气体中包含各种可能的分子速度.我们可以把分子按速度分成许多组,同组中分子速度的大小和方向都相同,分子数密度为 n_i,显然总分子数密度为

$$n=\sum_i n_i \tag{10-19}$$

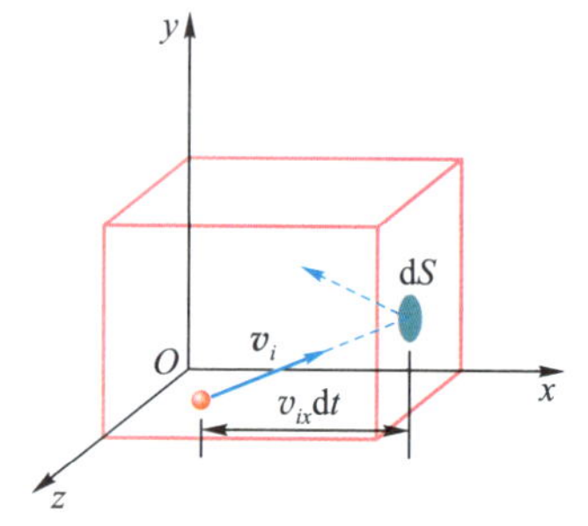

图 10-12 气体压强推导示意图

当气体处于平衡态时,容器壁上的压强处处相等,取垂直于 Ox 轴的器壁作为研究对象,在该器壁上取面积元 $\mathrm{d}S$,如图 10-12 所示.设某一分子与面积元 $\mathrm{d}S$ 发生弹性碰撞,碰撞前后速度的 y 分量和 z 分量不变,而在 Ox 轴方向上的速度分量由 v_{ix} 变为 $-v_{ix}$,分子动量的增量为 $-m_0v_{ix}-m_0v_{ix}=-2m_0v_{ix}$,这就是器壁对一个分子的冲量.根据作用与反作用定律,一个分子对器壁的冲量为 $2m_0v_{ix}$.

同组中在 $\mathrm{d}t$ 时间内能与 $\mathrm{d}S$ 发生碰撞的分子是以 $\mathrm{d}S$ 为底,以 v_i 为轴线,高度为 $v_{ix}\mathrm{d}t$ 的斜柱体内的那些分子,分子数为 $n_iv_{ix}\mathrm{d}t\mathrm{d}S$.该组分子在 $\mathrm{d}t$ 时间内对面元 $\mathrm{d}S$ 的冲量为 $n_iv_{ix}\mathrm{d}t\mathrm{d}S\cdot 2m_0v_{ix}$.由于只有 $v_{ix}>0$ 的分子才能与器壁发生碰撞,而根据统计规律,$v_{ix}>0$ 和 $v_{ix}<0$ 的分子各占一半,因此作用于面元 $\mathrm{d}S$ 的总冲量为

$$\mathrm{d}I=\sum_i n_im_0v_{ix}^2\mathrm{d}t\mathrm{d}S$$

面元 $\mathrm{d}S$ 受到的压力为

$$\mathrm{d}F=\frac{\mathrm{d}I}{\mathrm{d}t}$$

容器壁受到的压强为

$$p=\frac{\mathrm{d}F}{\mathrm{d}S}=\frac{\mathrm{d}I}{\mathrm{d}t\mathrm{d}S}=\sum_i n_im_0v_{ix}^2=m_0\sum_i n_iv_{ix}^2$$

根据统计规律,定义 $\overline{v_x^2}=\sum_i n_iv_{ix}^2\Big/\sum_i n_i$,又由式(10-19),便可将上式写为

$$p=m_0n\overline{v_x^2} \tag{10-20}$$

处于平衡状态的理想气体分子应满足统计规律,速度在各方向分量的平方的平均值应相等,即

$$\overline{v_x^2}=\overline{v_y^2}=\overline{v_z^2}$$

根据速度 v 与其各坐标分量的关系,应有

$$\overline{v^2}=\overline{v_x^2}+\overline{v_y^2}+\overline{v_z^2}$$

所以有

$$\overline{v_x^2}=\overline{v_y^2}=\overline{v_z^2}=\frac{\overline{v^2}}{3}$$

代入式(10-20),最后得压强公式为

$$p=m_0 n\frac{\overline{v^2}}{3}=\frac{2}{3}n\left(\frac{1}{2}m_0\overline{v^2}\right)$$

令 $\bar{\varepsilon}_k=\frac{1}{2}m_0\overline{v^2}$,称为**气体分子的平均平动动能**(average translational kinetic energy),则有

$$p=\frac{2}{3}n\bar{\varepsilon}_k \tag{10-21}$$

由压强公式(10-21)可见,压强 p 是描述气体状态的宏观物理量,而分子平均平动动能则是微观量的统计平均值,单位体积内的分子数 n 也是个统计平均值.因此压强公式反映了宏观量与微观量统计平均值之间的关系.压强的微观意义是大量气体分子在单位时间内施于器壁单位面积上的平均冲量,离开了大量和平均的概念,压强就失去了意义.对单个分子来讲谈不上压强这个物理量.

如果在容器中有多种气体分子,则每种气体的压强由理想气体压强公式确定,根据气体压强的统计解释,混合气体的压强应等于其中各种气体分子组分压强的总和,这就是道尔顿分压定律,如图 10-13 所示.其数学表达式为

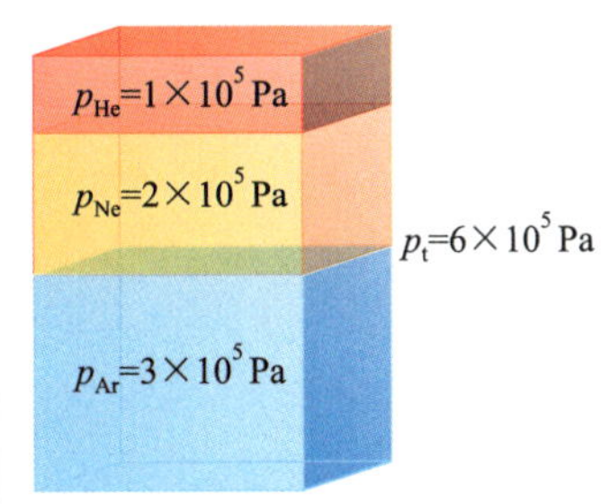

图 10-13 道尔顿分压定律:混合气体的压强应等于各分子组分压强的总和

$$p=p_1+p_2+p_3+\cdots \tag{10-22}$$

式中 p 为混合气体的总压强,$p_1,p_2,p_3,\cdots$ 为各种气体分子单独存在时的压强.

10-4-3 温度的微观意义

在 10-2-2 节中,已由麦克斯韦速率分布函数得到了方均根速率表达式(10-7),将其代入气体分子的平均平动动能表达式,可得

$$\bar{\varepsilon}_k=\frac{1}{2}m_0\overline{v^2}=\frac{3}{2}kT \tag{10-23}$$

上式给出了宏观量温度 T 与微观量的统计平均值 $\bar{\varepsilon}_k$ 之间的关系,揭示了气体温度的微观实质——**气体温度标志着气体内部分子无规则热运动的剧烈程度,它是气体分子平均平动动能大小的量度**.事实上,这一结论可以从气体推广到固体和液体,热力学系统的温度越高,表明分子热运动越剧烈.

必须指出,温度与压强一样是大量分子热运动的总体表现,具有统计意义,离开了大量作为前提条件,温度便失去了意义.就个别分子的运动来说,没有温度可言.

从式(10-23)可以看出,温度 T 与分子的平均平动动能 $\bar{\varepsilon}_k$ 成正比,然而按照气体动理论,分子的热运动是永恒的,不会停息,因此系统的温度不可能达到 0 K.现代量子理论指出,即使在绝对零度附近,微观粒子仍具有能量(称为零点能).当温度低于 1 K 时,几乎所有气体都已液化或固化,这时式(10-23)已不再适用.

10-4-4 理想气体物态方程的微观解释

在第九章中,我们曾给出了理想气体物态方程,这个方程是实验规律的总结,在压强不太高,温度不太低的情况下,一般气体都近似满足这一方程.在此我们将从气体动理论出发对理想气体的物态方程作出微观解释.

在 10-4-2 节中,用统计的观点导出了理想气体的压强公式(10-21),现将式(10-23)代入式(10-21),可得

$$p=\frac{2}{3}n\cdot\frac{3}{2}kT=nkT$$

这就是理想气体物态方程的第二种表示形式.因为 $n=N/V$(N 为总分子数),$k=R/N_A$.又考虑到 $N/N_A=m/M$,代入上式可得

$$pV=\frac{m}{M}RT$$

这样我们便得到了理想气体的物态方程,它与实验结果完全一致.

从气体动理论的基本观点出发,在理论上抓住了气体的主要矛盾,忽略次要因素,建立了理想气体的微观模型,从而使问题大大地简化,并根据统计性假设,经过严密的逻辑推理,推导出了理想气体的压强公式(10-21)和温度公式(10-23),进而得到了理想气体物态方程.整个过程充分体现了物理学的一种基本研究方法.鉴于理论结果与实验事实相符合,这也印证了气体动理论的正确性.

例 10-3

电子伏(eV)是近代物理中常用的能量单位,试求在什么温度下,理想气体分子的平均平动动能等于 1 eV?

解 已知 1 eV ≈ 1.60×10^{-19} J,由理想气体平均平动动能公式 $\bar{\varepsilon}_k=\frac{3}{2}kT$,得

$$T=\frac{2\bar{\varepsilon}_k}{3k}=\frac{2\times1.6\times10^{-19}}{3\times1.38\times10^{-23}}\ \text{K}\approx7.73\times10^{3}\ \text{K}$$

即 1 eV 的能量相当于温度为 7 730 K 时分子的平均平动动能.在气体动理论中经常用 kT 表示热运动的能量.

★10-4-5 真实气体的范德瓦耳斯方程

理想气体反映了真实气体在压强趋于零时的极限性质,但是在一般情况下只要温度不太低、压强不太高时,都可以把真实气体近似地当作理想气体来处理.但是在现代科学和工程技术中,经常会涉及低温或高压下的气体,这些气体与理想气体的性质有较大偏离,这时理想气体物态方程就不再适用了.我们以二氧化碳气体为例,来看一下真实气体所表现出的一些性质.

二氧化碳气体在不同温度下的等温线如图 10-14 所示.图中以压强 p 为纵坐标,以气体的摩尔体积 V_m 为横坐标.

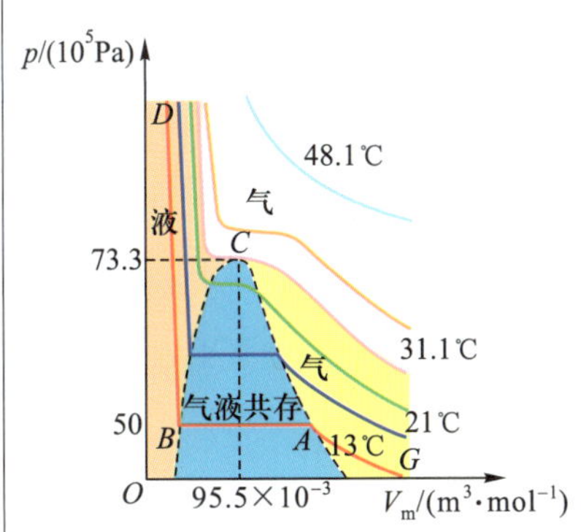

图 10-14 二氧化碳气体的等温线

首先分析 13 ℃的那条等温线,在曲线的 GA 部分,与理想气体的等温线相似,随着压强的增加,系统体积逐渐变小.在 A 点处,二氧化碳气体开始液化.在从 A 点到 B 点的液化过程中系统处于气、液共存状态,体积虽然在不断减小,但压强却始终保持不变,因此 AB 是一条平行于横坐标轴的直线.在 B 点处,气体全部被液化.通常把接近液化时的气体称为**蒸气**(vapor),气液共存时的蒸气称为**饱和蒸气**(saturated vapor).可见在一定温度下,饱和蒸气的压强与蒸气的体积无关.从 B 点到 D 点,BD 线几乎与压力轴平行,这表示压力虽然不断增加,但体积却减少不多,这正反映了液体不易压缩的性质.等温线的 ABD 部分与理想气体的等温线相差悬殊,这表明二氧化碳在这样的温度和压力下,不遵守理想气体物态方程.

再来看 21 ℃时的等温线,其形状与 13 ℃时的等温线相似,只是平行于横坐标轴的直线部分较短,而饱和蒸气压强较高.随着温度逐渐升高,等温线平行于横坐标轴的直线部分将逐渐缩短,相应的饱和蒸气压强也将逐渐升高.由此可见,饱和蒸气压强虽然与蒸气的体积无关、但却是温度的函数.当温度升至 31.1 ℃时,等温线平行于横坐标轴的直线部分缩成一点,在 $p-V$ 关系曲线上出现一个拐点.这条特殊的等温线称为**临界等温线**(critical isotherm),相应的拐点称为**临界点**(critical point).此时,如果温度进一步升高,那么无论施加多大的压强,都不能使二氧化碳气体液化.实验表明,不同气体的临界等温线所对应的温度不同,比如,氧气的临界温度为 154.4 K,氢气的临界温度为 33.3 K,而氦气的临界温度仅为 5.3 K.在 19 世纪中叶以前,人们通过降温、加压等手段使许多气体实现了液化,但就是氧气、氮气和氢气,无论加多大的压力都无法使它们液化,于是人们把这些气体称为"永久气体".事实上这是由于当时的低温技术还比较落后,达不到这些气体所需的临界温度.以后随着低温技术的发展,至 1908 年,所有的气体都被液化了,最后被液化的是氦.

从图中可以看出,在临界等温线以上,温度越高,相应等温线的形状越接近于等轴双曲线.当二氧化碳气体的温度为 48.1 ℃时,其等温线与等轴双曲线相差无几.

为了描述真实气体的状态变化过程,人们提出了各种真实气体的物态方

程，其中很大一部分是经验公式，其精度比较高；而另有一部分是从各种理论模型中推导出来的，其普适性较强.在此，我们将介绍形式较简单、物理思想较明确的**范德瓦耳斯方程**(van der Waals equation).

我们在10-2节中用气体动理论探讨理想气体时，曾忽略了气体分子本身的体积以及分子之间的相互作用；然而荷兰物理学家范德瓦耳斯(J.D.van der Waals,1837—1923)认为，正是这些假设引起了真实气体与理想气体的偏差.1873年，他对理想气体物态方程进行了修正，提出了描述真实气体的范德瓦耳斯方程.

范德瓦耳斯认为，理想气体物态方程 $pV=\frac{m}{M}RT$ 中的 V 应该是气体分子的活动空间，它应该是容器的体积扣除气体分子本身的体积，因此气体的体积应修正为 $V-\frac{m}{M}b$，其中的 b 为1 mol气体分子所占有的体积.经体积修正后的物态方程为

$$p\left(V-\frac{m}{M}b\right)=\frac{m}{M}RT$$

此时气体的压强可表示为

$$p=\frac{\frac{m}{M}RT}{V-\frac{m}{M}b}$$

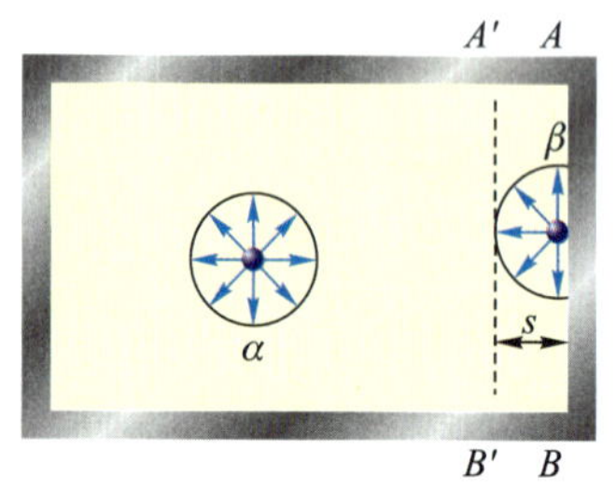

图10-15　α分子周围的其他分子对它的作用力的分布具有球对称性，而靠近器壁的某个β分子不具有对称性，必须考虑分子引力的修正项，即内压强

另外，如果真实气体的压强较大，则分子间距必然相应减小，这时分子之间的引力就不能忽略了.如图10-15所示，我们考察容器内某一个分子α.设分子之间的有效作用距离为 s，当分子间距 $r>s$ 时作用力趋于零.以α分子为中心，以 s 为半径作一球面，称为**作用球**，位于作用球以外的分子对α没有作用，只有作用球内的分子对α才有作用力.由于在平衡态下气体分子分布均匀，α周围的其他分子对它的作用力的分布具有对称性，因此作用力的合力为零.但是对于靠近器壁的某个分子β来说，情况就不同了.因为β分子的作用球的一部分不在气体内部，所以周围气体分子对它吸引力的合力不为零，而是垂直于容器壁，指向气体内部.这样靠近器壁有一厚度为 s 的 $ABB'A'$ 区域，其内部的所有分子都要受到一个指向容器内部的引力，因而削弱了碰撞器壁时的冲量，从而减少了对器壁的压力.在考虑分子间的引力后，分子施加于器壁的压强应减少一个量值 p_i，称为**内压强**.内压强 p_i 应与器壁附近单位面积上被吸引的分子数成正比，同时又应与内部的施力分子数成正比，二者均与分子数密度 n 成正比.而 n 又与容器内气体物质的量 m/M 成正比，与容器的体积 V 成反比，所以有

$$p_i=\left(\frac{m}{M}\right)^2\frac{a}{V^2}$$

式中的 a 为比例系数，是考虑分子间引力而引进的常量，其值取决于气体的性质.修正以后的压强为

$$p=\frac{\frac{m}{M}RT}{V-\frac{m}{M}b}-p_i$$

$$=\frac{\frac{m}{M}RT}{V-\frac{m}{M}b}-\left(\frac{m}{M}\right)^2\frac{a}{V^2}$$

整理后得到真实气体的范德瓦耳斯方程为

$$\left(p+\frac{m^2}{M^2}\frac{a}{V^2}\right)\left(V-\frac{m}{M}b\right)=\frac{m}{M}RT \tag{10-24}$$

式中 p 为气体对器壁的实际压强，V 为容器的体积，a 和 b 分别为考虑了分子间的引力和分子本身具有的体积而引入的范德瓦耳斯修正常量，一般可用实验测定.表 10-4 给出了几种气体 a、b 的实验值.表 10-5 给出了 1 mol 氮气，在 0 ℃的环境下，测得的压强由 1 atm 增加到 1 000 atm 过程中对应的氮气体积，并将按理想气体的物态方程与真实气体的范德瓦耳斯方程计算结果作一比较.

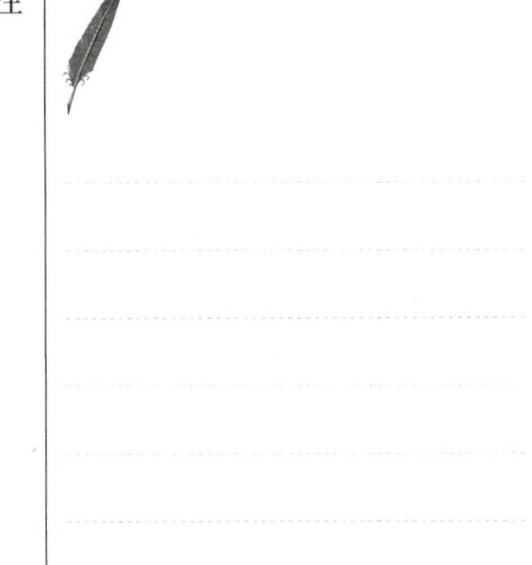

表 10-4 范德瓦耳斯修正量 a、b 的实验值

气体	$a/(\text{Pa}\cdot\text{m}^6\cdot\text{mol}^{-2})$	$b/(\text{m}^3\cdot\text{mol}^{-1})$
H_2	0.554	3.0×10^{-5}
O_2	0.137	3.0×10^{-5}
Ar	0.132	3.0×10^{-5}
CO_2	0.365	4.3×10^{-5}
N_2	0.137	4.0×10^{-5}

表 10-5 理想气体物态方程与范德瓦耳斯方程计算值的比较
（1 mol 氮气在 0 ℃时的数据，$RT=2.268\times10^3\ \text{Pa}\cdot\text{m}^3\cdot\text{mol}^{-1}$）

压强 p/Pa	摩尔体积 $V_m/(\text{m}^3\cdot\text{mol}^{-1})$	$pV_m/(\text{Pa}\cdot\text{m}^3\cdot\text{mol}^{-1})$	$(p+a/V_m^2)(V_m-b)/(\text{Pa}\cdot\text{m}^3\cdot\text{mol}^{-1})$
10^5	2.241×10^{-2}	2.271×10^{-7}	2.271×10^{-7}
10^7	2.224×10^{-4}	2.253×10^{-7}	2.270×10^{-7}
5×10^7	6.235×10^{-5}	3.158×10^{-7}	2.297×10^{-7}
7×10^7	5.325×10^{-5}	3.776×10^{-7}	2.295×10^{-7}
9×10^7	4.825×10^{-5}	4.398×10^{-7}	2.270×10^{-7}
10^8	4.64×10^{-5}	4.70×10^{-7}	2.23×10^{-7}

由上表可见，范德瓦耳斯方程比理想气体物态方程更好地反映了客观实际.同时，从表中还可以看出，压强越低，范德瓦耳斯方程的计算值越接近理想气体物态方程的计算值，也就是说真实气体越接近于理想气体.这是因为压强越低，单位体积的分子数越少，分子间距越大，分子本身的体积和分子间引力的影响就越小，所以在压强不太高的情况下，真实气体可以近似地视为理想气体.

图 10-16 是根据范德瓦耳斯方程得到的不同温度的二氧化碳气体的等温线，我们将它与真实二氧化碳气体等温线作一比较，从图中可以发现：它和真实气体的等温线（图 10-14）十分相似，也存在一个临界点 C，高于此温度时，气体的等温线基本一致.低温时，在气态和液态时也能很好地吻合，但在气液共存部分，实际等温线是平行于横轴的直线，而范德瓦耳斯方程给出的等温线为曲线，且其中在压强最高点与最低点之间的部分，要求在等温条件下，随着体积的增

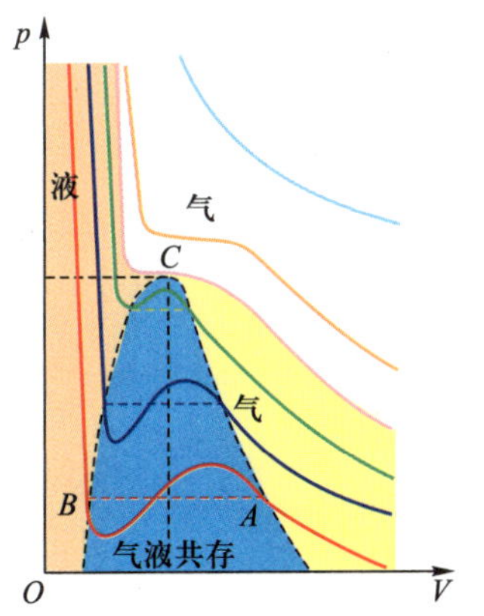

图 10-16 范德瓦耳斯方程给出的二氧化碳气体等温线与真实气体的等温线比较，除在气液共存部分不符外，其他部分都能很好地与实际气体相吻合

大，压强也增大，这是不可能实现的.总之，范德瓦耳斯方程给出的气体状态，除在低温时气液共存的状态下与真实气体不符外，其他部分都能很好地与实际气体相吻合.

10-5 能量按自由度均分定理

在热力学中，把与热现象有关的能量称为内能.本节我们将从分子热运动的能量所遵从的统计规律出发，探讨理想气体内能的微观本质.

在讨论气体压强时，我们曾把分子看作质点，只考虑分子的平动，这是因为压强是大量分子对容器壁碰撞产生的效应，而分子的碰撞效应取决于分子的平动.但实际上分子不仅有平动，还有转动和分子内原子之间的振动.在讨论气体的能量时，应该考虑所有这些运动形式的能量.为了说明分子无规则运动的能量所遵守的统计规律，并在此基础上研究理想气体的内能，需要首先引入"自由度"的概念.

10-5-1 自由度

在力学中，我们把确定一个物体在空间的位置所必需的独立坐标数目定义为物体的自由度(degree of freedom).例如：一个质点作直线运动，我们只需一个坐标 x 就能确定其空间位置，因此作直线运动的质点具有一个自由度；如果一个质点作平面运动，我们需要两个独立的坐标 x、y 来确定它的位置，因此在平面上运动的质点具有两个自由度；如果一个质点在三维空间中自由运动，则需要三个独立的坐标 x、y、z 来确定它的位置，因此在三维空间中自由运动的质点具有三个自由度.

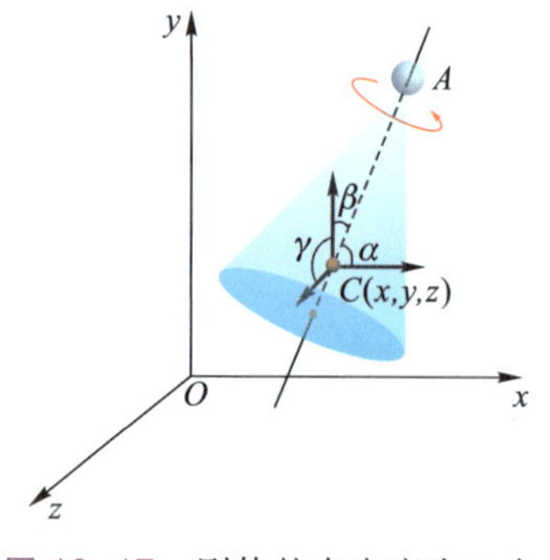

图 10-17 刚体的自由度为 6 个，其中 3 个确定平动位置，3 个确定转动位置

现在我们来考虑运动刚体的自由度.刚体的运动一般可以分解为整个刚体随质心的平动和绕质心的转动，确定质心位置需要有三个独立的坐标 x、y、z，因此质心具有三个平动自由度.现在我们来考虑刚体的转动自由度.首先我们要确定转轴的方位.如图 10-17 所示，转轴 CA 的方位需要用三个方位角(α、β、γ)来表示，但是这三个角度并不相互独立，由关系式 $\cos^2\alpha+\cos^2\beta+\cos^2\gamma=1$ 来约束，因此决定转轴 CA 方位的独立变量只有 2 个，这就是说，在质心位置确定后，通过质心的轴线具有 2 个自由度.轴线 CA 的方位确定后，刚体还可以绕轴转动，因此还有 1 个转动自由度.由此分析，刚体具有 3 个平动自由度、3 个转动自由度，一共有 6 个自由度.

我们讨论自由度的目的在于确定分子的运动状态，根据气体分子的结构可以把分子分为单原子分子(如 He、Ne 等)、双原子分子(如 H_2、O_2、CO 等)和多原子分子(3 个或 3 个以上的原子组成的分子,如 H_2O、NH_3 等),如图 10-18 所示.单原子分子可视为质点,只有 3 个平动自由度;双原子分子中的两个原子由一个刚性键联结,两个原子可看作质点,整个分子可看作一根刚性细杆,质量集中于两端.确定双原子分子的质心需要 3 个平动自由度,确定其方位需要 2 个转动自由度,所以双原子分子共有 5 个自由度;多原子分子可以看作刚体,共有 6 个自由度,其中 3 个平动自由度,3 个转动自由度.表 10-6 给出了不同刚性分子的自由度,我们把自由度记作 i.

单原子分子

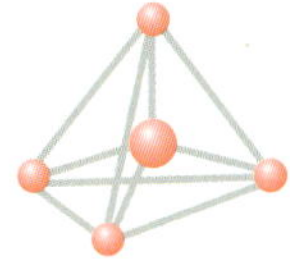

双原子分子

多原子分子

图 10-18 气体分子的自由度,单原子分子有 3 个自由度,双原子分子有 5 个自由度,多原子分子有 6 个自由度

表 10-6 刚性分子的自由度

分子种类	平动自由度 t	转动自由度 s	总自由度 i
单原子分子	3	0	3
双原子分子	3	2	5
多原子分子	3	3	6

值得指出:以上我们把气体分子看作刚性分子,但是严格地说,双原子或多原子分子都不是刚性的,组成分子的原子还会因发生振动而改变原子间的距离.因此除了平动、转动自由度外,还应该有振动自由度.只是在常温下,这种振动通常可以被忽略.但是在高温时,必须考虑振动自由度.以下如果不加特别说明,所有涉及的分子都认为是刚性的.

10-5-2 能量按自由度均分定理

我们已经知道理想气体的平均平动动能与温度的关系为

$$\varepsilon_k=\frac{1}{2}m_0\overline{v^2}=\frac{3}{2}kT$$

又由上节的讨论知道$\overline{v_x^2}=\overline{v_y^2}=\overline{v_z^2}=\frac{1}{3}\overline{v^2}$,因此分子在各坐标轴方向的平均平动动能为

$$\frac{1}{2}m_0\overline{v_x^2}=\frac{1}{2}m_0\overline{v_y^2}=\frac{1}{2}m_0\overline{v_z^2}=\frac{1}{3}\left(\frac{1}{2}m_0\overline{v^2}\right)=\frac{1}{2}kT \qquad (10-25)$$

上式表明,分子的平均平动动能在每一个平动自由度上分配了相同的能量 $kT/2$.这一结论可以推广到气体分子的转动和振动上去,也可以推广到处于平衡态的液体和固体物质,称为**能量按自由度均分定理**,简称**能量均分定理**(equipartition theorem),可表述为:**在温度为 T 的平衡态下,物质分子的每个自由度都具有相同的平均动能,其值为$\frac{1}{2}kT$.**按照能量均分定理,如果气体分子有 i 个自由度,则分子的平均动能可表示为

$$\varepsilon_k=\frac{i}{2}kT \tag{10-26}$$

能量均分定理也是一个统计规律，它是在平衡态条件下对大量分子统计平均的结果.对个别分子来说，在某一瞬间它的各种形式的动能不一定都按自由度均分，但对大量分子整体来说，由于分子的无规则运动和不断碰撞，一个分子的能量可以传递给另一个分子，一种形式的能量可以转化为另一种形式的能量，而且能量还可以从一个自由度转移到另外的自由度.因此，在平衡态时，能量按自由度均匀分配.

10-5-3 理想气体的内能　摩尔热容

气体分子热运动的动能和分子之间的相互作用势能构成了气体的内能.但是就理想气体而言，由于忽略了分子间的相互作用力，因而也就不存在分子间的作用势能.显然，理想气体的内能只是气体中所有分子的动能之总和.

设某种理想气体的分子有 i 个自由度，则 1 mol 理想气体的内能为

$$E_m=N_A\left(\frac{i}{2}kT\right)=\frac{i}{2}RT \tag{10-27}$$

式中 $N_Ak=R$.质量为 m，摩尔质量为 M 的理想气体的内能为

$$E=\frac{m}{M}\frac{i}{2}RT \tag{10-28}$$

由上式可知，对于一定量的某种理想气体（m、M、i 一定），内能仅与温度有关，与体积和压强无关.因此理想气体的内能是温度的单值函数，是一个状态量.当温度改变 ΔT 时，内能的改变量为

$$\Delta E=\frac{m}{M}\frac{i}{2}R\Delta T \tag{10-29}$$

显然，理想气体内能的改变只取决于初、末两状态的温度，而与系统状态变化的具体过程无关.

从理想气体的内能公式，我们可以进一步得到理想气体的摩尔定容热容和摩尔定压热容.

1 mol 理想气体在等容过程中吸收的热量为 $\mathrm{d}Q_m=\mathrm{d}E_m=\frac{i}{2}R\mathrm{d}T$，根据摩尔热容的定义 $C_m=\frac{\mathrm{d}Q_m}{\mathrm{d}T}$可以得到摩尔定容热容为

$$C_{V,m}=\left(\frac{\mathrm{d}Q_m}{\mathrm{d}T}\right)_V=\frac{i}{2}R \tag{10-30}$$

根据迈耶公式 $C_{p,m}=C_{V,m}+R$，又可以得到摩尔定压热容及摩尔热容比 γ 分别为

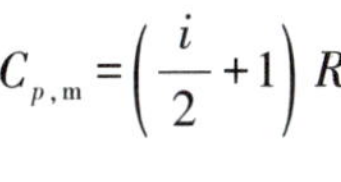

$$C_{p,m}=\left(\frac{i}{2}+1\right)R$$

和

$$\gamma=\frac{i+2}{i}$$

以上述能量均分定理为基础得到的 $C_{V,m}$、$C_{p,m}$、γ 只与气体分子的自由度有关，而与气体的温度无关.

例 10-4

容器内有某种理想气体，气体温度为 273 K，压强为 1.013×10^{3} Pa，密度为 1.24×10^{-2} kg · m^{-3}.试求：(1)气体分子的方均根速率；(2)气体的摩尔质量，并确定它是什么气体；(3)该气体分子的平均平动动能和平均转动动能；(4)单位体积内分子的平动动能；(5)若气体的物质的量为 0.3 mol，其内能是多少？

解 (1) 气体分子的方均根速率为

$$\sqrt{\overline{v^2}}=\sqrt{\frac{3RT}{M}}$$

由物态方程 $pV=\frac{m}{M}RT$ 和 $\rho=m/V$，可得

$$\sqrt{\overline{v^2}}=\sqrt{\frac{3p}{\rho}}=\sqrt{\frac{3\times1.013\times10^{3}}{1.24\times10^{-2}}}\ \text{m}\cdot\text{s}^{-1}$$

$$=495\ \text{m}\cdot\text{s}^{-1}$$

(2) 根据物态方程得

$$M=\frac{m}{V}\frac{RT}{p}=\rho\frac{RT}{p}$$

$$=1.24\times10^{-2}\times\frac{8.31\times273}{1.013\times10^{3}}\ \text{kg}\cdot\text{mol}^{-1}$$

$$=2.8\times10^{-2}\ \text{kg}\cdot\text{mol}^{-1}$$

因为 N_2 和 CO 的摩尔质量均为 2.8×10^{-2} kg · mol^{-1}，所以该气体是 N_2 气体或 CO 气体.

(3) 根据能量均分定理，分子的每一个自由度的平均能量为 $kT/2$，i 个自由度的能量为 $ikT/2$. N_2 和 CO 均是双原子分子，它们有 3 个平动自由度，所以分子的平均平动动能为

$$\frac{3}{2}kT=\frac{3}{2}\times1.38\times10^{-23}\times273\ \text{J}$$

$$=5.7\times10^{-21}\ \text{J}$$

分子有两个转动自由度，所以分子的平均转动动能为

$$\frac{2}{2}kT=1.38\times10^{-23}\times273\ \text{J}$$

$$=3.8\times10^{-21}\ \text{J}$$

(4) 单位体积内分子的平均平动动能为 $n\cdot\frac{3}{2}kT$，又因 $n=\frac{p}{kT}$，所以单位体积内分子的总平动动能为

$$E_k=\frac{3}{2}p=\frac{3}{2}\times1.013\times10^{3}\ \text{J}\cdot\text{m}^{-3}$$

$$=1.5\times10^{3}\ \text{J}\cdot\text{m}^{-3}$$

(5) 根据内能公式 $E=\frac{m}{M}\frac{i}{2}RT$，系统总内能为

$$E=0.3\times\frac{5}{2}\times8.31\times273\ \text{J}$$

$$=1.7\times10^{3}\ \text{J}$$

例 10-5

体积为 $2\times10^{-3}\ \mathrm{m}^3$ 的刚性双原子分子理想气体，其内能为 6.75×10^2 J.(1)求气体的压强;(2)设分子总数为 5.4×10^{22} 个，求分子的平均平动动能及气体的温度.

解 (1) 由理想气体的内能公式 $E=\frac{m}{M}\frac{i}{2}RT$ 和理想气体的物态方程 $pV=\frac{m}{M}RT$ 可得

$$E=\frac{i}{2}pV$$

即

$$p=\frac{2E}{iV}=\frac{2\times6.75\times10^2}{5\times2\times10^{-3}}\ \mathrm{Pa}$$

$$=1.35\times10^5\ \mathrm{Pa}$$

(2) 内能中有 3/5 为平动动能，2/5 为转动动能.分子的平均平动动能为

$$\bar{\varepsilon}_k=\frac{3E}{5N}=\frac{3\times6.75\times10^2}{5\times5.4\times10^{22}}\ \mathrm{J}$$

$$=7.5\times10^{-21}\ \mathrm{J}$$

因为 $\bar{\varepsilon}_k=\frac{3}{2}kT$，于是有

$$T=\frac{2\bar{\varepsilon}_k}{3k}=\frac{2\times7.5\times10^{-21}}{3\times1.38\times10^{-23}}\ \mathrm{K}$$

$$\approx362\ \mathrm{K}$$

10-6 气体分子的平均碰撞频率和平均自由程

表 10-3 列出了几种常见气体分子在常温下的方均根速率，一般都在数百或上千米每秒.也许有人会对这一理论结果表示怀疑，气体分子的速率能有那么快吗？为什么在相隔数米远的地方打开一瓶香水的瓶盖，挥发的香水分子不会立刻传到我们的嗅觉器官，而是要经过一段时间才能被闻到呢？原来香水分子在传播过程中所经历的路径非常曲折，沿途会不断地与其他分子发生碰撞而改变方向，如图 10-19 所示.因此尽管分子速率很快，但传播数米远的距离仍需要数十秒乃至几分钟的时间.

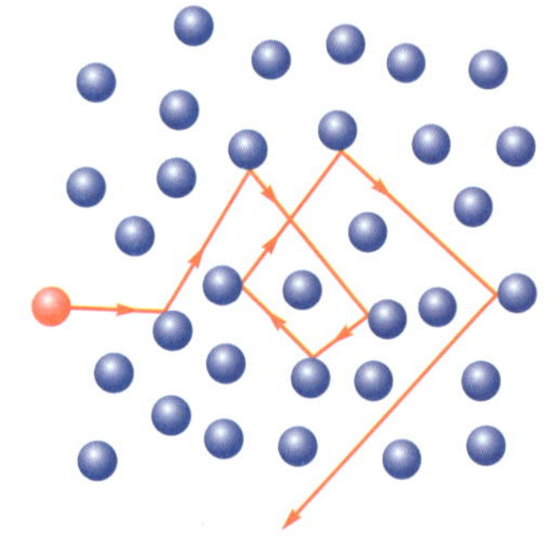

图 10-19 分子在运动的过程中，不断地与其他分子发生碰撞而改变速度的大小和方向

10-6-1 平均碰撞频率

碰撞是气体分子运动的基本特征之一，分子之间通过碰撞来实现动量或动能的交换，使热力学系统由非平衡态向平衡态过渡，并保持平衡态的宏观性质不变.单位时间内一个分子与其他分子发生碰撞的平均次数，称为平均碰撞频率，简称为碰撞频率(collision frequency)，用 $\bar{Z}$ 表示.

为了确定分子的碰撞频率 $\bar{Z}$，我们把所有分子都看成有效直径为 d 的钢

球，并且跟踪某一个运动分子 A，而把其他分子暂且都看成静止不动. 假设分子 A 以平均速率 $\bar{v}$ 运动，在运动过程中，由于它不断地与其他分子碰撞，它的球心轨迹是一条折线. 以折线为轴，以分子的有效直径 d 为半径作曲折的圆柱面，显然，只有分子球心在该圆柱面内的分子才能与分子 A 发生碰撞，如图 10-20 所示. 我们把圆柱面的横截面积 πd^2 称为分子的**碰撞截面**（collision cross-section），用 σ 表示. 在 Δt 时间内，运动分子平均走过的路程为 $\bar{v}\Delta t$，相应圆柱体的体积为 $\pi d^2\bar{v}\Delta t$. 设分子数密度为 n，则此圆柱体内的分子数为 $n\pi d^2\bar{v}\Delta t$，显然这就是运动分子 A 在 Δt 时间内与其他分子碰撞的次数，单位时间内的平均碰撞次数为

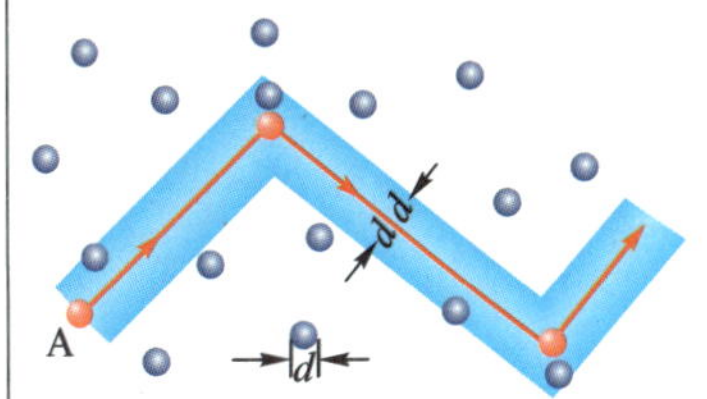

图 10-20　碰撞频率计算用图

$$\bar{Z}=\frac{n\pi d^2\bar{v}\Delta t}{\Delta t}=\pi d^2\bar{v}n$$

上式是在假定一个分子运动，而其他分子都静止不动时所得出的结果. 实际上，所有的分子都在运动，考虑到分子之间的相对运动遵从麦克斯韦速率分布，故必须对上式加以修正. 根据统计物理学知识，从理论上可以证明（从略），如果考虑到所有分子都在运动，则分子的碰撞频率是上式的 $\sqrt{2}$ 倍，即

$$\bar{Z}=\sqrt{2}\pi d^2\bar{v}n \tag{10-31}$$

10-6-2 平均自由程

从图 10-19 可以看出，每发生一次碰撞，分子速度的大小和方向都会发生变化，分子运动的轨迹为折线. 分子在与其他分子发生频繁碰撞的过程中，连续两次碰撞之间自由通过的路程长短具有偶然性，我们把这一路程的平均值称为**平均自由程**（mean free path），用 $\bar{\lambda}$ 表示. 显然，在 Δt 时间内，平均速率为 $\bar{v}$ 的分子走过的路程的平均值为 $\bar{v}\Delta t$，碰撞的平均次数为 $\bar{Z}\Delta t$，则分子平均自由程为

$$\bar{\lambda}=\frac{\bar{v}\Delta t}{\bar{Z}\Delta t}=\frac{\bar{v}}{\bar{Z}} \tag{10-32}$$

将式（10-31）代入上式，$\bar{\lambda}$ 又可表示为

$$\bar{\lambda}=\frac{\bar{v}}{\bar{Z}}=\frac{1}{\sqrt{2}\pi d^2 n} \tag{10-33}$$

由此可见，分子的平均自由程与分子有效直径的二次方成反比，与分子数密度成反比. 由理想气体物态方程 $p=nkT$，$\bar{\lambda}$ 又可表示为

$$\bar{\lambda}=\frac{kT}{\sqrt{2}\pi d^2 p} \tag{10-34}$$

此式表明，当温度恒定时，平均自由程与压强成反比，压强越小，气体越稀薄，平均自由程就越长. 表 10-7 给出了在 0 ℃ 时，不同压强下空气中分子平均自由程

表 10-7　0 ℃时不同压强下空气中分子的平均自由程和平均碰撞频率

p/Pa	$\bar{\lambda}$/m	$\bar{Z}$/s^{-1}
10^7	7×10^{-10}	6×10^{11}
10^5	7×10^{-8}	6×10^{9}
10^2	7×10^{-5}	6×10^{6}
1	7×10^{-3}	6×10^{4}
10^{-2}	7×10^{-1}	6×10^{2}
10^{-5}	7×10^{2}	6×10^{-1}

和平均碰撞频率的理论值(设分子有效直径 $d=3.5\times10^{-10}$ m,分子的摩尔质量 $M=2.9\times10^{-2}\ \mathrm{kg\cdot mol^{-1}}$).由表可见,在标准状态下,分子平均碰撞频率约为 $6\times10^{9}\ \mathrm{s^{-1}}$,即每秒钟碰撞次数达 60 亿次,平均自由程约为 7×10^{-8} m,由此可见分子碰撞的频繁和分子定向运动的艰难.

例 10-6

在标准状态下,1 $\mathrm{cm^3}$ 中有多少个氮气分子?氮气分子的平均速率为多少?平均碰撞频率为多少?平均自由程为多少?(已知氮气分子的有效直径 $d=3.76\times10^{-10}$ m.)

解 单位体积内的分子数为

$$n=\frac{p}{kT}=\frac{1.013\times10^{5}}{1.38\times10^{-23}\times273}\ \mathrm{m^{-3}}=2.7\times10^{25}\ \mathrm{m^{-3}}$$

1 $\mathrm{cm^3}$ 中拥有的氮气分子数为

$$N=nV=2.7\times10^{25}\times10^{-6}=2.7\times10^{19}(\text{个})$$

平均速率为

$$\bar{v}=\sqrt{\frac{8RT}{\pi M}}=\sqrt{\frac{8\times8.31\times273}{3.14\times28\times10^{-3}}}\ \mathrm{m\cdot s^{-1}}=454\ \mathrm{m\cdot s^{-1}}$$

平均碰撞频率为

$$\bar{Z}=\sqrt{2}\pi d^{2}n\bar{v}=\sqrt{2}\times3.14\times(3.76\times10^{-10})^{2}\times2.7\times10^{25}\times454\ \mathrm{s^{-1}}=7.7\times10^{9}\ \mathrm{s^{-1}}$$

于是,可算得平均自由程为

$$\bar{\lambda}=\frac{\bar{v}}{\bar{Z}}=\frac{454}{7.7\times10^{9}}\ \mathrm{m}=6\times10^{-8}\ \mathrm{m}$$

*10-7 气体的输运现象

前面讨论的都是处于平衡态的气体.本节主要讨论非平衡态系统的一些性质.当气体各层的流速不同时,在各层之间存在切向摩擦力,会产生**黏性现象**(viscous phenomenon);如果气体各部分的温度不均匀,则在气体内部存在温度差,会产生**热传导现象**(heat conduction phenomenon);如果气体的各部分密度不均匀,那么在气体内部存在密度差,会产生**扩散现象**(diffusion phenomenon).这三种现象都是从非平衡态向平衡态过渡的过程,统称为**输运现象**(transport phenomenon).

10-7-1 黏性现象

气体在管道中流动时,中间部分的流速最大,而靠近管壁部分的流速最小,几乎为零,因而气体各层的流速不同,会产生内摩擦力,也叫做黏性力,这就是黏性现象.

如图 10-21 所示,假设气体在 z_0 处的流速为 u,在 $z_0+\mathrm{d}z$ 处的流速为 $u+\mathrm{d}u$,即在 z 方向上存在速度梯度$\frac{\mathrm{d}u}{\mathrm{d}z}$.实验表明,黏性力正比于速度梯度$\left(\frac{\mathrm{d}u}{\mathrm{d}z}\right)_{z_0}$和面元的面积 $\mathrm{d}S$,即

$$\mathrm{d}F=\eta\left(\frac{\mathrm{d}u}{\mathrm{d}z}\right)_{z_0}\mathrm{d}S \tag{10-35}$$

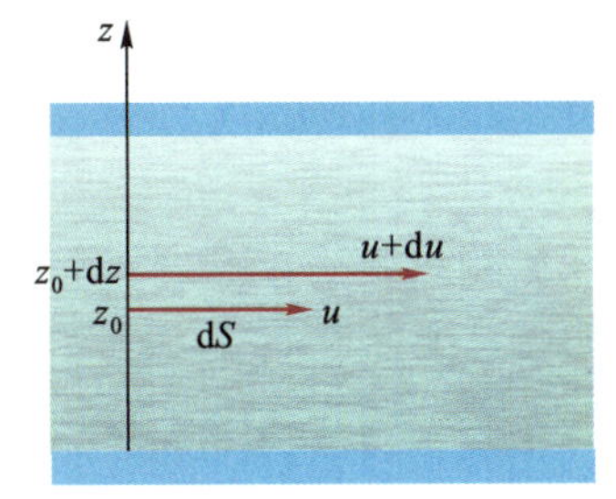

图 10-21　气体在管道中流动时,各层的气体流速不同,存在速度梯度

上式称为**牛顿黏性定律**(Newton's law of viscosity),式中的比例系数 η 称为黏度,单位为帕斯卡秒(Pa・s),其数值取决于气体的性质和状态,其表达式(推导从略)为

$$\eta=\frac{1}{3}\rho\bar{v}\bar{\lambda} \tag{10-36}$$

上式中 ρ 为气体的密度,$\bar{v}$ 为气体分子的平均速率,$\bar{\lambda}$ 为气体分子的平均自由程.表 10-8 给出了空气和二氧化碳气体在相应温度下的黏度.

表 10-8　空气和 CO_2 在不同温度下的黏度

气体	t/℃	η/(10^5 Pa・s)
空气	20	1.82
	671	4
CO_2	20	1.47
	302	2.7

黏性现象的微观机理可以用分子动理论来解释:气体分子流动时,每个分子除具有热运动的动量外还有定向运动的动量,相邻流层之间的分子定向动量不同,但由于分子热运动而使一些分子携带其自身的动量进入相邻流层,借助于分子之间的相互碰撞,不断地交换动量,导致定向动量较大的流层速度减小,定向动量较小的流层速度增大.根据动量定理,定向动量减小的流层意味着受到一个反向力的作用,定向动量增加的流层意味着受到一个正向力的作用.因此在宏观上相邻流层之间就出现了黏性力.显然,黏性现象在微观上是分子热运动过程中输运定向动量的过程.

10-7-2 热传导现象

冬天手捧热水袋取暖,热量从热水袋传递到手上,使你感到暖和,这就是热传导现象.

下面我们讨论气体的热传导现象.如图 10-22 所示,假设气体在 z_0 处的温度为 T,在 $z_0+\mathrm{d}z$ 处的温度为 $T+\mathrm{d}T$,即在 z 方向上存在温度梯度$\frac{\mathrm{d}T}{\mathrm{d}z}$.实验表明,在 $\mathrm{d}t$ 时间内通过面元 $\mathrm{d}S$,沿 z 轴方向传递的热量正比于温度梯度$\left(\frac{\mathrm{d}T}{\mathrm{d}z}\right)_{z_0}$和面元的面积 $\mathrm{d}S$,即

$$\mathrm{d}Q=-\kappa\left(\frac{\mathrm{d}T}{\mathrm{d}z}\right)_{z_0}\mathrm{d}S\mathrm{d}t \tag{10-37}$$

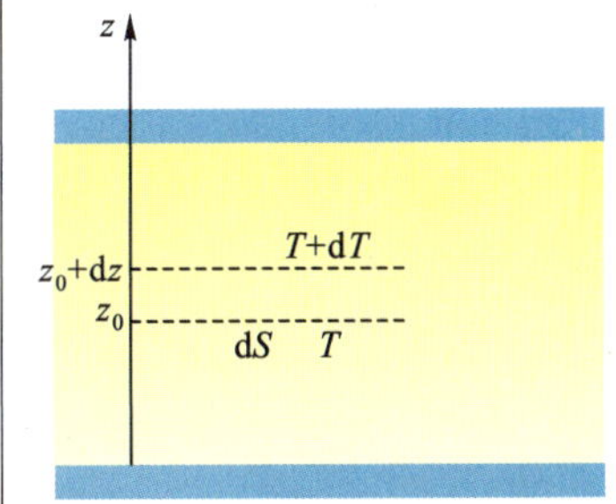

图 10-22　气体内各部分的温度不均匀,存在温度梯度,就会产生热量的传递现象

上式称为**傅里叶热传导定律**(Fourier's law of heat conduction),式中的负号表示热量沿温度下降的方向传递,比例系数 κ 称为热导率,单位为瓦特每米开尔文

$(W\cdot m^{-1}\cdot K^{-1})$，其数值取决于物质的性质和状态，其表达式（推导从略）为

$$\kappa=\frac{1}{3}\rho\bar{v}\bar{\lambda}c_V \tag{10-38}$$

上式中 ρ 为气体的质量密度，$\bar{v}$ 为分子热运动的平均速率，$\bar{\lambda}$ 为气体分子热运动的平均自由程，c_V 为分子的比定容热容. 表 10-9 给出了空气和氧气的热导率. 一般固体金属的热导率为几十到几百，由此可见，气体是一个不良导热体.

表 10-9 空气和氧气在不同温度下的热导率

气体	t/℃	$\kappa/(W\cdot m^{-1}\cdot K^{-1})$
空气	-74	0.018
	38	0.027
O_2	-123	0.013 7
	175	0.038

气体热传导现象的微观机理可以阐述如下：当气体内各部分温度不均匀时，在微观上体现为各部分分子热运动的能量不同，分子在热运动的过程中，借助于分子间的相互碰撞而交换热运动的能量，交换的结果导致能量大的部分向能量小的部分进行能量的输运. 即分子在热运动过程中输运能量的过程，在宏观上体现为热传导现象.

最后，我们通过热传导理论分析保温瓶为何能够保温. 如图 10-23 所示. 通常将保温瓶的内胆做成间隙很小的双层结构，并把中间的空气抽去，形成真空层. 由于真空层内空气非常稀薄，以致分子的平均自由程 $\bar{\lambda}$ 大于真空层的间隙厚度 l，因此分子将彼此无碰撞地往返于两壁之间. 这时式(10-38)中的 $\bar{\lambda}$ 将由 l 取代. 将 $\bar{v}=\sqrt{\frac{8kT}{m_0\pi}}$ 和 $\rho=m_0n$ 代入可知，在一定温度下，κ 与 n 成正比，即空气越稀薄（n 越小），热导率 κ 越小，保温性能越好.

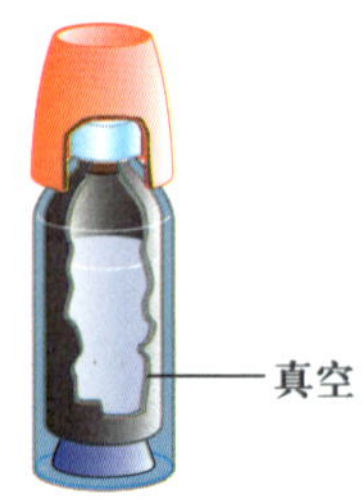

图 10-23 保温瓶的真空层使瓶内的热量无法通过分子的热运动传递出去，达到保温的目的

10-7-3 扩散现象

在气体的内部，当密度不均匀时，气体分子将从密度大的地方向密度小的地方运动，这种现象称为**扩散现象**.

如图 10-24 所示，假设气体在 z_0 处的密度为 ρ，在 z_0+dz 处的密度为 $\rho+d\rho$，即在 z 方向上存在密度梯度 $\frac{d\rho}{dz}$. 实验表明，在 dt 时间内通过面元 dS 沿 z 轴方向扩散的质量正比于密度梯度 $\left(\frac{d\rho}{dz}\right)_{z_0}$ 和面元的面积 dS，即

$$dm=-D\left(\frac{d\rho}{dz}\right)_{z_0}dSdt \tag{10-39}$$

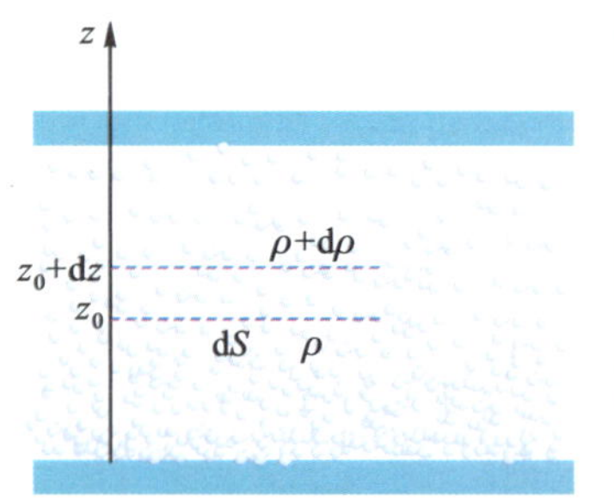

图 10-24 气体内各部分的密度不均匀，存在密度梯度，就会产生质量的传递现象

上式称为**菲克扩散定律**(Fick's law of diffusion). 式中的负号表示气体质量沿密度下降的方向扩散，比例系数 D 叫**扩散系数**，单位为二次方米每秒$(m^2\cdot s^{-1})$，其数值取决于气体的性质和状态，表达式（推导从略）为

$$D=\frac{1}{3}\bar{v}\bar{\lambda} \tag{10-40}$$

上式中 $\bar{v}$ 为气体分子热运动的平均速率，$\bar{\lambda}$ 为气体分子运动的平均自由程.

继而，我们来简述扩散现象的微观机理. 当气体内各部分的密度不均匀时，

在分子热运动的过程中,从密度大的地方扩散到密度小的地方的分子数大于从密度小的地方扩散到密度大的地方的分子数,这种交换的结果使气体的质量由密度大的地方向密度小的地方输运,形成扩散.扩散现象在微观上是气体分子在热运动过程中输运质量的过程.

10-8 熵与热力学第二定律

10-8-1 热力学第二定律的统计意义

对一个孤立系统而言,开尔文和克劳修斯在观察和实验的基础上,分别从功热转化的不可逆性和热量传递的不可逆性,提出了热力学第二定律的两种不同表述;并且进一步证明了这两种表述的等效性.为什么两个看似不同的不可逆过程,在热力学理论意义上具有等效性? 这是因为它们具有相同的微观本质.事实上自然界的一切不可逆过程都具有相同的微观本质.下面以理想气体自由膨胀这一宏观不可逆过程为例,来进行讨论.

设一容器被隔板分为 A、B 两室,如图 10-25 所示,A 室储有气体,总分子数为 N,B 室是真空.今将隔板抽去,气体分子将由 A 室向 B 室扩散,这一过程称为气体的自由膨胀.抽去隔板后,由于分子处于杂乱无章的热运动中,就每一个分子而言,它或者出现在 A 室或者出现在 B 室.出现在 A 室或 B 室的可能性与两室的体积成正比,如果 $V_A=V_B$,则分子出现在 A 室或 B 室的概率相等,均为 1/2.

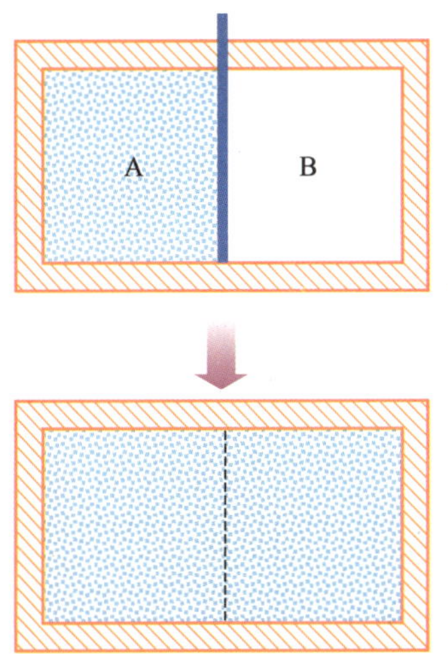

图 10-25 A 室有气体,B 室为真空.今将隔板抽去,气体分子将由 A 室向 B 室扩散,出现气体的自由膨胀过程

为了方便讨论,假设只有四个气体分子($N=4$),为了区别这四个分子,我们分别用红、绿、黄、蓝四种颜色来标志.抽去隔板以后,由于分子无规则运动,在任何一个瞬间,四个分子处在 A 室和 B 室的分布具有多种可能性,如图 10-26 所示.我们把在 A、B 两室中分子各种可能的分布状态称为**微观态**(microscopic state),用 Ω 表示微观态的数目.从图中看出,四个分子在两室中的可能分布共有 16 种,即 $\Omega=16$.但是对于实际气体而言,同种分子是无法加以区别的,A 室(或 B 室)中是哪几个分子的组合无法识别.我们只知道有多少个分子在 A 室,又有多少个分子在 B 室.对各分子不加区别,仅从 A、B 两室的分子数分布来确定的状态称为**宏观态**(macroscopic state).由图 10-26 看出,共有 5 种宏观态.不同宏观态所对应的微观态数目不同.我们用 Ω_i 表示第 i 个宏观态的微观态数目,用 Ω 表示总的微观态数.则出现第 i 个宏观态的概率 P_i 为

$$P_i=\frac{\Omega_i}{\Omega} \tag{10-41}$$

四个分子同时位于 A 室(或 B 室)的宏观态所对应的微观态只有一个,即这种

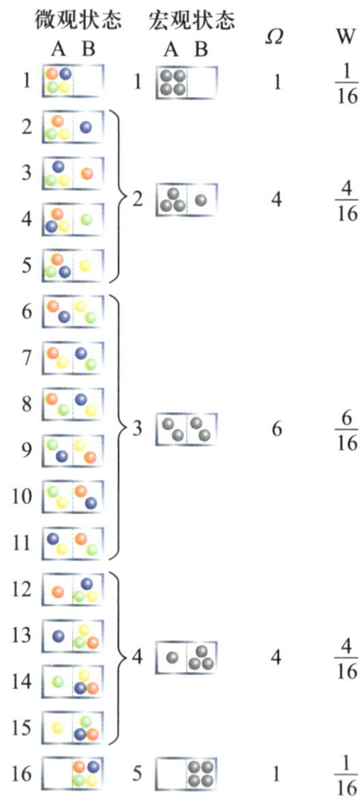

图 10-26 四个分子在 A、B 两室中的分布状态

宏观态出现的概率最小，为 $P=\frac{1}{16}=\frac{1}{2^4}$；而 A 室和 B 室各有两个分子的宏观态所对应的微观态数目最多，即出现这种宏观态的概率最大，为 $P=\frac{6}{16}$. 一般来说，如果有 N 个气体分子，则它们在 A、B 两室中分布的微观态数目共有 2^N 个，在抽去隔板后全部分子仍集中在 A 室（或 B 室）的可能性只有 $\frac{1}{2^N}$. 由于一般系统所包含的分子数目非常多，1 mol 气体的分子数有 $N=1\ \text{mol}\times N_A=6.022\times10^{23}$，因此这种情况几乎不可能出现.

假设在某一个宏观态下，A 室中有 n 个分子，根据概率理论，这一宏观态包含的微观态数目为

$$\Omega=\frac{N!}{n!(N-n)!}$$

我们可以通过求极值的方法来确定微观态数目最大的宏观态. 对上式两边取对数，即

$$\ln\Omega=\ln N!-\ln n!-\ln(N-n)!$$

由于分子数 $N>1$，故可以用斯特林公式 $\ln N!=N\ln N-N$ 将上式化简为

$$\ln\Omega=N\ln N-n\ln n-(N-n)\ln(N-n)$$

将上式对 n 求一阶导数，并令 $\frac{\mathrm{d}\Omega}{\mathrm{d}n}=0$，可得

$$n=\frac{N}{2}$$

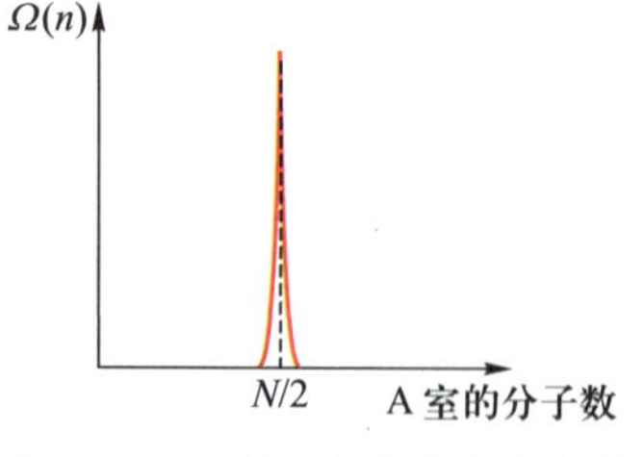

图 10-27 分子数与微观状态数

这就是说，A、B 两室分子均匀分布时的宏观态所包含的微观态数目 Ω 最大，亦即这种宏观态出现的概率最大. 由此得出结论：自由膨胀过程实质上是由包含微观态数目少的宏观态向包含微观态数目多的宏观态转变，这就是气体自由膨胀过程不可逆性的微观本质. 图 10-27 给出了 A 室中的分子数 n 与宏观态所对应的微观态数 Ω 的关系，在 $n=N/2$ 附近的 Ω 值最大，而 n 为其他值时 Ω 几乎为零.

上述气体自由膨胀过程的不可逆性的微观本质，可以推广到一切不可逆过程，其实质是：**孤立系统内部发生的一切不可逆过程总是由包含微观态数目少的宏观态向包含微观态数目多的宏观态转变**. 这就是热力学第二定律的统计意义. 在一般情况下，宏观状态表现得越是规则有序，其包含的微观态数目越小；而宏观状态表现得越是混乱无序，其包含的微观态数目越多. 因此**一切不可逆过程都是从有序状态向无序状态的方向进行**.

10-8-2 熵与热力学概率

根据热力学第二定律的统计意义,过程的不可逆性反映了初、末两个状态存在性质上的差异,这种差异表现在初、末两个宏观态所包含的微观态数目不同.为了能够从数学上描述这种由于状态上的差异而引起的过程方向问题,我们引入新的物理量——**熵**(entropy).

熵既然是为了描述过程的不可逆性而引入的,那么它应该与宏观态所包含的微观态数目 Ω 有关,我们把它称为**热力学概率**.1877 年,玻耳兹曼运用经典统计的方法得到了熵 S 与热力学概率 Ω 之间的关系:

$$S=k\ln\Omega \tag{10-42}$$

上式称为**玻耳兹曼关系式**,式中的 k 是玻耳兹曼常量,熵的单位与玻耳兹曼常量相同,为 $J\cdot K^{-1}$.

某一宏观态所对应微观态数目越多,即热力学概率 Ω 越大,则系统内分子热运动的无序性越大,系统的熵也就越大.因此**熵是组成系统的微观粒子的无序性(即混乱度)的量度**.热力学第二定律的统计意义已经给出了结论:在孤立系统中的一切实际过程都是从热力学概率小的状态向热力学概率大的状态进行的.显然,当系统趋于平衡态时热力学概率 Ω 趋于最大值.因此由玻耳兹曼关系式可知:**当孤立系统处于平衡态时,其熵 S 达到最大**.

应该指出,熵是一个状态量,并具有可叠加性.根据概率论的乘法原理,如果某一系统由两个子系统组成,子系统的热力学概率分别为 Ω_1、Ω_2,则该系统的热力学概率为 $\Omega=\Omega_1\Omega_2$,代入式(10-42)可得系统的熵为

$$S=k\ln\Omega=k\ln\Omega_1+k\ln\Omega_2=S_1+S_2 \tag{10-43}$$

式中 S_1 和 S_2 分别是两个子系统的熵.

奥地利物理学家玻耳兹曼(L. Boltzmann,1844—1906)是统计物理学的奠基人之一.1844 年 2 月 20 日生于维也纳.他发展了麦克斯韦的分子运动学说,证明了在有势场中处于热平衡的分子速度分布定律;提出了气体从不平衡状态过渡到平衡状态的过程表达式——玻耳兹曼方程;建立了熵与热力学概率的关系式:$S=k\ln\Omega$.此式后来被刻在他的墓碑上

文档 玻耳兹曼

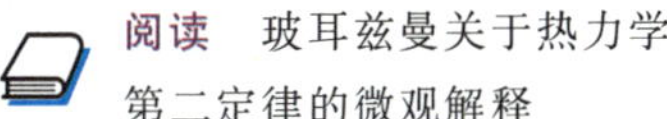

阅读 玻耳兹曼关于热力学第二定律的微观解释

10-8-3 克劳修斯熵 熵增加原理

玻耳兹曼熵是从微观统计意义上推导出的一个物理量,用以描述系统的热力学状态.在热力学中,克劳修斯则从宏观上对熵进行了定义,然而两者却是互通的.设一定量的理想气体在温度 T 下作可逆的等温膨胀,体积从 V_1 变化到 V_2.可以设想,对于某一个分子,它在体积 V 中出现的概率 Ω_i 应该与体积成正比,即有 $\Omega_i=CV$,C 为比例系数.根据概率理论,如果有 N 个分子,它们同时出现在该体积 V 中的概率应为

$$\Omega=\Omega_i^N$$

将上式代入式(10-42),可得

$$S=kN\ln(CV)$$

当气体的体积从 V_1 变化到 V_2 时，系统熵的增量（熵变）为

$$\begin{aligned}\Delta S &= S_2-S_1=kN\ln(CV_2)-kN\ln(CV_1)\\ &= kN\ln\frac{V_2}{V_1}=\frac{N}{N_A}R\ln\frac{V_2}{V_1}\end{aligned}$$

因为 $N/N_A=m/M$，所以有

$$\Delta S=\frac{m}{M}R\ln\frac{V_2}{V_1}$$

将上式与等温过程的热量计算公式（9-25）比较，可得

$$\Delta S=\frac{Q}{T} \tag{10-44}$$

式中 Q/T 称为**热温比**.对微过程而言，上式可写作

$$\mathrm{d}S=\frac{\mathrm{d}Q}{T} \tag{10-45}$$

虽然上式是从一个特殊的可逆过程（等温过程）推导来的，但在理论上可以证明它具有普适性.

对于任意一个热力学过程，可以把式（10-45）改写为

$$\mathrm{d}S\geqslant\frac{\mathrm{d}Q}{T} \tag{10-46}$$

其中的等号表示可逆过程，而不等号表示不可逆过程.上式的积分式可表示为

$$\Delta S=\int_A^B \mathrm{d}S\geqslant\int_A^B\frac{\mathrm{d}Q}{T} \tag{10-47}$$

上式表明：**热力学系统从初态 A 变化到末态 B，在任意一个可逆过程中，其熵变等于该过程中热温比 $\mathrm{d}Q/T$ 的积分；而在任意一个不可逆过程中，其熵变大于该过程中热温比 $\mathrm{d}Q/T$ 的积分**.式（10-46）和式（10-47）正是克劳修斯对熵的定义.

由克劳修斯熵的定义式（10-46）可以看出，如果 $\mathrm{d}Q=0$，则 $\mathrm{d}S\geqslant0$，这就表明：**孤立系统中发生的一切不可逆过程都将导致系统的熵增加；而在孤立系统中发生的一切可逆过程，系统的熵保持不变**.这一结论称为**熵增加原理**（principle of entropy increase），其数学式表示为

阅读 熵增加原理的提出

$$\Delta S\geqslant0 \tag{10-48}$$

上式也是热力学第二定律的数学表达式，表示自然界一切与热现象有关的宏观实际过程都是向着熵增加的方向进行，当系统的熵达到极大值时，系统处于平

衡态.因此利用熵的变化可以判断自发过程进行的方向(熵增加的方向)和限度(熵所能达到的极大值).值得注意,熵增加原理是对整个孤立系统而言的,对系统内部的个别物体,熵值可以增加、不变或减少.

熵是一个比较抽象的概念,理解时要注意下列几点:

(1) 熵是一个态函数.熵的变化只取决于初、末两个状态,与具体过程无关.

(2) 熵具有可加性.系统的熵等于系统内各部分的熵之和.

(3) 克劳修斯熵只能用于描述平衡状态,而玻耳兹曼熵则可以用于描述非平衡态.

在计算热力学过程的熵变时要注意,式(10-47)只能用于可逆过程中熵变的计算.而对于某些不可逆过程,可以假想一个可逆过程来计算,因为熵是一个态函数,熵变与过程无关,只要选用的可逆过程与被替代的不可逆过程有相同的初态和末态就行了,如图 10-28 所示.

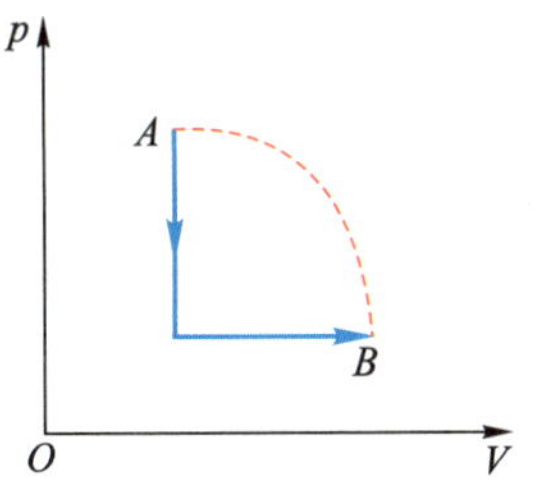

图 10-28 利用 $S_B-S_A=\int_A^B \frac{dQ}{T}$ 计算熵差时,如果由 A 到 B 的过程不是可逆过程,则需要假想一个 A 到 B 的可逆过程来计算熵差.

例 10-7

在一定压强下将 1 kg 水从 $T_1=273$ K 加热到 $T_2=373$ K,已知水在此温度变化范围内的比定压热容为 $c_p=4.18\times10^3\ \mathrm{J\cdot kg^{-3}\cdot K^{-1}}$,试求此过程中水的熵变.

解 由题设过程中压强不变,可以把这个过程假设为可逆等压升温过程,则此过程的熵变为

$$S_2-S_1=\int_1^2\frac{dQ}{T}=\int_{T_1}^{T_2}\frac{mc_p dT}{T}=mc_p\ln\frac{T_2}{T_1}$$

$$=1\times4.18\times10^3\times\ln\frac{373}{273}\ \mathrm{J\cdot K^{-1}}$$

$$=1.30\times10^3\ \mathrm{J\cdot K^{-1}}$$

例 10-8

有一绝热容器,用一隔板把容器分为两部分,其体积分别为 V_1 和 V_2.V_1 内有 N 个分子的理想气体,V_2 为真空.若把隔板抽掉,试求气体重新平衡后熵增加多少?

解一 用克劳修斯熵分析:

气体自由膨胀过程显然是一个不可逆过程,为了计算熵变,必须设想一个可逆过程,因为过程是绝热的,且与外界没有功交换,因此系统内能不变 $dE=0$,所以可以设想由状态 V_1 膨胀到 (V_1+V_2) 的过程是可逆的等温膨胀过程,它吸收的热量为

$$dQ=pdV$$

根据熵变公式

$$S_2-S_1=\int\frac{dQ}{T}=\int\frac{pdV}{T}$$

以及

$$p=nkT=\frac{NkT}{V}$$

得

$$S_2-S_1=Nk\int_{V_1}^{V_1+V_2}\frac{dV}{V}=Nk\ln\frac{V_1+V_2}{V_1}$$

由于$(V_1+V_2)>V_1$，所以$S_2-S_1>0$，可见自由膨胀过程是沿着熵增加的方向进行的.

解二 用玻耳兹曼熵分析：

N个分子分布在V_1体积内时，热力学概率为$\Omega_1=V_1^N$，相应的熵为

$$S_1=k\ln\Omega_1$$

同理，当气体分子扩散到V_1+V_2时，热力学概率为$\Omega_2=(V_1+V_2)^N$，熵为$S_2=k\ln\Omega_2$，则

$$\begin{aligned}S_2-S_1&=k\ln\Omega_2-k\ln\Omega_1\\&=k\ln\frac{\Omega_2}{\Omega_1}=k\ln\left(\frac{V_1+V_2}{V_1}\right)^N\\&=Nk\ln\left(1+\frac{V_2}{V_1}\right)>0\end{aligned}$$

所以自由膨胀过程是沿着熵增加的方向进行的.

思考题

10-1 若把空气封闭在一容器内，然后压缩，那么空气对器壁的压强将会怎样变化？试从微观的角度加以解释.

10-2 若把空气封闭在一容器内，然后加热，那么空气对器壁的压强将会怎样变化？试从微观的角度加以解释.

10-3 两种气体的温度相同，物质的量相同，问这两种气体分子的平均动能、平均平动动能和内能是否相同？

10-4 在生活中我们会遇到这样两种现象：在夏季的炎热阳光下，自行车车轮内胎发生自爆；打气过程中自行车车轮的内胎发生爆裂.试从宏观和微观角度分别解释这两种现象.

10-5 试从能量的角度说明下列各式的物理意义：

(1)$\frac{i}{2}kT$；(2)$\frac{3}{2}kT$；(3)$\frac{i}{2}RT$；(4)$\frac{m}{M}\frac{i}{2}RT$.

10-6 两条气体分子速率分布曲线如图所示.若这两条曲线分别表示同一种气体处于不同温度下的速率分布，试问哪条曲线表示的气体温度较高？若两条曲线分别表示同一种温度下氢气和氧气的速率分布，则哪条曲线表示氧气的速率分布？

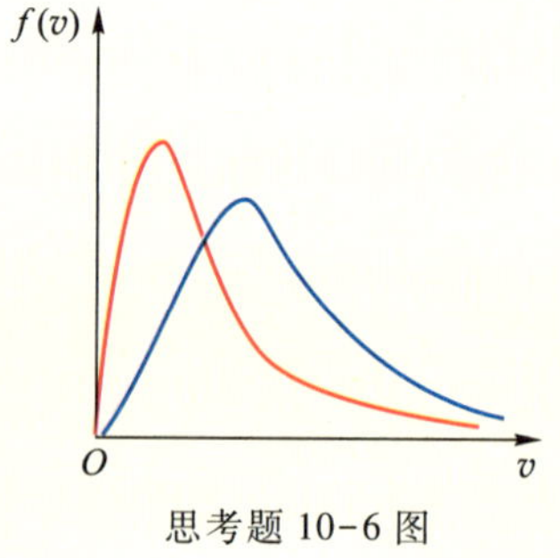

思考题 10-6 图

10-7 速率分布函数的物理意义是什么？若$f(v)$为速率分布函数，试说明下列各式的物理意义：(1)$f(v)\mathrm{d}v$；(2)$Nf(v)\mathrm{d}v$；(3)$\int_{v_1}^{v_2}f(v)\mathrm{d}v$；(4)$\int_{v_1}^{v_2}Nf(v)\mathrm{d}v$；(5)$\int_0^{\infty}vf(v)\mathrm{d}v$；(6)$\int_0^{\infty}v^2f(v)\mathrm{d}v$.

10-8 最概然速率和平均速率的物理意义是什么？

10-9 请你根据气体动理论的观点分析地球大气中含氢量极少的原因.

10-10 气体分子热运动的速率为几百米每秒，为什么在房间内打开一瓶香水，要隔一段时间才能在门口闻到香味？是夏天容易闻到香味还是冬天容易闻到香味，为什么？

10-11 若保持容器的体积不变，然后加热使容器内的理想气体温度升高，那么气体分子的平均碰撞频率和平均自由程将怎样变化？

10-12 若在保持压强不变的条件下，加热理想气体，那么气体分子的平均碰撞频率和平均自由程将怎样变化？

10-13 自然界的一切过程都必须遵守能量守恒定律，那么是否遵守能量守恒定律的过程就一定能够实现？

10-14 一杯热水置于空气中，它总会冷却到与周围环境相同的温度.在此过程中，水的熵自然是减少了，这与熵增加原理是否矛盾？

习题

10-1 计算在 300 K 的温度下,氢气和氧气的平均平动动能、平均转动动能和平均动能.

10-2 质量为 50.0 g、温度为 18.0 ℃ 的氦气,装在容积为 10.0 dm^3 的密闭且隔热容器中,容器以 200 $m \cdot s^{-1}$ 的速率作匀速直线运动.若容器突然停止时,定向运动的动能全部转化为分子热运动的动能.则平衡后氦气的温度和压强各增大多少?

10-3 水蒸气分解成同温度的氢气和氧气,其内能增加了百分之几?(将气体分子视为刚性分子.)

10-4 钉子在被钉入木板的过程中温度会升高.如果铁锤的质量为 1.80 kg,打击的速率为 7.80 $m \cdot s^{-1}$,其动能的 60% 被铝钉吸收并转化为热能,那么一个 8.00 g 的铝钉在打击了 10 次以后,温度将提高多少?(铝的比热容是 $0.88 \times 10^3\ J \cdot kg^{-1} \cdot K^{-1}$.)

10-5 计算下列情况下粒子的方均根速率:日冕的温度为 2×10^6 K,求其中电子的方均根速率.星际空间的温度为 2.7 K,其中气体主要是氢原子,求氢原子的方均根速率.用激光冷却的方法使钠原子几乎停止运动,此时相应的温度为 2.4×10^{-11} K,求钠原子的方均根速率.

10-6 设有 N 个粒子,其速率分布函数为

$$f(v)=\begin{cases}\dfrac{a}{v_0}v & (0<v<v_0)\\ 2a-\dfrac{a}{v_0}v & (v_0<v<2v_0)\\ 0 & (v>2v_0)\end{cases}$$

(1)作出速率分布曲线;(2)由 N 和 v_0 求 a;(3)求最概然速率;(4)求 N 个粒子的平均速率;(5)求速率介于区间 $\left[0,\dfrac{v_0}{2}\right]$ 的粒子数;(6)求 $\left[\dfrac{v_0}{2},v_0\right]$ 区间内分子的平均速率.

10-7 在容积为 30 L 的容器内储有 2.0×10^{-2} kg 的气体,其压强为 5.065×10^4 Pa.试求气体分子的最概然速率、平均速率以及方均根速率.

10-8 气缸内储有单原子理想气体,若绝热压缩使其体积减半,求分子的平均速率变为原来的几倍?若为双原子分子理想气体,其结果又如何?

10-9 设容器的体积为 V,内储存质量分别为 m_1 和 m_2 的两种双原子分子理想气体,假设此混合气体处于平衡状态时内能相等,都是 E,求这两种气体分子的平均速率 $\bar{v}_1$ 与 $\bar{v}_2$ 之比.

10-10 求上升到多大高度处,其大气压强减到地面的 75%,设空气的温度为 0 ℃,摩尔质量为 0.028 9 $kg \cdot mol^{-1}$.

10-11 在 160 km 的高空,空气密度为 $1.5 \times 10^{-9}\ kg \cdot m^{-3}$,温度为 500 K,分子直径大约为 3×10^{-10} m.求该处空气分子的平均自由程和平均碰撞频率.

10-12 容器的两边分别储有 80 ℃ 的水和 20 ℃ 的水,经过一段时间,从热的一边向冷的一边传递了 4.2×10^3 J 的热量.假定水量足够多,以致两边的水温保持不变,求该过程系统的熵变.

*10-13 编程绘制在 0 ℃ 时氧气的麦克斯韦速率分布曲线,并计算最概然速率、平均速率、方均根速率,同时证明麦克斯韦速率分布函数的归一化.

*10-14 分子力势能的伦纳德-琼斯模型为 $E_p=\dfrac{\lambda}{r^n}-\dfrac{\mu}{r^m}$ ($n>m$,且均为整数),第一项表示斥力势能,第二项表示引力势能,其中 λ 和 μ 为正的常量,我们取 $n=12, m=6, \lambda=\mu=0.01$.根据此模型绘制分子相互作用势能曲线.

雨过天晴，远处出现了绚丽的彩虹.这是一种光学现象，可以用几何光学的知识作出解释.

第 11 章 几何光学

母亲把我们从黑暗带入了一个五彩缤纷的世界，清晨的太阳从东方冉冉升起，周围的大自然渐渐变得明亮，蔚蓝色的天空飘浮着朵朵白云，阳光洒向大地，绿色的草地上盛开着鲜艳多彩的花朵，雨过天晴，远处出现了一道绚丽的彩虹，美丽的大自然愉悦人的眼睛，这一切使人们在头脑中形成了“光”的概念.光和我们的生活关系如此之密切，以致自古以来人们就怀着很大的兴趣来研究和认识它.时至今日，人类已经在实践中积累了很丰富的光学知识，认识到光是地球生命的要素之一，是人类生存的依据；光是人类认识外部世界的工具，是信息的理想载体或传播介质，并已在生产实践和科学技术的各个领域得到了很好的应用.根据光的发射、传播、接收以及光与其他物质相互作用的性质和规律，人们通常把光学分成了四个研究分支，它们分别是几何光学、波动光学、量子光学和现代光学.其中后两者是研究光与其他物质的相互作用以及光在现代科技的各个领域中的应用，这些内容超出了大学物理课程的范畴，有兴趣的读者可以在学完本课程后进一步深入学习.本章仅就几何光学的内容作一般介绍，第 12 章将介绍波动光学.

11-1　几何光学的基本定律

几何光学(geometric optics)是以光的基本实验定律为基础,并且运用几何学的方法研究和说明一些光学问题的学科,其研究方向主要集中在光学成像和照明工程等方面.本节先就几条光的基本实验定律作简单介绍.

11-1-1　光的直线传播

图 11-1　从林中,阳光透过茂密的树叶,光芒四射,这让我们看到光是沿着直线传播的

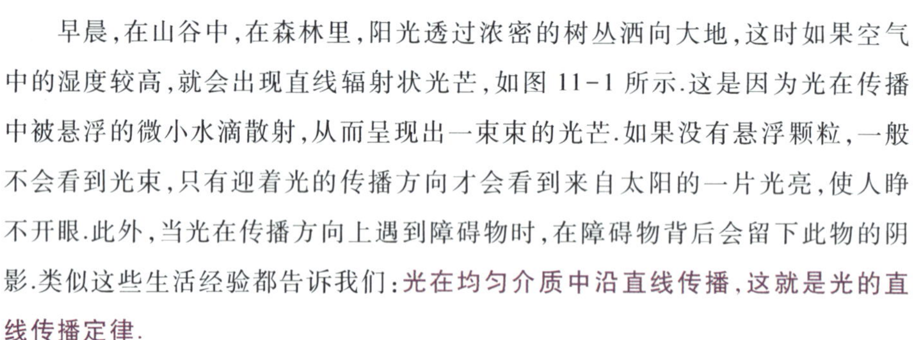

早晨,在山谷中,在森林里,阳光透过浓密的树丛洒向大地,这时如果空气中的湿度较高,就会出现直线辐射状光芒,如图 11-1 所示.这是因为光在传播中被悬浮的微小水滴散射,从而呈现出一束束的光芒.如果没有悬浮颗粒,一般不会看到光束,只有迎着光的传播方向才会看到来自太阳的一片光亮,使人睁不开眼.此外,当光在传播方向上遇到障碍物时,在障碍物背后会留下此物的阴影.类似这些生活经验都告诉我们:**光在均匀介质中沿直线传播,这就是光的直线传播定律**.

在描述机械波时,我们曾用波线来表示其传播方向,同样我们可以用**光线**(ray)来表示光的传播方向.

下面,让我们做一个有趣的实验来说明光的直线传播:实验者左手拿住一支铅笔,笔尖向上,放在眼前一定的距离处.然后闭上一只眼睛,用右手的一个手指从侧面去触摸笔尖.一个看似简单的动作,其实并不容易做到,我们的手指很难一次就触及笔尖,如图 11-2(a)所示.但是如果我们睁开双眼,用同样的方法去触摸笔尖就会觉得很容易,如图 11-2(b)所示,这是为什么呢?

(a)

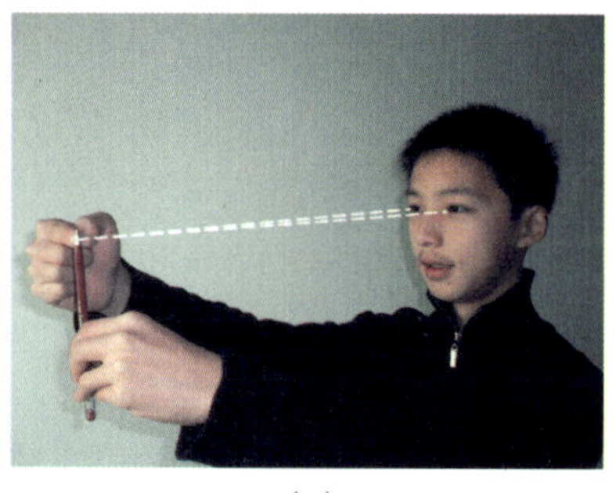

(b)

图 11-2

因为笔尖朝眼睛方向出射的光沿直线传播进入眼睛,当用一只眼睛观看时只能确定笔尖位于这条直线上,却不能判断在直线上的哪一点,因此手指不容

易触到笔尖;当两眼同时观看时,来自笔尖的两束不同方向的光将分别射入两只眼睛,根据光的直线传播定律,两束光线的交点即笔尖的实际位置,因此手指很容易触摸到它.

11-1-2 光的反射

光沿某一方向传播的过程中,遇到两种介质的分界面时,一部分光会被反射,反射光的方向取决于界面的状况.如果界面光滑平整,则反射光束中的各条光线相互平行,沿同一方向,这种反射称为**镜面反射**(mirror reflection),如图 11-3(a)所示;如果界面粗糙,则反射光线可以有各种不同的方向,这种反射称为**漫反射**(diffuse reflection),如图 11-3(b)所示.在雨夜中由于路面积水,迎面而来的汽车上大灯的光经路面镜面反射直入眼睛,炫人的眼目.但是,如果这是个晴朗的夜晚,则光经粗糙路面的漫反射就不至于炫人眼目了.

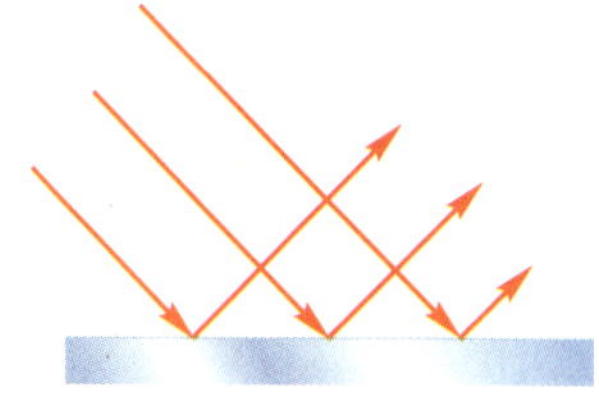

(a) 镜面反射

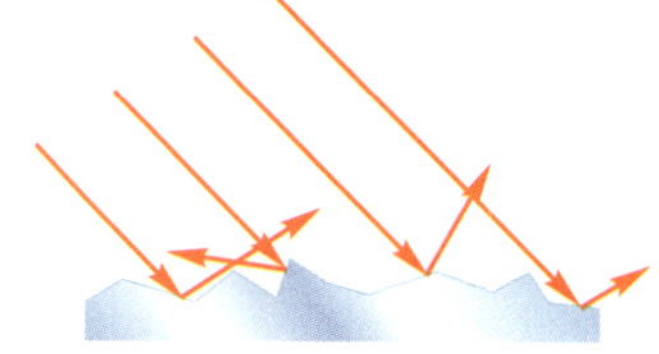

(b) 漫反射

图 11-3

在讨论光的反射时,一般把入射光线与界面法线所决定的平面称为**入射面**(incident plane).实验表明,**反射光线总是位于入射面内,并且与入射光线分居在法线的两侧,反射角 i' 等于入射角 i**,即

$$i' = i \tag{11-1}$$

这一规律称为光的**反射定律**(law of reflection),如图 11-4 所示.

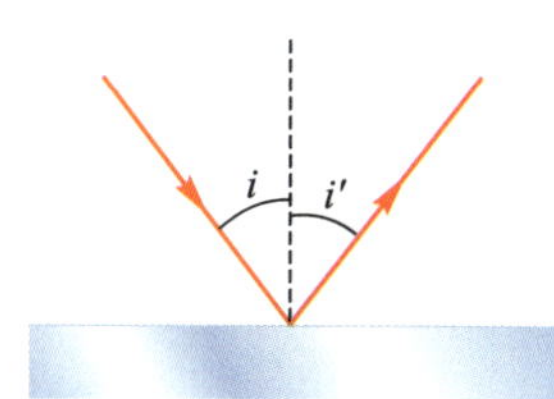

图 11-4 反射光线位于入射光线与法线确定的平面内,反射角等于入射角

例 11-1

两平面镜垂直放置,一束光以 60°角入射,求光束在另一镜面的反射方向.

解 根据光的反射定律,由几何作图法容易得出结论,如图 11-5 所示.当光的入射角小于 90°时,经两次反射后,反射光将按原方向返回.

设想,如果用三块平面镜两两垂直放置,构成立体直角,则无论从何方来的光都将按原方向返回.汽车的尾灯就是按此原理设计制造的,见图 11-6.

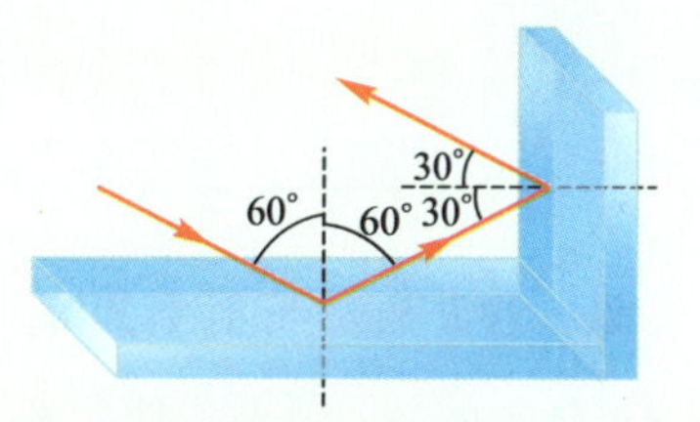

图 11-5 直角镜面的反射示意图

图 11-6 汽车尾灯是由许多小塑料立体直角组合而成的,当车辆的大灯光照射在前面汽车的尾灯上时会产生反向反射光,驾驶员可以清楚地发现前面的车辆

11-1-3 光的折射

当光在传播过程中遇到两种不同介质的分界面时,除了一部分光被反射

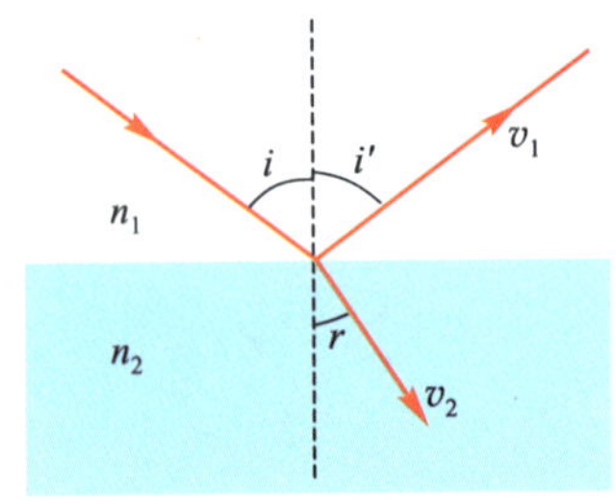

图 11-7 光从一种介质进入另一种介质后传播方向要发生偏折，入射角与折射角之间的关系遵循折射定律的表达式(11-2)

外，其余的一部分光会进入另一种介质继续传播，且传播方向在界面处发生了偏折，这一现象称为**折射**(refraction)，如图 11-7 所示．人们在对光的折射现象进行分析和研究后总结出一条规律，称为光的**折射定律**(law of refraction)，表述为

(1) 折射光线总是位于入射面内，并且与入射光线分居在法线的两侧；

(2) 入射角 i 的正弦与折射角 r 的正弦之比为一个常量，即

$$\frac{\sin i}{\sin r}=n_{21} \tag{11-2}$$

常量 n_{21} 称为**第二种介质对第一种介质的相对折射率**(relative refractive index)．相对折射率 n_{21} 与光在这两种介质里的传播速率有关，在数值上等于光在第一种介质中的传播速率 v_1 与光在第二种介质中的传播速率 v_2 之比，即

$$n_{21}=\frac{\sin i}{\sin r}=\frac{v_1}{v_2} \tag{11-3}$$

如果光从真空中进入某种介质，设光在真空中和介质中的传播速率分别为 c 和 v，则该介质相对于真空的折射率 $n=c/v$ 称为**绝对折射率**(absolute refractive index)，简称**折射率**．表 11-1 列出了几种介质的折射率．

表 11-1 几种介质的折射率

介 质	折 射 率	介 质	折 射 率
金刚石	2.42	水	1.33
玻 璃	1.50~1.75	酒 精	1.36
水 晶	1.54~1.56	乙 醚	1.35
岩 盐	1.54	水蒸气	1.026
冰	1.31	空 气	1.000 3

设一种介质的折射率为 $n_1=c/v_1$，另一种介质的折射率为 $n_2=c/v_2$，则有 $n_{21}=v_1/v_2=n_2/n_1$，即第二种介质对第一种介质的相对折射率等于它们的绝对折射率之比．同理，第一种介质对第二种介质的相对折射率 n_{12} 就是 n_1/n_2，可见 n_{12} 与 n_{21} 互为倒数．若把 $n_{21}=n_2/n_1$ 代入式(11-3)可得折射定律的另一种常用形式，即

$$n_1\sin i=n_2\sin r \tag{11-4}$$

平时见到的太阳光(也叫白光)是复色光，是由多种颜色的光混合而成，而不同颜色的光的频率不同，在介质中的光速也不同．即不同频率的光对同一介质各有自己的折射率．由此可见，上面关于折射率的讨论以及诸表达式都是对同一频率的光而言的．此外，同一频率的光在不同介质中传播，其频率一般不发

生变化，但由于光速不同，因此具有不同的波长. 设频率为 ν 的光在两种不同介质中的波长分别为 λ_1 和 λ_2，由 $v_1=\nu\lambda_1$、$v_2=\nu\lambda_2$ 以及 $v_1/v_2=n_2/n_1$，可得

$$\frac{\lambda_1}{\lambda_2}=\frac{n_2}{n_1} \tag{11-5}$$

即波长与折射率成反比. 如果光在空气中的波长为 λ，空气的折射率近似为 1，则由式(11-5)，光在折射率为 n 的介质中的波长为

$$\lambda_n=\frac{\lambda}{n} \tag{11-6}$$

根据反射定律和折射定律，不难推断，如果光线逆着原反射光的方向入射，则其反射光必沿原入射光线的逆方向传播；如果光沿原折射光线的逆向入射，则其折射光线必沿原入射光线的逆向传播. 这一规律称为**光路可逆性原理**，一般在讨论光学仪器的成像问题时会用到它.

11-1-4 全反射

从以上讨论可知，当入射光线所在介质的折射率 n_1 大于折射光线所在介质的折射率 n_2 时，折射角 r 将大于入射角 i，如图 11-8 所示. 逐渐增大入射角 i，并趋于某一角度 i_c 时折射角将趋于 90°，这时的入射角 i_c 称为**临界角**(critical angle). 当入射角 i 大于临界角时，一般而言，就会出现没有折射光而只有反射光的现象了，此时入射光的能量全部返回原来的介质，这种现象称为**全反射**(total reflection)，由式(11-4)，令折射角 $r=90°$，则临界角为

$$\sin i_c=\frac{n_2}{n_1} \tag{11-7}$$

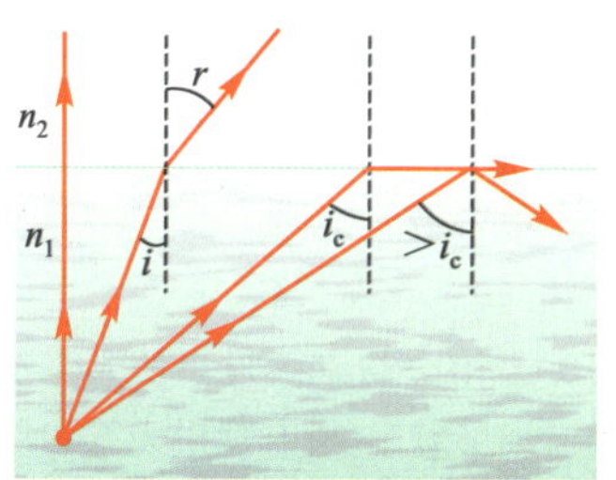

图 11-8 当光在折射率为 n_1 的介质中入射到折射率为 n_2 的介质表面时($n_1>n_2$)，如果入射角 i 大于临界角 i_c，则会出现全反射现象

光的全反射现象在自然界中经常可见，比如钻石之所以如此光彩夺目是由于它具有高折射率($n=2.417$)，小临界角. 当光进入钻石后会在钻石的各内表面发生全反射，当光再从钻石表面出射时就非常明亮.

利用光的全反射可以制成导光管. 导光管的材料是一种透明介质，其折射率比环境介质的折射率大得多. 当光从导光管的一端进入后，由于全反射，光将沿着导光管传播，因此可以用作传递光信号，如图 11-9 所示. 视频：光通信演示了光导管传递光信号的实例. 现在一般采用光导纤维束来取代导光管，一根光导纤维束中可以有数千根由玻璃或塑料制成的纤维，每根纤维的直径仅为 0.002~0.01 mm. 医学中用光导纤维束制成内窥镜，可以对人体内部的胃、肠、支气管等进行成像观察；在通信领域中利用光导纤维制成的光缆，可以进行信号传递.

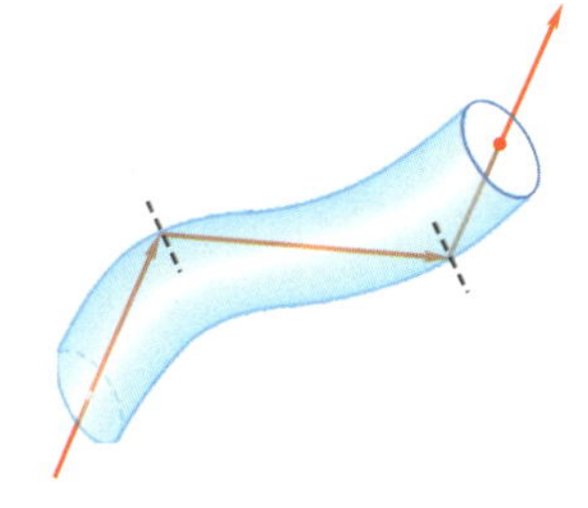
图 11-9 由于光的全反射，光沿导光管传播

11-2 平面反射和平面折射成像

生活中的每一天我们都会对着镜子进行梳妆整理；节假日我们与同学好友外出旅游，用照相机记录下精彩生活的一页；在实验室里科研人员在显微镜下观察材料的细微结构；天文学家通过巨型望远镜观察遥远的天体等，这一切都涉及光的成像问题.从本节开始，将应用几何光学基本定律研究平面反射和折射，球面反射和折射以及透镜的成像问题，这是进一步研究复杂光学仪器成像的基础.

11-2-1 平面反射成像

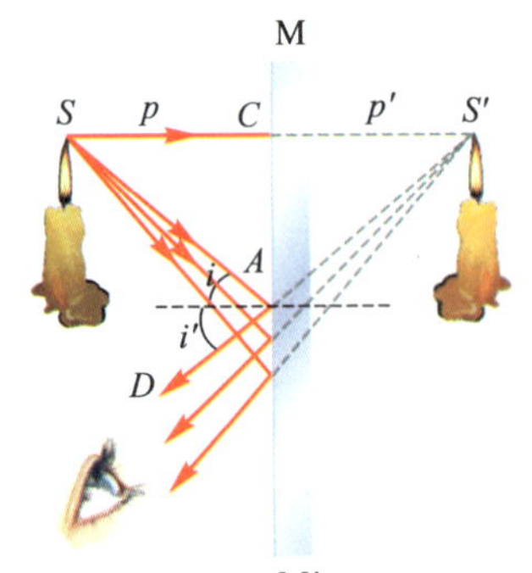

图 11-10 物点 S 发出的光束经平面镜反射后，所有反射光线的反向延长线交于 S' 点.S' 即为物点 S 的像点

反射面为平面的镜子称为**平面镜**(plane mirror)，它是一种最简单，且最常见的光学成像器件，以下我们将就它的成像问题进行讨论.

如图 11-10 所示，一支蜡烛位于平面镜 MM′前，首先我们研究烛焰上的一个发光点 S 在镜中的像.发光点 S 称为**物点**(object point)，与镜面之间的距离称为**物距**(object distance)，用 p 表示.从点光源 S 发出的光束中，一条光线垂直于镜面入射到 C 点，根据反射定律，反射光线按原路返回；另一条光线以入射角 i 入射到镜面上的 A 点，沿 AD 方向反射，反射角为 $i'(i'=i)$.反向延长这两条反射线，相交于镜面另一侧的 S' 点.根据几何关系可以证明 $\triangle SCA\cong\triangle S'CA$，$SC=S'C$，并且这一关系与入射角 i 无关.由此可以推测，从点光源 S 发出的所有光线，不论其入射角 i 的大小，经平面镜反射后，其反向延长线都将交于 S' 点.因此当我们向平面镜观察时，眼睛接收到的光束似乎就和从点光源 S' 发出的一样，S' 就是 S 在平面镜中的**像**(image).以上分析表明，平面镜反射不会破坏光束的**同心性**(homocentricity)，即从一个点发出的光线，经反射后，反射光线的延长线也相交于一点，因此能成清晰的像.S' 只是由一束发散状的反射光线的反向延长线会聚而成的虚拟光点，并不是真实光线的实际交点，在光学中把这样的像点称为**虚像点**(virtual image point)，S' 与镜面之间的距离称为**像距**(image distance)，用 p' 表示.由于整个蜡烛可以看作由许多发光点组成，每个发光点在镜中都有一个相应的虚像点，这些虚像点的集合构成了整个蜡烛的虚像.从几何学不难证明，**物体在平面镜中所成的虚像与物体本身的大小相等，并且物与像关于平面镜对称**.

11-2-2 平面折射成像

与光的平面反射不同，平面折射将破坏光束的同心性.设点光源 S 在折射率为 n_1 的介质中发出一束光，经分界面折射进入折射率为 n_2 的介质 $(n_1>n_2)$.

根据折射定律，虽是同一点光源出射的光，经折射后，各折射线的反向延长线并不交于同一点，如图 11-11 所示. 显然同心性被破坏了，不能形成清晰的像，这种现象称为像散（astigmatism）. 然而，生活经验告诉我们，如果水中有一个发光点，在水面上仍然可以看到比较清晰的点像，这是因为人眼的瞳孔只让折射光中极细的一束进入我们眼内，而这些折射光的反向延长线又近似交于一点. 下面我们来探讨平面折射成像问题.

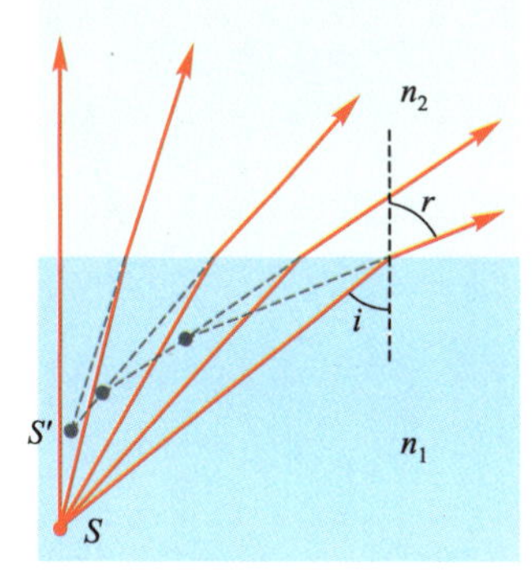

图 11-11　点光源发出的光线经两种介质的分界面折射后，折射光线并不交汇于同一点

设水中有一点光源 S，观察者在垂直于水面的上方观察，水的折射率为 n_1，空气的折射率为 n_2，如图 11-12(a) 所示. 从 S 发出的光束中一条光线垂直于水面入射，交表面于 N 点，另一条光线以 i 角入射，以 r 角折射，交表面于 M 点，两条折射光线的反向延长线交于 S' 点. 由于进入眼睛的光束范围很小，相应的 i 和 r 必然很小，因此有

$$\sin i \approx \tan i = \frac{NM}{SN},\ \sin r \approx \tan r = \frac{NM}{S'N}$$

把以上两式代入折射定律 $n_1 \sin i = n_2 \sin r$，可得

$$S'N = \frac{n_2}{n_1} SN \tag{11-8}$$

上式表明，在小光束范围内所有折射光线的反向延长线近似交于同一点 S'，$S'N$ 与入射角 i 无关，S' 是 S 的一个像点. 因为折射光束是发散的，所以 S' 为虚像. 又因为 $n_2 < n_1$，由式(11-8) 可知，像距 $S'N$ 小于物距 SN. $S'N$ 称为 S 的视深（apparent depth）.

同样，如果沿任一折射线方向观察，进入眼睛的所有光线的反向延长线也会近似相交于一点，由于一只眼睛只能判断像点在视线上，却不能判断远近，而进入两只眼睛的光线的反向延长线的两交点并不重合. 因此在两只眼睛同时观察时，两交点的光线延长线的相交处才是像点 S' 的位置，如图 11-12(b) 所示，S' 位于 S 的上方.

建议读者自己动手做一个简单实验：用一根筷子插入水中，自上往下观察水中的筷子，看看会有什么样的现象出现.

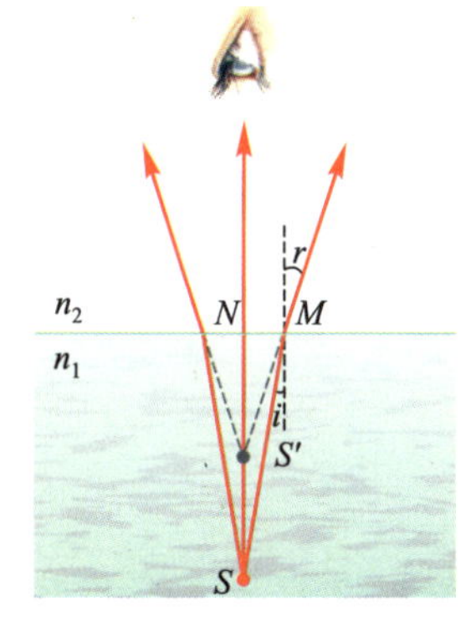

(a) 垂直于介质表面观察

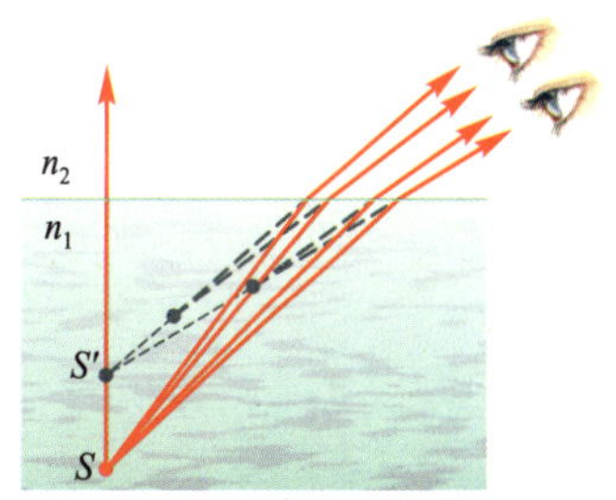

(b) 沿任意角度观察，点光源的视深均小于它的实际深度

图 11-12　从水面上观察水中的点光源

11-3　球面反射和球面折射成像

除了平面镜成像外，生活中常见的还有球面镜成像. 例如，汽车上的反光镜可以成缩小的虚像，驾驶员在小小的反光镜中可以看到背后较大范围的路况；大型反射式天文望远镜采用球面凹镜进行成像. 这些都是球面反射的应用实例，以下将分别就球面反射和球面折射成像问题进行讨论.

11-3-1 球面反射的成像公式

球面镜(spherical mirror)分**凹面镜**(concave mirror)和**凸面镜**(convex mirror)两种,我们以凹面镜为例来进行成像分析.如图11-13所示,凹面镜半径为R,曲率中心位于C点,镜面中心O称为球面镜的**顶点**,过O和C的直线称为球面镜的**主光轴**(primary optic axis).设物点P位于主光轴上,且$|PO|>R$.从物点P发出的光束中的一条光线沿主光轴传播,经镜面反射后原路返回;另一条光线沿与主光轴夹角为α的方向入射于镜面上的B点,B点处的法线与主光轴的夹角为φ,反射光线与主光轴的夹角为β;两条反射光线相交于主光轴上的P'点.一般情况下,不同反射线并不相交于同一点,即出现像散现象,但是如果入射线与主光轴的夹角α很小(即下面就要说明的傍轴光线),β和φ也很小,那么反射线会近似相交于同一点P',P'即物点P的像.根据图11-13的几何关系有$\varphi=\alpha+i$,$\beta=\varphi+i'$,又根据反射定律$i=i'$,因此有

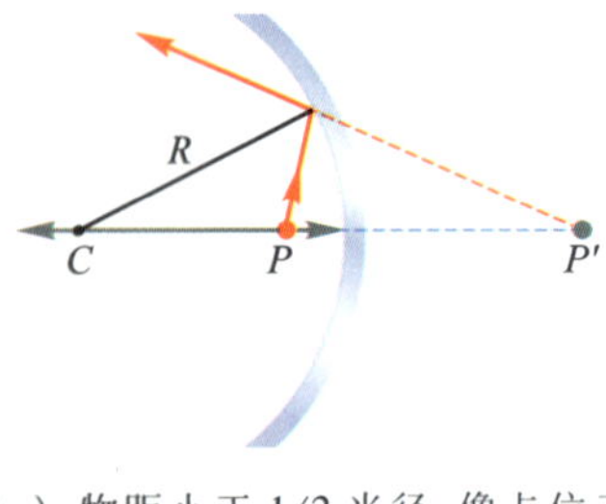

图11-13 凹面镜反射傍轴光线成像图

$$\alpha+\beta=2\varphi \tag{11-9}$$

设物距为p,像距为p',图中的h为B点至主光轴的垂直高度.当α、β和φ都很小时,有

$$\alpha\approx\tan\alpha\approx\frac{h}{p},\quad \beta\approx\tan\beta\approx\frac{h}{p'},\quad \varphi\approx\tan\varphi\approx\frac{h}{R}$$

将以上三式代入式(11-9),可得方程

$$\frac{1}{p}+\frac{1}{p'}=\frac{2}{R} \tag{11-10}$$

方程与α无关,这表明P发出的光线都能相交于P'点.当夹角α很小时光线与主光轴很接近,满足这个条件的光线称为**傍轴光线**(paraxial ray).

以上仅讨论了物距p大于镜面曲率半径R时的成像情况.事实上成像情况与物点的位置有关,比如当$p<R/2$时,像点位于凹镜的另一侧,成虚像,如图11-14(a)所示;当入射光不是发散光,而是一束会聚光时,入射光线的延长线相交于凹镜另一侧的P点,这时P点可看成虚物点,而反射线的交点则会形成一个实像点,如图11-14(b)所示.

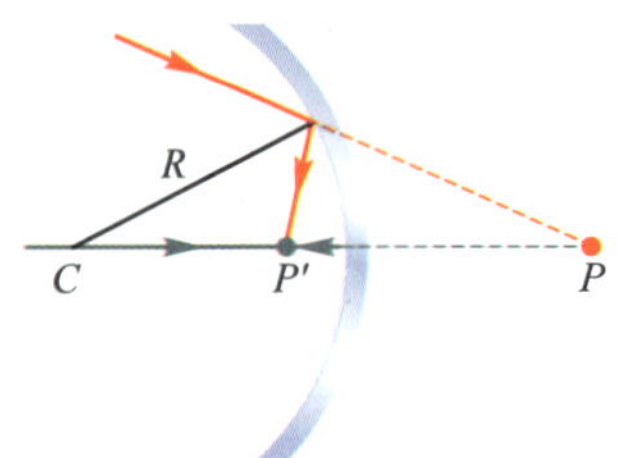

(a) 物距小于1/2半径,像点位于凹镜背后,为虚像

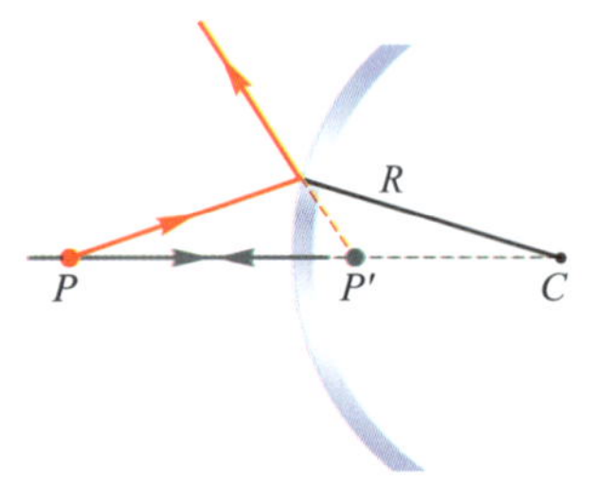

(b) 会聚光束入射凹镜,物点位于凹镜背后,为一虚物点

(c) 球面凸镜成虚像,像点在镜面背后

图11-14

注意:以上都是傍轴光线

对于球面凸镜成像的情况,可以用同样的方法进行探讨.图11-14(c)是凸面镜成像的示意图,无论物点在镜前什么位置,像点总是在镜面背后,成虚像.

各种情况多有不同,但是如果我们规定一套适当的符号法则,便可以用同一个方程式(11-10)来统一表示包括凹面镜和凸面镜的所有情况,式(11-10)称为球面反射**物像公式**.符号法则规定如下:

(1) 物点P在镜前时,物距p为正;物点P在镜后时,物距p为负;

(2) 像点 P' 在镜前时,像距 p' 为正;像点 P' 在镜后时,像距 p' 为负;

(3) 凹面镜的曲率半径 R 取正,凸面镜的曲率半径 R 取负.

因为 P 和 P' 在镜前时分别为实物和实像,在镜后时分别为虚物和虚像,所以可以把符号法则归纳为**实正虚负**.

当物点 P 在主光轴上离球面镜无穷远($p\to\infty$)时,入射光线可看作傍轴平行光线,该物点的像点称为球面镜的**焦点**(focus),用 F 表示;球面镜顶点到焦点的距离称为**焦距**(focal distance),用 f 表示.根据物像关系式(11-10)有

$$f=\frac{R}{2} \tag{11-11}$$

这样,物像关系式又可表示为

$$\frac{1}{p}+\frac{1}{p'}=\frac{1}{f} \tag{11-12}$$

对于凹面镜,R 取正,则 f 取正,与实焦点相对应;对于凸面镜,R 取负,则 f 取负,与虚焦点相对应.

既然一束平行于主光轴的傍轴光经凹面镜反射后会聚于焦点,那么根据光的可逆性原理,位于凹面镜焦点处的点光源经镜面反射后将成为一束平行光.汽车上的大灯就是照此原理设计的.

11-3-2 球面镜成像的作图法

球面镜成像的物像关系可以用作图法确定,这是因为在傍轴条件下球面镜成像的像点与物点一一对应,物体的像与物体相似.所以我们可以从物体上选择几个有代表性的点,从这些点出发各引两条入射光线,经球面镜反射后,反射线或其反向延长线的交点即为相应物点的像,从而也就确定了整个像的位置和大小.

为了使作图方便,我们可以根据球面镜反射的特点选择一些特殊光线来进行绘制.球面镜反射的特殊光线有三条,它们分别是:

(1) 平行于主光轴的傍轴入射光线经球面镜反射后过焦点 F,或其反向延长线过焦点(根据焦点的定义);

(2) 过焦点的入射光线经球面镜反射后,其反射光平行于主光轴(根据光路可逆性原理);

(3) 过球面曲率中心 C 的入射光线(或它的延长线),经球面镜反射后按原路返回.

图 11-15 给出了几种不同情况下的球面镜成像光路图.

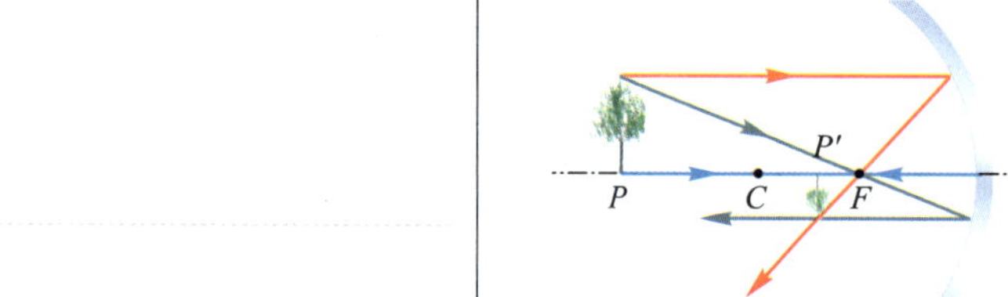

(a) 根据法则 1 和 2 绘制光路图.物距大于镜面曲率半径,凹面镜成倒立缩小的实像

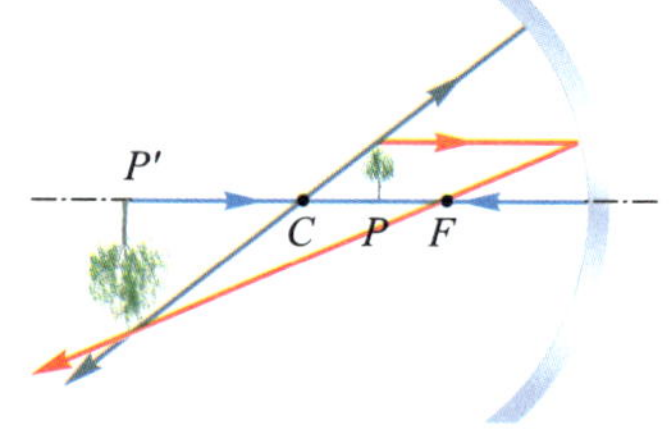

(b) 根据法则 1 和 3 绘制光路图.物距大于焦距,小于镜面曲率半径,凹面镜成倒立放大的实像

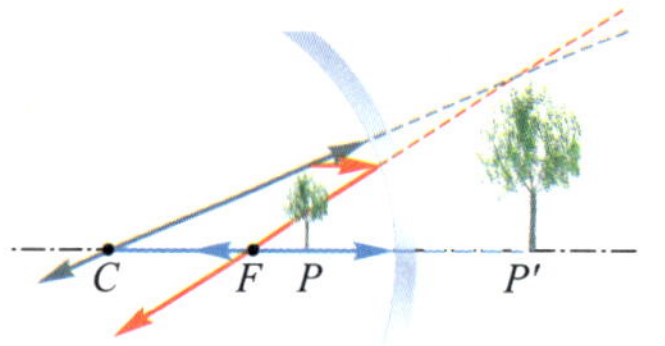

(c) 根据法则 1 和 3 绘制光路图.物距小于焦距,凹面镜成正立放大的虚像

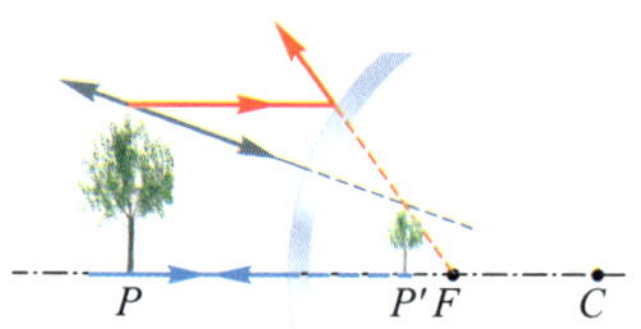

(d) 根据法则 1 和 3 绘制光路图.凸面镜总是成正立缩小的虚像

图 11-15 几种不同情况下的球面镜成像作图光路

11-3-3 球面镜的横向放大率

从以上球面镜成像的光路分析可知,像的大小取决于物体相对于顶点的位置.以凹面镜成像为例,当物距 p 大于焦距 f,小于镜面曲率半径 R 时,成放大的实像;当物距 p 大于镜面曲率半径 R 时,成缩小的实像.设物体在垂直于主光轴方向上的高度为 y,其像的高度为 y',则把像高与物高之比(y'/y)称为**横向放大率**,用 m 表示.

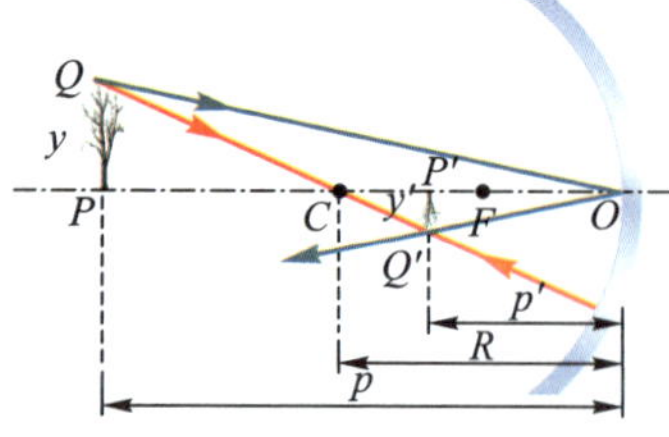

图 11-16 凹面镜成像光路图.从物体顶点 Q 发出一束光,其中一条光线过镜面曲率中心 C,反射光原路返回;另一条光线入射于顶点 O,根据反射定律,反射光线与入射光线关于主光轴对称.两反射光线相交于 Q' 点

图 11-16 为一凹面镜的成像光路图.Q 点发出的一条光线经顶点反射,根据反射定律,有 $\angle QOP = \angle Q'OP'$;$Q$ 点发出的另一条光线过 C 点,反射光线沿原路返回,两反射光线相交于 Q' 点.由几何关系分析,$\triangle QOP$ 与 $\triangle Q'OP'$ 相似,对应边成比例,因此有 $y'/y = p'/p$.因为 p 和 p' 满足规定的符号法则,所以也必须对 y 和 y' 进行符号规定:以物的取向为正方向,像正立时 y' 取正,像倒立时 y' 取负.按此规定,横向放大率可表示为

$$m = \frac{y'}{y} = -\frac{p'}{p} \tag{11-13}$$

上式既适合于凹面镜又适合于凸面镜.当 $m<0$ 时,成倒立像;当 $m>0$ 时,成正立像.

例 11-2

一凹面镜的曲率半径为 0.12 m，物体位于顶点前 0.04 m 处，求：(1) 像的位置；(2) 横向放大率.

解 已知 $R=0.12\ \text{m}$，$p=0.04\ \text{m}$.

(1) 由物像关系式 $\frac{1}{p}+\frac{1}{p'}=\frac{2}{R}$，得

$$\frac{1}{p'}=\frac{2}{R}-\frac{1}{p}=\frac{2}{0.12\ \text{m}}-\frac{1}{0.04\ \text{m}}=-\frac{1}{0.12\ \text{m}}$$

从而得到像的位置

$$p'=-0.12\ \text{m}$$

因为 $p'<0$，所以像在镜后距顶点 0.12 m 处，为虚像.

(2) 横向放大率为

$$m=-\frac{p'}{p}=-\frac{-0.12\ \text{m}}{0.04\ \text{m}}=3$$

因为 $m>0$，所以像为正立放大虚像.

11-3-4 球面折射的成像公式

在讨论了球面镜反射成像后，我们将进一步探讨球面镜折射成像问题.设有两种折射率分别为 n_1 和 n_2 的透明介质，分界面为一个半径为 R 的球面，过球面顶点 O 和曲率中心 C 的连线为主光轴，物点 P 位于折射率为 n_1 的介质中 ($n_1<n_2$)，如图 11-17 所示.一般情况下，P 点发出的同心光束经球面折射后会出现像散现象，但是如果把研究范围限制在傍轴条件下，折射光束仍能保持同心性.以下仅在傍轴条件下讨论成像问题.

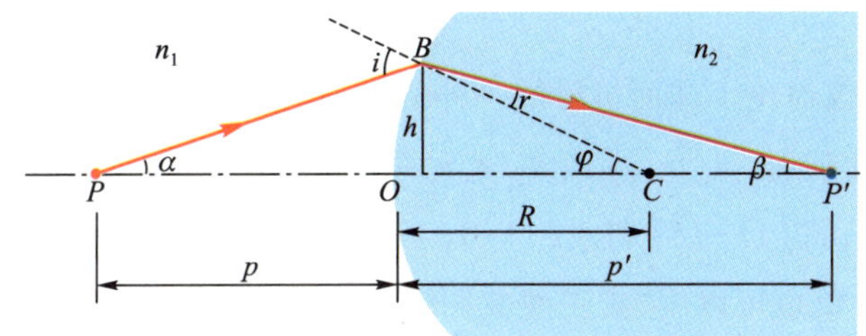

图 11-17 球面折射成像作图示意图.物点 P 发出的光经球面介质折射后成像于点 P'

物点 P 发出的光中一条光线入射于 O 点，入射角为零，无偏折地进入另一种介质.P 点发出的另一条光线入射于 B 点，入射角为 i，以折射角 r 折射进入另一种介质.两条折射光线相交于 P'，P'点即为物点 P 的像点.

根据折射定律，有关系式 $n_1\sin i=n_2\sin r$，因为式中的 i 和 r 都很小，所以又可近似地表示为

$$n_1 i=n_2 r$$

利用三角形外角与内角的几何关系，可有

$$i=\alpha+\varphi$$

$$\varphi = r + \beta$$

从以上三式中消去 i 和 r，可得

$$n_1\alpha + n_2\beta = (n_2 - n_1)\varphi \tag{11-14}$$

由图 11-17 可知，当 α、β 和 φ 很小时，有

$$\alpha \approx \tan\alpha \approx \frac{h}{p}, \quad \beta \approx \tan\beta \approx \frac{h}{p'}, \quad \varphi \approx \tan\varphi \approx \frac{h}{R}$$

将以上三式代入式(11-14)，可得

$$\frac{n_1}{p} + \frac{n_2}{p'} = \frac{n_2 - n_1}{R} \tag{11-15}$$

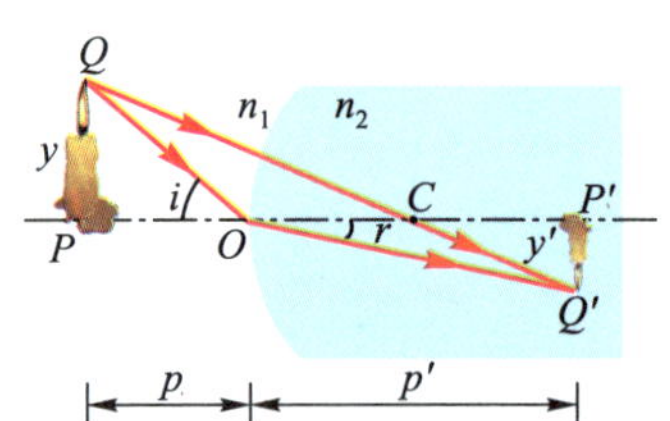

图 11-18 物体顶端 Q 发出两条光线，一条在球面顶点 O 折射，另一条沿球面曲率半径方向入射，两条折射光线相交于 Q' 点，$P'Q'$ 为 PQ 的像

上式称为**球面折射物像公式**，它与 α 无关，这表明由 P 点发出的所有傍轴光线都交于 P' 点.

从图 11-18 的光路图可以求出球面折射的横向放大率.设物体的高为 y，倒立像的高为 y'，则有

$$\tan i = \frac{y}{p}, \quad \tan r = \frac{-y'}{p'}$$

在傍轴条件下有 $\tan i \approx \sin i$，$\tan r \approx \sin r$，分别代入折射定律 $n_1\sin i = n_2\sin r$，可得球面折射成像的横向放大率为

$$m = \frac{y'}{y} = -\frac{n_1 p'}{n_2 p} \tag{11-16}$$

以上我们仅讨论了球面折射的一种情况，其实不同情况下的球面折射还有很多，例如凹面折射，$n_1 > n_2$ 或 $n_1 < n_2$ 等.但是无论在什么情况下，只要有统一的符号法则，式(11-15)和式(11-16)都适用.在球面折射的情况下，物距 p 和像距 p' 的正负也可以用"**实正虚负**"四个字来确定.至于 y 和 y' 的符号规定与球面反射成像相同.但要注意，在球面折射时半径 R 的符号规定与球面反射不同.规定：**当物体面对凸面时，曲率半径 R 为正；当物体面对凹面时，曲率半径 R 为负**.

平面折射可以看作球面折射的一个特例，当 $R \to \infty$ 时，式(11-15)转化为平面折射物像关系式

$$\frac{n_1}{p} + \frac{n_2}{p'} = 0 \quad 或 \quad p' = -\frac{n_2}{n_1}p \tag{11-17}$$

由上式可知，当 $n_1 > n_2$ 时，视深小于实际物体深度，并由式(11-16)可知，平面折射成正立虚像.

例 11-3

点光源 P 位于一玻璃球心点左侧 25 cm 处.已知玻璃球半径是 10 cm,折射率为 1.5,空气折射率近似为 1,求像点的位置.

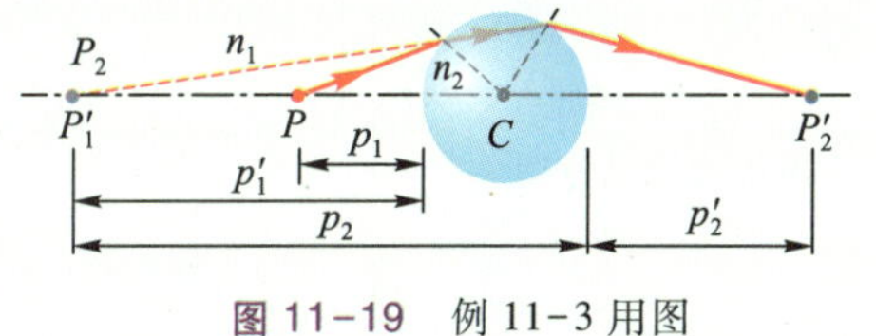

图 11-19 例 11-3 用图

解 根据题意作图 11-19.已知 $p_1=1$ cm, $R=10$ cm, $n_1=1$, $n_2=1.5$,则对左侧球面而言,由球面折射物像公式,有

$$\frac{n_1}{p_1}+\frac{n_2}{p_1'}=\frac{n_2-n_1}{R}$$

$$\frac{1}{p_1'}=\frac{1}{1.5}\left(\frac{1.5-1.0}{10\ \text{cm}}-\frac{1.0}{15\ \text{cm}}\right)=-\frac{1}{90\ \text{cm}}$$

得 $p_1'=-90$ cm,即从 P 点发出的一条光束对于球左侧凸球面介质而言,成虚像 P_1',像距为 90 cm.

折射光从球内右侧凹面处透射出,成像于 P_2' 点.对右侧凹面而言,虚像 P_1' 即物点 P_2,物距 $p_2=90\ \text{cm}+20\ \text{cm}=110$ cm.由

$$\frac{n_2}{p_2}+\frac{n_1}{p_2'}=\frac{n_1-n_2}{R}$$

$$\frac{1}{p_2'}=\frac{1.0-1.5}{-10\ \text{cm}}-\frac{1.5}{110.0\ \text{cm}}=\frac{4.0}{110.0\ \text{cm}}$$

得 $p_2'=27.5$ cm,即最终的像点位于玻璃球右侧距球面右顶点 27.5 cm 处.

11-4 薄透镜成像

生活中除了平面镜之外,我们最熟悉和最常见的光学器件就要数**透镜**(lens)了,人们戴的眼镜、使用的照相机或望远镜等光学仪器,其核心部分都是透镜.透镜通常是由透明介质加工而成的,透镜表面可以是凸面、凹面或平面.图 11-20 是照相机镜头中一组透镜的剖面.如果透镜两个面的中心靠得很近,这样的透镜称为**薄透镜**(thin lens).本节将着重讨论薄透镜的成像.

图 11-20 照相机镜头中一组透镜的剖面图.每个透镜的表面曲率可以不同,有的是凸面,有的是凹面,也有的是平面

11-4-1 薄透镜的成像公式

透镜可分为两种,一种中间厚边缘薄,称为**凸透镜**(convex lens);另一种中间薄边缘厚,称为**凹透镜**(concave lens).我们以两边为球面的凸透镜为例进行讨论.

透镜成像规律的推导类似于例 11-3 的解题过程,顺次从透镜两个面的折射成像进行分析.设透镜的厚度为 d,折射率为 n_2,周围环境的折射率为 $n_1(n_1<n_2)$,透镜左右两个表面的曲率半径分别为 R_1 和 R_2.物点 P 位于透镜的

左侧，物距为 p_1，如图 11-21 所示.

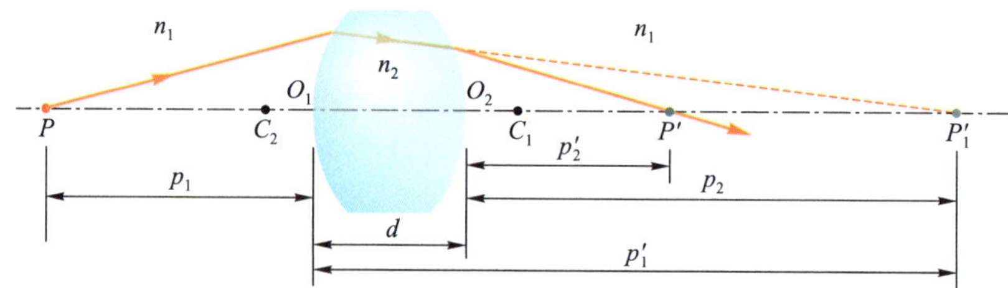

图 11-21 透镜成像示意图

物点 P 发出的一条光线首先在透镜的左侧表面折射，而如果不再遭遇右侧表面，则其折射线将与主光轴相交而成一实像，换言之，由于这条折射光线跟右侧表面的存在与否无关，因此像点应该在这条折射线的延长线与主光轴的交点 P_1' 处，像距为 p_1'. 根据球面折射物像公式有

$$\frac{n_1}{p_1}+\frac{n_2}{p_1'}=\frac{n_2-n_1}{R_1}$$

然而折射光线在透镜内向右侧球面入射，从折射率为 n_2 的介质进入折射率为 n_1 的介质，则相应的折射物像公式为

$$\frac{n_2}{p_2}+\frac{n_1}{p_2'}=\frac{n_1-n_2}{R_2}$$

上述两个方程完整地描述了光穿过透镜的全过程，它们是相互联系的. 把以上两式相加，可得

$$\frac{n_1}{p_1}+\frac{n_2}{p_1'}+\frac{n_2}{p_2}+\frac{n_1}{p_2'}=\frac{n_2-n_1}{R_1}+\frac{n_1-n_2}{R_2}$$

因为有右侧球面的这第二次折射，所以实际上 P_1' 为入射于右侧球面光线的一个虚物点，其物距应为负. 同时考虑到薄透镜的厚度 d 可以忽略，所以应该有 $-p_2=p_1'-d\approx p_1'$. 代入上式可得

$$\frac{n_1}{p_1}+\frac{n_1}{p_2'}=\frac{n_2-n_1}{R_1}+\frac{n_1-n_2}{R_2} \qquad (11-18)$$

对于薄透镜，物距 p 和像距 p' 规定从透镜中心算起，现既已忽略透镜厚度，因此上式中的 p_1 和 p_2' 分别可由 p 和 p' 取代. 整理后可得

$$\frac{1}{p}+\frac{1}{p'}=\frac{n_2-n_1}{n_1}\left(\frac{1}{R_1}-\frac{1}{R_2}\right) \qquad (11-19)$$

这就是**薄透镜的物像公式**. 如果薄透镜置于空气中，薄透镜的折射率为 n，空气的折射率近似为 1，则可得**空气中薄透镜的物像公式**为

$$\frac{1}{p}+\frac{1}{p'}=(n-1)\left(\frac{1}{R_1}-\frac{1}{R_2}\right) \qquad (11-20)$$

薄透镜的横向放大率可以由式(11-16)求得. 光在透镜左侧球面折射成像的横向放大率为

$$m_1=\frac{y_1'}{y}=-\frac{n_1}{n_2}\frac{p_1'}{p_1}=-\frac{n_1}{n_2}\frac{p_1'}{p}$$

式中的 y 为物高，y_1' 为第一次折射成像的像高，也是第二次折射成像的虚物高度.光在透镜右侧球面折射成像的横向放大率为

$$m_2=\frac{y'}{y_1'}=-\frac{n_2}{n_1}\frac{p_2'}{p_2}=-\frac{n_2}{n_1}\frac{p'}{(-p_1')}=\frac{n_2}{n_1}\frac{p'}{p_1'}$$

y' 为第二次折射成像的像高.

总的横向放大率，也即薄透镜的横向放大率为

$$m=m_1m_2=-\frac{p'}{p} \tag{11-21}$$

11-4-2 薄透镜的焦点和焦距

与研究球面反射成像一样，我们可以对薄透镜的焦点进行定义：如果物点位于光轴上的无穷远处，这时可以认为入射光是一束平行于光轴的傍轴光，经薄透镜折射后的会聚点或折射线反向延长线的会聚点即为透镜的焦点，焦点位于光轴上.与球面反射不同的是，由于入射光可以从透镜的左侧或右侧两个不同的方向入射，因此透镜存在两个焦点，分别用 F 和 F' 表示.焦点位于主光轴上，焦点与薄透镜中心的距离称为焦距，根据关于焦点和焦距的定义，当 $p\to\infty$ 时，$p'\to f$，由式(11-19)可得薄透镜的焦距计算式为

$$\frac{1}{f}=\frac{1}{f'}=\frac{n_2-n_1}{n_1}\left(\frac{1}{R_1}-\frac{1}{R_2}\right) \tag{11-22}$$

空气中薄透镜的焦距计算式为

$$\frac{1}{f}=\frac{1}{f'}=(n-1)\left(\frac{1}{R_1}-\frac{1}{R_2}\right) \tag{11-23}$$

按照 R 符号的规定，不难判明：$(1/R_1-1/R_2)>0$ 的透镜为凸透镜，$(1/R_1-1/R_2)<0$ 的透镜为凹透镜.由式(11-22)可知，当透镜折射率 n_2 大于环境介质折射率 n_1 时，凸透镜的焦距 f 为正，是实焦点；凹透镜的焦距 f 为负，是虚焦点.因此也可以用“实正虚负”来确定焦距的符号.

引入了焦距的概念后，式(11-19)和式(11-20)都可表示为

$$\frac{1}{p}+\frac{1}{p'}=\frac{1}{f} \tag{11-24}$$

如果几束来自无限远的平行光与光轴的夹角不同，则像点的位置也各不相同，但只要是傍轴光线，像距 p' 都相同，此时像点都位于过焦点且垂直于光轴的平面上，这个平面称为**焦面**(focal plane)，如图 11-22 所示.

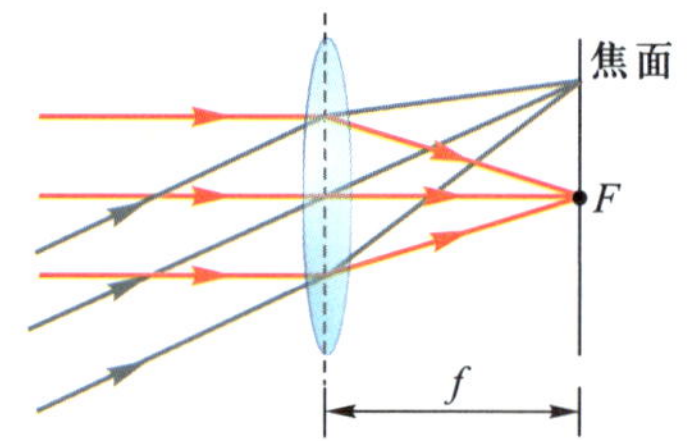

(a) 平行光入射,经凸透镜折射后会聚于焦点 F,F 为实焦点,f 取正值

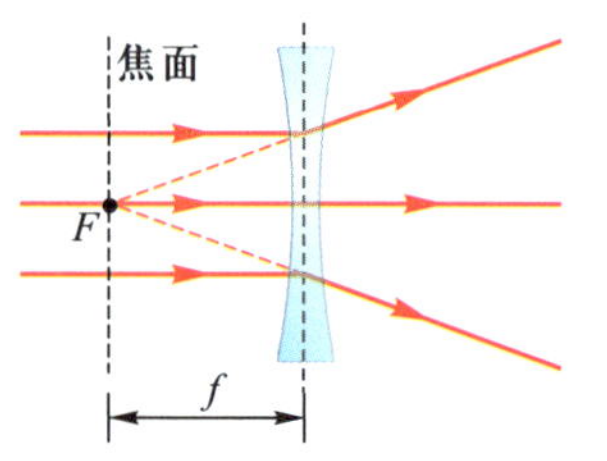

(b) 平行光入射,经凹透镜折射后光束发散,发散光线的反向延长线相交于焦点 F,F 为虚焦点,f 取负值

图 11-22 平行光经薄透镜聚焦

除了焦距外,描述透镜特征的另一个物理量称为**光焦度**(focal power),定义为

$$\Phi=\frac{n_1}{f}\quad(n_1\text{ 为透镜的环境介质折射率})\tag{11-25}$$

其单位为**屈光度**(diopter),用 D 表示,$1\mathrm{D}=1\ \mathrm{m}^{-1}$.薄透镜在空气中的光焦度是 $\Phi=1/f$.我们常说的眼镜度数就是由屈光度乘以 100 得到的.

11-4-3 薄透镜成像的作图法

薄透镜成像的物像关系也可以用作图法确定,这与用作图法确定球面镜反射物像关系一样.首先要确定几条特殊的光线:

(1) 与主光轴平行的入射光线,通过凸透镜后,折射光线过焦点;通过凹透镜后折射光线的反向延长线过焦点.

(2) 过焦点(或延长线过焦点)的入射光线,其折射光线与主光轴平行.

(3) 过薄透镜中心的入射光线,其折射光线无偏折地沿原方向出射.这时在透镜中的光线与主光轴的交点称为**光心**(optical center),薄透镜的光心就是透镜的中心.这些穿过光心且与主光轴相交的光线,常称为**副光轴**(secondary optic axis).

(4) 与主光轴有一夹角的平行光线(即与相应的副光轴平行的光线),经透镜折射后交于副光轴与焦面的交点.

图 11-23 给出了几种不同情况下的薄透镜成像光路.

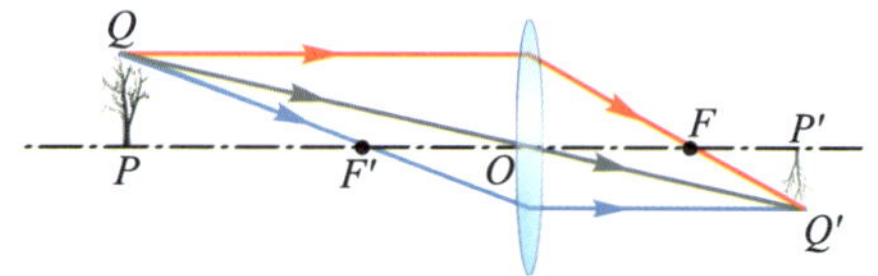

(a) 物体位于凸透镜的 2 倍焦距以外,成缩小的倒立实像

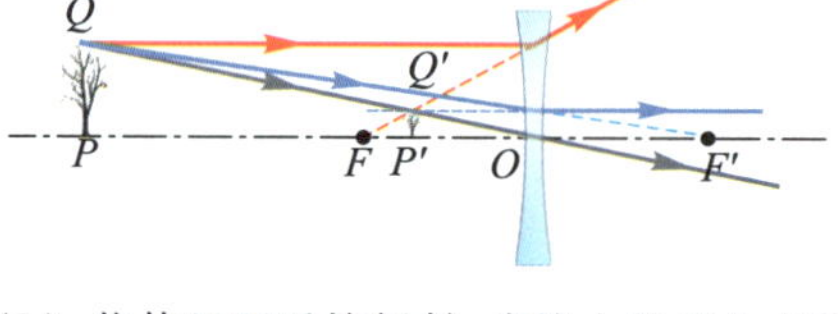

(b) 物体经凹透镜折射,成缩小的正立虚像

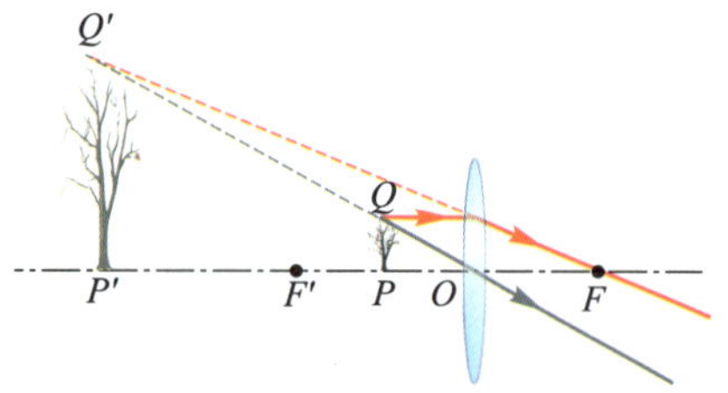

(c) 物距小于焦距,凸透镜成正立的虚像

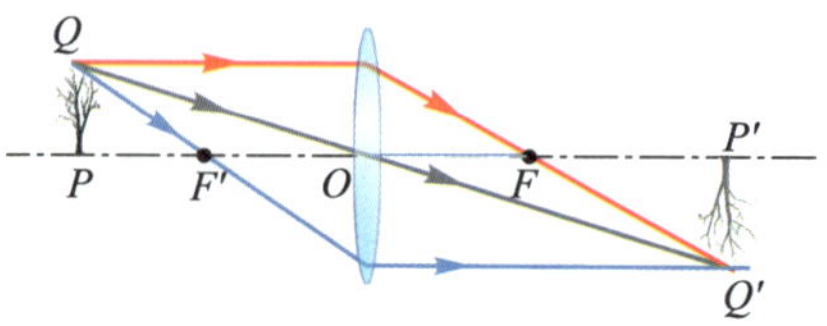

(d) 物距小于 2 倍焦距,大于 1 倍焦距,凸透镜成放大的倒立实像

图 11-23

例 11-4

一凸透镜的焦距为 10.0 cm，如果已知物距分别为(1) 30.0 cm，(2) 5.00 cm，试计算这两种情况下的像距，并确定成像性质.

解 薄透镜的物像公式(11-24)为

$$\frac{1}{p}+\frac{1}{p'}=\frac{1}{f}$$

(1) 由$\frac{1}{30.0\ \text{cm}}+\frac{1}{p'}=\frac{1}{10.0\ \text{cm}}$，得 $p'=15.0$ cm，实像.由薄透镜的横向放大公式(11-21)，有

$$m=-\frac{p'}{p}=-\frac{15.0\ \text{cm}}{30.0\ \text{cm}}=-0.500\text{（缩小倒立像）}$$

(2) 由 $\frac{1}{5.00\ \text{cm}}+\frac{1}{p'}=\frac{1}{10.0\ \text{cm}}$，得 $p'=-10.0$ cm，虚像.

$$m=-\frac{p'}{p}=-\frac{-10.0\ \text{cm}}{5.00\ \text{cm}}=2.00\text{（放大正立像）}$$

☆11-5 光学仪器

前面几节我们讨论了平面镜、球面镜和薄透镜的光学成像问题，根据这些基本光学器件的成像规律人们设计制造出了各种光学仪器.不同性质和类型的光学仪器在一定程度上拓展了人类的视野，利用天文望远镜，我们能够观察到肉眼看不见的遥远天体；利用显微镜，我们能够观察到肉眼所不能见的微生物运动.以下将就一些常见光学仪器的基本工作原理、构造和应用作简单介绍.

11-5-1 照相机

照相机是我们非常熟悉和喜爱的光学仪器，生活中人们用它来拍摄照片，记录人生美好的一刻；工作中可以根据不同的需要拍摄各种照片来对现象进行分析和研究.照相机一般由镜头、光圈、快门、暗箱等几个主要部分构成.图 11-24是一架我国早期的海鸥 DF-1 型照相机.

图 11-24 我国早期自行设计和制造的海鸥牌 DF-1 型照相机

1. 镜头

最简单的照相机镜头就是一个凸透镜，被摄物体位于透镜前两倍焦距以外，在照相底片上成缩小倒立的实像.一架高质量的照相机镜头由多片透镜组合而成，这是为了消除各种**像差**（aberration）和像散.现在的许多照相机都具有变焦功能，其镜头由多组透镜组合而成，如图 11-20 所示.在拍摄中透镜焦距选取得越短，视角越大，拍摄范围也就越大；反之，透镜焦距选取得较长，拍摄视角也较小.

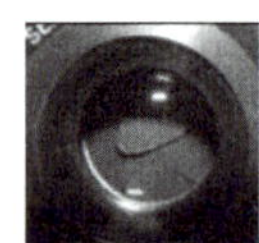
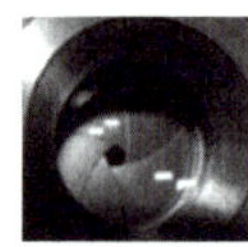
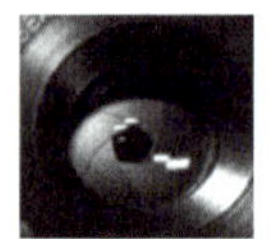

图 11-25 根据曝光量的要求可以任意调节镜头光圈.光圈数越大,光圈孔径越小

2. 光圈

光圈(aperture)是光阑的俗称,是位于镜头后或镜头的透镜组合之间的一个通光孔,由若干金属片构成,可以随意开大或缩小,用于控制曝光量,如图 11-25 所示.

感光片上的受照光强不仅与光圈的孔径 D 有关,而且与镜头的焦距 f 有关(焦距越长,则镜头的视角越小,外来光束的范围亦小).因此光圈的大小,以其焦距与孔径之比来表示,称为**光圈数**(f-number).

$$\text{光圈数}=\frac{f}{D} \tag{11-26}$$

圆孔面积与直径的平方成正比,因此孔径 D 增加为原来的 $\sqrt{2}$ 倍,光圈数变为原来的 $1/\sqrt{2}$,则感光片上的受照光强变为原来的 2 倍.按照标准,光圈数可分为以下一些等级:

$$f/2,\ f/2.8,\ f/4,\ f/5.6,\ f/8,\ f/11,\ f/16,\ f/22$$

3. 快门

快门(shutter)是控制光进入镜头时间长短的装置,它和光圈配合使用,一起来控制曝光量.进入镜头的总光能量取决于光圈的大小和快门的开启时间,同样的曝光量可以有不同的“光圈-快门”组合.比如 $f/4$ 和(1/500) s、$f/5.6$ 和(1/250) s以及 $f/8$ 和(1/125) s 等组合具有相同的曝光量.

4. 暗箱

暗箱是照相机的机身部分,感光片放在暗箱中,在快门没打开之前不会受到任何光照.现在人们普遍使用的是数码相机.在数码相机的暗箱中,已经不再采用感光胶片,而是用一种称为 CCD 或 CMOS 的半导体感光器件来替代.

11-5-2 眼睛

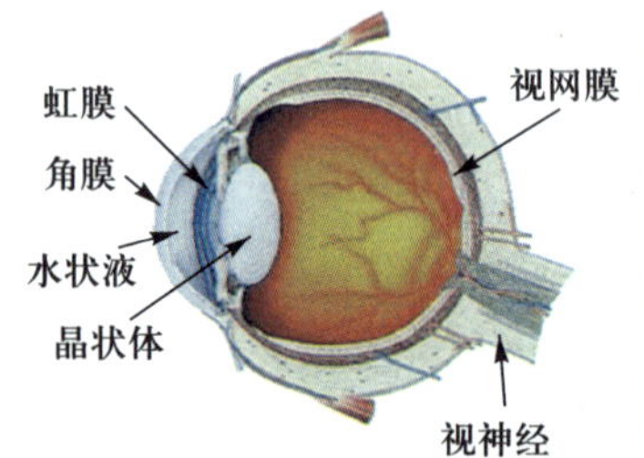

图 11-26 眼睛近似为一球体,平均直径约为 25 mm,眼球前端突出部位的外层是坚韧透明的**角膜**,角膜后面是眼的前房,其中充满无色透明的**水状液**.前房之后是**虹膜**,中间的圆孔称为**瞳孔**.紧靠虹膜后面的是**晶状体**,借助睫状肌的控制,可以改变晶状体的曲率,从而改变焦点位置.晶状体之后是眼的后房,其中充满着透明胶体,称为**玻璃体**.眼球后部内层是视网膜,其上布满了许多感光细胞

人的眼睛,就它的构造而言,跟照相机很相似,也可以认为是一种“光学仪器”.眼睛的构造如图 11-26 所示,其形状近似为球体,眼球前端突出部位的外层是坚韧透明的**角膜**,角膜后面是**水状液**和**晶状体**.晶状体犹如一个凸透镜,从物体出射的光线,经角膜和晶状体的折射,在视网膜上形成缩小倒立的实像.折射光刺激视网膜上的感光细胞,视神经会把影像传给大脑,大脑皮层根据人们长期的生活经验对倒立像进行自动“纠正”,因此我们就看见正立的物体了.

对于远近不同的物体,眼睛通过调节睫状肌来改变晶状体的焦距,使物体的像总能形成在视网膜上.睫状肌完全放松和最紧张时能看清楚的点分别称为眼睛的**远点**(far point)和**近点**(near point).远点一般在无穷远处;近点取决于各人睫状肌调节晶状体曲率的能力.随着年龄的增长,晶状体会变大,睫状肌调节晶状体的曲率变得困难.近点随年龄退化,一般 20 岁左右的青年人,其近点约为 10 cm;而 40 岁左右的中年人,其近点约为 22 cm,即人过 40 以后,距离小于 22 cm 的物体就看不太清楚了.随着年龄的增长,近点会越来越远,这就成为通常说的**老花眼**.

在合适的照明下,正常眼睛看 25 cm 远的物体既能看清楚,又能较长时间观看不觉得疲劳,人们把这一距离称为**明视距离**(distance of distinct vision).

有些人由于先天缺陷或不注意用眼卫生,会使视网膜至晶状体的距离变长或晶状体比正常眼睛凸一些,以致在睫状肌松弛的情况下,远处物体的成像不在视网膜上,而在视网膜前面一点,这就是**近视眼**.矫正近视的方法是用适当的凹透镜作眼镜,使光束在进入眼睛前先发散些,然后经晶状体会聚在视网膜上,见图 11-27(a).也有些人视网膜至晶状体的距离较近或晶状体比正常眼睛扁平些,以致在睫状肌松弛的情况下,远处物体的成像不在视网膜上,而在视网膜后面一些,这就是**远视眼**.矫正远视的方法是用适当的凸透镜作眼镜,使光束在进入眼睛前先会聚些,然后经晶状体会聚在视网膜上,见图 11-27(b).

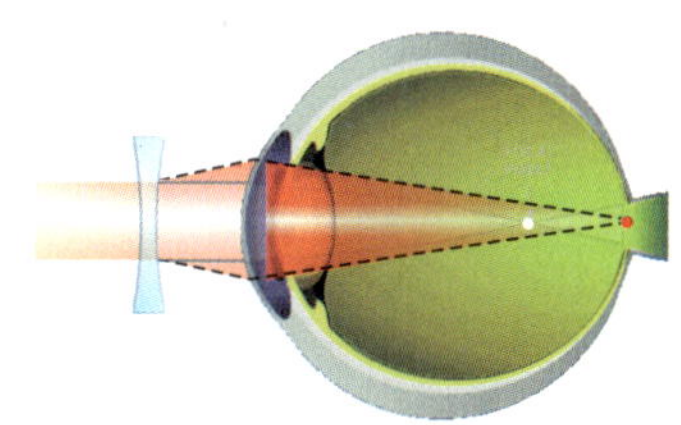

(a) 近视眼成像在视网膜前,佩戴凹透镜可以使像往后移至视网膜上

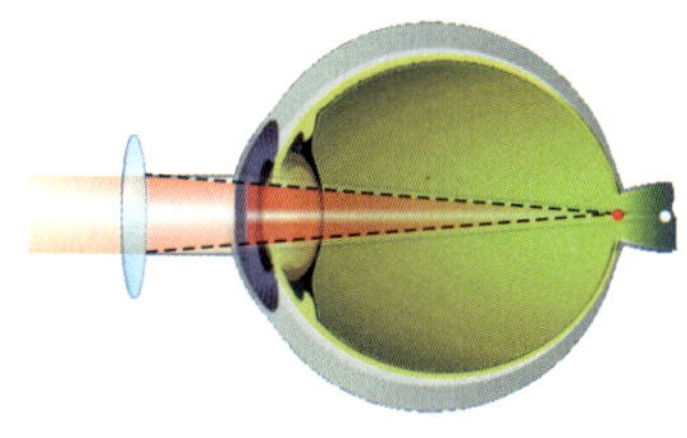

(b) 远视眼成像在视网膜后,佩戴凸透镜可以使像往前移至视网膜上

图 11-27 近视眼或远视眼的视力矫正示意图

物体对瞳孔中心的张角称为**视角**(viewing angle).物体在视网膜上所成像的大小与视角有关,视角越大,成像越大,能够刺激视网膜上更多的感光细胞,眼睛对物体就看得越清楚.如果物体的视角非常小,以致只能成像在一个感光细胞上,则整个物体看上去就缩成了一个点,无从分辨.一般要求视角大于 1 分(1′)才能使物体的不同部分至少落在两个感光细胞上,这样才能对物体不同部分进行分辨.

11-5-3 放大镜

既然视角影响了物体在视网膜上成像的大小,有时为了看得更清楚,需要把物体移得更近些,以增加视角.但是眼睛的近点是确定的,当物体与眼睛的距离小于近点时,即使视角再大也无法看清物体了.于是人们设计制造出了各种助视光学仪器,如:放大镜、望远镜、显微镜等.放大镜是最简单的一种助视仪,它仅仅是一片短焦距的凸透镜.由图 11-28 可以看出放大镜的作用:图(a)表示眼睛直接观察小蜜蜂时的情况,这时如果视角 θ 太小,眼睛可能无法看清蜜蜂,如果把小蜜蜂向眼前移近,从而增加了视角,成像也变大;图(b)表示在有放大镜助视的条件下,将蜜蜂移近到焦距以内的一点,从放大镜中看到蜜蜂放大的虚像,视角大大增加了.通常用视角的放大倍数来表征放大作用的大小,称为**视角放大率**,用 M 表示.

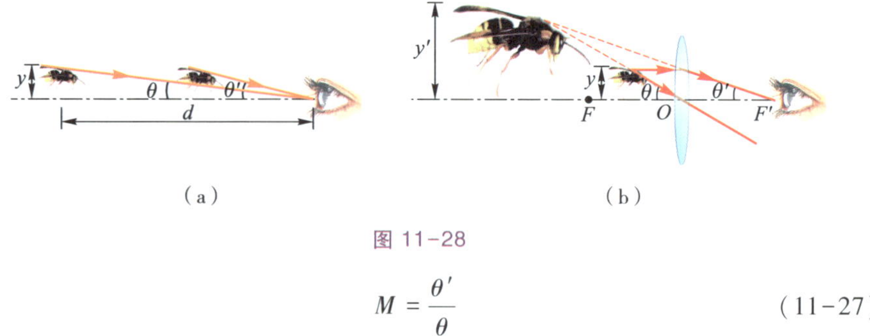

图 11-28

$$M=\frac{\theta'}{\theta} \tag{11-27}$$

式中的视角 θ' 和像至眼的相对位置有关，也和眼睛的位置有关，因此对同一放大镜，视角放大率可以不同. 当眼睛位于放大镜的焦点附近时，像的视角为 $\theta'\approx y/OF'=y/f$.眼睛在明视距离（$d=25$ cm）直接观察物体时的视角为 $\theta\approx y/d=y/25$ cm. 此时的视角放大率为

$$M=\frac{\theta'}{\theta}=\frac{25\text{ cm}}{f}\quad(f\text{ 以 cm 为单位}) \tag{11-28}$$

在这一情况下，不论像在眼前的远近如何，M 是一个常量. 可以证明，当眼睛贴近放大镜时，有

$$M=\frac{25\text{ cm}}{f}+1\quad(f\text{ 以 cm 为单位}) \tag{11-29}$$

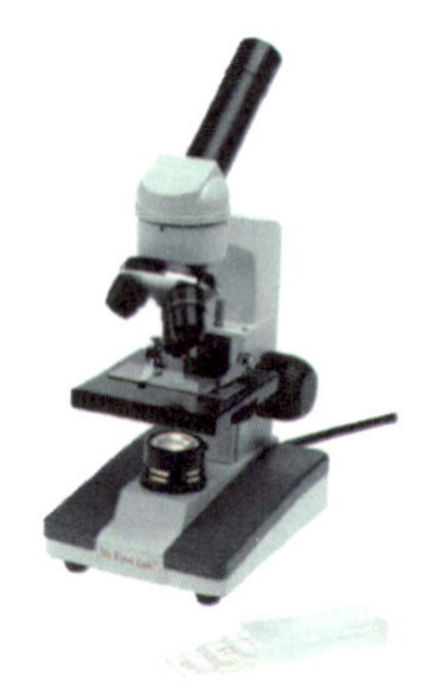

(a) 显微镜

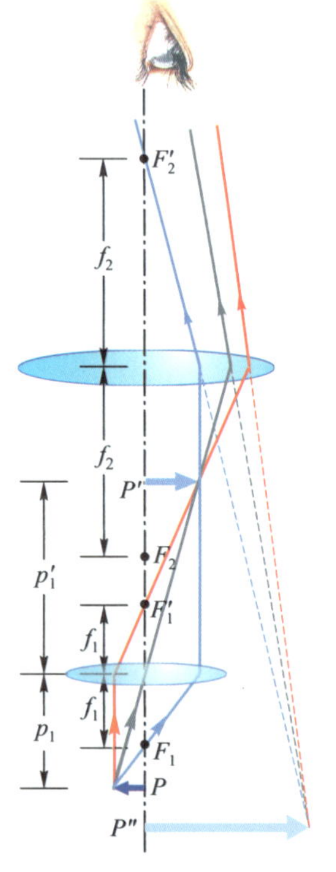

(b) 显微镜放大的光路示意图

图 11-29

11-5-4 显微镜

当观察非常细小的物体或物体表面某一个细微的局部时，我们需要用放大率比放大镜高得多的光学仪器，这就是**显微镜**（microscope）. 显微镜是由两组透镜组成，对着被观察物体的一组透镜称为**物镜**（objective），靠近观察者眼睛的一组透镜称为**目镜**（eyepiece）. 两组透镜相当于两个凸透镜，物镜的焦距 f_1 很短，目镜的焦距 f_2 稍长一些. 设物体 P 放在物镜下焦距 f_1 以外的位置，经物镜形成一个放大的实像 P'，P'落在目镜的焦距 f_2 以内. 实像 P'发射出的光束又经目镜折射形成放大的虚像 P''，如图 11-29(b) 所示. 以下我们来估算一下显微镜的视角放大率.

显微镜的放大率取决于两个因素：一是物镜的横向放大率 m_1，它决定了实像 P'的大小；二是目镜的视角放大率 M_2. 物镜的横向放大率为 $m_1=-p_1'/p_1$. 式中的 p_1 和 p_1'分别是物镜成像的物距和像距. 由于被观察物非常接近焦距很短的物镜焦点，有 $p_1\approx f_1$，因此 $m_1\approx -p_1'/f_1$. 可见为使物镜所成的像尽可能得大，才使用焦距很短的物镜. 至于目镜，作为放大镜，为使最后的虚像尽可能得大，应使实像 P'尽可能靠近目镜焦点 F_2. 这样目镜的视角放大率可用式(11-28)表示，即 $M_2=25\text{ cm}/f_2$. 显微镜的总放大率为物镜的横向放大率与目镜的视角放大率之乘积，即

$$M=m_1M_2=-\frac{(25\ \text{cm})p_1'}{f_1f_2}\quad \text{(焦距以 cm 为单位)}\qquad (11-30a)$$

因为 P' 靠近目镜焦点，而 f_2 其实也很短，所以 p_1' 可近似用目镜与物镜的间距（镜筒长）L 替代. 于是式（11-30a）又可写成

$$M=m_1M_2=-\frac{(25\ \text{cm})L}{f_1f_2}\quad \text{(焦距以 cm 为单位)}\qquad (11-30b)$$

例 11-5

已知一显微镜的镜筒长 $L=16$ cm，物镜焦距为 1 cm，目镜焦距为 2.5 cm，试求显微镜的放大率.

解 已知 $f_1=1$ cm，$f_2=2.5$ cm，$L=16$ cm，代入式（11-30b）可得

$$M=\frac{25\ \text{cm}\times16\ \text{cm}}{1\ \text{cm}\times2.5\ \text{cm}}=160\quad \text{(忽略符号)}$$

即该显微镜的放大率为 160 倍.

因为物镜横向放大率 $m_1=p_1'/p_1\approx L/f_1=16$，又目镜的视角放大率为 $M_2=25\ \text{cm}/f_2=10$，两者的乘积为 160. 因此，在显微镜的物镜和目镜上一般都标有“10×，20×”等字样，我们只要把两者相乘就可以得到该显微镜的放大率了.

11-5-5 望远镜

望远镜（telescope）是在观察远处物体时用来增加视角的一种光学仪器，它和显微镜的结构有些相似，也是由物镜和目镜两个透镜组构成. 望远镜的物镜焦距比较长，目镜焦距较短，这是和显微镜不同的地方. 下面分别介绍两种常见的望远镜：开普勒望远镜和伽利略望远镜.

1. 开普勒望远镜

图 11-30 开普勒望远镜

开普勒望远镜（图 11-30）是一种天文望远镜，是开普勒于 1611 年首先提出的. 它的结构与显微镜相似，物镜和目镜都是凸透镜，只是物镜焦距较长，且如图 11-31 所示，物镜的像方焦点 F_1' 与目镜的物方焦点 F_2 重合，而镜筒长度即为两透镜的焦距之和（f_1+f_2）.

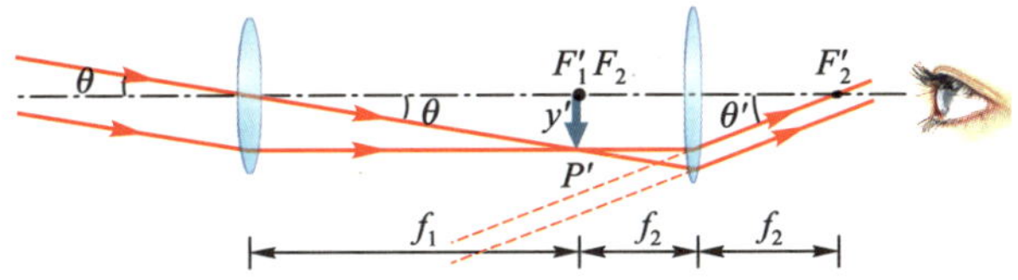

图 11-31 开普勒望远镜光路图

望远镜观察的物体都较远，因此入射光可近似作为平行光，经物镜折射后成倒立实像于焦点 F_1'，此像上的每一发光点再经目镜折射后成放大的虚

像.至于计算望远镜的放大率,应该考虑与显微镜的有所不同.从显微镜中看到的像的大小确实比被观察物大了若干倍,但从望远镜中看到的像大小不可能比被观察物(例如星体)大,而只是使眼睛所看到放大虚像的视角 $\theta' \approx y'/f_2$ 比不用望远镜直接看远处该物体的视角 $\theta \approx -y'/f_1$ 增大了若干倍.所以望远镜的放大率为

$$M=\frac{\theta'}{\theta}=-\frac{f_1}{f_2} \tag{11-31}$$

开普勒望远镜的两个焦距 f_1 和 f_2 均为正,由式(11-31)可知它成倒立的虚像,且目镜焦距 f_2 越短,物镜焦距 f_1 越长,放大率越大.

2. 伽利略望远镜

这种望远镜(图 11-32)是伽利略于 1609 年发明的.它的目镜采用凹透镜,物镜的焦点 F'_1 与目镜的焦点 F_2 重合.远处物体射来的近似平行光,经物镜折射本应会聚在目镜焦点 F_2 附近,成倒立实像,如图 11-33 所示,但在光束会聚成像之前遇到目镜的折射而成发散光束,发散光线的延长线会聚后成正立放大的虚像.

图 11-32 伽利略望远镜

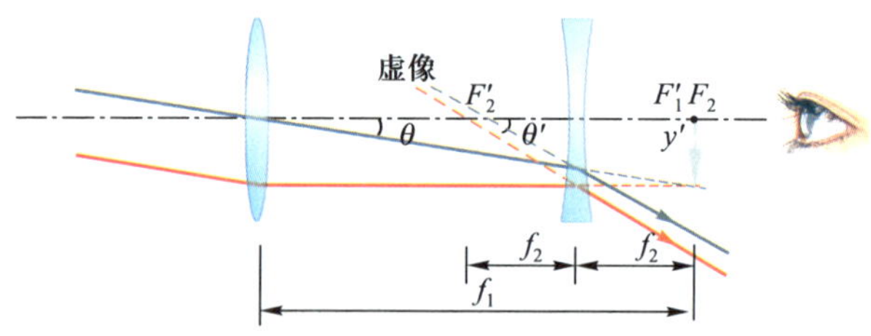

图 11-33 伽利略望远镜光路图

与式(11-31)的考虑一样,如果不用望远镜直接观察远方物体,其视角为 $\theta \approx -y'/f_1$,用了望远镜后虚像对眼睛的视角为 $\theta' \approx y'/f_2$,因此伽利略望远镜的放大率为

$$M=\frac{\theta'}{\theta}=-\frac{f_1}{f_2} \tag{11-32}$$

由于伽利略望远镜物镜焦距 f_1 为正,目镜焦距 f_2 为负,因此由式(11-32)可知,放大率为正,即伽利略望远镜物镜成正立像.同样,物镜焦距越长,目镜焦距越短,放大率越大.

思考题

11-1 在图 11-7 所示的光折射实验中,分别用红光和蓝光照射.问:哪种折射光的折射角较大?

11-2 为什么钻石看上去光彩夺目,而同样形状的玻璃块就不会产生这样的效果?

11-3 观察雨后的彩虹,看看它的色彩分布有何规律,试从光的反射和折射规律进行分析,这是为什么?

11-4 为什么一些百货公司的大橱窗玻璃在安装时总是底部稍向里倾斜?

11-5 两种不同颜色的光沿同一方向射入一棱镜，出射后，甲光线比乙光线的折射角要小，问：哪束光在棱镜中的传播速度更快？

11-6 清澈见底的小溪看上去的水深总是比实际的要浅些，如何解释？

11-7 球形鱼缸中的金鱼看上去总是比实际的要大些，这是为什么？

11-8 是否可以通过直接观察来区分物体所成的是实像还是虚像？如果不能，可以采用何种方法？

11-9 卫星电视信号接收器总是制作成凹面镜形状，为什么？接收器探头应该安装在哪个部位？如果接收器制作成平面镜或凸面镜形状，可以吗？

11-10 如果将一球面镜浸入水中，则其焦距会发生变化吗？请说明原因.

11-11 有三块小镜子，一块是平面镜、一块是凹面镜（略凹）、一块是凸面镜（略凸），如果要选择其中一块用于脸部化妆，你认为选择哪一种更合适？请说明理由.

11-12 有人在旷野需要取火，但身边没有火源，只有一块凹面镜和一块凹透镜.你认为用哪一块能够实现在阳光下取火？

11-13 请用最简单快捷的方法来估计凸透镜的焦距.同样的方法适用于凹透镜吗？

11-14 一个在水中的气泡相当于一个透镜，请问：它是一个会聚透镜，还是一个发散透镜？

11-15 人们常把眼睛比为一架照相机，两者之间有何共同之处？有何不同之处？

习题

11-1 一支蜡烛位于一凹面镜前 12.0 cm 处，成实像于距镜顶 4.00 m 远处的屏上.（1）求凹面镜的半径和焦距；（2）如果蜡烛火焰的高度为 3.00 mm，则屏上的火焰的像高为多少？

11-2 一束光在某种透明介质中的波长为 400 nm，传播速率为 $2.00\times10^{8}\ \text{m}\cdot\text{s}^{-1}$.（1）试确定该介质对这一光束的折射率；（2）同一束光在空气中的波长为多少？

11-3 如图所示，一长方体形透明固体的折射率为 $n=1.35$，一束光从空气中以入射角 θ 进入透明固体.要使入射光刚好在固体的竖直表面上发生全反射，则入射角 θ 应为多少？

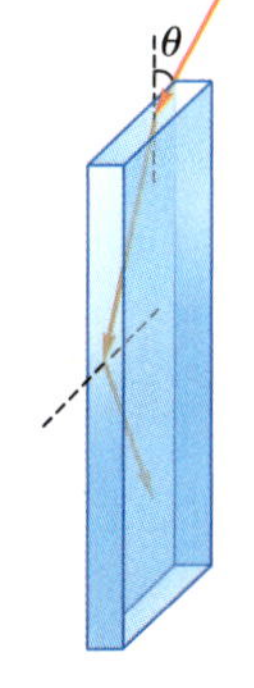

习题 11-3 图

11-4 一物体的高度为 6.00 mm，位于凸面镜前 15.0 cm 处.已知凸面镜的半径为 20.0 cm.（1）试画出成像光路图；（2）确定像的位置、大小以及性质.（正立还是倒立？实像还是虚像？）

11-5 圆柱体玻璃棒置于空气中，其折射率为 1.52，如图所示.设玻璃棒的一端为球面状，半径为 $R=2.00$ cm.设一个小物体位于棒的顶端左侧 8.00 cm 的 P 处，求：（1）物体的像距；（2）横向放大率.

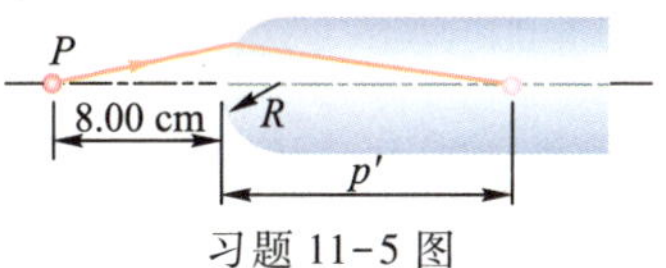

习题 11-5 图

11-6 冰块的折射率为 1.31，一枚硬币嵌在冰块中，距上表面 3.00 cm 处，自上往下竖直观察，硬币的视深为多少？

11-7 一会聚透镜的焦距为 15.0 cm，物体位于透镜一侧 20.0 cm 处.求：（1）像的位置；（2）放大率；（3）成像性质；（4）如果物距为 7.5 cm，情况如何？（5）绘制以上两种情况的光路图.

11-8 月牙形的发散透镜，其两侧面的曲率半径分别为 5.00 cm 和 4.00 cm.透镜的折射率为 1.50.如果物体位于透镜左侧 20.0 cm 处，求像的位置.

11-9 焦距均为 12.0 cm 的一块会聚薄透镜和一块发散薄透镜相距 9.00 cm,现将一高度为 2.50 mm 的物体放在距离会聚透镜的外侧 20.0 cm 处.求(1)最终的成像位置距离会聚透镜有多远?(2)成像的性质;(3)像的高度.

11-10 物体位于一薄透镜左侧,而其像位于薄透镜右侧 30.0 cm 处的屏幕上.今将透镜向右移动 6.00 cm,然后再将屏幕左移 6.00 cm,这时又能在屏幕上看到清晰的像.求薄透镜的焦距.

11-11 普通 135 照相机的底片尺寸为 24 mm×36 mm,而照相机的镜头焦距可以有 28 mm、35 mm、50 mm(标准镜头)、85 mm、100 mm、135 mm……不同的规格.现要求被拍摄物体的像尽可能地充满整个底片,应当选择怎样的镜头?已知建筑物高 120 m、宽 80 m,距离照相机 300 m.

11-12 一照相机镜头的焦距为 50 mm,当镜头的 f 数为 $f/4$ 时,其光圈的直径是多少?

11-13 在下列情况中选择光焦度合适的眼镜.(1)一位远视者的近点为 80.0 cm;(2)一位近视者的远点为 60.0 cm.

11-14 一台显微镜的目镜焦距为 20.0 mm,物镜焦距为 10.0 mm,目镜与物镜的间距为 20.0 cm.最终成像在无穷远处.求:(1)被观察物至物镜的距离;(2)物镜的放大倍数;(3)显微镜的视角放大率.

11-15 一架望远镜由焦距为 100.0 cm 的物镜和焦距为 20.0 cm 的目镜组成,成像在无穷远处.求:(1)该望远镜的视角放大率;(2)如果被观察物的高度为 50.0 m,距离望远镜为 2.00 km,则物镜成像的像高是多少?(3)最终的像对人眼的张角为多大?

晴好的春日，常见孩子们在公园吹着肥皂泡玩耍，五光十色的肥皂泡在阳光的照射下煞是好看.为什么飞舞的肥皂泡会有如此美丽的色彩呢？波动光学的知识会使你知其所以然.

第12章 波动光学

几何光学理论是以光的直线传播定律以及光的反射和折射定律为基础的，可以用来处理和解决许多光学成像问题，也可以用来解释自然界中的某些奇妙光学现象，例如，雨过天晴，天空时而出现一道绚丽的“彩虹”；又例如，在一望无际的海面上，或是在广阔无垠的沙漠中偶尔出现的“海市蜃楼”等.但是在生活中还有许许多多的光学现象，却不能用几何光学理论去解释，例如，一张光盘或是一个肥皂泡在阳光的照射下显示出彩色花纹，显得绚丽多彩.要解释这些现象，我们有必要对光的本性有一个初步的认识.

光究竟是什么？自古以来人们对此曾有过种种想象、猜测和争论.进入17世纪，关于光的本性之争主要表现为以牛顿为代表的光的微粒说和以惠更斯为代表的光的波动说之争.这场旷日持久的争论持续了一个多世纪，且以微粒说为主导.科学发展到19世纪，人们开始从实验中发现了光的干涉和衍射现象，对这些现象的成功解释才使人们逐渐认识到光是一种波动.接着，电磁场理论的建立又赋予光以电磁波的本性，从而完满地解释了当时已知的所有光学现象，由此形成了波动光学理论.

12-1 光的本性

12-1-1 微粒说与波动说之争

19 世纪以前,人们普遍认为光是一种微观粒子流.其中一种观点是,粒子流来自于发光物体;另一种观点则是,粒子流出自观察者的眼睛.牛顿是光粒子理论的主要创建者,主张前一种观点,认为从光源发出的粒子进入眼睛,刺激了视觉器官,从而使我们能够看见物体.

1672 年,牛顿进行了三棱镜的色散实验,发现白光在通过棱镜折射后会出现按一定次序排列的彩色光带,由此得出结论:白光是一种复色光,是由各种颜色的光混合而成的.牛顿认为颜色是光的基本属性,而光作为一种"实体",是颜色这种"性质"的承载物.从光的色散实验出发,牛顿开始涉及光的本性问题.根据光的直线传播性质,牛顿提出了光是由光源发出的微粒流的观点,人们称之为**微粒说**.从这一观点出发可以解释光的反射和折射定律①.可是微粒说也遇到了一些棘手的问题无法解释,比如,为什么两束光相互交叉通过时,彼此不受干扰?微粒说认为这是因为两种光微粒在交叉通过时彼此不会发生碰撞,这显然难以使人信服.

与牛顿同时代的荷兰物理学家惠更斯(C.Huygens,1629—1695)是光的**波动说**的奠基人,他类比水波的一些现象后认为光也是一种波动.惠更斯运用他波动理论中的子波原理,同样可以解释光的反射和折射定律②.但是,光的波动说并没有得到当时人们的普遍认可,这是因为如果光是一种波动,那么在遇到障碍物时会发生绕折,即表现出波的衍射性质.可遗憾的是,当时人们看到更多的是光在遇到障碍物时的直线传播现象(因为光的波长很短,衍射现象很难被发现).于是绝大多数的学者拒绝接受光的波动说观点,以致牛顿的微粒说占据统治地位长达一个多世纪.

到了 19 世纪,由于英国物理学家托马斯·杨(T.Young,1773—1829)和法国物理学家菲涅耳(A.Fresnel,1788—1827)等人的工作,光的波动说又得以复兴.

1801 年,托马斯·杨首先用双缝实验显示了光的干涉现象,看到了明暗相间的干涉条纹,并且第一次成功地测定了光的波长.而用牛顿的微粒说不能解释光的明暗条纹,很难想象光微粒的聚集会在屏幕上出现暗纹.1815 年,菲涅耳运用干涉原理补充了惠更斯的子波原理,成功地解释了光的衍射现象.菲涅耳

---

① 微粒说解释折射定律时,要求微粒在水中的速度大于空气中的速度,这与两个世纪后对光速的实测结果相反.但在当时由于光速太快无法实测,也只好姑妄听之.

② 波动说解释折射定律时,要求波在水中的传播速度比在空气中的小,这与微粒说的要求恰好相反,从而形成了两学说争论的一个悬案.直到两个世纪后,波动说才获得了实验的支持.

的工作为光的波动说提供了有力的证据.此后,光的波动理论逐渐为人们所接受.

12-1-2 光的电磁本性

托马斯·杨和菲涅耳的工作,牢固地确立了光的波动说.到19世纪中叶,波动说已取得了相当稳固的地位.但这是一种什么样的波动,人们却不得而知.因为当时所认识的机械波必须在弹性介质中才能传播,而光却可以在真空中传播.

1865年,英国物理学家麦克斯韦在前人工作的基础上,把一切电磁现象的基本规律,都纳入到了四个基本方程之中,建立起完善的电磁场理论.从这个方程组可以导出电场强度 $\boldsymbol{E}$ 和磁场强度 $\boldsymbol{H}$ 分别满足波动方程的结果,表明电磁场是以波动的形式在空间传播的,于是麦克斯韦预言了“电磁波”的存在.通过理论计算进一步发现,电磁波的传播速度与当时所测得光的速度几乎吻合,于是麦克斯韦认为光就是一种电磁波.

以后,德国物理学家赫兹(H.R.Hertz,1857—1894)于1886—1888年,用实验证实了电磁波的存在,并证明电磁波确实同光一样,能产生反射、折射、干涉、衍射和偏振等现象.光和电磁现象的一致性再次证明了自然现象是存在着相互联系这一辩证法的基本原理,使人们在认识光的本性方面向前迈进了一大步.

在第8章的8-6-4节中,我们已经知道,可见光只占整个电磁波中一个非常小的波段,其波长范围为400~760 nm,相应的频率为 $7.50\times10^{14}\sim3.95\times10^{14}$ Hz,只有这一频率范围内的电磁波才能够引起人们的视觉.光的颜色由电磁波的频率所决定,不同频率的电磁波产生不同的色彩效果,我们把单一频率的光称为**单色光**(monochromatic light).可见光光谱的分布见表12-1.

表 12-1 可见光光谱

光谱区域	波长/nm
红	620~760
橙	592~620
黄	578~592
绿	500~578
青	464~500
蓝	446~464
紫	400~446

12-2 光的相干性

几何光学的理论是以光的直线传播定律以及光的反射和折射定律为基础的,可以用来解释一些简单的光学成像现象.但是在生活中还有许许多多的光学现象,却不能用几何光学的方法来理解.例如:一张光盘上的彩色条纹(图12-1),肥皂泡上的彩色花样等.看来我们有必要对光的性质作进一步的认识.

图 12-1 光盘上的彩色干涉条纹

既然光是一种电磁波,就应该表现出干涉、衍射等一般波动所具有的基本特性.实际上,光盘上的彩色条纹和肥皂泡上的彩色花样都是由光的波动特性引发的一种效应.我们把与光的波动性质相关的一些问题都归入**波动光学**

(wave optics)的范畴来进行讨论.

在学习完上册第 4 章的振动和波动以后我们应该已经知道,干涉现象是波的一种叠加效应,比如,把两个完全相同的音叉作为振动源放入水中,水面上就会产生两列波,它们相互叠加,产生干涉图样,如图 12-2 所示.由此我们联想到两列光波在空间相遇,是否也会产生类似的光干涉图样呢?例如,点亮两盏完全相同的灯,是否会发现周围有明暗相间的光强分布呢?生活经验告诉我们,从来没有发现过.即使是改用两盏钠灯(单色光源)也不会出现干涉现象.这是为什么呢?我们要从普通光源的发光机制谈起.

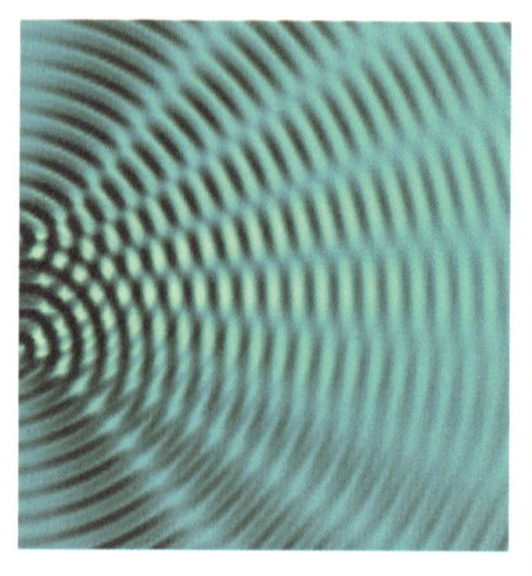

图 12-2 两列水波的干涉

12-2-1 普通光源的发光机制

根据波动理论,并不是任意两列波在空间叠加都会产生干涉现象,而是必须要满足一定的条件,即两列波必须振动方向相同、频率相同、有恒定的相位差.但是对于普通光源来说,其发出的光并不能满足这些条件.普通光源物质是由大量的分子或原子构成的,发光是其分子或原子进行的一种微观过程.按照现代物理学理论,原子由原子核和核外电子构成,电子只能位于一些特定的分立轨道上,电子处在不同的轨道上,表现为原子具有不同的能量值 $E_1, E_2, \cdots, E_n$.这些分立的能量值称为**能级**(energy level).原子处于最低能级的状态称为**基态**(ground state),其他较高能级的状态称为**激发态**(state of excitation).通常,原子大多处于基态,因为这一能态最稳定.但是由于外界的作用,处于低能态的原子获得能量后会跃迁到较高的能级而处于激发态.处在激发态的原子很不稳定,很快会自发地跃迁回基态或较低能态,并以发光的形式释放出能量,如图 12-3 所示.原子的跃迁过程极其短暂,为 $10^{-10} \sim 10^{-8}$ s,这也是原子一次发出光波的持续时间.由此可见,原子一次发光只能形成一列长度有限的光波,称为**光波列**(light wave train).设跃迁时间为 Δt,真空中的光速为 c,则真空中的光波列长度为

$$l = c\Delta t \tag{12-1}$$

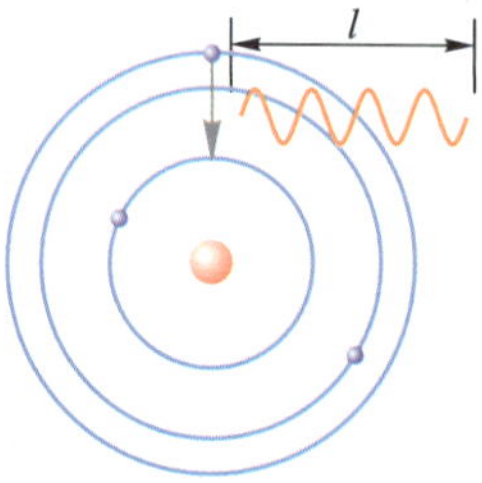

图 12-3 处于激发态的原子很不稳定,处于高能态轨道的电子将向低能态轨道跃迁,原子能态很快会自发地回到基态或较低能态,并以发光的形式释放出能量,图中 l 表示波列长度

一个原子经一次跃迁发光后可以再次被激发到较高能级,进行再次发光,因此原子发光具有间歇性.一般说,即便前后两次发出光波的频率相同,其振动方向和初相位也不会都相同.

普通光源物质中存在大量的分子或原子,几乎每一瞬间都有相当数量的原子在发光,虽说每个原子一次发光的频率、初相位和振动方向都是确定的,但是各原子的发光相互独立,其频率、振动方向等可以各不相同.因此从整体上说,两个普通光源或者同一个光源的不同部分发出的光并不满足干涉条件.

20 世纪 60 年代发展起来的激光光源,其发光机理与普通光源有很大的不同.各原子发出光波列的频率、初相位、振动方向都相同,可以实现光干涉.我们把满足干涉条件的光称为**相干光**(coherent light),能产生相干光的光源称为**相**

干光源(coherent source).

至于如何实现普通光源下光的干涉,在了解了光源的发光机制后不难解决.我们可以利用某些方法(如反射或折射等),把同一光源上每一瞬间同一批原子发出的光分为两列光波,然后让这两列光波在空间经过不同的路程而重聚,就能实现光的干涉了.这时,虽然光源中各原子发光的初相位等在不断地改变着,但是任何改变总是在这两列光波中同时发生,相互之间就像什么改变都没发生似的,因而它们到达同一观察点时总是能保持着相同的频率、相同的振动方向和恒定不变的相位差,从而满足了干涉条件.

12-2-2 杨氏双缝实验

1801 年,英国的一位医生托马斯·杨在不可能具备现代发光机理知识,但只是紧紧扣住了干涉条件的情况下,创造性地在历史上首先设计出了双缝干涉实验装置,最早利用单一光源形成了两束相干光,从而观察到了光的干涉现象,并用光的波动性解释了这一现象.杨氏双缝实验具有重要的历史意义,对于 19 世纪初光的波动说得以复兴起到了关键性的作用.

托马斯·杨(T.Young,1773—1829),英国医生,除了行医外,还致力于光学的研究.1801 年,他进行了双缝干涉实验,并以干涉原理为基础,建立了新的波动理论

托马斯·杨没有用严密的数学推演来解释他的双缝干涉现象,而是画了一幅精美的波面图来加以描述.图 12-4 是一幅双缝干涉示意图.一束平行单色光照射到狭缝 S 上,S 位于另外两条狭缝 S_1 和 S_2 的几何对称轴上.S 作为一个缝光源发射单色光波,照射到与其平行的两狭缝 S_1 和 S_2 上.根据惠更斯原理,S_1 和 S_2 可以认为是两个子光波的波源,因为它们出自同一束光,所以具有确定的相位关系.比如 S_1 和 S_2 位于由 S 发出光波的同一个波面上,那么它们就有相同的相位.总之,在杨氏双缝实验装置中 S_1 和 S_2 就是两个相干光源.

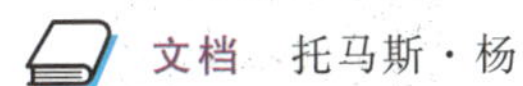

文档 托马斯·杨

从 S_1 和 S_2 发出的光在空间交汇、叠加,光屏上每一点的明暗效果取决于这两列光波在该点处的叠加性质.考察光屏上的某一点 P,如图 12-5(a)所示,设光从 S_1 到 P 点的传播距离为 r_1,从 S_2 到 P 点的传播距离为 r_2.可以设想,如果两列光波在 P 点的振动相位相同,或者相位差正好是 2π 的整数倍,那么两束光的传播距离之差 δ 正好是波长 λ 的整数倍,

$$\delta = r_2 - r_1 = \pm k\lambda \quad (k=0,1,2,\cdots) \tag{12-2}$$

这时两列波在 P 点干涉加强,出现亮纹.

如果两列光波在 P 点的振动相位相反,那么两束光的传播距离之差正好是半波长 $\lambda/2$ 的奇数倍,即有

$$\delta = r_2 - r_1 = \pm(2k-1)\frac{\lambda}{2} \quad (k=1,2,\cdots) \tag{12-3}$$

这时两列波在 P 点干涉相消,出现暗纹,如图 12-5(b)所示.

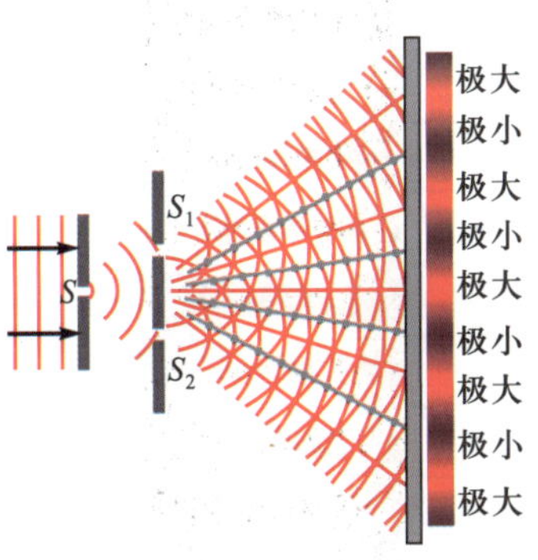

图 12-4 狭缝 S_1 和 S_2 发出的光在空间叠加,在屏幕上产生干涉条纹

用图 12-6 的光路图来分析,设两狭缝之间的距离为 d,缝与光屏的间距为

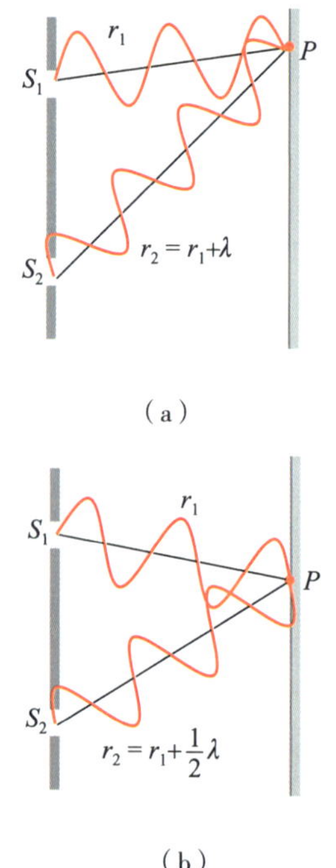

图 12-5 从 S_1 和 S_2 发出两条光线在屏上某一点 P 叠加

D(一般情况下,d 的数量级为毫米,而 D 的数量级可达到米).P 是屏上的一点,到屏幕上对称中心 O 点的距离为 x,图中的 θ 表示光的某一个传播方向.

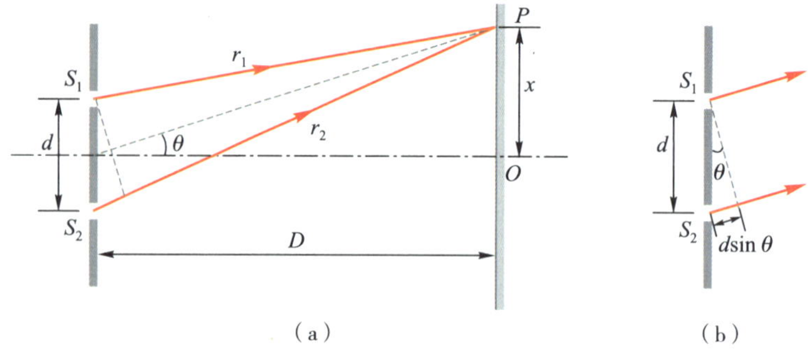

图 12-6 双缝干涉计算原理图

因为 $D \gg d$,以致两条光线 S_1P 和 S_2P 几乎平行,如图 12-6(b)所示,所以两列光波到 P 点的传播距离之差可近似表示为

$$\delta=r_2-r_1 \approx d\sin\theta$$

于是式(12-2)给出的杨氏干涉明条纹所对应的方位角 θ,可由下式确定:

$$d\sin\theta=\pm k\lambda \quad (k=0,1,2,\cdots) \tag{12-4}$$

同样,由式(12-3)给出的杨氏干涉暗条纹所对应的方位角 θ,可由下式确定:

$$d\sin\theta=\pm(2k-1)\frac{\lambda}{2} \quad (k=1,2,\cdots) \tag{12-5}$$

又因为一般 θ 很小,所以有

$$\sin\theta \approx \tan\theta=\frac{x}{D}$$

代入式(12-4)可得

$$x=\pm k\frac{D\lambda}{d} \quad (k=0,1,2,\cdots) \tag{12-6}$$

式中 x 为条纹的坐标位置,k 称为条纹的级数,$k=0$ 对应的是零级明条纹,或称**中央明纹**,$k=1,k=2,\cdots$分别对应的是第一级、第二级……明条纹.

同样,由式(12-5)可以得到屏幕上暗纹的坐标位置

$$x=\pm(2k-1)\frac{D\lambda}{2d} \quad (k=1,2,\cdots) \tag{12-7}$$

式中 $k=1,k=2,\cdots$分别对应于第一级、第二级……暗条纹.

由式(12-6)或式(12-7)不难求出相邻两条明纹或两条暗纹的间距为

$$\Delta x=\frac{D\lambda}{d} \tag{12-8}$$

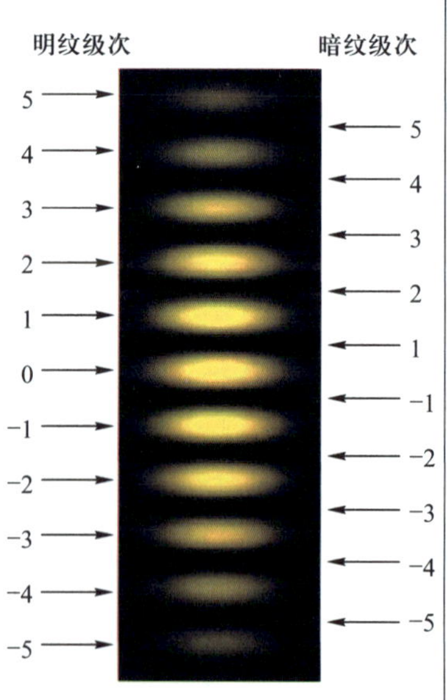

图 12-7 双缝干涉条纹

从以上讨论可以得出结论:双缝干涉条纹等间距地分布于中央明纹的两侧,

图 12-7 就是双缝干涉条纹的照片.在缝距 d 和屏距 D 确定的情况下,条纹在屏上的位置 x 和间距 Δx 取决于入射光的波长 λ;因此当采用白光照射时,由于不同波长成分的光在屏幕上同一级条纹的位置不同,屏幕上会出现彩色的干涉条纹.

测量出 d 和 D 以及条纹在光屏上的位置 x 或条纹间距 Δx,就可以计算出波长 λ.历史上正是通过杨氏双缝实验第一次测量出了可见光的波长.

动画 杨氏双缝干涉调节波长、双缝的距离,可以看到条纹的变化情况(横屏观看)

例 12-1

单色光垂直照射到缝距为 0.2 mm 的双缝上,双缝与屏幕的距离为 0.8 m.(1)第一级明纹到同侧第四级明纹间的距离为 7.5 mm,求单色光的波长;(2)若入射光的波长为 600 nm,求相邻两明纹间的距离.

解 (1) 根据双缝干涉明纹的条件,以 $k=1$ 和 $k=4$ 分别代入式(12-6),可得

$$\Delta x = x_4 - x_1 = (4-1)\frac{D\lambda}{d}$$

$$\lambda = \frac{\Delta x d}{3D} = \frac{7.5\times10^{-3}\times0.2\times10^{-3}}{3\times0.8}\ \text{m}$$

$$=6.25\times10^{-7}\ \text{m} = 625\ \text{nm}$$

(2) 当 $\lambda = 600$ nm 时,相邻两明纹间的距离为

$$\Delta x = \frac{D\lambda}{d} = \frac{0.8\times600\times10^{-9}}{0.2\times10^{-3}}\ \text{m}$$

$$=2.4\times10^{-3}\ \text{m} = 2.4\ \text{mm}$$

例 12-2

无线电发射台的工作频率为 1 500 kHz,两根相同的垂直偶极天线相距 400 m,并以相同的相位作电振动,如图 12-8 所示.试问:在距离远大于 400 m 的地方,什么方向可以接收到比较强的无线电信号?(这并不是一个假想的问题,实际上天线对或天线阵列的组合可以根据我们的需要产生特定的辐射能分布.)

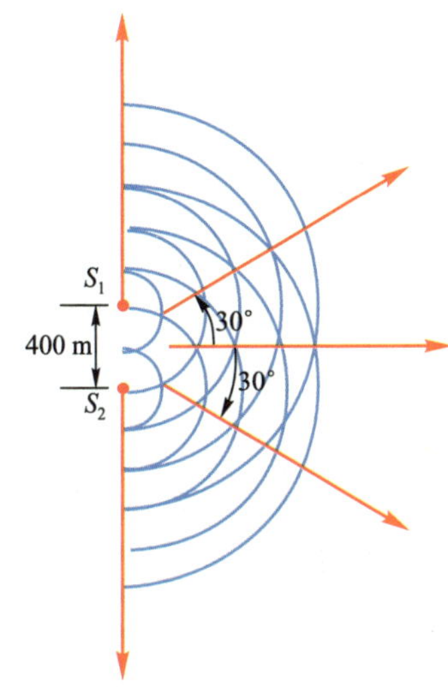

图 12-8 例 12-2 用图

解 天线位置如图所示,相当于杨氏双缝的两个光源 S_1 和 S_2.无线电波的波长为

$$\lambda = \frac{c}{\nu} = \frac{3\times10^8}{1.5\times10^6}\ \text{m} = 200\ \text{m}$$

根据式(12-4)有

$$\sin\theta = \pm\frac{k\lambda}{d} = \frac{\pm k\cdot200}{400} = \pm\frac{k}{2}$$

将 $k=0,1,2$ 代入上式,可得干涉加强的方位角 θ:

$$\theta = 0, \pm30°, \pm90°$$

即在这些方向电磁辐射的能量最大.如果 k 取值 3,4,…则没有物理意义.

同样可以计算出辐射能量最小的方向:

$$\sin\theta = \pm\frac{(2k-1)\lambda}{2d} = \pm\frac{2k-1}{4}\quad (k=1,2)$$

$$\theta = \pm14.5°, \pm48.6°$$

12-2-3 光程

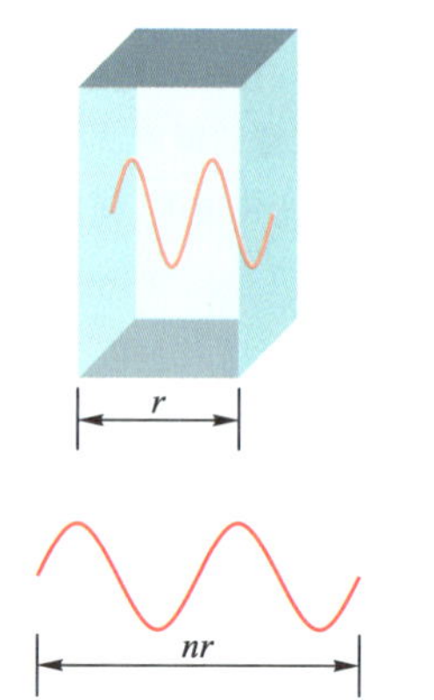

图 12-9 光在介质中经过的路程 r，相当于在真空中经过了 nr 的几何路程

动画 光程与几何路程

在对杨氏双缝实验的讨论中我们发现，光干涉的结果取决于两束光在空气($n\approx1$)中所经过的几何路程之差.但是，许多实际的光干涉问题并不那么简单，会出现两束光在不同介质中的传播的情况.如何来解决这些问题呢？我们将引入光程的概念.

从上一章我们已经知道，光在不同介质中的波长不同.设光在折射率为 n 的介质中传播的几何路程为 r，它所包含的完整波个数为 r/λ_n（$\lambda_n=\lambda/n$）.而光在真空中传播时，包含同样完整波个数所占的几何路程则为

$$\frac{r}{\lambda_n}\lambda=nr$$

由此可知，光在介质中传播了路程 r，就相当于光在相同时间内在真空中传播了路程 nr，如图 12-9 所示.动画：光程与几何路程动态地演示了两者之间的关系.我们把光在介质中传播的路程 r 与该介质折射率 n 的乘积 nr 定义为**光程**(optical path).

引入了光程的概念后，对于经过不同介质的两束光在空间相互干涉的问题，就可以通过把它们折算成光在真空中传播的干涉问题来解决.因此，光干涉的一般条件可表示成

$$\delta=n_2r_2-n_1r_1=\pm k\lambda \quad (k=0,1,2,\cdots) \quad 干涉加强 \tag{12-9}$$

$$\delta=n_2r_2-n_1r_1=\pm(2k-1)\frac{\lambda}{2} \quad (k=1,2,\cdots) \quad 干涉减弱 \tag{12-10}$$

式中的 $\delta=n_2r_2-n_1r_1$ 称为**光程差**(optical path difference).需注意，式(12-9)和式(12-10)中的 λ 仍为光在真空中的波长.

至此可以明确，处理光干涉问题的关键就是确定光程差.

还应提及，在处理光干涉(以及不久将要讨论的衍射)问题时，大家知道，平行于主光轴的平行光通过透镜后各条光线将会聚于焦点上，形成亮点.这一事实说明，各光线在焦点处应该同相位.同时又考虑到平行光在进入透镜以前，其波面与光线垂直，如图 12-10 所示，同一波面上各点的相位相同.由此即可推断，从波面到焦点，各光线经过的光程必然相等，即**薄透镜不会引起附加的光程差**.容易明白，这一结论同样适用于平行于各副光轴的光线通过透镜的情形.

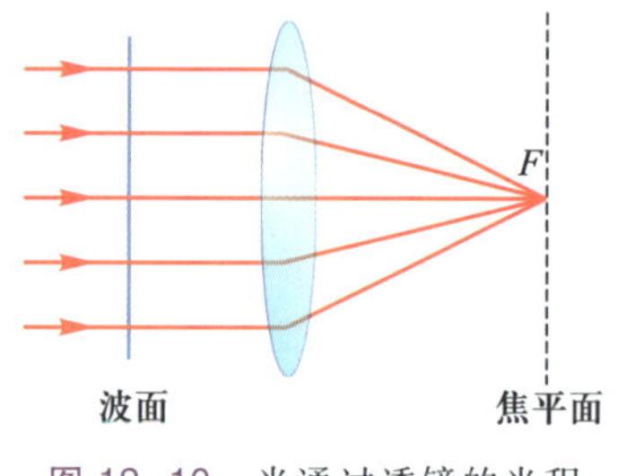

图 12-10 光通过透镜的光程

12-3 薄膜干涉

雨天时，我们走在马路上，偶尔会发现马路积水的表面出现彩色的花纹，仔细一看，原来是在水的表面有一层薄薄的油污.为什么在油层表面会出现彩色条

纹呢？这又是一种干涉现象，称为**薄膜干涉**(thin-film interference).其实只要稍加留意，类似的现象在生活中随处可见：肥皂泡在阳光下五光十色、昆虫(蝴蝶、蜻蜓等)的翅膀在阳光下形成绚丽的彩色等，如图 12-11 所示.本节，我们将从光的波动特性出发，分别讨论均匀厚度薄膜和非均匀厚度薄膜的两种干涉现象.

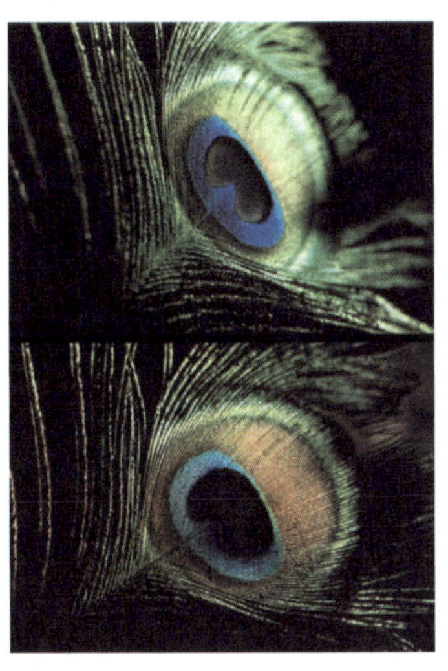

图 12-11 一片孔雀的羽毛，乍一看，其表面呈一般的蓝绿色，但我们仔细观察发现，羽毛上的颜色在闪烁.如果换个角度观察或当羽毛在抖动时，我们会发现颜色发生了变化.这是一种光的薄膜干涉现象

12-3-1 等倾干涉

设有厚度为 d 的均匀透明薄膜，其折射率为 n_2，薄膜周围环境介质的折射率为 $n_1(n_1<n_2)$，(如果环境介质是空气，则 $n_1\approx1$)，如图 12-12 所示.现在从单色扩展光源 S 上的一个点发出一条光线入射到薄膜的上表面(入射角为 i)，在 A 点分解为两条，其中一条反射，成为光线 1；另一条以折射角 r 进入薄膜，并在膜的下表面 C 点反射，然后折射而出，形成光线 2.两条光线出自同一束光，并经过了不同的光程.由于薄膜很薄，引起的光程差不会很大，因此这两束光出自同一波列，所以是相干光.两束光在空间相干叠加，通过人的眼睛会聚在视网膜上，会聚点是明是暗取决于光程差.扩展光源 S 上不同的点发出的光线，经薄膜反射后都会在视网膜上形成干涉点.这些干涉点的组合就形成了干涉条纹.

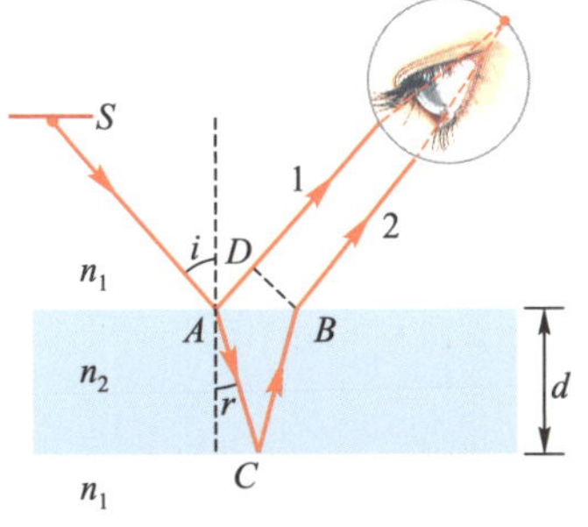

图 12-12 反射光的薄膜干涉.从光源 S 上的一个点发出一束光入射到薄膜的表面上，其中一束反射，另一束折射进入薄膜，在膜的下表层反射，然后出射.由于两条光线出自同一束光，因此是相干光，它们经过了不同的光程后叠加，通过人的眼睛会聚在视网膜上，于是我们就看到了光的干涉现象

光线 1 和光线 2 的光程差产生于从入射点 A 到波面 BD 之间，从图示的光路图可知，两者之间的光程差为

$$\delta=n_2(|AC|+|CB|)-n_1|AD|$$

此外，还应当考虑半波损失对干涉产生的影响.光是一种电磁波，它和机械波一样在两种不同介质的表面反射时可能会出现半波损失.假设入射光所在的介质折射率为 n_1，折射光所在介质的折射率为 n_2，则：

(1) 当 $n_1<n_2$ 时，反射光在两种介质的分界面上会出现相位 π 的突变，从而产生半波损失；

(2) 当 $n_1>n_2$ 时，反射光在两种介质的分界面上不会出现半波损失.

以此分析上述薄膜干涉问题可以得出结论：在薄膜上表面反射的光线 1 存在半波损失，而在薄膜下表面反射的光线 2 则不存在半波损失.考虑到光线 1 在反射中损失了半个波长，因此在光程上要减去$\dfrac{\lambda}{2}$，于是以上问题中的光程差可表示为

$$\delta=n_2(|AC|+|CB|)-\left(n_1|AD|-\frac{\lambda}{2}\right)$$

或

$$\delta=n_2(|AC|+|CB|)-n_1|AD|+\frac{\lambda}{2} \tag{12-11}$$

其中

$$|AC|=|CB|=\frac{d}{\cos r}$$

$$|AD|=|AB|\sin i=2d\tan r\sin i$$

把$|AC|$、$|CB|$和$|AD|$代入式(12-11)可得

$$\delta=\frac{2n_2d}{\cos r}-2dn_1\tan r\sin i+\frac{\lambda}{2}$$
$$=\frac{2d}{\cos r}(n_2-n_1\sin r\sin i)+\frac{\lambda}{2}$$

根据折射定律,有 $n_1\sin i=n_2\sin r$.代入上式,可得

$$\delta=\frac{2n_2d}{\cos r}(1-\sin^2 r)+\frac{\lambda}{2}$$

因为 $\cos r=\sqrt{1-\sin^2 r}$,所以上式可表示为

$$\delta=2d\sqrt{n_2^2-n_2^2\sin^2 r}+\frac{\lambda}{2}=2d\sqrt{n_2^2-n_1^2\sin^2 i}+\frac{\lambda}{2}$$

于是得到反射光干涉加强的条件为

$$\delta=2d\sqrt{n_2^2-n_1^2\sin^2 i}+\frac{\lambda}{2}=k\lambda\quad(k=1,2,\cdots)\tag{12-12}$$

反射光干涉减弱的条件为

$$\delta=2d\sqrt{n_2^2-n_1^2\sin^2 i}+\frac{\lambda}{2}=(2k+1)\frac{\lambda}{2}\quad(k=0,1,2,\cdots)\tag{12-13}$$

由式(12-12)和式(12-13)可知,对于厚度均匀的薄膜,光程差取决于光的入射角 i.一个入射角对应于某一个确定的条纹级 k.因此在光源 S 上所有点发出的光线中,具有相同入射角的光线,其反射光的干涉点构成了同一级条纹;不同入射角的光线,其反射光的干涉点构成了不同的条纹,我们把这种干涉称为**等倾干涉**(equal inclination interference).

除了薄膜的反射光干涉以外,透射光也可以产生干涉.用同样的分析方法,从图 12-13 中不难看出,光线 3 和光线 4 的光程差为

$$\delta=2d\sqrt{n_2^2-n_1^2\sin^2 i}\tag{12-14}$$

这里没有考虑半波损失的影响,读者可以思考一下这是为什么.

图 12-13　透射光的薄膜干涉

图 12-14(a)是一个观察等倾干涉条纹的实验装置.图中 MN 是与透镜主光轴成 45°角的半透明半反射的平面镜,光源 S 发出的光透过平面镜后入射到薄膜 PQ 上,经薄膜上下两个表层的反射又返回到平面镜 MN,其中一部分光反射,经凸透镜 L 会聚在屏幕上.从光源 S 上的一个发光点沿同一圆锥面发射的光均以同一个倾角入射到薄膜上,并在屏幕上呈现一个圆环形干涉条纹,见动画:等倾干涉(不同入射角).由于一个发光点发出的光可以沿各个方向,可以构成许多个圆锥面,因此可以形成一组**干涉环**.由于方向相同的平行光线将被透镜会聚到焦平面上的同一个点,而与光线从何而来无关,因此由光源 S 上不同

动画　等倾干涉(不同入射角)

的点发出的光线，凡是有相同倾角的，它们形成的干涉条纹都重叠在一起，见动画：等倾干涉（同一入射角）。所以 S 如果是扩展光源的话，将会得到比较明亮的干涉环条纹，如图 12-14(b) 所示.

动画　等倾干涉（同一入射角）

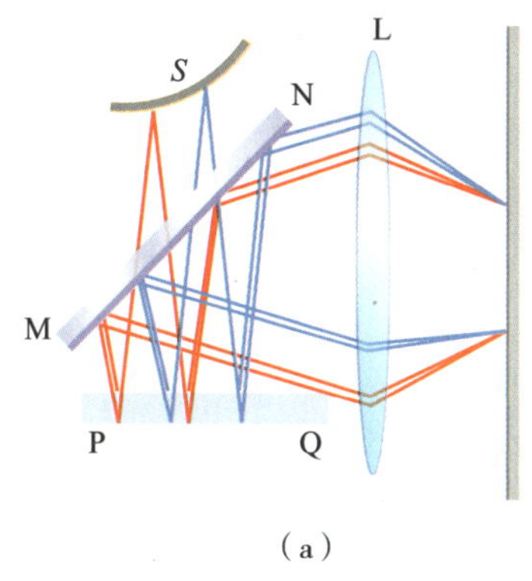

(a)

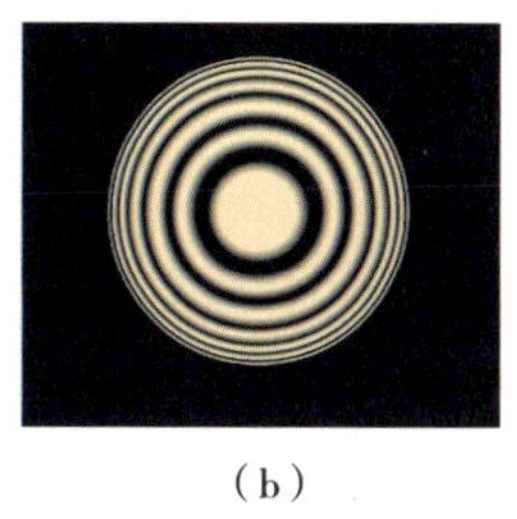

(b)

图 12-14　等倾干涉的实验装置以及干涉条纹

例 12-3

用波长为 550 nm 的黄绿光照射到一肥皂膜上，沿与膜面成 60°角的方向观察到膜面最亮，如图 12-15 所示. 已知肥皂膜折射率为 1.33，问此膜至少为多厚？若改为垂直观察，求能够使此膜最亮的光波长.

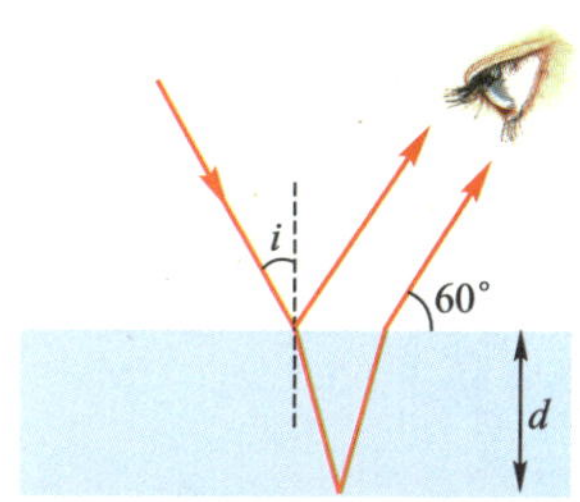

图 12-15　例 12-3 用图

解　空气折射率 $n_1 \approx 1$，肥皂膜折射率 $n_2 = 1.33$. 由题意可知，入射光的入射角为 $i = 30°$，反射光加强应满足条件

$$\delta = 2d\sqrt{n_2^2 - n_1^2 \sin^2 i} + \frac{\lambda}{2} = k\lambda$$

解得

$$d = \frac{k\lambda - \dfrac{\lambda}{2}}{2\sqrt{n_2^2 - n_1^2 \sin^2 i}}$$

取 $k = 1$，得到肥皂膜的最小厚度为

$$d = \frac{\lambda}{4\sqrt{n_2^2 - n_1^2 \sin^2 i}} = \frac{550\times10^{-9}}{4\sqrt{1.33^2 - 1^2 \sin^2 30°}}\ \mathrm{m} = 1.12\times10^{-7}\ \mathrm{m}$$

若将光改为垂直入射，且观察到膜最亮，则也应满足干涉加强的条件

$$\delta = 2n_2 d + \frac{\lambda}{2} = k\lambda$$

得

$$\lambda = \frac{2n_2 d}{k - \dfrac{1}{2}}$$

取 $k = 1$，得到 $\lambda_1 = 595.8$ nm；$k = 2$，得到 $\lambda_2 = 198.6$ nm（不是可见光）. 因此，垂直观察时，波长 $\lambda = 595.8$ nm 的光最亮.

例 12-4

平面单色光垂直照射在厚度均匀的油膜上，油膜覆盖在玻璃板上，如图 12-16 所示. 如果所用光源的波长连续可调，在调节入射光波长的过程中发现 500 nm 和 700 nm 这两个波长在反射光中没有出现. 设油膜的折射率为1.30，玻璃的折射率为 1.50，求油膜的厚度.

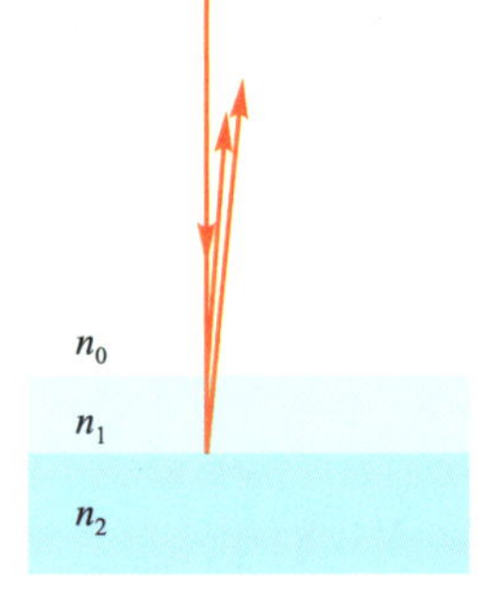

图 12-16 例 12-4 用图

解 已知空气折射率 $n_0 \approx 1$，油膜折射率 $n_1 = 1.30$，玻璃折射率 $n_2 = 1.50$，$\lambda_1 = 500$ nm，$\lambda_2 = 700$ nm.

两束反射光的光程差产生于油膜之中. 因为 $n_0 < n_1 < n_2$，所以油膜上下两表层都存在半波损失，两反射光线的光程都要附加一项 $\lambda/2$. 但在计算两反射光的光程差时，附加项 $\lambda/2$ 相互抵消，因此光程差为 $2n_1 d$.

由于光源连续可调，调节过程中在 500 nm 和 700 nm 之间没有出现其他的干涉相消波长，因此，两波长所对应的干涉级只能相差一级.

$$2n_1 d = (2k+1)\frac{\lambda_1}{2}$$

$$2n_1 d = [2(k-1)+1]\frac{\lambda_2}{2}$$

比较以上两式，得

$$(2k+1)\frac{\lambda_1}{2} = (2k-1)\frac{\lambda_2}{2}$$

$$(2k+1)\frac{500\times10^{-9}}{2}\ \text{m} = (2k-1)\frac{700\times10^{-9}}{2}\ \text{m}$$

解得 $k=3$. 于是可算得油膜的厚度为

$$d = \frac{(2k+1)\lambda_1}{4n_1} = \frac{(2\times3+1)\times500\times10^{-9}}{4\times1.30}\ \text{m} = 6.73\times10^{-7}\ \text{m}$$

油膜厚度为 673 nm.

当下，薄膜干涉这项技术已经应用在生活实际和科学技术领域的各个方面。比如当我们拿出相机，打开镜盖时会发现镜头总是呈蓝紫色，并且略带一点红，这是为什么呢？原来，在照相机的镜头上镀了一层膜，称为**增透膜**，以增加镜头的透光量. 其实，不仅仅是照相机，许多质量较好的光学仪器的镜头上都镀有增透膜.

现代光学仪器中的光学系统都比较复杂，为了消除各种像差和畸变，提高成像质量，光学系统一般都由多个透镜组合而成. 对于普通的六片透镜组成的光学系统而言，由于光能量的反射损失就可以达到整个入射光能量的一半左右. 此外，光在各透镜表面上的反射还会造成杂散光，影响成像质量. 怎样才能减少由反射光造成的这些影响呢？人们利用薄膜干涉原理使反射光干涉相消，从而既减少了杂散光又增加了透光量.

图 12-17 增透膜利用薄膜干涉原理，使反射干涉相消，从而增加了光的透射能量

一般可以在玻璃透镜的表面覆盖一层氟化镁（MgF_2）透明薄膜，其折射率为 $n_1 = 1.38$，而空气折射率 $n_0 \approx 1$，玻璃折射率 $n_2 = 1.50$，即 $n_0 < n_1 < n_2$，如图 12-17 所示.

根据反射光干涉相消的条件，假定光垂直入射（这也近似于通常的实际情形），则根据薄膜反射光相消的干涉条件，有

$$2n_1d=(2k+1)\frac{\lambda}{2}$$

从而得出薄膜的厚度为

$$d=\frac{(2k+1)\lambda}{4n_1} \tag{12-15}$$

由上式可知，干涉结果与入射光的波长 λ 有关.我们知道白光是一种复色光，含有各种波长成分.对于一般的光学仪器（如照相机）而言，通常选择人眼最敏感的波长 $\lambda_0=550$ nm（黄绿色光）作为反射光消除的对象，取 $k=0$，即可以计算出最薄的增透膜厚度 $d=99.6$ nm.

由于在 550 nm 附近的反射光都消失了或削弱了，而远离此波长的红光和紫光仍有一定的反射光，因此镜头表面就呈现蓝紫带红的颜色.

按照同样的思路，也可以使光学元件表面镀膜，增加反射光能量.这种膜就叫**增反膜**.通常膜介质是 $n=2.35$ 的硫化锌（ZnS），在白光照射下，增反膜呈现出全亮的光泽.有些太阳镜的镜片就是这样处理的.

12-3-2 等厚干涉

等厚干涉（equal thickness interference）与等倾干涉虽说都是薄膜干涉，但却有所不同.等倾干涉条纹是扩展光源上的各个发光点沿各个方向入射在均匀厚度的薄膜上产生的条纹；而等厚干涉条纹则是由同一方向的入射光在厚度不均匀的薄膜上产生的干涉条纹.

1. 劈形膜干涉

两块长为 L 的平板玻璃片，一端相互接触，另一端用直径为 d 的小钢珠（或细丝）夹在两玻璃片之间，这样就形成了一层劈形状的空气薄膜，称为**劈形空气膜**，如图 12-18（a）所示.两玻璃片之间也可以充以其他折射率为 n 的透明介质，形成不同材料的劈形膜.现有一束平行光垂直照射在劈形膜上，光线分别在劈形膜的上、下两个表层反射，反射光相互干涉，于是我们就看到了明暗相间的干涉条纹.

以下，我们来分析一下劈形膜干涉条纹形成的规律.一束平行光垂直照射在劈形膜上（一般 θ 非常小，因此可以近似认为光线既垂直于劈形膜的上表面，又垂直于下表面）.考察其中的某一条入射光线，分别在薄膜上、下两个表面反射，两反射点之间的厚度为 d.设玻璃片的折射率为 n_1，空气膜的折射率为 $n(n<n_1)$，如图 12-18（b）所示.注意到光线在薄膜的上表层反射不存在半波损失，而在下表层反射存在半波损失，因此两反射光相互干涉产生明纹的

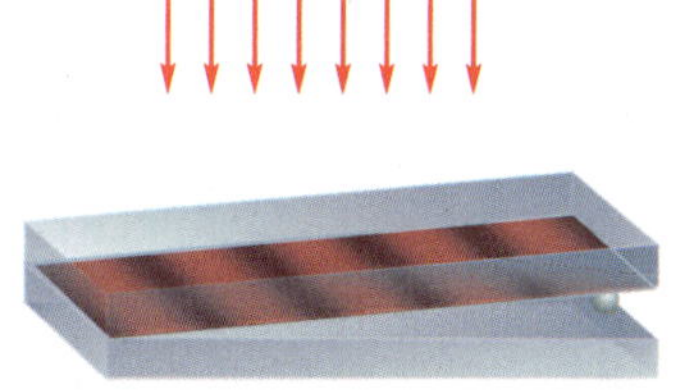

（a）入射光垂直照射在劈形膜上，形成干涉条纹

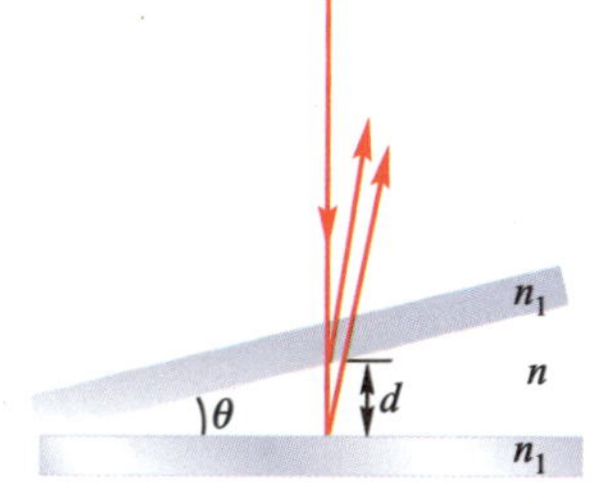

（b）入射光在劈形膜的上下两表层反射，两反射点之间的厚度为 d，反射光的光程差为 $2nd$

图 12-18 劈形膜干涉

条件为

$$2nd+\frac{\lambda}{2}=k\lambda \quad (k=1,2,3,\cdots) \tag{12-16}$$

产生暗条纹的条件为

$$2nd+\frac{\lambda}{2}=(2k+1)\frac{\lambda}{2} \quad (k=0,1,2,\cdots) \tag{12-17}$$

式中的 k 为对应的条纹级数.从以上两式可以看出,每一个 k 值对应于一个确定的厚度值 d,我们把这样的干涉条纹称为**等厚干涉条纹**(equal thickness interference fringe).

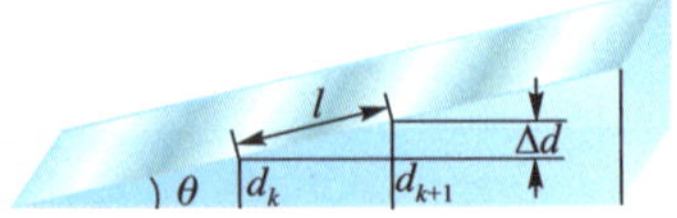

图 12-19 折射率为 n 的介质劈形膜,其相邻两条干涉条纹所对应的高度之差为$\frac{\lambda}{2n}$;对于劈形空气膜则近似为$\frac{\lambda}{2}$

动画 劈尖干涉,调节劈尖顶角,厚度以及入射光波长,观察干涉条纹的变化(横屏观看)

由于劈形膜的等厚线是一组平行于棱边的直线,因此劈形膜的干涉条纹是一组与棱边平行的明暗相间的直线条纹,如图 12-19 所示.在棱边($d=0$)处,两条反射光线的光程差仅取决于由于半波损失而产生的附加光程差$\frac{\lambda}{2}$,所以在棱边处出现零级暗条纹.随着 d 的增加依次是一级明纹、一级暗纹、二级明纹、二级暗纹……

由式(12-16)或式(12-17)不难得到相邻两条明纹(或暗纹)所对应的薄膜厚度之差 Δd.设第 k 级明纹处膜的厚度为 d_k,第 $k+1$ 级明纹处膜的厚度为 d_{k+1},则有

$$\Delta d=d_{k+1}-d_k=\frac{\lambda}{2n} \tag{12-18}$$

由于劈形膜的夹角 θ 一般非常小,由图 12-19 可知,相邻两条明纹(或暗纹)的间距为

$$l=\frac{\lambda}{2n\sin\theta}\approx\frac{\lambda}{2n\theta} \tag{12-19}$$

从上式可知,对于一定波长的入射光,条纹间距与 θ 角成反比,劈形膜夹角 θ 越小,条纹分布越疏,反之,θ 越大,则条纹分布越密.如果夹角 θ 不变,条纹间距与波长 λ 成正比.由此可知,如果用白光照射,劈形膜上的每一级明纹将呈现彩色条纹.

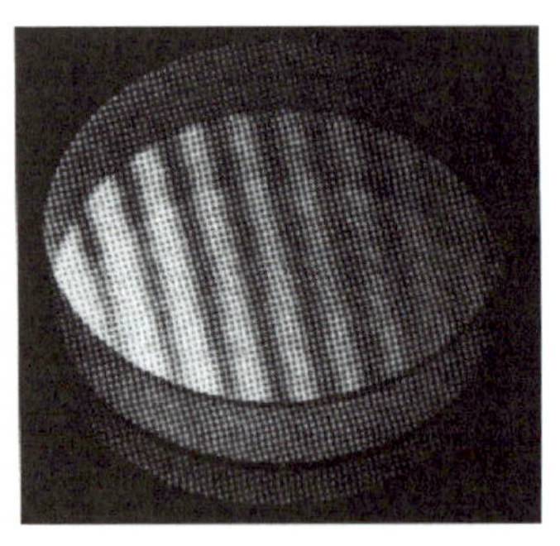

(a) 工件表面平整

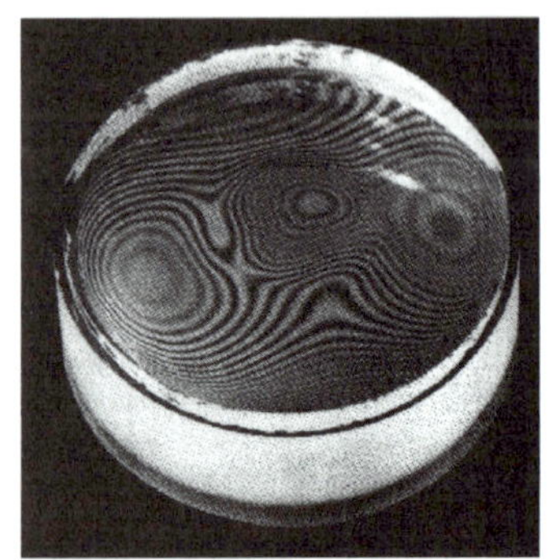

(b) 工件表面凹凸不平

图 12-20 利用等厚干涉原理检测工件表面平整度

运用劈形膜的等厚干涉原理,可以检测物体表面的平整度.取一块光学平面的玻璃片(称为**平晶**),放在待检测工件(玻璃片或者金属磨光面)的表面上方,在平晶与工件表面间形成劈形空气膜,然后用单色光垂直照射,观察干涉条纹.从等厚干涉的特点可知,每一条条纹对应于薄膜中的一条等高线.如果工件表面是非常平整的,那么等厚条纹应该是平行于棱边的一组平行线,如图 12-20(a)所示;如果工件表面不平整(肉眼不一定能看出),则等厚条纹就应该是随着工件表面凹凸的分布而出现的一组形状各异的曲线,如图 12-20(b)所示.

2. 牛顿环

如图 12-21 所示，将一块半径为 R 的平凸透镜，放在一块光学平面玻璃片上，这样在透镜与玻璃片之间就形成了一层空气膜. 由于平凸透镜与玻璃片之间的等高线是一组以接触点为圆心的圆环，因此，当一束平行单色光垂直照射在透镜上时，就会出现一组环形等厚干涉条纹. 早年，牛顿在从事他的光学研究时发现了这一现象，因此后人把这样的干涉圆环称为**牛顿环**(Newton's rings).

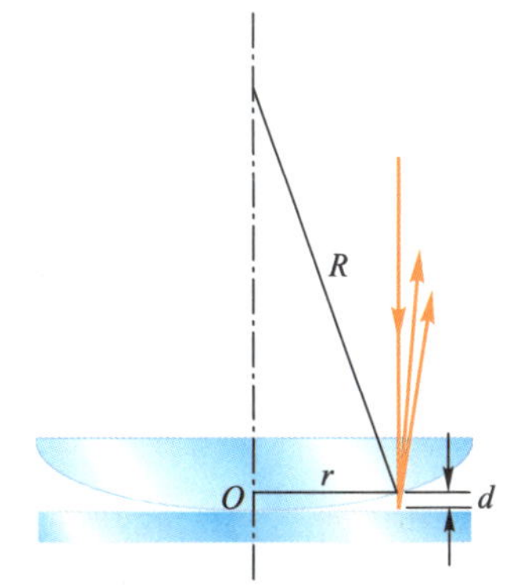

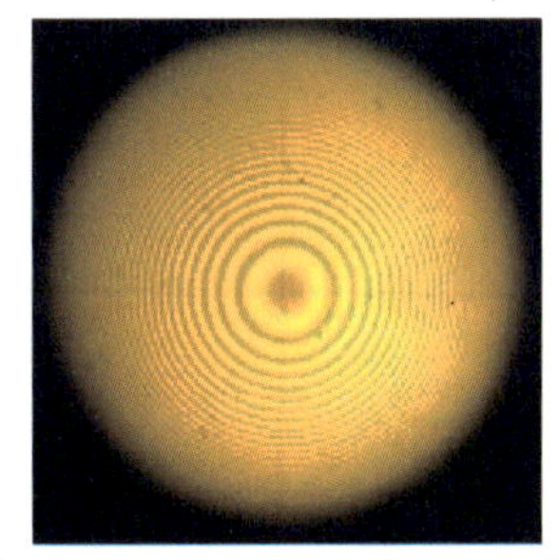

图 12-21 牛顿环

设玻璃的折射率为 n_1，空气的折射率为 $n(n<n_1)$，平行光垂直于透镜表面入射. 其中某一条入射光线在空气膜的上下两个表面反射，该处膜的厚度为 d. 考虑到在膜的下表层反射存在半波损失，因此两条反射光线的光程差为

$$\delta=2nd+\frac{\lambda}{2}$$

干涉加强的条件为

$$2nd+\frac{\lambda}{2}=k\lambda \quad (k=1,2,3,\cdots) \quad 明环 \tag{12-20}$$

干涉减弱的条件为

$$2nd+\frac{\lambda}{2}=(2k+1)\frac{\lambda}{2} \quad (k=0,1,2,\cdots) \quad 暗环 \tag{12-21}$$

在环心 O 点处，空气膜的厚度为零，光程差取决于半波损失，因此牛顿环的中心是一个暗点.

由图 12-21 可知，环半径 r 与透镜的曲率半径 R 的几何关系为

$$r^2=R^2-(R-d)^2=2Rd-d^2$$

因为 $R\gg d$，所以可以忽略高阶小量 d^2，由此可得

$$r^2\approx 2Rd$$

也即

$$d\approx\frac{r^2}{2R}$$

将上式代入式(12-20)和式(12-21)，可以分别得到明环和暗环的半径：

$$r=\sqrt{\frac{(2k-1)R\lambda}{2n}} \quad (k=1,2,3,\cdots) \quad 明环 \tag{12-22}$$

$$r=\sqrt{\frac{kR\lambda}{n}} \quad (k=0,1,2,\cdots) \quad 暗环 \tag{12-23}$$

动画 牛顿环，调节空气膜厚度，调节透镜曲率半径，观察牛顿环的变化(横屏观看)

在光学元件的生产中，常用牛顿环来检测透镜的质量. 图 12-22 是望远镜的物镜在研磨制作过程中的一张检测照片. 下面直径较大、较厚的，是一块经过精密加工和测定的标准原模，上面放着一块待测透镜，透镜上的条纹正是一组牛顿环. 照片中的环纹密集，且并非圆形，说明透镜加工精度不高.

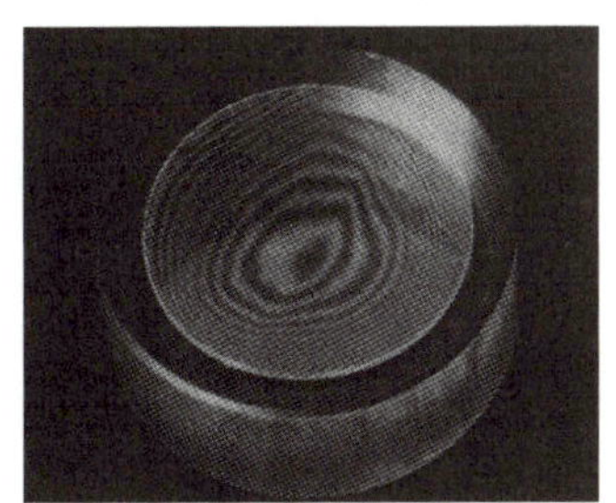

图 12-22 望远镜目镜在制作过程中的检测

例 12-5

在半导体的光刻工艺中，需要预先在硅片上镀一层二氧化硅（SiO_2）薄膜．为了测量膜的厚度，可以把二氧化硅加工成劈形膜形状，如图 12-23 所示．已知二氧化硅的折射率为 n，劈形膜的长度为 L，用波长为 λ 的单色光垂直照射．结果，在显微镜下读出有 N 条干涉条纹．试问薄膜的厚度是多少？

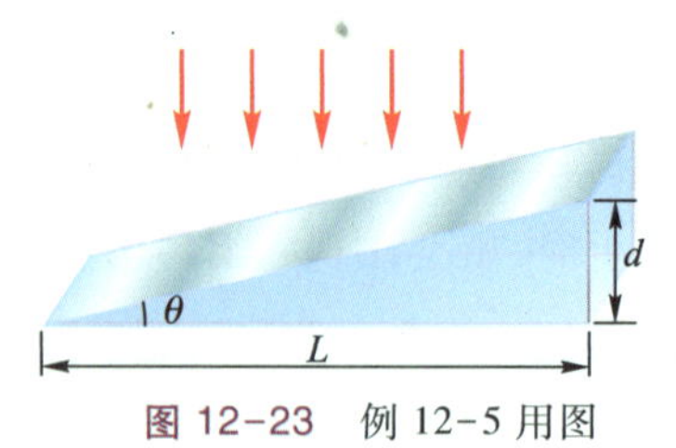

图 12-23 例 12-5 用图

解 相邻两条条纹的间距 l 满足关系式

$$l\sin\theta=\frac{\lambda}{2n}$$

由图 12-23 中的几何关系可得

$$\tan\theta=\frac{d}{L}$$

因为 θ 非常小，所以 $\sin\theta\approx\tan\theta$，即

$$l\cdot\frac{d}{L}=\frac{\lambda}{2n}$$

因为条纹数 $N=\dfrac{L}{l}$，则薄膜的厚度为

$$d=\frac{\lambda}{2n}\cdot\frac{L}{l}=\frac{\lambda}{2n}\cdot N$$

在测量时，只要数出条纹数，就可以算出膜的厚度．

（a）

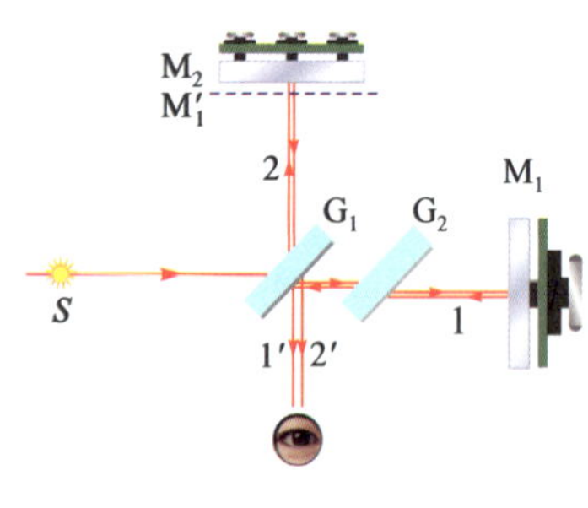

（b）

图 12-24

动画 迈克耳孙干涉仪

12-3-3 迈克耳孙干涉仪

迈克耳孙干涉仪（Michelson interferometer）是根据光的干涉原理制成的精密测量仪器，一个世纪以前，它为狭义相对论的确立提供了关键性的实验依据．今天，迈克耳孙干涉仪广泛用于光的波长测量以及对微小长度的精密测量．

图 12-24（a）是迈克耳孙干涉仪的实物照片，图 12-24（b）则是其光路示意图．M_1 和 M_2 是一对互相垂直的精密抛光平面反射镜，M_2 固定不动，M_1 可以通过螺旋手柄调节，使其能在垂直于镜面 M_1 的导轨上作微小的平移．G_1 和 G_2 是两块材料相同、厚度相同的平板玻璃片，与 M_1 和 M_2 成 45°角放置．两块反射镜到玻璃片 G_1 的距离称为干涉仪的**臂**，两条臂长几乎相等．G_1 表面镀有半透明银膜，起到分光的作用．来自光源 S 的光线入射到分光板 G_1 上一半被反射，一半透射，分成光线 1 和光线 2 两部分．两条光线分别垂直入射到平面反射镜 M_1 和 M_2 上．经 M_2 反射的光线 2 回到分光板后一部分透射成为光线 2′；光线 1 经 M_1 反射后再经分光板 G_1 的反射，成为光线 1′．光线 1′和光线 2′相干叠加，我们就可以看到干涉条纹．

放置玻璃片 G_2 的目的是起补偿光程的作用，使光线 1 和光线 2 都分别三次通过厚度相等的玻璃片，从而不至于引起太大的光程差（光程差太大会引起两束光重新汇聚后不同波列的叠加，以至不能满足干涉条件），因此 G_2 叫做**补偿玻璃片**．

对于观察者来说，M_2 是透过 G_1 而被直接看到的实物，而 M_1 则经过 G_1 的反射形成了与 M_2 平行的虚像 M_1'. 来自 M_1 的反射光 1′ 相当于出自它的虚像 M_1'，因此两束反射光就如同由 M_1' 和 M_2 之间的空气膜产生的一样. 当 M_1 和 M_2 相互严格垂直时，M_1' 和 M_2 之间形成厚度均匀的空气膜，这时可以看到等倾干涉条纹，如图 12-25 所示；当 M_1 和 M_2 相互不严格垂直时，M_1' 和 M_2 之间形成劈形空气膜，这时可以看到等厚干涉条纹，如图 12-26 所示.

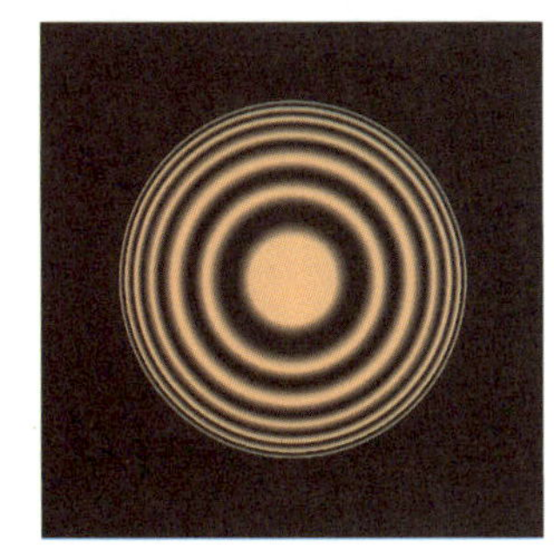

图 12-25 当 M_1 和 M_2 严格垂直时，在迈克耳孙干涉仪的视场中出现等倾干涉条纹

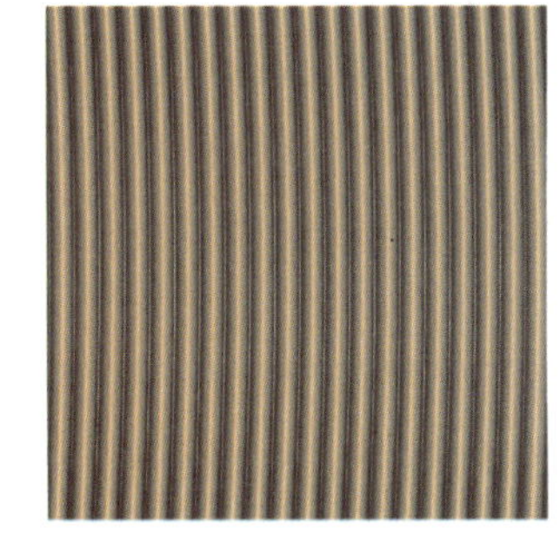

图 12-26 当 M_1 和 M_2 不严格垂直时，在迈克耳孙干涉仪的视场中出现等厚干涉条纹

利用迈克耳孙干涉仪可以测量光的波长.

调整干涉仪的两块镜片 M_1 和 M_2 的相对位置，以至能观察到干涉条纹. 然后转动手轮，使平面镜 M_1 在导轨上产生平移. 当 M_1 移动 $\lambda/2$ 距离时，在该条臂上的光程（入射和反射）将改变一个波长 λ，这时在视场中就会出现一条条纹的移动（如果是等倾干涉，视场中心会冒出一个环纹或缩进一个环纹；如果是等厚干涉，则有一条条纹在视场中移过）. 如果视场中有 N 条条纹的变化，则平面镜 M_1 移动的距离为

$$d=N\frac{\lambda}{2} \tag{12-24}$$

由此看来，只要测出 M_1 移动的距离 d 以及条纹变化的数目 N，就可以测出入射光的波长 λ. 利用迈克耳孙干涉仪也可以进行微长度的测量，见以下例题.

例 12-6

当把折射率为 $n=1.40$ 的透明薄膜插入迈克耳孙干涉仪的一臂，发现引起了 7.0 条干涉条纹的移动，求薄膜的厚度.（已知所用钠光的波长为 589.3 nm.）

解 设薄膜的厚度为 d，在插入薄膜的前后，光程差的改变量为

$$\Delta\delta=2(n-1)d$$

由于引起了 7.0 条条纹的移动，因此光程差的改变量应等于 7.0λ，即满足关系式

$$\Delta\delta=2(n-1)d=7.0\lambda$$

解得

$$d=\frac{7.0\lambda}{2(n-1)}$$

$$=\frac{7.0\times589.3\times10^{-9}}{2\times(1.40-1)}\ \mathrm{m}=5.156\times10^{-6}\ \mathrm{m}$$

12-4 光的衍射

在上册的 4-8-4 节中讨论了机械波的衍射现象. 人们都熟悉这样一个成语，叫做“隔墙有耳”. 但是我们是否想过，屋内隐秘的说话声怎么就会传到墙外呢？难道声音真的可以穿透厚厚的墙体吗？其实不然. 穿越墙体的声音能量极其微小，实际是声音绕过了墙体，即声波在墙壁的拐角处，在门窗的边缘处拐了

弯.这就是机械波的衍射.事实上衍射是一切波动所具有的共同特性.

12-4-1　光的衍射现象

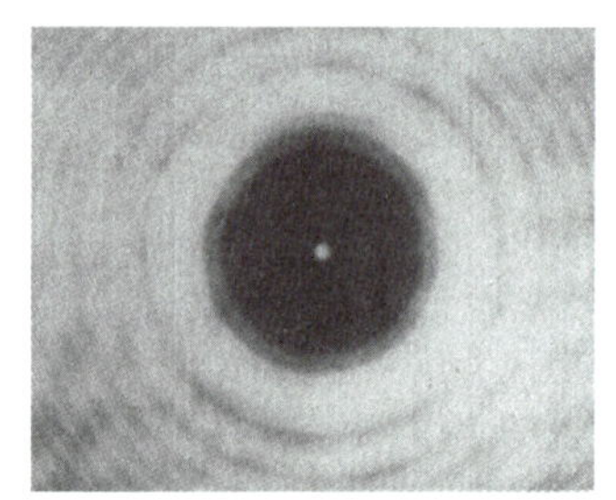

图 12-27　小球的衍射图样

生活中我们可以看到水波的衍射,也可以感觉到声波的衍射,但是却很难看到光的衍射现象.这是因为只有当障碍物的大小与波动的波长可以相比拟的时候才会产生较明显的衍射现象,然而可见光的波长数量级仅为 10^{-7}m,远比一般障碍物小得多,所以生活中很难发现.然而在实验室中,我们还是能够看到光的衍射现象的.图 12-27 是一束单色光在遇到一颗小钢珠时在其背后屏幕上出现的一幅衍射图样.从照片上看,无论是在几何阴影里面还是外面都存在明暗相间的衍射条纹,尤其是在钢珠的几何阴影中心出现了一个光斑.我们无法凭经验来理解这样一个事实,关于这个光斑还有一段很有意思的科学佳话.

19 世纪初,牛顿关于光的微粒说在整个法国科学界占主导地位.当时的菲涅耳还是一名年轻的军事工程师.1814 年,菲涅耳从实验和理论两个方面研究了光的衍射现象,建立了光的波动理论,并于 1816 年向法国科学院递交了一篇论文,在论文中描述了他自己的光学实验,并用他的波动理论对实验进行了解释.

1818 年,法国科学院举行了一次关于光的衍射问题的有奖征文竞赛,竞赛是由牛顿的支持者们组织安排的,目的是要向光的波动说进行挑战.菲涅耳在应征论文中,以其波动理论圆满地解释了光的衍射现象而获得成功.但是牛顿的支持者们并没有因此改变自己的观点,也没有沉默,其中的一位著名数学家——评审委员**泊松**(S.D.Poisson,1781—1840)在经过了严密计算后宣布:"运用菲涅耳理论将导致一个奇怪的结论:由于光的衍射,在不透明小球的几何阴影中心会出现一个亮斑.泊松原本想通过这样一个不可思议的结论来推翻菲涅耳的波动理论.但是事与愿违,另一位评委阿拉戈(D.F.J.Arago,1786—1853)对泊松的理论预言进行了实验验证,结果真地发现了这个光斑.菲涅耳的波动理论获得了成功,法国科学院经过激烈的争论后向他颁发了奖金.于是后人把这样一个光斑称为**菲涅耳斑**(Fresnel spot).

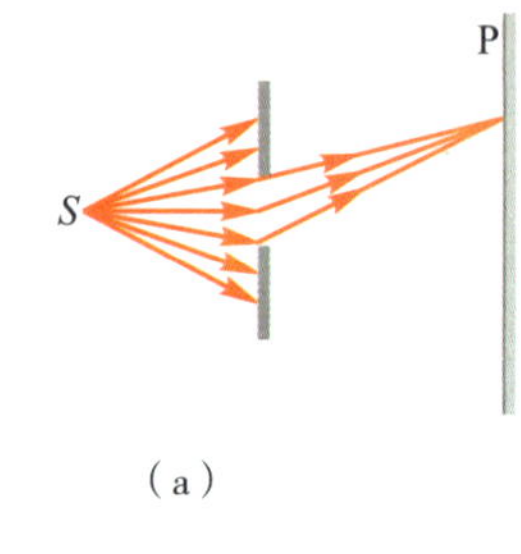

(a)

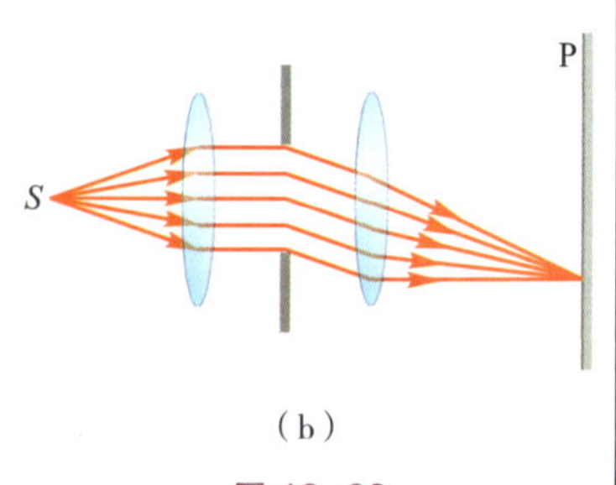

(b)

图 12-28

光的衍射通常可以分为两类,一类是光源或光屏相对于障碍物(小孔、狭缝或其他遮挡物)在有限远处所形成的衍射现象,如图 12-28(a)所示,称为**菲涅耳衍射**(Fresnel diffraction).另一类则是光源和光屏距离障碍物都在足够远处,即认为相对于障碍物的入射光和出射光都是平行光,这类衍射称为**夫琅禾费衍射**(Fraunhofer diffraction).在实验室里,可以利用两个会聚透镜来实现夫琅禾费衍射,如图 12-28(b)所示.为简单起见,以下我们仅对夫琅禾费衍射作详细讨论.

12-4-2　惠更斯-菲涅耳原理

如何解释光的衍射现象? 我们同样可以用惠更斯的子波原理作定性地解

释，这和解释机械波的衍射情况一样.但是对于在光的衍射图样中为什么会出现明暗条纹的分布，惠更斯原理却无能为力.1814 年，菲涅耳根据波的叠加和干涉原理，提出了“子波相干叠加”的概念，对惠更斯原理作了物理性的补充.菲涅耳认为：波前上的各个点都可以看成新的子波波源，它们所发出的子波在空间相干叠加，产生明、暗条纹，空间某一点处光振动的振幅取决于各子光波在该点处的叠加结果.经补充后的惠更斯原理称为**惠更斯-菲涅耳原理**（Huygens-Fresnel principle）.

设波面 S 是光波在某一时刻的波前，$\mathrm{d}S$ 是波前 S 上的任一面积元，如图 12-29 所示.菲涅耳指出：

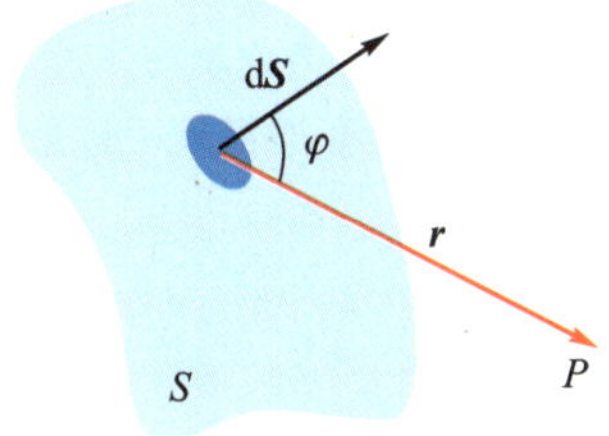

图 12-29 菲涅耳假设图示

（1）从面积元 $\mathrm{d}S$ 发出的子波在空间考察点 P 引起的光振动振幅与 $\mathrm{d}S$ 的面积成正比；与 $\mathrm{d}S$ 到 P 点的距离 r 成反比；

（2）P 点的振幅与位置矢量 $\boldsymbol{r}$ 和 $\mathrm{d}\boldsymbol{S}$ 的法线方向之间的夹角 φ 有关，φ 越大，P 点的振幅越小，当 $\varphi\geqslant\pi/2$时，振幅为零.

（3）子波在 P 点的振动相位取决于 $\mathrm{d}S$ 到 P 点的光程.

如果设 $t=0$ 时，波前 S 的相位为零，则面积元 $\mathrm{d}S$ 在 P 点引起的光振动可表示为

$$\mathrm{d}E=CK(\varphi)\frac{\mathrm{d}S}{r}\cos\left(\omega t-\frac{2\pi nr}{\lambda}\right) \tag{12-25}$$

式中 C 为比例常量，$K(\varphi)$为随 φ 增加而减小的**倾斜因子**，当 $\varphi=0$ 时 $K(\varphi)$ 最大，可取为 1.按惠更斯-菲涅耳原理，P 点的光振动矢量 $\boldsymbol{E}$ 的大小取决于所有子波在 P 点的叠加效果，数学上可表示为

$$E=\int_S\mathrm{d}E=C\int_S\frac{K(\varphi)}{r}\cos\left(\omega t-\frac{2\pi nr}{\lambda}\right)\mathrm{d}S \tag{12-26}$$

上式称为菲涅耳衍射积分公式.一般说来，这个积分很复杂，只有在少数特殊情况下才有解析解.

12-4-3 夫琅禾费单缝衍射

按照几何光学中光的直线传播原理，当一束平行光穿过一条水平狭缝时，在屏幕上应该出现一条形状、大小和狭缝完全一样的光斑，如图 12-30(a) 所示.但是实际上当狭缝变得非常细窄时，我们看到的却是如图 12-30(b) 所示的单缝衍射条纹.平行光穿过狭缝后沿竖直方向展开，中央明条纹比狭缝宽度宽得多，且比较明亮；两侧有明暗相间的条纹分布，但其相对强度明显较弱，且递减很快.一般而言，狭缝越窄，整个衍射图样展开得越宽.

(a)

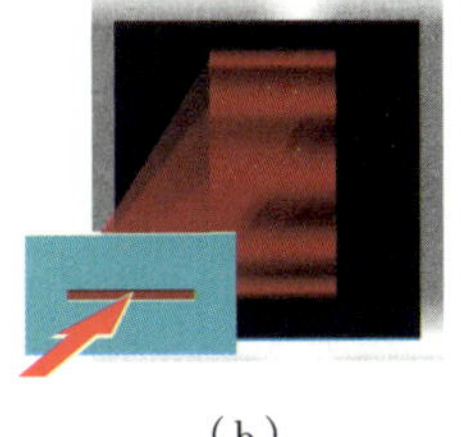

(b)

图 12-30

下面我们根据惠更斯-菲涅耳原理，运用**菲涅耳半波带法**（Fresnel half-wave zone method）来研究单缝衍射的图样.

设一束单色平面光波垂直照射在宽度为 b 的狭缝上，如图 12-31 所示.根

据惠更斯-菲涅耳原理，波前到达狭缝处时，其上的每一点都可以看作子波的波源，这些子波源沿各个方向发出的子波在空间相干叠加，在屏幕上就出现了明暗相间的条纹.我们把子波的某一个传播方向与入射光的前进方向之间的夹角 φ 称为**衍射角**(diffraction angle).

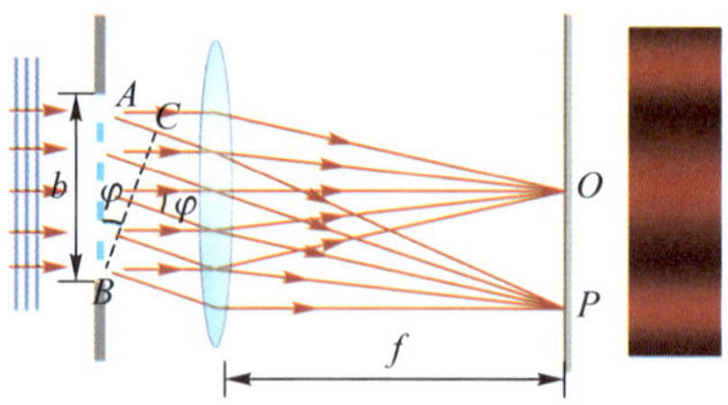

图 12-31 平行光的波前到达狭缝时，波前上的每一点作为子波的波源向前面各个方向发射子波，各子波间的干涉叠加形成了屏幕上的条纹

首先分析沿入射光前进方向($\varphi=0$)的那一束出射光，经透镜会聚于焦点 O 上.由于在狭缝处的波面 AB 上各子波源的振动相位相同，而且透镜又不会引起附加的光程差，因此各子波在到达屏幕上 O 点时的相位相同，以致干涉相长，出现中央明纹.然后再分析沿衍射角 φ 传播的那一束出射光，经透镜会聚于焦平面上的 P 点.显然各光线经历的光程不同，P 点处的明暗取决于各条光线的光程差.从图 12-31 看出，BC 是垂直于各条光线的一个平面，由于透镜不引起附加的光程差，因此从 BC 面上的各点到 P 点的光程相等，显然光程差出现在波面 AB 和 BC 面之间.狭缝边缘出射的两条光线光程差最大，为

$$\delta=AC=AB\sin\varphi=b\sin\varphi$$

菲涅耳把位于狭缝处的波前分为若干个波带，每条波带相当于一个子波源.在衍射角 φ 方向，相邻两波带发出的子波之光程差正好是$\lambda/2$，这样的波带称为**半波带**(half-wave zone)，如图 12-32 所示.显然半波带的个数与衍射角 φ 有关，为

$$N=\frac{b\sin\varphi}{\lambda/2}$$

可见 φ 角越大，半波带个数越多.

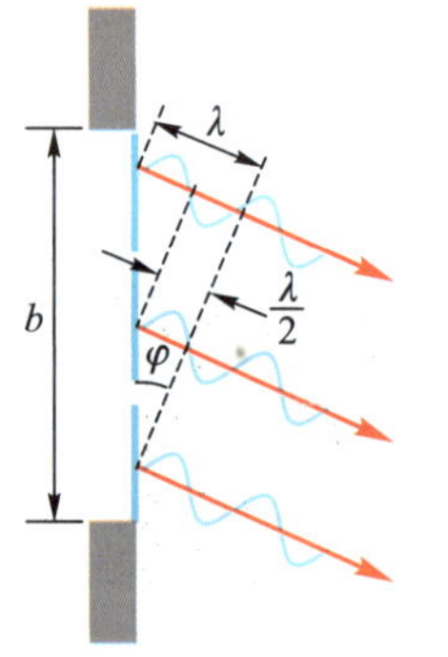

图 12-32 按某个衍射角把狭缝分割成若干个半波带，相邻两波带出射的子波光程差正好是 $\lambda/2$

如果在某个衍射角 φ 方向狭缝正好可以分割为偶数个半波带，那么由于相邻两列子波的光程差为 $\lambda/2$，则它们到达屏幕时正好反相位，因此各波带发出的子波两两相消，屏幕上的 P 处出现暗纹；如果在某个衍射方向狭缝正好可以分割为奇数个半波带，那么由于各相邻子波两两相消，还剩余一个波带发出的子光波照射在屏幕上的 P 点，出现明纹.

根据上述讨论，夫琅禾费单缝衍射条纹的明暗条件为

$$b\sin\varphi=\pm 2k\frac{\lambda}{2}=\pm k\lambda \quad (k=1,2,3,\cdots) \quad 暗纹 \tag{12-27}$$

$$b\sin\varphi=\pm(2k+1)\frac{\lambda}{2} \quad (k=1,2,3,\cdots) \quad 明纹 \tag{12-28}$$

式中 k 为衍射级，分别称为一级暗纹(明纹)、二级暗纹(明纹)……

由以上两式可知，衍射图样与狭缝的宽度有关.对于波长 λ 确定的单色光来说，缝宽 b 越小，衍射角 φ 越大，衍射越显著；缝宽 b 越大，φ 越小，衍射越不

明显；当 $b\gg\lambda$ 时，各级衍射条纹向中央靠拢，只显示一条亮纹，这就转换为几何光学的问题了．所以，**几何光学是波动光学在 $\lambda/b\to 0$ 时的极限情况**．

如果用白光作为光源，由式(12-28)可知，对于同一级条纹，不同的波长 λ 有不同的衍射角 φ．除中央明纹因各色光重叠在一起仍然为白光外，其他各级条纹均出现彩色图样．

当 $\varphi=0$ 时，各子波的光程差为零，这就是中央明纹（或零级明纹），该处的光强最大，整个中央明纹约占总出射光能的 85%．周围的明纹强度相对较弱，并且随着条纹级数的增加，衰减很快，如图 12-33 所示．从菲涅耳理论不难理解这一现象．随着条纹级数 k 的增加，对应的衍射角 φ 变大，由此引起半波带个数 N 增加，每条波带的面积减小，因此当各相邻子波叠加两两相消后，剩余一个波带发出的光强就很小．

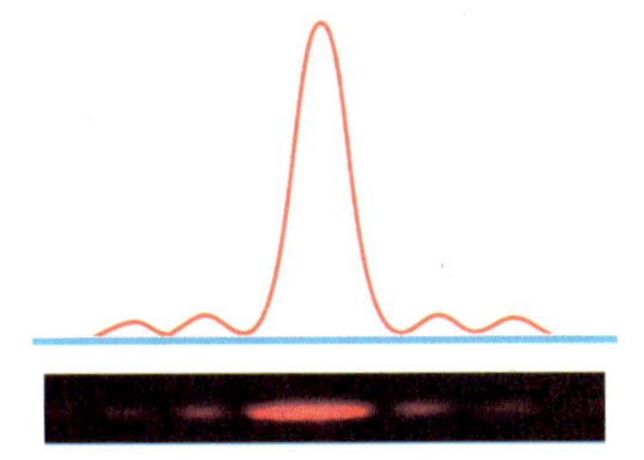

图 12-33 单缝衍射图样，中央明纹亮而宽，周围条纹随着级数增加，亮度迅速递减

两个一级暗纹中心之间的距离定义为中央明纹的宽度，我们不难求出其宽度值．由式(12-27)可确定两个一级暗纹对应的衍射角 φ 为

$$\varphi\approx\sin\varphi=\pm\frac{\lambda}{b}$$

通常情况下衍射角非常小，因此有 $\varphi\approx\sin\varphi$．从图 12-34 可知，中央明纹的角宽度为

$$\theta_0=2\varphi=2\frac{\lambda}{b} \tag{12-29}$$

中央明纹的线宽度为

$$l_0\approx 2\varphi f=2f\frac{\lambda}{b} \tag{12-30}$$

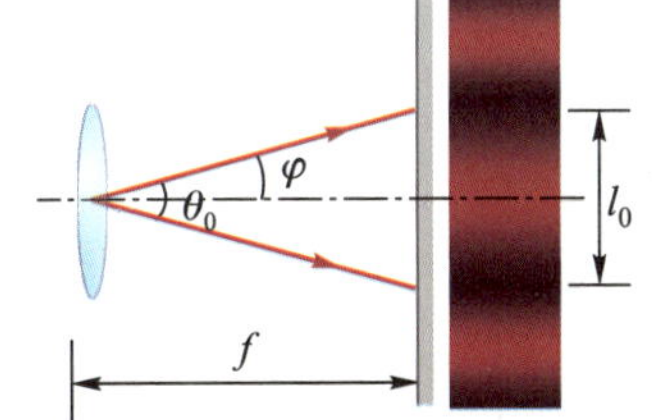

图 12-34 单缝衍射中央亮纹的角宽度和线宽度

从以上分析可知，光的衍射和干涉并不存在本质上的区别，两者都是相干波的叠加．

例 12-7

波长为 550 nm 的单色平行光，垂直照射到宽度为 0.5 mm 的单缝上，在缝后放一焦距 $f=50$ cm 的凸透镜，在屏上求：(1) 中央明纹的宽度；(2) 第一级明纹的位置．

解 (1) 由式(12-27)，一级暗纹的衍射角为

$$\varphi\approx\sin\varphi=\pm\frac{\lambda}{b}$$

第一级暗纹在屏幕上的坐标位置为

$$x_0=f\tan\varphi\approx f\varphi=f\frac{\lambda}{b}$$

中央明纹的宽度为

$$l_0=2x_0=2f\frac{\lambda}{b}$$

$$=2\times0.5\times\frac{550\times10^{-9}}{0.5\times10^{-3}}\ \text{m}$$

$$=1.10\times10^{-3}\ \text{m}=1.10\ \text{mm}$$

（2）由式(12-28)，第一级明纹满足关系式

$$\varphi \approx \sin\varphi = \pm\frac{3\lambda}{2b}$$

以中央明纹中心为坐标原点，则第一级明纹在屏幕上原点两侧的坐标位置为

$$x_1 = \pm f\tan\varphi \approx \pm f\varphi = \pm f\frac{3\lambda}{2b}$$

$$= \pm 0.5\times\frac{3\times 550\times 10^{-9}}{2\times 0.5\times 10^{-3}}\ \text{m}$$

$$= \pm 0.825\times 10^{-3}\ \text{m} = \pm 0.825\ \text{mm}$$

☆12-4-4 单缝衍射的光强分布

运用惠更斯-菲涅耳原理，把缝宽为 b 的狭缝分为 N 个波带，每个波带就相当于一个子波源，我们考察 φ 方向屏幕上 P 处，如图 12-31 所示.设来自各波带的子光波到达 P 点时的光振动所对应的旋转矢量分别为 $\boldsymbol{E}_1,\boldsymbol{E}_2,\cdots,\boldsymbol{E}_N$.因为波带等宽度，所以有 $E_1=E_2=\cdots=E_N=E_0$.P 点的光强取决于合振动的振幅 E.

合振动矢量 $\boldsymbol{E}$ 与各分振动矢量的关系如图 12-35(a)所示，$\Delta\alpha$ 为相邻两光振动的相位差.分别作 $\boldsymbol{E}_1$ 和 $\boldsymbol{E}_2$ 的垂直平分线，相交于 C 点，对 C 点的张角为 $\Delta\alpha$，从图中的几何关系分析，$\angle OCB=\Delta\alpha$，且 $CO=CB=\cdots=R$，合振动矢量 $\boldsymbol{E}$ 对 C 点的张角为 $\angle OCP=N\Delta\alpha$.合振动振幅为

$$E = 2R\sin\left(\frac{N\Delta\alpha}{2}\right)$$

各分振动振幅为

$$E_0 = 2R\sin\left(\frac{\Delta\alpha}{2}\right)$$

两式左右两边分别相除，可得合振动的振幅为

$$E = E_0\frac{\sin\left(\frac{N\Delta\alpha}{2}\right)}{\sin\left(\frac{\Delta\alpha}{2}\right)}$$

对于衍射角为 φ 的屏上 P 点处，任意两相邻子光波的光程差都是 $\delta=\frac{b}{N}\sin\varphi$，如图 12-35(b)所示，相应的相位差为 $\Delta\alpha=\frac{2\pi}{\lambda}\delta=\frac{2\pi}{\lambda}\frac{b}{N}\sin\varphi$，代入上式，可得屏上 P 点处光振动的振幅为

$$E = E_0\frac{\sin(\pi b\sin\varphi/\lambda)}{\sin(\pi b\sin\varphi/\lambda N)} \tag{12-31}$$

因为 N 很大，所以上式分母 $\sin(\pi b\sin\varphi/\lambda N)\approx\pi b\sin\varphi/\lambda N$，则有

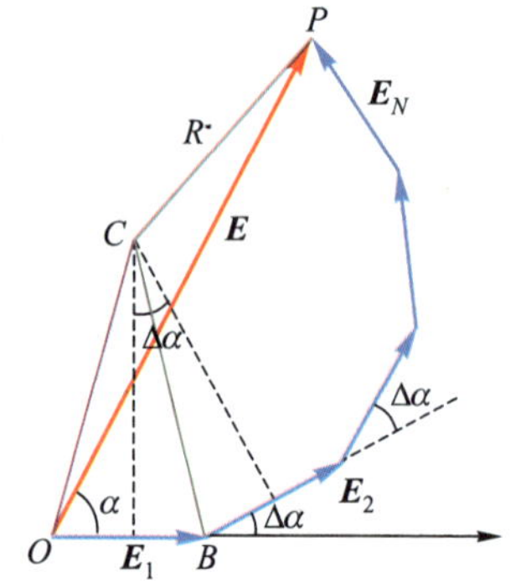

(a) 在 P 点，各子波的光振动矢量 $\boldsymbol{E}_1,\boldsymbol{E}_2,\cdots,\boldsymbol{E}_N$ 与合振动矢量 $\boldsymbol{E}$ 满足矢量合成的多边形法则

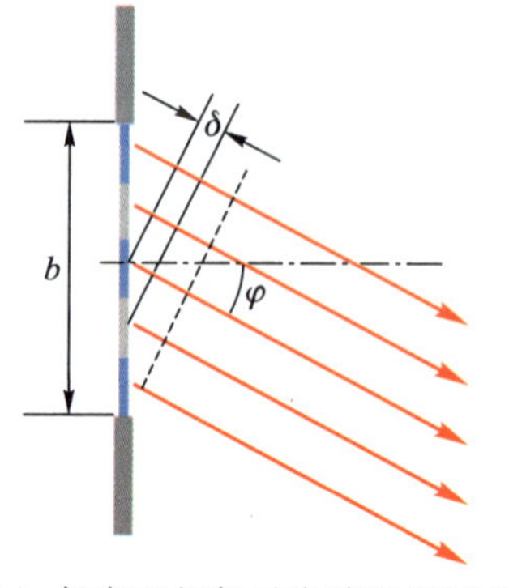

(b) 任意两相邻子光波的光程差都是 $\delta=(b\sin\varphi)/N$

图 12-35

$$E=NE_0\frac{\sin(\pi b\sin\varphi/\lambda)}{\pi b\sin\varphi/\lambda} \tag{12-32}$$

因为光强 I 与振幅 E 的平方成正比，令 $u=\pi b\sin\varphi/\lambda$，$I_0=(NE_0)^2$，则 P 点处的光强为

$$I=I_0\frac{\sin^2 u}{u^2} \tag{12-33}$$

由上式可知，当 $u=\pi b\sin\varphi/\lambda=k\pi$ 时，光强为零，即与式(12-27)的单缝衍射暗纹条件 $b\sin\varphi=k\lambda$ 相一致.

对于屏幕中央的 O 点，因为衍射角 $\varphi=0$，所以 $u=0$.但由于$\lim\limits_{u\to 0}(\sin^2 u/u^2)=1$，因此 $I=I_0$，中央明纹光强最大.有条件的读者可以对式(12-33)用求极值的方法，运用计算机数值计算功能计算其他各次极大的光强.

在处理单缝衍射问题上，菲涅耳的半波带理论与定量计算结果吻合得相当好，这说明一个好的物理思想、清晰的物理图像在处理实际问题中是多么重要.

例 12-8

在单缝衍射中，分别计算一级明纹和二级明纹的极大值光强与中央极大值光强的比值.

解 由夫琅禾费单缝衍射的明纹公式

$$b\sin\varphi=(2k+1)\frac{\lambda}{2}$$

当 $k=1$ 时，$b\sin\varphi=3\lambda/2$；当 $k=2$ 时，$b\sin\varphi=5\lambda/2$，分别代入式(12-33)得

$$\frac{I_1}{I_0}=\frac{\sin^2 u}{u^2}=\frac{\sin^2(3\pi/2)}{(3\pi/2)^2}=0.045$$

$$\frac{I_2}{I_0}=\frac{\sin^2 u}{u^2}=\frac{\sin^2(5\pi/2)}{(5\pi/2)^2}=0.016$$

由此可见，中央极大占据了绝大部分的光能量，一级极大的光能量只占其 4.5%，二级极大的光能量只占其 1.6%.

12-4-5 圆孔衍射　光学仪器的分辨本领

上一节我们详细地探讨了光的单缝衍射现象，事实上不仅是狭缝，当光通过任何形状的小孔时都会产生衍射.本节将重点讨论圆孔衍射(circular hole diffraction)现象，因为它涉及许多实际光学仪器的成像质量问题.

设远处一单色点光源 S 发出一束光照射在小圆孔上，小孔背后放一个凸透镜，光束通过小孔经透镜成像于透镜的焦平面上.

按照几何光学中光的直线传播原理，一个物点发出的光在屏上应该形成一个像点.但是事实并非如此，屏幕上出现的是一个亮斑，在其周围是一

组明暗相间的环纹，显然这是由于光的衍射造成的结果.中央亮斑又称**艾里斑**(Airy disk)，为的是纪念英国皇家学会天文学家艾里(Sir George Airy，1801—1892)历史上首次导出了衍射图样强度分布的表达式.艾里斑的大小定义为一级暗环纹包围的面积，其上集中了约 84%的衍射光能量，而周围的环纹强度相对很弱.假设入射光的波长为 λ，小圆孔的直径为 D，透镜的焦距为 f，艾里斑的半径对透镜光心的张角为 θ，如图 12-36 所示，则由理论计算可得

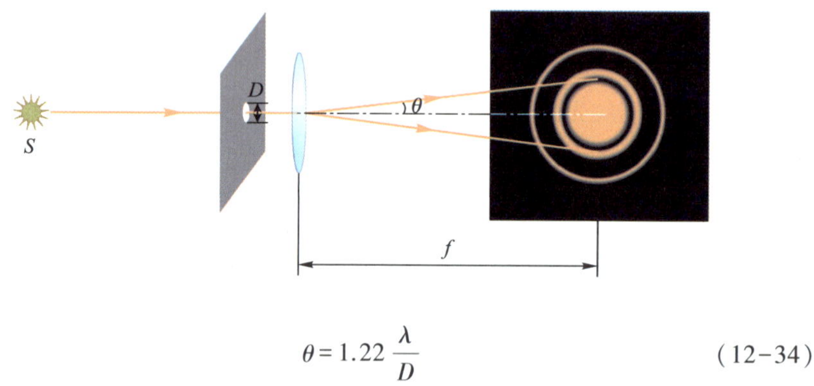

图 12-36 点光源 S 经过小孔衍射在屏上形成衍射条纹.中央亮斑为艾里斑，集中了约 84%的光能量

$$\theta = 1.22\frac{\lambda}{D} \tag{12-34}$$

上式表明，圆孔直径 D 越小，艾里斑越大，衍射效果越明显.

由于光学仪器中的透镜和光阑都相当于一个透光的圆孔，因此衍射效应将直接影响到仪器的成像质量.以照相机为例，在镜头焦距调整准确后，被摄物体上的每一个物点，在相机底片上应该形成一个相应的像点，全部像点则构成一个完整清晰的物像.但是实际上，由于光的衍射作用，一个物点在底片上所形成的不是一个点像，而是一个艾里斑.如果两个物点靠得足够近，以致相应的两个艾里斑相互重叠，这时就有可能无法分辨这是两个物点所成的像，还是一个物点的像，如图 12-37(a)所示.虽然照相机的光阑远比入射光的波长大，衍射现象不明显，所形成的艾里斑非常小，但是如果要充分体现被摄物体的精细结构还是会受到衍射效应的制约.一般情况下，当两个物点经透镜或光阑在屏幕上所成的两个艾里斑中心之间的距离正好等于一个艾里斑的半径，即一个艾里斑的中央最亮处正好与另一个艾里斑的边缘(一级暗纹)相重合，这时两艾里斑重叠部分的中央光强约为每个艾里斑中央光强的 80%，刚好能被一般人的眼睛所分辨，如图 12-37(b)所示.这一判断准则称为**瑞利判据**(Rayleigh's criterion)，由英国物理学家瑞利(Lord Rayleigh，1842—1919)提出.这时两物点对于透镜光心的张角(等于艾里斑半径对于透镜光心的张角)为

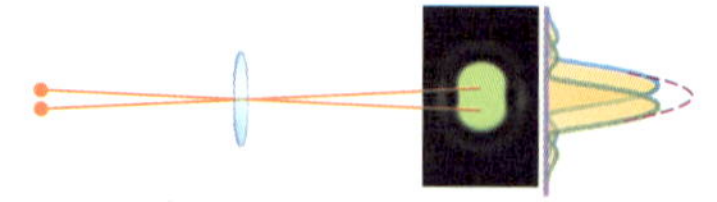

(a) 两物点间距非常小，所形成的两个艾里斑大部分相互重叠，已经无法分辨这是两个物点所成的像

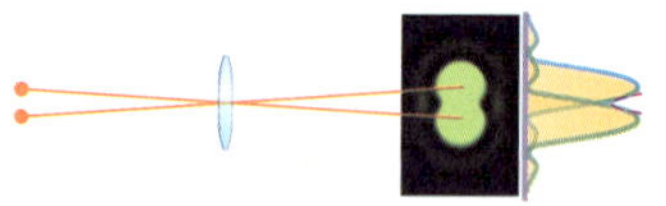

(b) 两物点靠得很近，两艾里斑部分重叠，一个艾里斑的中点刚好与另一个艾里斑的边缘(一级暗纹)相重合，这时刚好能分辨出这是两个物点所成的像

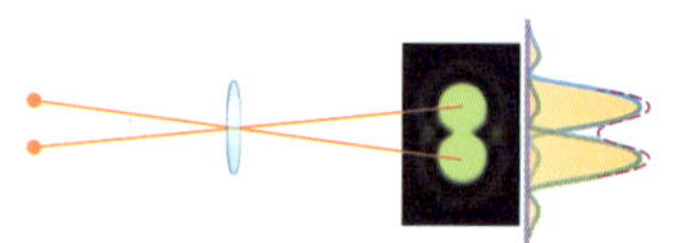

(c) 两物点间距较大，所形成的两个艾里斑没有重叠，看得出这是两个物点所成的像

图 12-37

$$\theta_0 = 1.22\frac{\lambda}{D} \tag{12-35}$$

我们把 θ_0 称为**分辨限角**(limiting angle of resolution)，也称**最小分辨角**；把分辨限角的倒数称为**分辨本领**(resolving power)，也称**分辨率**，用 R 表示，即

$$R \equiv \frac{1}{\theta_0} = \frac{D}{1.22\lambda} \tag{12-36}$$

注意：瑞利判据只是一个基本标准，实际上影响分辨本领的因素很多，如光源与周围环境的相对亮度、空气的干扰以及观察者的视觉功能等.式(12-36)表明，仪器的分辨本领与孔径及光的波长有关，增大透镜的直径、采用较短的波长，都能提高仪器的分辨本领.

在天文观测中，由于恒星距离我们非常遥远，为了能分辨远处靠得很近的星体，必须采用大型望远镜.哈勃太空望远镜的物镜直径达到 2.4 m，具有相当高的分辨本领.将它置于距地球 600 km 的高空，由于不受大气层的干扰，可以拍摄到较清晰的天体照片，如图 12-38(a)所示.

在实验室中为了观察物质的细微结构、观察细胞的活动等经常需要用到显微镜，但是不要以为只要选择了高质量的透镜组合，提高了显微镜的放大率就一定可以观察清楚任何细小的物体.由于光的衍射作用，被放大的只是其衍射图样.

20 世纪 20 年代，人们发现电子具有波动性，而且其波长非常短，约为可见光波长的万分之一，于是发明了电子显微镜，大大提高了显微镜的分辨本领，其放大率可以是普通可见光显微镜的上千倍，如图 12-38(b)所示.

(a) 哈勃太空望远镜，其目镜直径为 2.4 m，具有很高的分辨本领，两块格状平板是望远镜的太阳能电池

(b) 电子显微镜大大提高了分辨本领，揭示出了微观领域的奥秘

图 12-38

例 12-9

用显微镜观察物体，已知所用光的波长为 589 nm，显微镜物镜的光圈为 0.900 cm.(1)求最小分辨角；(2)假设在物体和物镜之间充满着折射率为 $n=1.33$ 的水，这时情况如何？

解　(1) 由式(12-35)，最小分辨角为

$$\theta_0 = 1.22\frac{\lambda}{D}$$

$$= 1.22\times\frac{589\times10^{-9}}{0.900\times10^{-2}}\ \text{rad} = 7.98\times10^{-5}\ \text{rad}$$

(2) 光在水中的波长为

$$\lambda_n = \frac{\lambda}{n} = \frac{589}{1.33}\ \text{nm} = 443\ \text{nm}$$

最小分辨角为

$$\theta_0 = 1.22\frac{\lambda_n}{D} = 1.22\times\frac{443\times10^{-9}}{0.900\times10^{-2}}\ \text{rad}$$

$$= 6.00\times10^{-5}\ \text{rad}$$

12-4-6 平面衍射光栅

大量等缝宽等缝间距的平行狭缝所构成的光学元件称为**衍射光栅**(diffraction grating)，如图 12-39 所示.就现在的技术而言，一块普通的光栅每厘米可以刻上万条狭缝.因此光栅是一个精密的光学元件，通过光栅得到的**光谱**(spectrum)清晰、明亮，如图 12-40 所示，可用于精确测量光的波长或进行

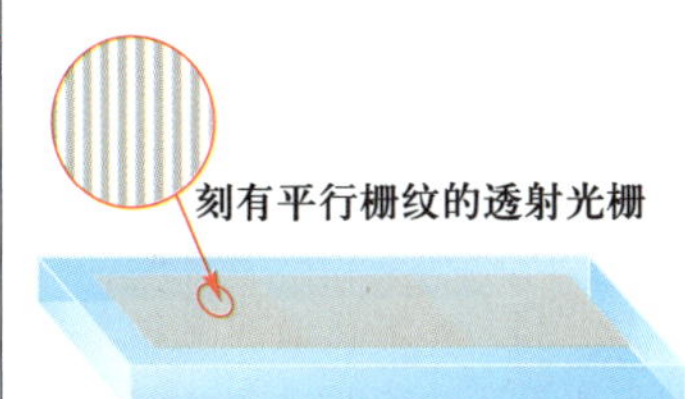

图 12-39　衍射光栅

光谱分析.

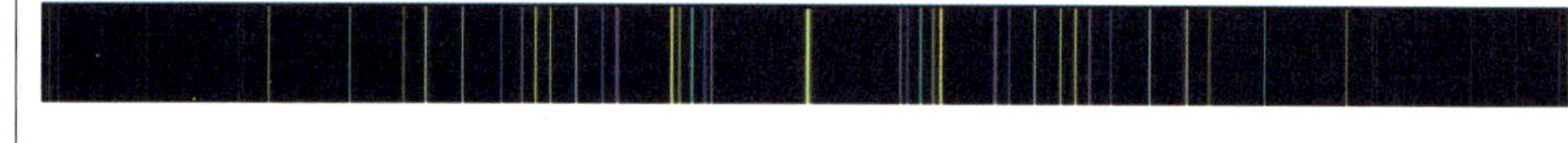

图 12-40 低压汞灯发出的光,经过衍射光栅在屏幕上形成的光谱

对衍射光栅的分析与杨氏双缝实验相同.设有一光栅,其后面放一透镜,在透镜的焦平面上放一光屏,如图 12-41 所示.假设光栅的狭缝宽度为 b,遮光部分宽度为 b',我们把两者之和 $d(d=b+b')$ 称为**光栅常量**(grating constant).

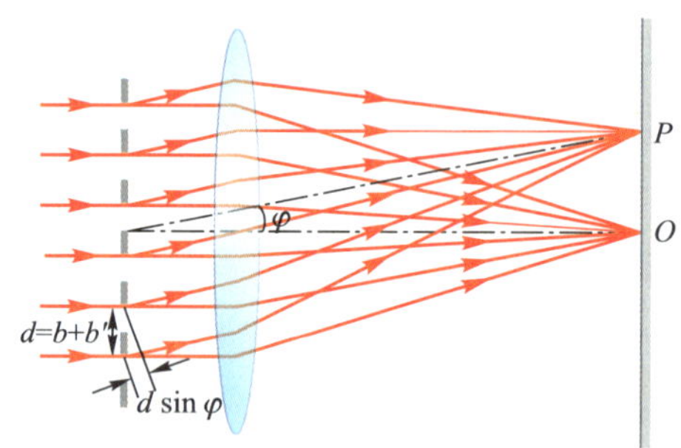

图 12-41 单色平行光垂直照射在光栅上.由于从各个狭缝出射的光线至屏幕中央的 O 点的光程相等,因此 O 点出现明纹;在某个衍射角 φ 方向,出射光会聚于 P 点,P 点的光强取决于相邻光线的光程差

一单色平行光垂直照射在光栅上,由于光栅上的狭缝等宽且等间距,因此沿某一个衍射角 φ 方向,从任意相邻两条狭缝出射的光线,其光程差都相等,为 $d\sin\varphi$.如果满足关系式:

$$d\sin\varphi=k\lambda \quad (k=0,\pm1,\pm2,\cdots) \tag{12-37}$$

则干涉加强,在 P 处出现明纹.上式称为**光栅方程**(grating equation).满足光栅方程的明条纹又称为**主极大**(principal maximum)**明纹**.式中对应于 $k=0$ 的条纹称为中央明纹,$k=\pm1,\pm2,\cdots$所对应的条纹分别称为一级明纹、二级明纹……对称分布于中央明纹的两侧.各条明纹的强度几乎相等.光栅上的狭缝数越多,明纹越明亮;光栅常量越小,明纹越细、明纹间距越大.

相邻两主极大明纹之间是什么?为便于讨论,假设某一光栅只有 6 条狭缝.屏幕上 P 处的光强取决于 6 束光在该处光振动的叠加结果.我们首先讨论两主极大之间的暗条纹位置.根据振动的矢量合成法,如果相邻两束光在屏幕上 P 点的振动相位差为 $\Delta\theta=\pi/3$,则 6 束光在 P 点光振动的合矢量为零,如图 12-42(a)所示,P 点处出现暗纹.此外,如图 12-42(b)所示,当 $\Delta\theta=2\pi/3$ 时,或 $\Delta\theta=\pi,4\pi/3,5\pi/3$ 时,光振动的合矢量均为零,都会出现暗纹.显然对于一个 6 缝光栅,相邻两束光在 P 处的振动相位差为 $\pi/3$ 的整数倍时均为暗条纹,而当 $\Delta\theta=2\pi$ 时,相当于光程差为 λ,正好是一级主极大明纹.由此可见,在两个主极大明纹之间存在 5 条暗纹.接着的问题是,相邻两条暗纹之间又是什么呢?显然应该是一条明纹.但是这条明纹的强度远远小于主极大明纹,我们把这些明纹称为**次级**(secondary)**明纹**,6 缝光栅的次级明纹有 4 条,如图 12-43 所示.

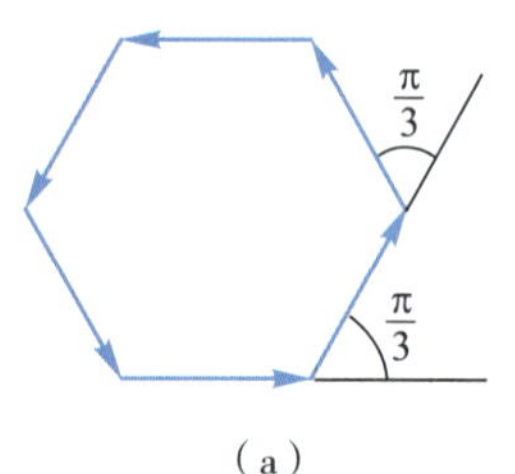

(a)

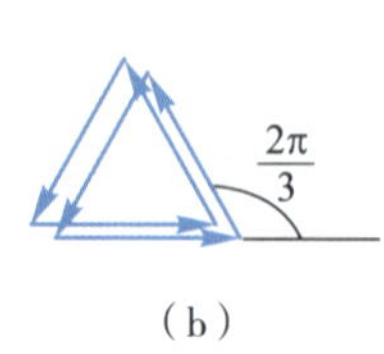

(b)

图 12-42

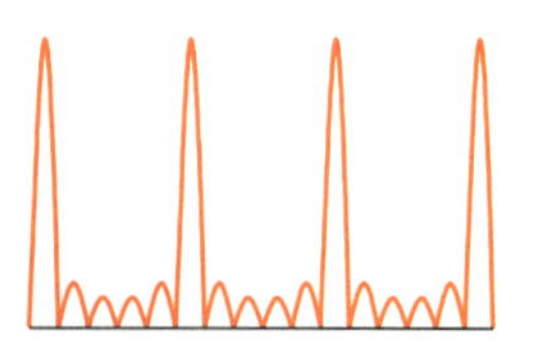

图 12-43 6 条狭缝的光栅形成的干涉条纹分布.两主极大之间有 5 条暗纹

一般说来,如果光栅有 N 条狭缝,那么相邻两主极大明纹之间就有 $N-1$ 条暗纹,有 $N-2$ 条次级明纹.狭缝数 N 越多,次级明纹相对于主极大明纹的强度

越小.由于一般光栅的狭缝数 N 非常大,因此次级明纹的强度非常弱,几乎看不出.屏幕上除了看到几条主极大明纹之外,是一片黑暗背景.

以上我们只是考虑了从各条狭缝中出射光线相互间的干涉效果,并没有考虑光通过每一条狭缝产生的衍射效应对干涉条纹的影响.事实上由于衍射的作用,经光栅所形成的干涉明纹并不是等强度分布的,而是受到衍射光强分布的调制,如图 12-44 所示.图中满足光栅方程 $d\sin\varphi=k\lambda$ 的条纹级次 $k=\pm3,\pm6,\cdots$ 原本应该出现主极大明纹,但由于单缝衍射的影响反而变成了暗纹,这一现象称为**缺级**(missing order).所缺的级次由光栅常量 d 和缝宽 b 的比值所决定.例如,当光栅常量是缝宽的 3 倍时,即 $d=3b$.则按照光栅方程应有

$$3b\sin\varphi=k\lambda$$

也就是

$$b\sin\varphi=\frac{k}{3}\lambda$$

显然当 $k=\pm3,\pm6,\cdots$ 时,原本应该出现主极大明纹,但因为它同时正好满足单缝衍射的暗纹关系式 $b\sin\varphi=k'\lambda\ (k'=\pm1,\pm2,\cdots)$ 反倒成了暗纹,这正是图 12-44 所示的情形.一般来说,当光栅常量是缝宽的 m 倍时,即 $d=mb$,则当 $k=m,2m,3m,\cdots$ 都为缺级.

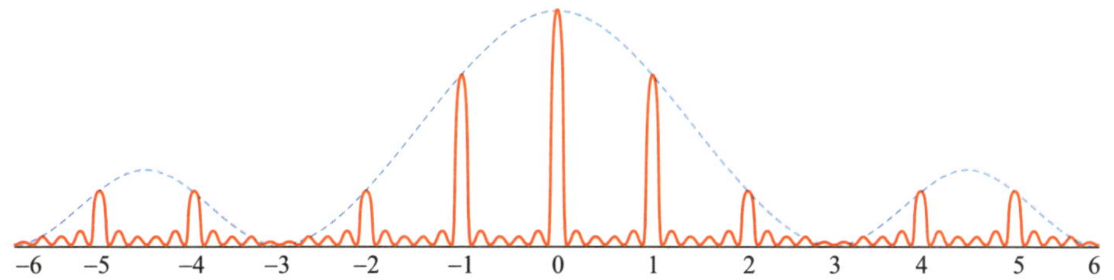

图 12-44 多缝干涉条纹受到单缝衍射作用的调制,以至于满足光栅方程的主极大明纹强度不等,并存在缺级现象

动画 多缝干涉衍射.通过调节各参数,观察条纹的变化(横屏观看)

12-4-7 光栅衍射光谱的光强分布

我们可以采用推导单缝衍射光强分布的方法来探讨衍射光栅的光强分布.设有一光栅,其光栅常量为 $d=b+b'$,共有狭缝 N 条,一束平行光垂直照射在光栅上,经过狭缝产生衍射,如图 12-41 所示.现在考察屏幕上的 P 点处,对应的衍射角为 φ.设来自各条狭缝的光波在 P 点处的光振动矢量分别为 $\boldsymbol{E}_1,\boldsymbol{E}_2,\cdots,\boldsymbol{E}_N$.因为是等宽度狭缝,所以有 $E_1=E_2=\cdots=E_N$,令它们都等于 E_0.P 点的光强取决于合振动的振幅 E.

合振动矢量 $\boldsymbol{E}$ 与各分振动矢量的关系如图 12-45 所示,设 $\Delta\beta$ 为相邻两光振动的相位差,有 $\Delta\beta=\frac{2\pi}{\lambda}d\sin\varphi$.分别作 $\boldsymbol{E}_1$ 和 $\boldsymbol{E}_2$ 的垂直平分线,相交于 C 点,对 C 点的张角为 $\Delta\beta$,从图中的几何关系分析.$\angle OCB=\Delta\beta$,且 $CO=CB=\cdots=R$,合振动矢量 $\boldsymbol{E}$ 对 C 点的张角为 $\angle OCP=N\Delta\beta$.合振动振幅为

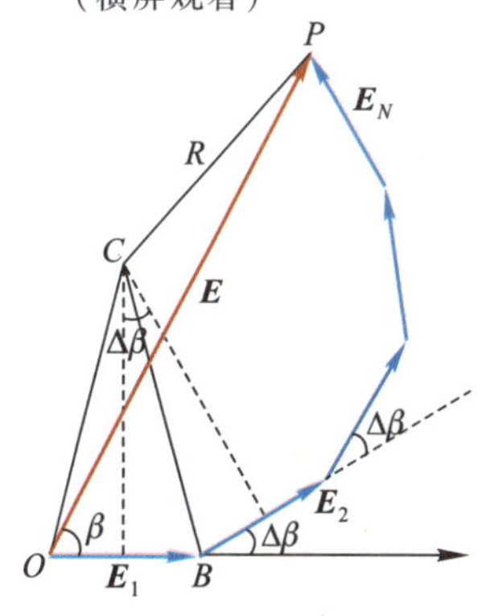

图 12-45 在 P 点处,各光振动矢量 $\boldsymbol{E}_1,\boldsymbol{E}_2,\cdots,\boldsymbol{E}_N$ 与合振动矢量 $\boldsymbol{E}$ 满足矢量合成的多边形法则关系

$$E=2R\sin\left(\frac{N\Delta\beta}{2}\right)$$

各分振动振幅为

$$E_0=2R\sin\left(\frac{\Delta\beta}{2}\right)$$

两式左右两边分别相除,可得合振动的振幅为

$$E=E_0\frac{\sin\left(\frac{N\Delta\beta}{2}\right)}{\sin\left(\frac{\Delta\beta}{2}\right)}$$

因为光强 I 与振幅 E 的平方成正比,所以有

$$I=I_0\frac{\sin^2\left(\frac{N\Delta\beta}{2}\right)}{\sin^2\left(\frac{\Delta\beta}{2}\right)} \tag{12-38}$$

上式中的 I_0 为单缝出射光线在 P 点处的光强.值得注意的是:以上只考虑了多光束的干涉叠加,并未考虑每条单缝产生的衍射效应对干涉光强分布的影响.因此,上式中的 I_0 应由式(12-33)取代.于是得到衍射光栅光强分布的关系式:

$$I=I_0\frac{\sin^2 u}{u^2}\frac{\sin^2\left(\frac{N\Delta\beta}{2}\right)}{\sin^2\left(\frac{\Delta\beta}{2}\right)} \tag{12-39}$$

式中的 $u=\pi b\sin\varphi/\lambda$, $\Delta\beta=2\pi d\sin\varphi/\lambda$

用光栅所获得的光谱线明亮、清晰,条纹间距大,便于进行波长测定和光谱分析.对于一个已知光栅常量 d 的光栅,只要测量出对应谱线的衍射角 φ,就可以通过光栅方程精确计算出光的波长 λ.

衍射光栅广泛地用于光谱分析(spectral analysis).各种不同的元素或化合物具有各自的特征光谱线,因此可以通过把某种物质的光谱与各种元素的特征光谱线进行比较来确定物质的成分,通过比较对应谱线的强度来确定物质中成分元素的含量.在天文学中,就是利用这种方法来分析遥远的恒星或星云的化学成分的.

例 12-10

有一平面光栅,每厘米 6 000 条刻痕,一平行白光垂直照射到光栅上.求:(1)在第一级光谱中,对应于衍射角为 20°的光谱线的波长;(2)此波长第二级谱线的衍射角.

解 (1) 该光栅的光栅常量为

$$d=\frac{1\times10^{-2}}{6\ 000}\ \text{m}\approx1.667\times10^{-6}\ \text{m}$$

根据光栅方程 $d\sin\varphi=k\lambda$，取 $k=1$，则一级光谱线的波长为

$$\lambda=d\sin\varphi=1.667\times10^{-6}\times\sin 20^\circ\ \text{m}$$
$$\approx5.701\times10^{-7}\ \text{m}=570.1\ \text{nm}$$

（2）取 $k=2$，由光栅方程

$$\sin\varphi=\frac{2\lambda}{d}=\frac{2\times5.701\times10^{-7}}{1.667\times10^{-6}}\approx0.684$$

得

$$\varphi\approx43^\circ9'$$

例 12-11

波长 600 nm 的单色光垂直入射在一光栅上，相邻两条明纹的衍射角分别由式 $\sin\varphi=0.20$ 与 $\sin\varphi=0.30$ 确定，已知第四级缺级. 试问：(1) 光栅常量为多大？(2) 光栅上狭缝的最小宽度有多大？(3) 能看到几级条纹？

解 （1）设 $\sin\varphi_k=0.20$ 对应的条纹级数为 k；

$\sin\varphi_{k+1}=0.30$ 对应的条纹级数为 $k+1$，根据光栅方程 $d\sin\varphi=k\lambda$ 得

$$0.20d=k\lambda$$
$$0.30d=(k+1)\lambda$$

解得

$$k=2$$

$$d=\frac{2\lambda}{\sin\varphi_k}=\frac{2\times600\times10^{-9}}{0.20}\ \text{m}=6\times10^{-6}\ \text{m}$$

（2）由单缝衍射暗纹公式 $b\sin\varphi=k'\lambda$，按题意，第四级缺级即意味着多缝干涉的第 4 级明纹与单缝衍射的第 1 级暗纹正好有同一个衍射角，则有

$$\frac{d}{b}=\frac{k}{k'}\rightarrow d=4b$$

$$b=\frac{d}{4}=1.5\times10^{-6}\ \text{m}$$

（3）由 $d\sin\varphi=k\lambda$，当 $\varphi=90^\circ$ 时，有

$$k=\frac{d}{\lambda}=\frac{6\times10^{-6}}{600\times10^{-9}}=10$$

因为 $d=4b$，所以 $k=\pm4,\pm8$ 为缺级；又因第 10 级条纹出现在 $\varphi=90^\circ$ 处，所以无法看到.

因此能看到的全部条纹级数为

$$k=0,\pm1,\pm2,\pm3,\pm5,\pm6,\pm7,\pm9.$$

12-4-8 X 射线衍射

1895 年德国物理学家伦琴（W.K.Röntgen，1845—1923）在做放电管实验时偶然发现了一种新射线，这种射线性质奇特，能使荧光物质发光、能使照相底片感光并且具有非常强的穿透能力. 伦琴并不知道这种射线的实质是什么，于是把它称为 X 射线（X-ray）.

德国物理学家伦琴（W. K. Röntgen，1845—1923）于 1895 年发现了 X 射线，并因此于 1901 年获得首届诺贝尔物理学奖

现代产生 X 射线的实验装置如图 12-46 所示. 在一个真空管内，K 是发射电子的热阴极（hot cathode），A 是由钼、钨或铜等材料制成的阳极（anode）. 在两极之间加上数万伏的高电压，使热阴极射出的电子获得高能量对阳极进行撞

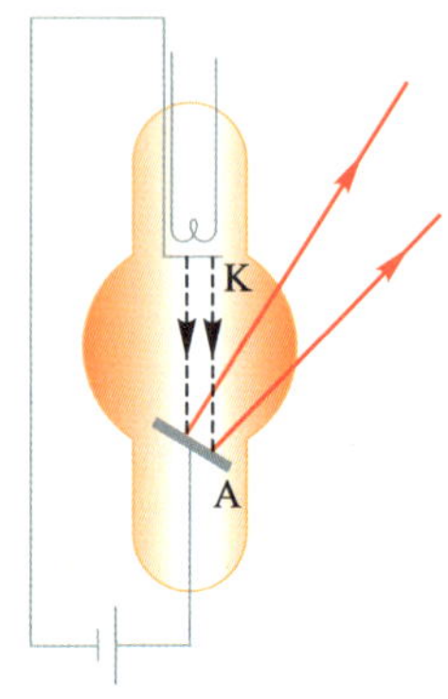

图 12-46 X 射线管.在真空管中,阴极 K 的加热灯丝发射出电子,并在高压下加速.加速电子撞击阳极目标 A 靶产生 X 射线

击,从而产生 X 射线.

进一步的实验指出,X 射线不是带电粒子束(如阴极射线),因为它在电场或磁场中不发生偏转.于是有人提出 X 射线也许是一种不可见的光,但是在实验中当它经过普通光栅时没有发现任何衍射现象.当然,如果 X 射线的波长远小于普通衍射光栅的光栅常量(10^{-6} m),一般不会显示出较明显的衍射现象.

1912 年,德国物理学家劳厄(M. Laue,1879—1960)认为,如果**晶体**(crystal)内的原子是有规则排列的,那么这样的晶体就可以成为一块天然的三维光栅.只要 X 射线的波长非常短,与晶体中原子间距离的数量级相当,那么就可以看到衍射图样.不久,劳厄进行了 X 射线的晶体衍射实验,实验装置如图 12-47 所示.

X 射线穿过小孔射向晶体薄片,由于晶体中大量原子的规则排列相当于一个三维光栅,从而在晶体后面的照相感光底片上出现了 X 射线的衍射斑点,称为**劳厄斑**(Laue spot).

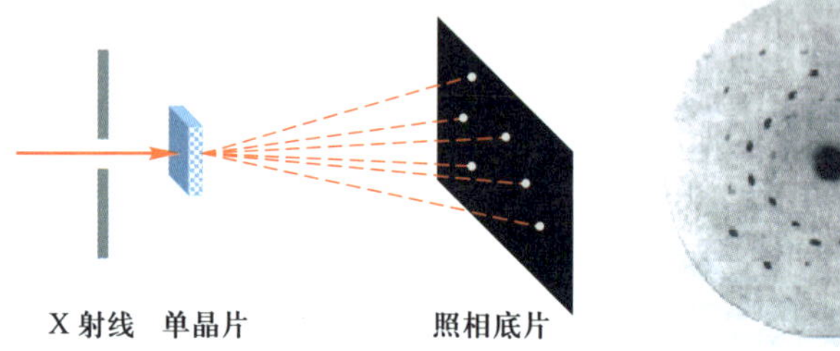

图 12-47 劳厄的 X 射线衍射实验示意图

X 射线的衍射实验揭示出 X 射线具有波动性,同时也反映出晶体内部原子的规则排列结构.今天人们对 X 射线的本质已经完全了解,它确实是一种电磁波,波长很短,其数量级在 10^{-1} nm 左右.

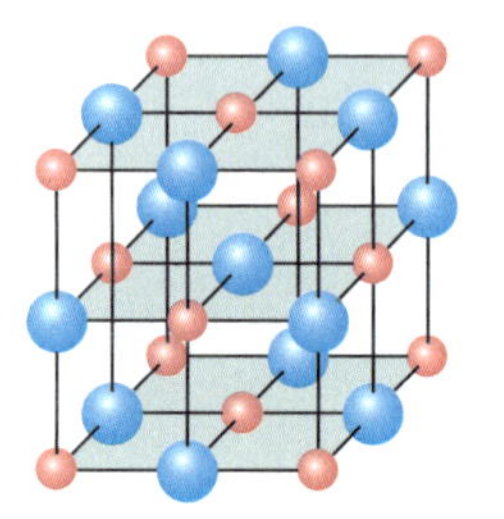

(a) 氯化钠(NaCl)晶体的结构图.蓝色小球表示 Cl^- 离子、红色小球表示 Na^+ 离子

1912 年至 1913 年两年间,英国物理学家 W.L.布拉格(W.L.Bragg,1890—1971)和他的父亲 W.H.布拉格(W.H.Bragg,1862—1942)提出了另一种研究 X 射线衍射的方法.他们把晶体看成由一系列相互平行的原子层构成的.以氯化钠(NaCl)晶体为例,如图 12-48(a)所示,离子有规则地分布在不同的平行层面内.当 X 射线入射到晶体上时根据惠更斯原理,这些离子就成为发射子波的波源,向各个方向发出子波.假设氯化钠晶体的**晶面间距**(interplanar spacing)为 d,一束波长为 λ 的 X 射线沿与晶体表面成 θ 角方向入射,进入晶体后经不同层面的离子反射,如图 12-48(b)所示.显然,由上下相邻两不同层面反射的 X 射线,其光程差为 $2d\sin\theta$,当满足条件

$$2d\sin\theta = k\lambda \quad (k=1,2,3,\cdots) \tag{12-40}$$

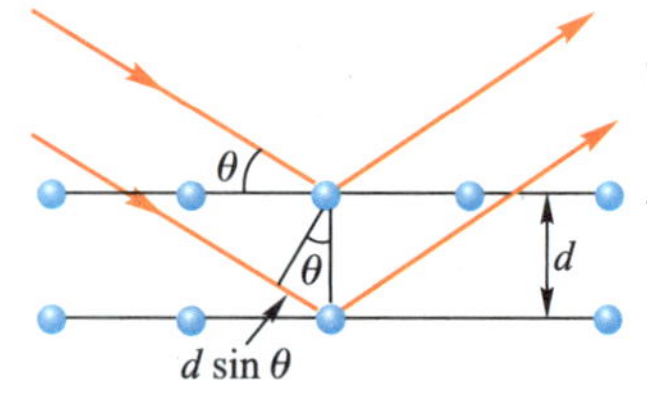

(b) X 射线经二维晶体反射,已知晶体的晶面间距为 d,当满足布拉格方程时干涉加强

图 12-48

时,各层的反射线干涉加强,形成亮点.以上方程所反映的规律称为**布拉格定律**(Bragg's law).由于 X 射线进入晶体内部,在各个晶面都会有反射叠加,所以衍射图样清晰明锐.

在实验中,如果已知晶体的晶面间距 d 以及入射的 X 射线与晶体表面的夹角 θ,则由式(12-40)可以确定 X 射线的波长.反之,已知 X 射线的波长 λ,也可以确定晶体的晶面间距 d.这种研究已经发展成为物理学的一个专门分支——X 射线结构分析,它在结晶学和生产技术上都有着广泛的应用.

12-5 光的偏振

12-5-1 自然光与偏振光

偏振(polarization)是一切横波的共同特征,什么叫偏振呢?我们可以做一个简单实验.用一根绳子,手持绳的一端作谐振动,则在绳子上形成机械横波,如图 12-49 所示.图(a)显示波动沿 x 方向传播,绳子上的各质元在竖直平面 Oxy 内沿 y 方向振动;图(b)显示绳子上的各质元在水平平面 Oxz 内沿 z 方向振动.我们把只在一个方向作振动的横波称为线偏振波(linearly polarized wave).对于机械波而言,我们可以用一块薄片,在上面开一条缝,当一列横波的振动方向与缝的长度方向一致时,则波动可以通过薄片,如图 12-50(a)所示;当横波的振动方向与缝的长度方向垂直时,则波动不能通过薄片,如图 12-50(b)所示.显然薄片的作用是只允许一个方向的波振动通过,而不允许与之相垂直的另一个方向的波振动通过,我们把这样的薄片称为偏振滤光片(polarizing filter).

拍摄照片时用了偏振镜,滤去了水面的反射光,河底清晰可见

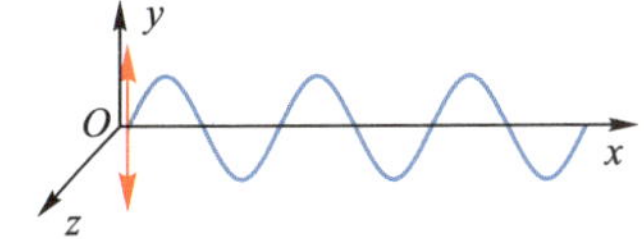

(a) y 方向的线偏振波

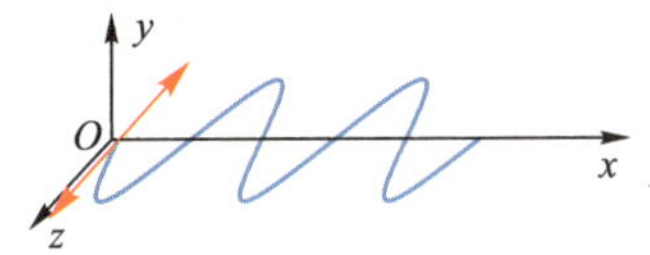

(b) z 方向的线偏振波

图 12-49 绳子上的横波沿着 x 方向传播

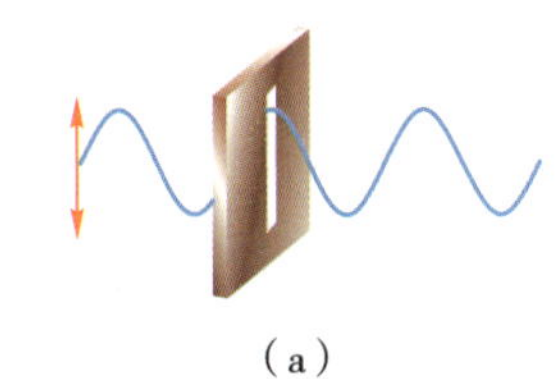

(a)

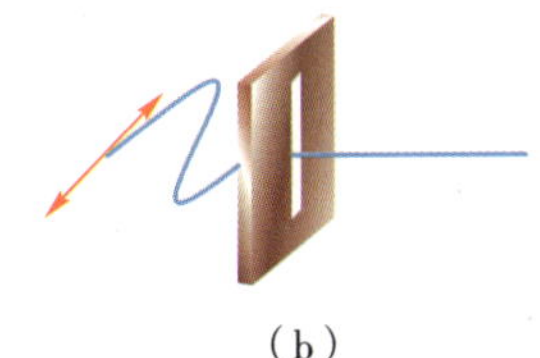

(b)

图 12-50

现在我们来讨论光的偏振问题.光是一种电磁波,电磁波的振动包括电场 $\boldsymbol{E}$ 和磁场 $\boldsymbol{B}$ 的振动,$\boldsymbol{E}$ 和 $\boldsymbol{B}$ 相互垂直,并且都垂直于电磁波的传播方向,所以电磁波是横波.就可见光而言,能够引起人们视觉的是电场 $\boldsymbol{E}$ 的振动.因此通常把 $\boldsymbol{E}$ 振动称为光振动;把 $\boldsymbol{E}$ 矢量称为光矢量(light vector).既然光是一种电磁波,就应该具有偏振特征,但是普通光源所发出的光却不会出现偏振现象.原因是在普通光源中,光是由光源中大量原子或分子发出的独立光波列所组成的.这些光波列的持续时间很短(10^{-8} s),它们的频率、初相位和振动方向各不相同,并且随时间频繁变化.虽说各独立波列具有偏振性,但是原子发光机制的随机性导致了在垂直于光传播方向的平面内沿各个方向光振动的概率均等,也就是说,各方向光矢量的振幅相等,如图 12-51(a)所示.具有这种特性的光称为自然光(natural light).普通光源发出的光都是自然光.

如果把自然光的光振动分别沿两个相互垂直的 x 方向和 y 方向进行分解,显然在这两个方向上合振动的振幅相等,各占自然光总能量的一半,如图 12-51(b)所示.自然光一般可以表示为如图 12-52(a)的形式.如果一束光在某一方向的光振动比与之相垂直方向上的光振动占优势,那么这种光称为部分偏振光(partial polarized light),可表示为图 12-52(b)或(c)的形式.如果一束光中

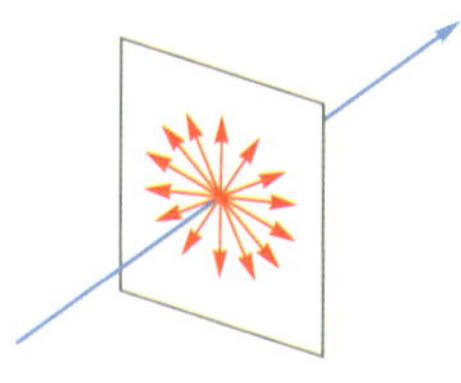

(a) 自然光的光振动呈轴对称分布，在垂直于传播方向的平面内各方向的光振动概率均等

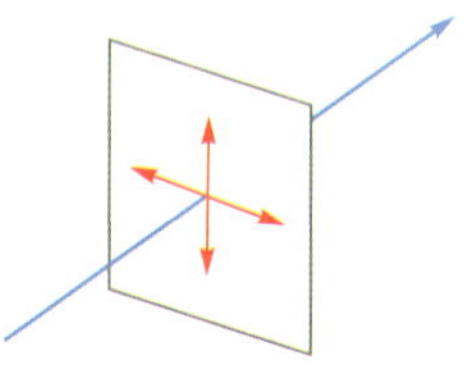

(b) 两相互垂直方向的光振动各占自然光总能量的一半

图 12-51

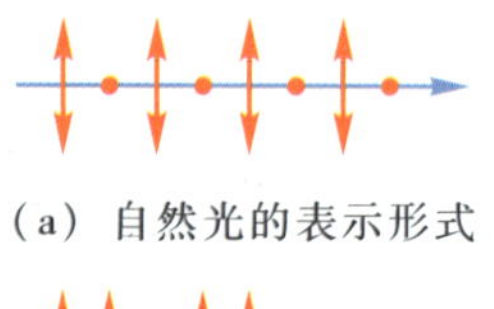

(a) 自然光的表示形式

(b) 部分偏振光，平行于纸面的光振动占优

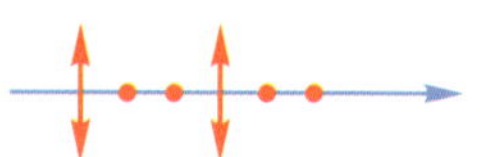

(c) 部分偏振光，垂直于纸面的光振动占优

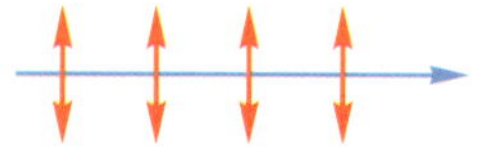

(d) 线偏振光，光振动平行于纸面

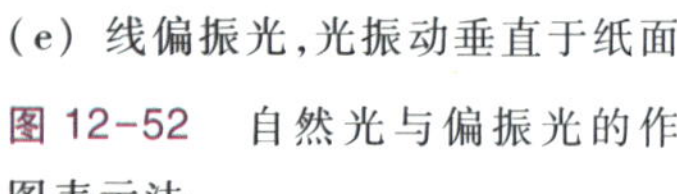

(e) 线偏振光，光振动垂直于纸面

图 12-52 自然光与偏振光的作图表示法

动画 偏振光检查

只有一个确定方向的光振动，这种光称为**线偏振光**(linearly polarized light)，简称**偏振光**，可表示为图 12-52(d)和(e)的形式.光振动方向与光传播方向组成的平面称为**振动面**(plane of vibration).

12-5-2 偏振片 马吕斯定律

普通光源发出的光都是自然光，那么如何从自然光中获得偏振光呢？我们可以利用偏振片来实现.

20 世纪 30 年代，美国青年科学家兰德(E.H.Land，1909—1991)发明了一种具有**二向色性**(dichroism)的材料，用它制成的透明薄片可以选择性地吸收某一方向的光振动，而允许与之相垂直的光振动通过，这样的透明薄片称为**偏振片**(polaroid).偏振片上允许光振动通过的方向称为**偏振化方向**(polarizing direction)，用符号“↕”表示.当一束自然光通过偏振片后便成了线偏振光，这一过程称为**起偏**.产生起偏作用的光学元件称为**起偏器**(polarizer).

假设一束强度为 I_0 的自然光入射于偏振片 P_1，出射以后成为强度为 I_1 的线偏振光.由于自然光的光矢量在垂直于传播方向的各个方向上均匀分布，因此将 P_1 绕光的传播方向转动时，透过 P_1 的光强不变，总是占入射自然光强度的一半，即 $I_1=I_0/2$.如果让光强为 I_1 的线偏振光再通过一个偏振片 P_2，显然当 P_2 的偏振化方向与入射光的振动方向一致时，偏振光完全通过偏振片 P_2，透射光最强，如图 12-53(a)所示；当 P_2 的偏振化方向与入射光的振动方向垂直时，线偏振光被 P_2 完全吸收，透射光强度为零，如图 12-53(b)所示.

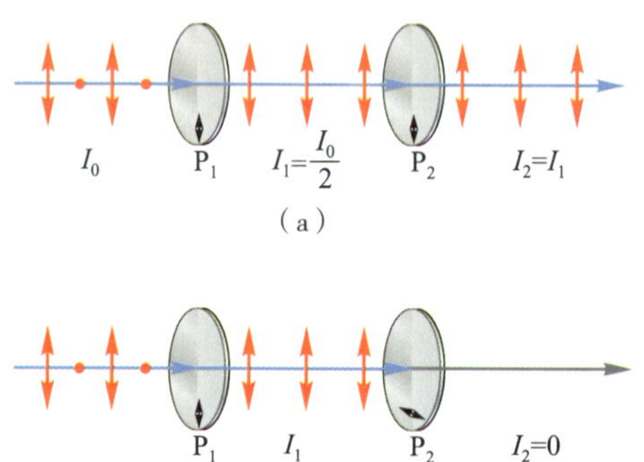

图 12-53

旋转偏振片 P_2，改变 P_2 的偏振化方向与光振动方向的夹角，会发现透射光强度 I_2 将随之发生变化.在旋转 360°的过程中出现两次最亮，两次最暗.由此想到，偏振片 P_2 起到了一个**检偏器**(polarization analyzer)的作用，可用来检验一束光是自然光还是偏振光.因为如果是自然光，则在旋转偏振片的过程中光强不会改变.自然光、线偏振光或部分偏振光通过检偏器后的光强变化见动画：偏振光.

偏振光透过偏振片后其光强的变化规律遵从**马吕斯定律**(Malus's law)：**在**

不考虑吸收和反射的情况下，透射线偏振光与入射线偏振光的强度关系为

$$I_2=I_1\cos^2\alpha \tag{12-41}$$

式中 α 为光振动方向与检偏器偏振化方向的夹角.这个定律是由马吕斯(E.L. Malus,1775—1812)于 1808 年在实验中发现的.对此实验规律,我们并不难理解.

设一束强度为 I_1 的线偏振光入射于偏振片,光振动矢量 $\boldsymbol{E}_1$ 的方向与偏振片的偏振化方向夹角为 α,经偏振片透射后强度变为 I_2,光振动矢量为 $\boldsymbol{E}_2$,如图 12-54 所示.由图看出,入射光的振动矢量 $\boldsymbol{E}_1$ 分解为两个垂直分量 $\boldsymbol{E}_2$ 和 $\boldsymbol{E}_2'$,$\boldsymbol{E}_2$ 平行于偏振化方向,通过偏振片;$\boldsymbol{E}_2'$垂直于偏振化方向被偏振片吸收.

$$E_2=E_1\cos\alpha$$

由于光的强度正比于振幅的平方,因此有

$$\frac{I_2}{I_1}=\frac{E_2^2}{E_1^2}=\cos^2\alpha$$

即

$$I_2=I_1\cos^2\alpha$$

由马吕斯定律可知,当 $\alpha=0°$ 或 $\alpha=180°$ 时透射光强最大;当 $\alpha=90°$ 或 $\alpha=270°$时,透射光强为零;α 为其他值时,光强介于最强和零之间.

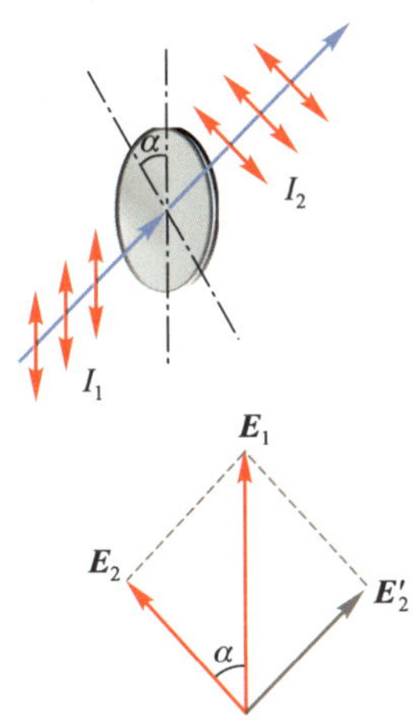

图 12-54 线偏振光的振动矢量沿偏振化方向的分量通过了偏振片,所以透射光的强度比入射光的强度要弱些

例 12-12

一束线偏振光垂直入射于两块相互平行放置的偏振片上.若第一块偏振片的偏振化方向与入射光的光振动方向成 θ 角,第二块偏振片的偏振化方向与入射光的光振动方向正交,试求当透射光的强度为入射光强度的 1/10 时,θ 角为多大?

解 设入射光强度为 I_1,经过第一块偏振片的透射光强度为 I_2,由马吕斯定律得

$$I_2=I_1\cos^2\theta$$

经过第二块偏振片后的光强为

$$I_3=I_2\cos^2(90°-\theta)=I_1\cos^2\theta\sin^2\theta=\frac{1}{10}$$

由上式可得

$$\cos\theta\sin\theta=\sqrt{\frac{I_3}{I_1}}=\frac{1}{\sqrt{10}}$$

$$\sin 2\theta=2\cos\theta\sin\theta=\frac{2}{\sqrt{10}}=0.632$$

$$\theta=19.6°$$

12-5-3 反射光和折射光的偏振性

午后的太阳渐渐西去,人们漫步在公园的湖边,水面反射的光线炫人眼目.这时如果用一块偏振片来观察湖面,我们会发现炫目程度被明显削弱.原来,这是由于自然光经水面反射后变成了部分偏振光或线偏振光.

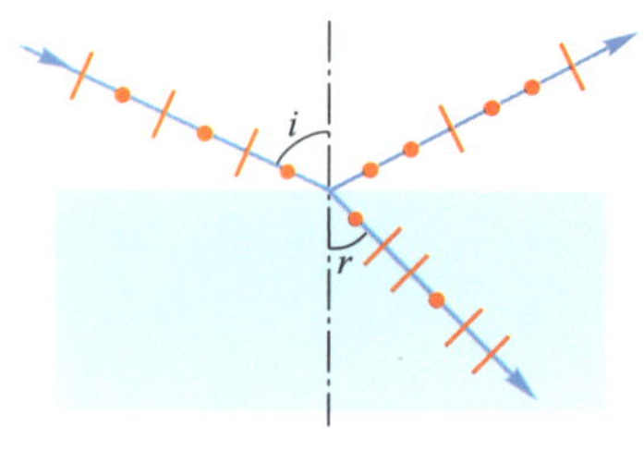

(a) 自然光入射于介质的表面，入射角为 $i(i\neq0)$，则反射光和折射光都是部分偏振光

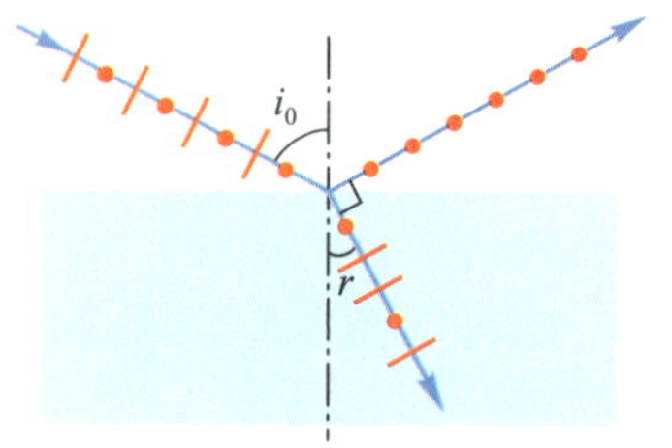

(b) 自然光以布儒斯特角入射，反射光为线偏振光. 这时反射线与折射线成 90°夹角

图 12-55

早在 19 世纪初期，人们就在实验中发现，当一束自然光以任意入射角 i 入射到某种介质的表面上发生反射和折射时，其反射光和折射光一般都为部分偏振光. 其中反射光是以垂直于入射面的光振动占优，而折射光则是以平行于入射面的光振动占优，如图 12-55(a) 所示.

1812 年，英国科学家布儒斯特(S.D.Brewster,1781—1868)在实验中发现，反射光的偏振化程度随着光的入射角发生变化而变化. 当入射角为某一特定的角度 i_0 时，反射光变成了线偏振光，光振动垂直于入射面，如图 12-55(b) 所示. 这个特殊的入射角称为**起偏角**(polarizing angle)，又称**布儒斯特角**(Brewster's angle). 实验进一步指出，当入射光以起偏角 i_0 入射时反射光线与折射光线正好相互垂直，即有

$$i_0+r=90^\circ$$

式中的 r 为折射角. 设入射光所在介质的折射率为 n_1，折射光所在介质的折射率为 n_2，由折射定律，有

$$n_1\sin i_0=n_2\sin r=n_2\sin(90^\circ-i_0)=n_2\cos i_0$$

$$\tan i_0=\frac{n_2}{n_1} \tag{12-42}$$

上式所反映的规律称为**布儒斯特定律**(Brewster's law).

应该指出，当自然光以布儒斯特角入射时，反射线偏振光的光强相对较弱. 在入射的自然光中，垂直于入射面的光振动只有 15% 被反射，而其他 85% 的垂直光振动以及入射光中全部平行于入射面的光振动都折射进入了介质.

反射光的偏振现象在生活中随处可见. 比如说，当我们驾驶着汽车在宽阔的柏油马路上迎着太阳奔驰时，我们会因路面的反射光而感到炫目. 于是人们发明了偏振太阳镜. 阳光照射在路面上而反射，入射面垂直于路面，而反射光的光振动以垂直于入射面为主(即以垂直于图面为主)，如图 12-56 所示. 因此我们只要戴上偏振太阳镜，镜片的偏振化方向取垂直于路面方向，就可以防止眩光的耀眼.

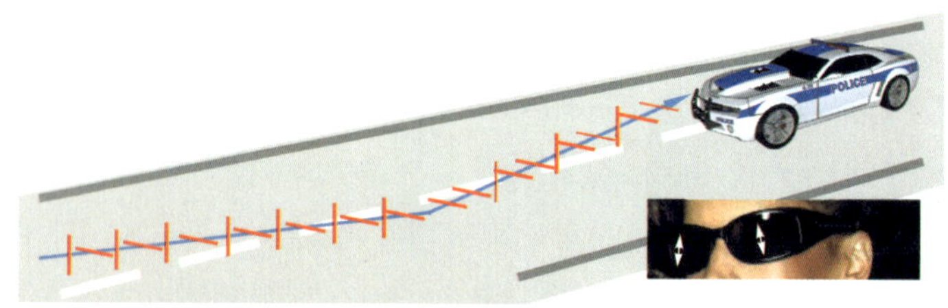

图 12-56 如果司机戴上偏振太阳镜，可以滤去大部分的反射光. 这样就可以更清晰地观察路况，保障行车安全

(a) 镜头不加偏振滤片的拍摄效果

(b) 镜头增加偏振滤片的拍摄效果

图 12-57

图 12-57 是两张汽车的照片，照片(a)是在相机镜头没有用偏振片的情况下拍摄的，车窗上的反光强烈；照片(b)是用了偏振片拍摄的结果，车窗上的反射光明显削弱，汽车内的座椅清晰可见.

12-6 光的双折射

12-6-1 光在晶体中的双折射

当光从一种介质进入另一种介质时要产生折射.生活中常见的折射现象是光在玻璃或水中的折射.经验似乎告诉我们,一束入射光经折射后还是一束光.其实折射光并不都如此,图 12-58 所示是一块方解石晶体,下面压着一根缝衣针,透过方解石我们看到了针的两个像,这表明一束光通过方解石晶体后被折射成两束光,这就是**双折射**(birefringence)**现象**.一般情况下,光在玻璃和水等非晶材料内只有一个折射率,因此不会产生双折射;而对于一般晶体材料而言(如方解石、石英等),由于其具有各自不同的原子排列结构,从而形成光学上的各向异性,因此会产生双折射现象.

图 12-58 缝衣针的反射光进入方解石晶体后折射成两束光,因此可以看到针的两个像

在双折射现象中,其中的一束光在各个方向都遵守折射定律,晶体对其具有确定不变的折射率 n_o,称为**寻常光**(ordinary ray),又称为 o 光;另一束光在晶体中不同的方向具有不同的折射率,称为**非常光**(extraordinary ray),又称 e 光.在晶体中 o 光沿各个方向的传播速度 v_o 相同;而 e 光传播速度的大小与方向有关.设想,如果有一点光源在方解石晶体中,那么 o 光的波阵面将会是一个球面,而 e 光的波阵面会是一个旋转椭球面,如图 12-59 所示.在晶体中存在某些特殊的方向,称为晶体的**光轴**(optical axis),在光轴方向,e 光与 o 光的传播速度相同,不会发生双折射现象.在垂直于光轴方向上 e 光与 o 光的传播速度相差最大,在该方向 e 光的折射率称为晶体的**主折射率**(principal refractive index),定义为$n_e=c/v_e$(其中 c 为真空中的光速,v_e 为 e 光在垂直于光轴方向上的速度).有些晶体(如方解石、石英和红宝石等)只有一个光轴方向,称为**单轴晶体**(uniaxial crystal).另有些晶体(如云母、硫黄和蓝宝石等)有两个光轴方向,称为**双轴晶体**(biaxial crystal).以下仅就单轴晶体进行讨论.表 12-2 列出了几种单轴晶体的折射率.

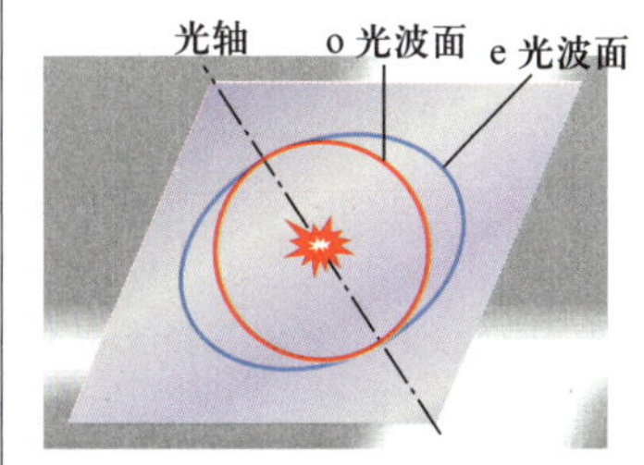

图 12-59 方解石晶体中 o 光与 e 光的传播速度不同,但在晶体的光轴方向它们的速度大小相同,不发生双折射现象

表 12-2 几种单轴晶体的折射率(对波长为 589.3 nm 的钠光)

晶体	n_o	n_e
方解石	1.658 4	1.486 4
石英	1.544 3	1.553 4
电石气	1.669	1.638
冰	1.309	1.313
白云石	1.681 1	1.500
硝酸钠	1.585	1.337

单轴晶体有两类,一类 $v_o>v_e$,即 $n_o<n_e$,称为**正晶体**(positive crystal),如石英、冰等;另一类 $v_o<v_e$,即 $n_o>n_e$,称为**负晶体**(negative crystal),如方解石、电石气等.

如果用一个检偏器对双折射光进行查验,发现 o 光和 e 光都是线偏振光.在晶体中把任意一条光线与光轴构成的平面称为这条光线的**主平面**(principal plane).实验表明,o 光的光振动垂直于它的主平面,e 光的光振动平行于它的主

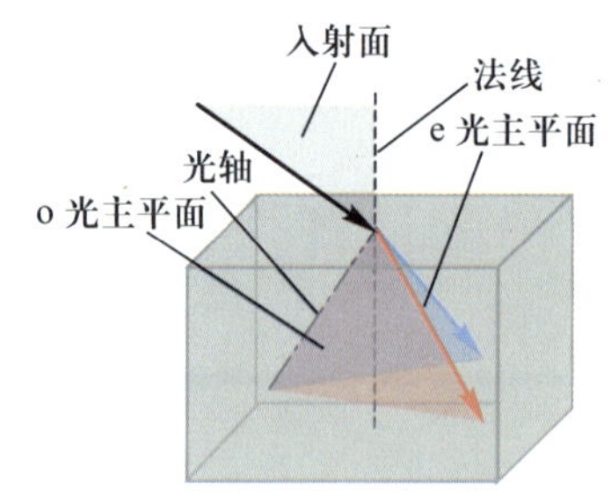

图 12-60 自然光进入晶体后产生双折射，一般情况下，o 光的主平面和 e 光的主平面及入射面互不重合

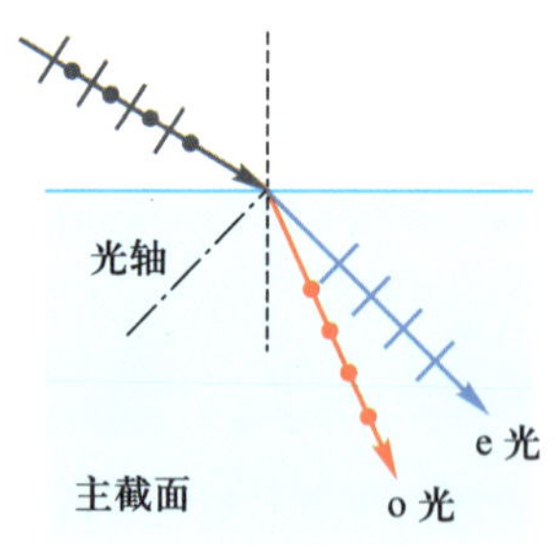

图 12-61 自然光进入晶体后产生双折射，o 光的光振动垂直于主截面，e 光的光振动平行于主截面

平面.通常情况下，o 光与入射的自然光线在同一个入射面内，而 e 光却不一定在入射面内，因此 o 光和 e 光的主平面一般不重合，如图 12-60 所示.但是有一种特殊情形，即当入射光线正好位于光轴与晶体表面的法线所构成的平面内时，o 光和 e 光的主平面以及入射面三者重合.我们把光轴与晶体表面的法线所构成的平面称为晶体的**主截面**(principal section).o 光的光振动垂直于主截面，e 光的光振动平行于主截面，如图 12-61 所示.

双折射现象可以从惠更斯原理得到解释.设一束平行光入射于方解石晶体(负晶体)，入射面即为图面，光轴用点划线表示，位于入射面内，如图 12-62 所示.当平行光的波前到达 AB 位置时，A 点作为一个子波源开始向晶体内发射子波.当波面上 B 点传播到 C 点时，A 点的子波已经在晶体中传播了一段距离.以 A 为中心作寻常光和非常光的波面，它们在光轴方向相切.过 C 点作直线 CE 与球形波面相切，作直线 CF 与椭球形波面相切，这两条线就是晶面 AC 上所有各点所发出的子波波面的包络线，分别表示晶体中 o 光和 e 光的波面.从 A 点分别向切点 E 和 F 引直线，可得 o 光和 e 光的传播方向，如图 12-62(a)所示.

图 12-62(b)是一种比较特殊的情况：光轴平行于晶体表面，自然光垂直于晶体表面入射.光进入晶体后 o 光和 e 光沿原方向传播.这种情况下我们观察不到双折射现象，但是实际却存在双折射.自然光进入晶体后分裂为振动方向相互垂直的 o 光和 e 光，并且二者的速度不同.在下面一节讨论波片、椭圆偏振光以及旋光效应时将会用到这种特殊情况.

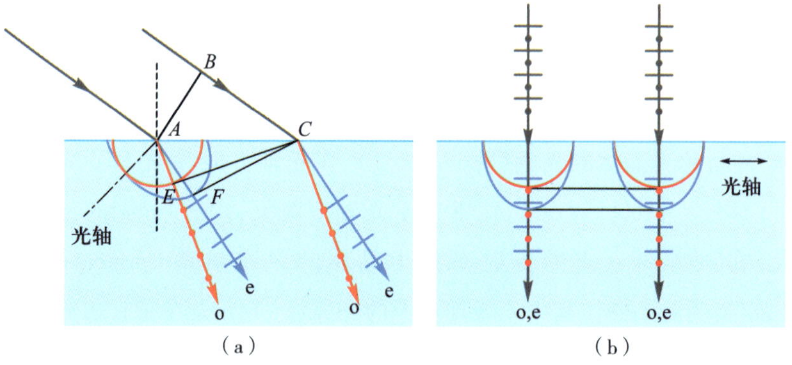

(a) 根据惠更斯原理解释光在晶体中的双折射现象
(b) 光轴平行于晶体表面，自然光垂直于晶体表面入射.这时 o 光和 e 光沿同方向传播，但速度不同

图 12-62

★12-6-2 椭圆偏振光和圆偏振光 波片

按照振动的叠加原理，当一个质点同时参与两个同频率、相互垂直方向上的简谐运动时，这个质点的运动将描绘出一个椭圆形或圆形轨迹.同样，如果两个同频率的线偏振光，振动方向相互垂直，只要它们之间存在恒定的相位差，在一般情况下两者叠加后其合振动光矢量的端点也会描绘出一个椭圆或圆.这样的合成光称为**椭圆偏振光**(elliptically polarized light)或**圆偏振光**

(circularly polarized light).如何来实现椭圆偏振光呢？可以利用晶体对光的双折射性质.

我们已经知道，当自然光垂直于晶体表面入射时，且晶体的光轴平行于晶体表面，则晶体中的 o 光和 e 光沿同方向传播，光振动相互垂直.即便如此，我们还不能获得椭圆偏振光，这是因为由自然光分解而成的 o 光与 e 光之间没有恒定的相位差.但是如果用一束单色线偏振光来代替自然光情况就不同了.

让一束自然光先经过一个起偏器，使之变成线偏振光，然后垂直入射于一块晶体薄片（简称晶片），晶片的光轴平行于其表面，如图 12-63(a)所示.偏振光的光矢量 $\boldsymbol{E}$ 在晶体中分解为平行于光轴的 e 光光振动矢量 $\boldsymbol{E}_e$ 和垂直于光轴的 o 光光振动矢量 $\boldsymbol{E}_o$，如图 12-63(b)所示.因为这里的 e 光和 o 光是由同一个光矢量分解出来的，它们在晶体中经过了不同的光程，所以在出晶体后能产生恒定的相位差.两垂直方向上的光振动合成以后一般就形成了椭圆偏振光.

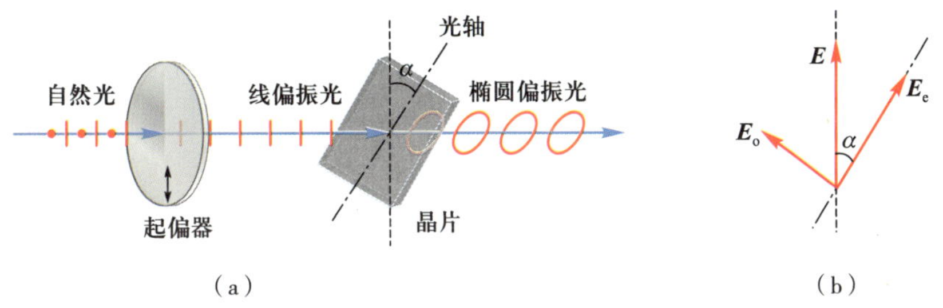

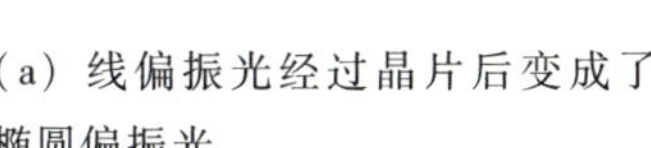

(a) 线偏振光经过晶片后变成了椭圆偏振光
(b) 线偏振光进入晶片后，其光矢量 $\boldsymbol{E}$ 分解为两垂直分量 $\boldsymbol{E}_e$ 和 $\boldsymbol{E}_o$

图 12-63

如果线偏振光的振动方向与晶片的光轴夹角为 45°，这时 e 光和 o 光的光振动振幅相等，从晶片出射的光为圆偏振光.

椭圆偏振光的椭圆形状取决于两个光振动的相位差.设入射光的波长为 λ，晶片厚度为 d，则 o 光和 e 光从晶片出射后的相位差为

$$\Delta\varphi=\frac{2\pi}{\lambda}(n_o-n_e)d \tag{12-43}$$

由此可见，相位差取决于晶片的厚度.如果

$$\Delta\varphi=\frac{2\pi}{\lambda}(n_o-n_e)d=\frac{\pi}{2}$$

相应的光程差为

$$\delta=(n_o-n_e)d=\frac{\lambda}{4}$$

这种能使 o 光和 e 光产生 $\lambda/4$ 光程差的晶片称为 **1/4 波片**（quarter-wave plate），其厚度为

$$d=\frac{\lambda}{4(n_o-n_e)} \tag{12-44}$$

线偏振光经 1/4 波片后，其出射光为正椭圆偏振光. 若

$$\Delta\varphi=\frac{2\pi}{\lambda}(n_o-n_e)d=\pi$$

则相应的光程差为

$$\delta=(n_o-n_e)d=\frac{\lambda}{2}$$

这种能使 o 光和 e 光产生 $\lambda/2$ 光程差的晶片称为**半波片**(half-wave plate)，其厚度为

$$d=\frac{\lambda}{2(n_o-n_e)} \tag{12-45}$$

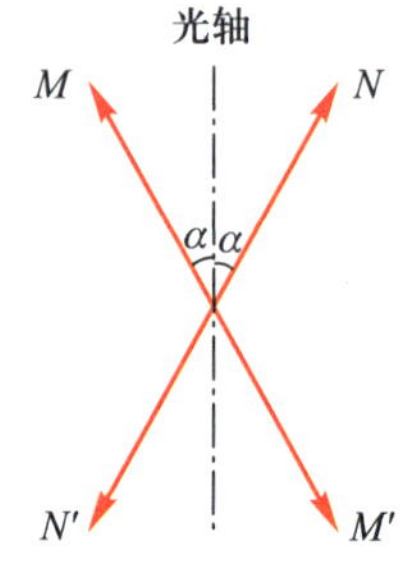

图 12-64 线偏振光通过半波片后仍为线偏振光，其振动面转过了 2α

线偏振光通过半波片后，其出射光仍为线偏振光，只是其振动面转过了 2α，如图 12-64 所示，图中 MM' 为入射偏振光的振动方向，NN' 为出射偏振光的振动方向.

值得注意的是：1/4 波片或半波片都是针对特定波长的入射光而言的，对应不同波长的入射光，其波片的厚度不同.

动画 光的各种偏振态（横屏观看）

★12-6-3 偏振光的干涉

光干涉的基本条件是：频率相同、振动方向相同以及有恒定的相位差. 偏振光只要满足这些条件就能产生干涉现象. 上一节在讨论椭圆偏振光时我们已经知道，当线偏振光通过晶片后将产生频率相同、具有恒定相位差的 o 光和 e 光，但是两束光的振动方向互相垂直，因此还不能产生干涉. 为使两束出射光具有相同的振动方向，我们可以在晶片后再加一块偏振片，偏振化方向与起偏器的偏振化方向相垂直，如图 12-65(a) 所示. o 光和 e 光的光矢量分别为 $\boldsymbol{E}_o$ 和 $\boldsymbol{E}_e$，只有平行于偏振化方向的分量 $\boldsymbol{E}_{o1}$ 和 $\boldsymbol{E}_{e1}$ 可以通过偏振片，如图 12-65(b) 所示. $\boldsymbol{E}_{o1}$ 和 $\boldsymbol{E}_{e1}$ 的量值分别为

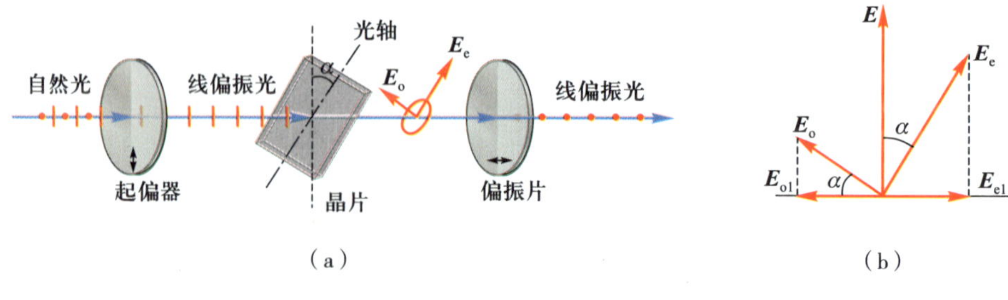

(a) o 光和 e 光通过偏振片后振动方向一致
(b) 线偏振光的光矢量为 $\boldsymbol{E}$，通过晶片后分解为 o 光和 e 光，两个光矢量分别为 $\boldsymbol{E}_o$ 和 $\boldsymbol{E}_e$. 然后进入偏振片，$\boldsymbol{E}_o$ 和 $\boldsymbol{E}_e$ 在偏振化方向的分量分别为 $\boldsymbol{E}_{o1}$ 和 $\boldsymbol{E}_{e1}$，出射后相互叠加产生干涉

图 12-65

$$E_{o1}=E_o\cos\alpha=E\sin\alpha\cos\alpha$$

$$E_{e1}=E_e\sin\alpha=E\cos\alpha\sin\alpha$$

由此可见，通过偏振片的两束光振幅相等，振动方向相同，又有恒定的相位差，因此可以产生干涉现象. 干涉结果取决于相位差

$$\Delta\varphi=\frac{2\pi}{\lambda}(n_o-n_e)d+\pi \tag{12-46}$$

式中的第一项是由于 o 光和 e 光在晶片内的传播速度不同而引起的相位差,第二项则是由于光矢量 $\boldsymbol{E}_o$ 和 $\boldsymbol{E}_e$ 的反向投影引起的附加相位差.当 $\Delta\varphi=\pm 2k\pi$ $(k=1,2,\cdots)$时,干涉加强;当 $\Delta\varphi=\pm(2k+1)\pi(k=0,1,2,\cdots)$时,干涉减弱.

在图 12-65(a)的实验装置中,如果改变偏振片的方位,使其偏振化方向与起偏器的偏振化方向一致,也能够产生干涉现象.其干涉加强或减弱的条件如何?这个问题留给读者自己考虑.

在地质和冶金工业中广泛应用的偏振光显微镜就是根据偏振光干涉原理制成的.由式(12-46)可知,相位差与波长 λ 和晶片的厚度 d 有关,如果用白光照射,就会产生彩色的干涉图样.这种由于偏振光干涉而出现色彩的现象称为**色偏振**(chromatic polarization).色偏振现象有着广泛的应用,可以用来鉴定材料是否存在双折射性质、揭示岩石材料的构成、分析矿物质的成分等.

★12-6-4 光弹效应与旋光现象

1. 光弹效应

有些各向同性的非晶体透明材料(如玻璃、塑料等)本无双折射性质,但是当它们在受到机械外力作用时,其内部会产生应力分布,从而导致光学上的各向异性,出现双折射性质,这种现象称为**光弹效应**(photoelastic effect).光弹效应为研究物体内部应力分布提供了有效的实验手段.可以把待分析的物体,如桥梁的钢架、建筑物的横梁或立柱以及各种机械零部件等,按相似理论,用透明的塑料制成模型,并根据实物的实际受力情况施力于模型.因为模型中各部位产生的应力不同,由此引起寻常光折射率与非常光主折射率的差值(n_o-n_e)不同,于是[根据式(12-46)]在观察干涉图样的屏幕上出现反映应力分布情况的干涉条纹.材料中某部位的应力越大,则该处材料的各向异性表现得越显著,干涉条纹也就越密集.图 12-66 是一幅起重机吊钩的应力分布光干涉图.

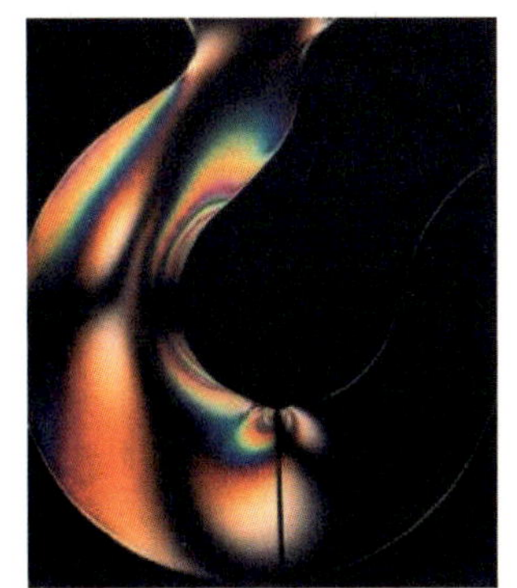

图 12-66 在研究物体内部应力分布的实验中,用吊钩的透明塑料模型取代晶片进行检测,观察到反映吊钩内部应力分布的偏振光干涉图样,黑色部位显示应力为零

2. 旋光现象

偏振光在通过某些物质后,其振动面会以光的传播方向为轴转过一个角度,如图 12-67 所示.这种现象称为**旋光现象**(optical rotatory phenomenon).具有旋光性质的物质称为**旋光物质**(optically active substance).石英晶体、糖溶液、酒石酸溶液等都是旋光物质.

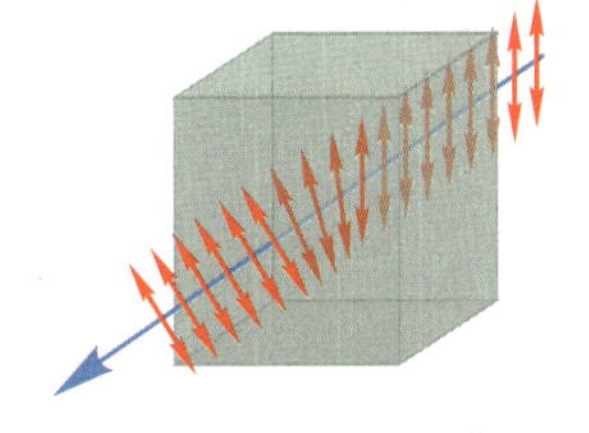

图 12-67 线偏振光通过旋光物质后,其振动面发生了旋转

旋光现象很容易在实验中进行观察,实验装置如图 12-68 所示,起偏器和检偏器的偏振化方向相互垂直,中间放置一个玻璃样品室.一束单色自然光入射,经起偏器起偏后变成了线偏振光,如果样品室中没有任何旋光物质,则在检偏器的视场中出现全暗;如果在样品室中存放旋光晶体或旋光溶液,则由于偏振光通过旋光物质后振动面转过了一个角度,检偏器的视场变得明亮.这时如

果旋转检偏器,使视场再次出现全暗,则检偏器转过的角度就是振动面转过的角度.

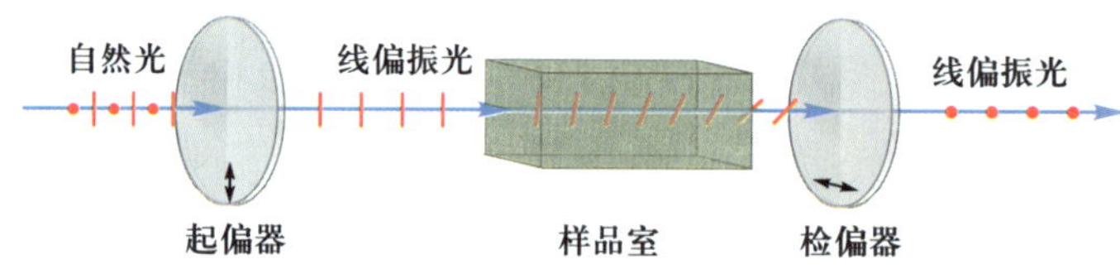

图12-68 检验旋光现象的实验装置

动画 左旋光和右旋光(横屏观看)

旋光物质可分为左旋和右旋两种,迎着光线射来的方向观察,使振动面按顺时针方向旋转的物质称为**右旋物质**(dextrorotatory substance);使振动面按逆时针方向旋转的物质称为**左旋物质**(levorotatory substance).左旋光、右旋光的动态演示见动画:左旋光和右旋光.偏振光通过旋光物质后,其振动面转过的角度称为**旋光度**(optical rotation).

实验表明,旋光度与偏振光通过旋光晶体的距离成正比.在入射光波长一定的情况下,旋转角度可表示为

$$\theta=\alpha d \tag{12-47}$$

对于旋光溶液则有

$$\theta=\alpha cd \tag{12-48}$$

以上两式中的 α 称为介质的**旋光率**(rotatory power),与物质的性质、温度、入射光的波长有关.α 等于光通过单位长度的旋光介质或溶液后偏振光振动面旋转的角度;d 为光在旋光物质中的传播距离;c 为溶液的浓度.旋光现象在生产实践中有广泛应用,例如在制糖工业中,利用糖溶液的旋光性测量其浓度.这种方法也可用于化学和制药工业中.

除了天然旋光物质外,利用人工方法也能使一些物质产生旋光现象.其中最为重要的是**磁致旋光**(magnetic optical rotation).这种旋光现象是在1845年发现的,称为**法拉第效应**.

在两相互正交的偏振片之间放入某种磁性物质样品,并在光的传播方向加上磁场,则发现线偏振光在通过样品后,其振动面发生了偏转.实验表明,磁致旋光度与样品的长度 l、所加磁场的磁感应强度 B 成正比,即

$$\theta=VlB \tag{12-49}$$

V 称为**韦尔代常量**(Verdet constant),与物质的性质和光的波长以及温度等有关.由于磁致旋光的产生和消失时间非常短(约 10^{-9} s),因此可以利用磁致旋光效应制成光隔离器,来控制光的传播.

思考题

12-1　若用两根细灯丝代替杨氏实验中的双缝,可否看到明暗相间的干涉条纹?

12-2　如图所示,杨氏双缝实验中,在一条光路上插入一块玻璃薄片,则原来中央干涉极大的明条纹将向哪侧移动?

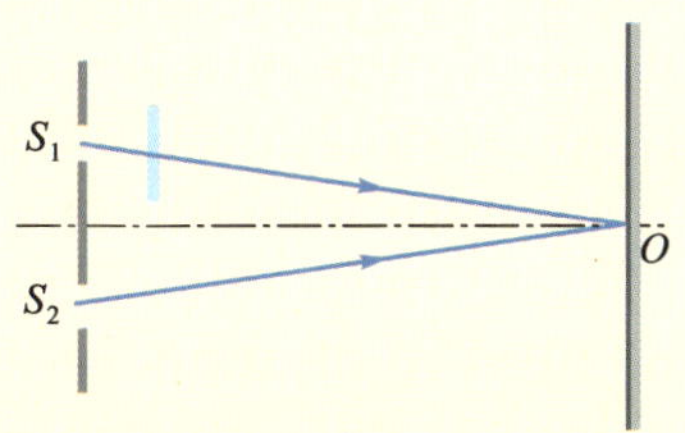

思考题 12-2 图

12-3　如果用声波取代杨氏双缝实验中的光波,情况会怎样,能实现声波的干涉吗? 如果能,则如何实现? 如果不能实现,为什么?

12-4　如果用 γ 射线来进行杨氏双缝干涉实验,能行吗? 如果不行,为什么? 如果行,请讨论其实验装置与用可见光进行实验的装置有何区别.

12-5　把整个杨氏双缝实验装置从空气中移入水中,则在屏幕上的干涉条纹有何变化?

12-6　如果某一红色相干光通过相距 25 cm 的两条平行狭缝,则在屏幕上能观察到干涉条纹吗? 请作出解释.

12-7　为什么我们观察不到日光照射在窗玻璃上的干涉条纹?

12-8　一层非常薄的肥皂膜(厚度远小于可见光的波长),折射率为 1.33.我们看上去会是一片漆黑,没有任何反射光.如果把同样厚度的肥皂膜覆盖在折射率为 1.50 的玻璃片上,看上去会是一片明亮,这是为什么?

12-9　设有两个几何形状相同的劈形膜,一个是劈形空气膜,另一个是玻璃劈形膜,如果分别用同样的单色光垂直照射,试比较它们的干涉条纹.

12-10　由两块平面玻璃片形成的劈形空气膜,若:(1)劈的上表面向上平移;(2)劈的上表面向右平移;(3)劈的上表面绕棱边转过一小角度,干涉条纹将分别发生怎样的变化?

12-11　在日常生活中,为什么声波的衍射比光波的衍射现象显著?

12-12　如图所示,用波长为 λ 的单色光垂直照射狭缝 AB.(1)若 $AP-BP=2\lambda$,则对 P 点来说,狭缝 AB 可分成几个半波带,P 点是明是暗? (2)若 $AP-BP=1.5\lambda$,P 点又怎样? (3)对另一点 Q 来说,若 $AQ-BQ=2.5\lambda$,则 Q 又怎样? P 点和 Q 点相比哪一点更亮些?

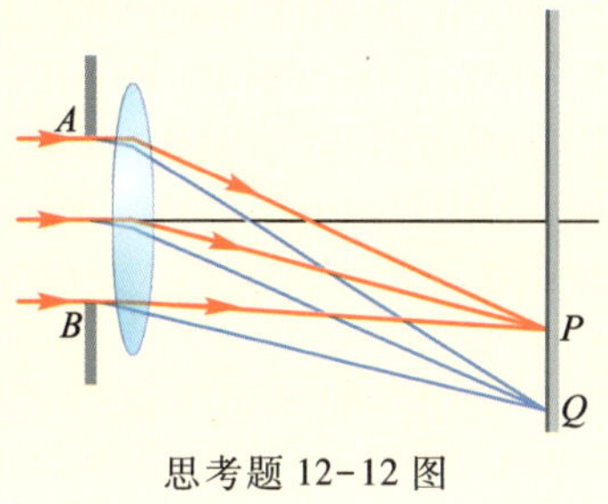

思考题 12-12 图

12-13　一些户外广场上的扩音喇叭,其喇叭口形状总是平行于地面方向较窄,而垂直于地面方向较宽,这是为什么?

12-14　为什么用衍射光栅比用杨氏双缝实验装置,能更准确地测量出光的波长?

12-15　为什么不能用一般光栅观察 X 射线衍射的现象,而需改用晶体的晶格作为光栅来观测?

12-16　倘若放大镜的放大倍数足够大,是否就可以看清任何细微的物体?

12-17　为什么天文望远镜的物镜直径都很大?

12-18　若要使线偏振光的光振动方向旋转 90°,最少需要几块偏振片? 这些偏振片怎样放置才能使透射光的光强最大?

12-19　现有一块偏振片和一块 1/4 波片,如何鉴别自然光和圆偏振光?

12-20 在双缝干涉实验装置的两狭缝后分别放两块偏振片.(1)若两块偏振片的偏振化方向相互垂直,单色自然光产生的干涉条纹有何变化?(2)若两块偏振片的偏振化方向相互平行,单色自然光产生的干涉条纹有何变化?(3)若在(1)中的一个狭缝后,紧贴偏振片再放一块光轴与偏振片偏振化方向成45°角的半波片,干涉条纹又将如何变化?

12-21 自然光与线偏振光、部分偏振光有何区别?用哪些方法可以获得线偏振光?

习题

12-1 用白光作为双缝实验中的光源,两缝间距为0.25 mm,屏幕与双缝距离为50 cm,问在屏上观察到的第二级彩色带有多宽?

12-2 在双缝实验中,两缝分别被折射率为n_1和n_2的透明薄膜遮盖,两者的厚度均为e.波长为λ的平行单色光垂直照射到双缝上,在屏中央处,求两束相干光的相位差.

12-3 如图所示,调频广播站的两个发射天线A和B相距12.0 m,同相位地发射出频率为107.9 MHz的广播信号.OC是AB的垂直平分线,其上的每一点均可获得一个干涉加强的广播信号.假设观测信号强度的点到AB连线的距离远大于12.0 m,(1)试求产生干涉加强的其他方位角α;(2)在什么方位角上信号强度为零?

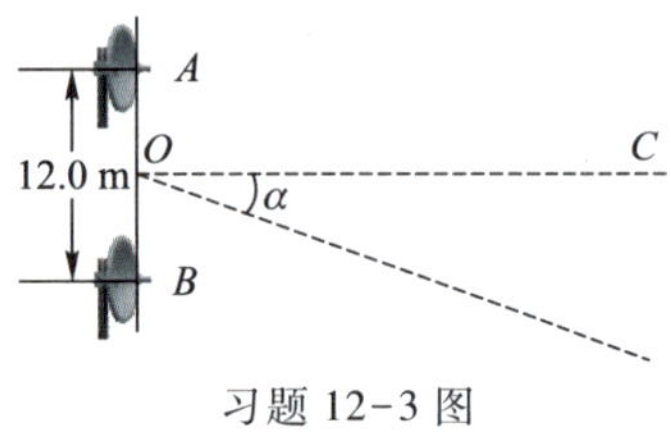

习题12-3图

12-4 波长为700 nm的红光和一束波长未知的单色可见光同时通过杨氏双缝实验装置,在屏幕上多数条纹都是这两种颜色的复合,但是在第三级主极大处出现了纯红色,求未知光的波长.

12-5 白光垂直照射到空气中一厚度为380 nm的肥皂膜上.试问肥皂膜正面呈现什么颜色?背面呈现什么颜色?设肥皂膜的折射率为1.33.

12-6 在折射率为1.52的玻璃镜头上镀一层折射率为$n=1.42$的透明薄膜,使白光中波长为650 nm的红色成分在反射中消失,求薄膜的最小厚度.

12-7 在空气中垂直入射的白光从肥皂膜上反射,在可见光谱中630 nm处有一干涉极大,而在525 nm处有一干涉极小,在极大与极小之间没有另外的极小,假定膜的厚度是均匀的,试问膜的厚度是多少?已知肥皂膜的折射率为1.33.

12-8 人的耳朵对3 500 Hz的声音频率特别敏感,这可以从人的耳道(耳的外部到耳鼓之间的一段,长度为2.5 cm左右)相当于一层增透膜来理解.请进一步说明之.

12-9 在迈克耳孙干涉仪的一条臂中,沿着臂长方向放置一根长为3.00 cm的真空管,真空管两端为透明玻璃.现向管内慢慢充入某种气体,直至管内气体的压强为标准大气压.在此过程中发现有35条明纹在屏幕上移过,求气体的折射率.(设干涉仪所用单色光的波长为633 nm.)

12-10 某种原油的折射率为1.25.一艘船在海上行驶时把1 m^3的这种原油泄露在海水中,造成水面污染.假设波长为500 nm的单色光垂直入射在海面上,经油层反射,出现一级干涉极大.试问:海面原油污染的面积有多大?(设海水的折射率为1.34.)

12-11 一种塑料透明薄膜的折射率为1.85,把它贴在折射率为1.52的车窗玻璃上,根据光干涉原理,以增强反射光强度,从而保持车内比较凉快.如果要使波长为700 nm的红光在反射中加强,则薄膜的最小厚度应该是多少?

12-12 利用劈形空气膜测量细丝的直径,如图所示.已知入射光波长为$\lambda=632.8$ nm,垂直入射.劈形膜长为$L=28$ cm,测得40条条纹的宽度为4.25 mm,求细丝的直径.

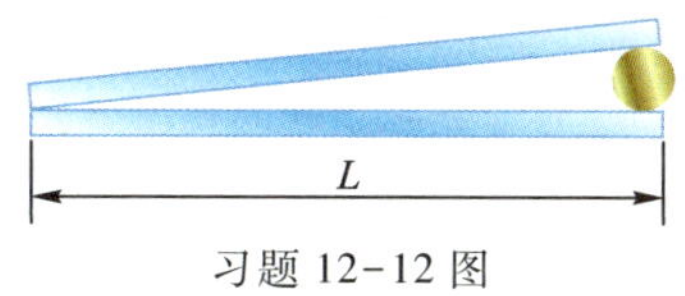

习题 12-12 图

12-13 在实际过程中要测量一工件表面的平整度，用一平晶（非常平的标准玻璃）放在待测工件上，使其间形成劈形空气膜，现用波长 $\lambda=500$ nm 的光垂直照射，测得如图所示的干涉条纹，问：(1)不平处是凸的还是凹的？(2)如果相邻明条纹间距 $l=2$ mm，条纹最大弯曲处与该条纹的距离 $t=0.8$ mm，则不平处的高度或深度是多少？

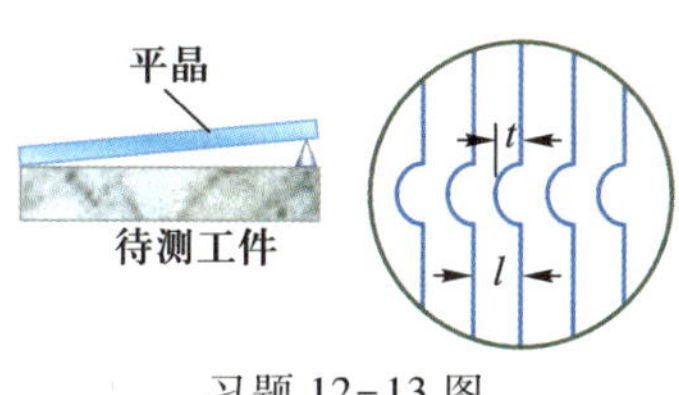

习题 12-13 图

12-14 已知一球面凹镜的曲率半径为 102.8 cm，将一块平凸透镜的凸面放在凹镜的凹面上，如图所示.如果用波长为 589.3 nm 的钠光照射，可观察到牛顿环，并测得第四级暗环的半径为 2.250 cm.求平凸透镜的曲率半径.

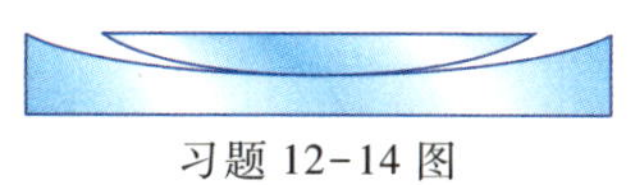

习题 12-14 图

12-15 用氦氖激光（$\lambda=632.8$ nm）作光源，迈克耳孙干涉仪中的反射镜 M_2 移动一段距离，这时数出干涉条纹移动了 780 条，求反射镜 M_2 移过的距离.

12-16 在夫琅禾费单缝衍射中，以波长 $\lambda=632.8$ nm 的氦氖激光垂直照射，测得衍射第一级极小的衍射角为 5°，求单缝的宽度.

12-17 在夫琅禾费单缝衍射中，波长为 λ 的单色光的第三级明纹与波长为 630 nm 的单色光的第二级明纹恰好重合，试计算波长 λ.

12-18 单色电磁辐射的波长为 λ，垂直照射在一狭缝上，在距狭缝 2.50 m 的屏幕上出现衍射条纹.如果中央明纹的宽度为 6.00 mm，则缝宽为多少？若(1)电磁辐射的波长为 $\lambda=500$ nm（可见光）；(2) $\lambda=50.0$ μm（红外线）；(3) $\lambda=0.500$ nm（X 射线）.

12-19 已知某一波长为 9.00 cm 的高频率声波穿过一宽度为 12.0 cm 的狭缝.一麦克风位于狭缝中点 A 前 40.0 cm 处的 O 点，如图所示.现将麦克风沿垂直于 AO 连线的方向移动，试问：麦克风移动到何处，将接收不到声音信号？

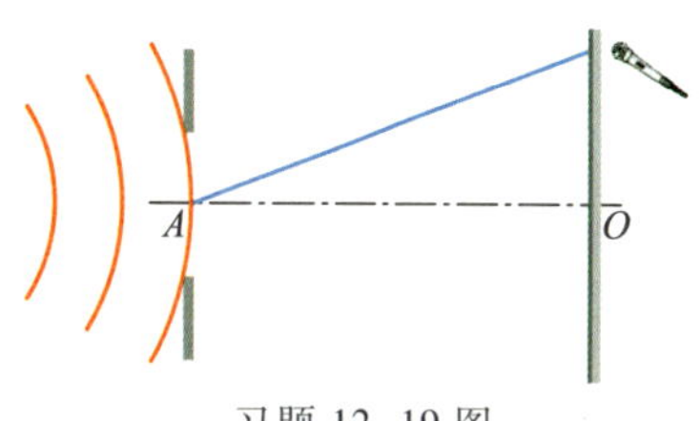

习题 12-19 图

12-20 为了测定一光栅的光栅常量，用波长 $\lambda=632.8$ nm的氦氖激光光源垂直照射光栅.已知第一级明条纹出现在 30°的方向上，问：(1)这光栅常量是多大？(2)这光栅的 1 cm 内有多少条缝？(3)第二级明条纹是否可能出现？为什么？

12-21 一平面透射光栅每厘米刻有 4 000 条栅纹，所形成氢原子光谱的 α 和 β 谱线对应的波长分别为 656 nm 和 486 nm.假设光垂直入射，求：(1)两条一级光谱线之间的角间距；(2)两条二级光谱线之间的角间距.

12-22 用波长为 632.8 nm 的单色光垂直照射一光栅，已知该光栅的缝宽 $a=0.012$ mm，不透光部分的宽度 $b=0.029$ mm，求：(1)单缝衍射图样的中央明纹的角宽度；(2)单缝衍射图样的中央明纹宽度内能看到的明纹数目；(3)若 $a=b=0.06$ mm，则能看到哪几级干涉明条纹.

12-23 设计一平面透射光栅，当用平行光垂直照射时，可以在衍射角 $\varphi=30°$方向上观察到 600 nm 的第二级主极大，却看不到 400 nm 的第三级主极大.

12-24 用每厘米有 5 000 条狭缝的平面透射光栅观察钠光谱（波长为 589 nm），问：(1)光垂直入射时，最多能看到第几级光谱；(2)光以入射角 30°入射，最多能看到第几级光谱.

12-25 两卫星位于 1 200 km 的高空，相距 28 km.如果它们分别发出波长为 3.6 cm 的微波，求刚能分辨这个两传输信号所需的最小碟形卫星接收天线的直径.

12-26 如果让你设计一架太空望远镜对木星进行观察,已知木星离地球的最近距离是 5.93×10^{8} km,要分辨木星上相距为 250 km 的两物体,望远镜的直径至少为多大?(设波长为 500 nm.)

12-27 波长为 0.168 nm 的平行 X 射线照射在食盐晶体的晶面上,已知食盐的晶格常量为 $d=0.28$ nm,试问当光线与界面分别成多大掠射角时,可观察到第一、二级反射主极大谱线?

12-28 波长为 0.097 nm 的 X 射线以与晶面成 30°的掠射角入射时,出现第一级明纹;另一未知波长的 X 射线以与晶面成 60°的掠射角入射时,出现第三级明纹.求未知 X 射线的波长.

12-29 用两个偏振片使一束光强为 I_0 的线偏振光的振动面旋转 90°,试问:(1)两块偏振片应如何放置才能达到目的?(2)透过两块偏振片后的线偏振光,其光强最大为多少?

12-30 一束线偏振光相继入射于两块偏振片上,第一块偏振片的偏振化方向相对于入射光的振动面成 θ 角,第二块偏振片的偏振化方向相对于入射光束的振动面成 90°角.试问透射光强度是入射光强度的 1/10 时的 θ 角为多大?

12-31 一束平行自然光以 58°角入射到平面玻璃表面上,反射光束是完全线偏振光.试问:(1)透射光束的折射角为多大?(2)玻璃的折射率为多大?

12-32 一束光是自然光和线偏振光的混合,当它通过一偏振片时发现透射光的强度取决于偏振片的取向,其强度可以变化 5 倍,问入射光中两种光的强度占总入射光强度的几分之几?

12-33 对于波长 589.3 nm(钠光)和 546.1 nm(汞灯绿光),试计算用方解石晶体制成的1/4波片的最小厚度.

12-34 一块厚度为 1.0×10^{-5} m 的方解石晶片,插入偏振化方向平行的两偏振片之间,设晶片的光轴与偏振片的偏振化方向成 45°角,则在可见光范围内哪些波长的光看不见?

* 12-35 已知一个曲率半径为 100.0 cm 的平凸透镜放在一块光学平面玻璃上,形成空气膜,如果用波长为 600.0 nm 的光照射,可观察到牛顿环.请用计算机编程来模拟牛顿环的干涉图像.

* 12-36 根据衍射光栅光强分布的关系式(12-39)编写程序描绘光栅衍射相对光强 I/I_0 与衍射角 φ 之间的关系曲线.

爱因斯坦（A.Einstein，1879—1955），德国出生的犹太人，因在 1905 年提出光量子假设解释了光电效应而获 1921 年诺贝尔物理学奖.他于 1905 年创建了狭义相对论，颠覆了人们对时间和空间的传统认识，并导出了质能关系式 $E=mc^2$，为现代核能利用奠定了理论基础.他于 1916 年创建了广义相对论，为人类打开了认识宇宙的天窗.

第 13 章 狭义相对论

在进入 21 世纪之即，加拿大《环球邮报》约请世界各地的读者评选“从公元 1001 年起，一千年内对世界最具影响的 100 位名人”.评选揭晓，荣居榜首的不是哪一位政治家、军事家，也不是哪一位哲学家或文学艺术大师，而竟然是物理学家爱因斯坦！足见这位科学巨人在物理学领域所做出的贡献对人类社会的文明和进步产生了多么深远的影响.

文档 爱因斯坦

1905 年是科学史上值得记取的一年，爱因斯坦在德国的《物理学年鉴》上发表了五篇意义非凡的论文，其中三篇具有划时代意义.其中一篇是关于布朗运动的理论研究，从数学上详尽地对布朗运动作出了解释.1905 年 3 月发表的一篇题为《关于光产生和转换的一个启发性观点》的论文发展了量子论，提出了光量子假说，解决了光电效应问题，爱因斯坦因此获得了 1921 年诺贝尔物理学奖。但是这篇文章还算不上是爱因斯坦最突出的代表作。他最具影响的一篇当属 1905 年 6 月发表的文章《论动体的电动力学》，文中以同时的相对性作为切入点，指出了“绝对时间”和“绝对空间”观念的错误，创立了全新的时空理论——**狭义相对论**（special relativity）.

13-1 基于绝对时空的力学理论

13-1-1 牛顿的绝对时空观

时间和空间是物质的基本属性，一切客观过程总是在一定的时间、空间中进行的.植物的生长从发芽、长叶、开花到结果，人们从事物发展的持续性、顺序性和阶段性感知到时间的存在.同样，人们从物质的存在和运动中又感知到空间的存在.我们周围的物体都有各自的形状、大小和远近，这些都反映出物质存在的空间特性，一般把它们称为物质的广延性.生活给了我们时间和空间的概念，它们似乎简单得连孩子都懂，但有时又觉得复杂和深奥，很难把它们说清楚.

物理学是研究物质结构、物质相互作用和运动规律的学科，而物质的相互作用和运动的发生都伴随有时间和空间这两个因素，因此，在从事物理学研究的同时，人们会自觉或不自觉地受到自己对时空认识的支配.1687 年，牛顿在他的《自然哲学的数学原理》一书中对时间下了定义，这就是“绝对的、真实的纯数学的时间，就其自身和其本质而言，是永远均匀流动的，不依赖于任何外界事物.”而对空间来说，牛顿在书中写道：“绝对的空间，就其本性而言，是与外界事物无关而永远是相同和不动的”.按照牛顿的观点，**时间和空间都是绝对的，与物质的存在和运动无关**.比如，宇宙飞船从地球飞向月球的过程中，飞船任何时刻离地球都有确定的距离，这段距离不依赖于观察者的运动状态，无论是飞船上的或是地面上的观察者，测量的结果应该相同；飞船登陆月球以后，宇航员测出打开舱门所用的时间与在地球上测出的这段时间也应该相同.人们把牛顿的这种观点称为**绝对时空观**.牛顿的力学体系就是建立在绝对时空观的基础上，并且体现在伽利略变换之中的.

13-1-2 伽利略变换 经典力学相对性原理

在牛顿力学中描述物体的运动必须确定一个惯性参考系.同一个物理事件，在不同的惯性系中进行测量，会得出不同的结果.伽利略变换反映了在不同惯性系中描写物体运动状态的物理量之间的关系.

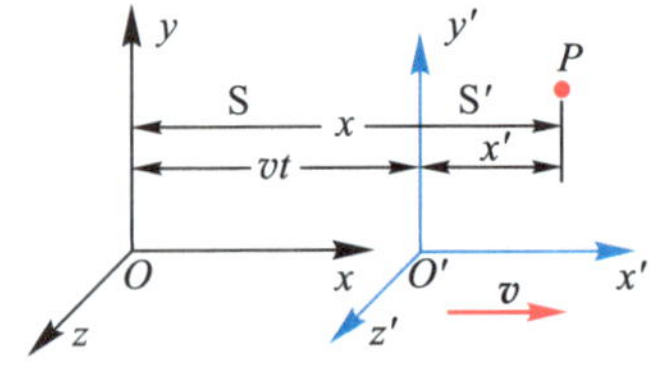

图 13-1 S′系相对于 S 系以速度 v 沿 x 方向运动.同一事件在不同坐标系中的时空坐标分别为 $P(x,y,z,t)$ 和 $P'(x',y',z',t')$

我们把某一时刻在空间某一地点上发生的物理现象称为一个事件，用 P 表示，例如，天空中的一次闪电，这一事件正好被地面上的观察者和一个在作匀速飞行的飞机驾驶员看到.如果把地面参考系称为“S 系”、飞机参考系称为“S′系”，他们分别记录下了事件发生的位置和时间为 $P(x,y,z,t)$ 和 $P'(x',y',z',t')$.设 S′系相对于 S 系沿 Ox 轴方向以速度 $\boldsymbol{v}$ 运动，并假定以两坐标系原点 O 与 O' 重合时作为计时起点 $t=t'=0$，如图 13-1 所示.在绝对时空理论中，由于事

件发生的时间与物体运动无关,因此两组时空坐标变换关系为

$$\begin{cases} x=x'+vt' \\ y=y' \\ z=z' \\ t=t' \end{cases} \quad 或 \quad \begin{cases} x'=x-vt \\ y'=y \\ z'=z \\ t'=t \end{cases} \tag{13-1}$$

上式称为**伽利略时空变换式**.两边对时间求导,可得**伽利略速度变换式**为

$$\begin{cases} u_x=u_{x'}+v \\ u_y=u_{y'} \\ u_z=u_{z'} \end{cases} \quad 或 \quad \begin{cases} u_{x'}=u_x-v \\ u_{y'}=u_y \\ u_{z'}=u_z \end{cases} \tag{13-2a}$$

其矢量形式表示为

$$\boldsymbol{u}=\boldsymbol{u}'+\boldsymbol{v} \tag{13-2b}$$

速度变换式两边对时间求导,可得加速度关系式,即

$$\begin{cases} a_x=a_{x'} \\ a_y=a_{y'} \\ a_z=a_{z'} \end{cases} \tag{13-3a}$$

其矢量形式表示为

$$\boldsymbol{a}=\boldsymbol{a}' \tag{13-3b}$$

上式表明,从不同的惯性参考系来考察同一物体的运动状态,其加速度相同.由于经典力学认为物体的质量 m 与运动无关,因此牛顿运动方程 $\boldsymbol{F}=m\boldsymbol{a}$ 和 $\boldsymbol{F}'=m\boldsymbol{a}'$在任意两个不同惯性参考系中其形式保持不变.由此可以推断**牛顿力学的一切规律在伽利略变换下其形式保持不变**,或者说**力学规律对于一切惯性参考系都是等价的**.人们把这一规律称为**力学相对性原理**.由力学相对性原理可以得出结论:用力学实验的方法不可能区分不同的惯性参考系.

13-1-3 迈克耳孙-莫雷实验

由伽利略速度变换式(13-2a)可知,对于不同的惯性系,物体的运动速度不同.但是麦克斯韦电磁场理论告诉我们,光(电磁波)在真空中的传播速度为一常量 $c=3\times10^8\ \text{m}\cdot\text{s}^{-1}$.这就引出了一个问题,麦克斯韦理论中的光速究竟是相对于哪个参考系而言的?于是人们猜测应该存在一个绝对静止的参考系,相对于绝对静止参考系的光速才是麦克斯韦理论中的常量.

此外,由于当时力学理论的巨大成功使得许多著名的物理学家都不同程度地受到机械唯物论思想的影响.英国物理学家 J.J.汤姆孙的一句话代表了当时许多人的观点:“一切物理现象都能够从力学的角度来说明,这是一条公理,整

个物理现象就建立在这条公理上.”人们认为电磁波和机械波的传播机制一样,也必须在某种弹性介质中才能传播.于是就猜测,宇宙中存在一种看不见的弹性介质,称为“以太”(ether).以太无所不在,充满整个宇宙,并且认为以太应该是绝对静止的参考系.电磁波在以太中的传播速度约为 $3\times10^8\ \mathrm{m\cdot s^{-1}}$.只有相对以太作匀速直线运动的物体才是真正的惯性参考系.于是人们开始寻找以太,寻找绝对参考系.

试想,如果以太确实存在,则当地球在以太中绕太阳以近 $3\times10^4\ \mathrm{m\cdot s^{-1}}$ 的速率高速运行时,在地球上应当感受到“以太风”.人们开始通过各种电学的或光学的实验来证实以太的存在,但是都得出了否定的结果.其中最著名的实验当属 1887 年由迈克耳孙和莫雷(E.W.Morley,1838—1923)所做的“以太漂移”实验.

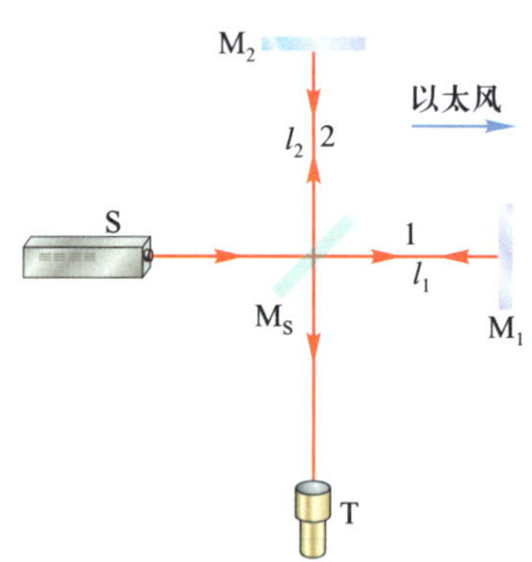

图 13-2 迈克耳孙-莫雷实验原理图

将一台迈克耳孙干涉仪置于地球上的某处,图 13-2 是实验装置的原理图.从光源 S 发出的光,经半镀银镜 M_S 分为两束.光束 1 射向平面镜 M_1,反射回来后又经 M_S 反射进入望远镜 T;光束 2 射向平面镜 M_2,反射后透过 M_S 进入望远镜 T.设以太风沿着光束 1 的方向吹来.实验中使干涉仪的两条臂相等,$l_1=l_2=l$,且 M_1 和 M_2 严格垂直,那么,在望远镜中就可以看到光干涉条纹.

设地球相对以太的速率为 v(也即以太风相对地球的反向速率),并以固定在地球上的实验装置为运动参考系,首先分析光束 1:按伽利略速度变换,它从 M_S 向 M_1 传播时速率为 $c+v$,如图 13-3(a)所示;从 M_1 返回 M_S 时速率为 $c-v$,如图 13-3(b)所示,因此一个来回所需的时间是

$$t_1=\frac{l}{c+v}+\frac{l}{c-v}=\frac{2l}{c}\left(1-\frac{v^2}{c^2}\right)^{-1}$$

再分析光束 2:它从 M_S 向 M_2 传播时的速率和从 M_2 返回时的速率相等,均为 $\sqrt{c^2-v^2}$,如图 13-3(c)所示,往返一次需要时间

$$t_2=\frac{2l}{\sqrt{c^2-v^2}}=\frac{2l}{c}\left(1-\frac{v^2}{c^2}\right)^{-\frac{1}{2}}$$

光束 1 和光束 2 在两条臂中往返的时间差为

$$\Delta t=t_1-t_2=\frac{2l}{c}\left[\left(1-\frac{v^2}{c^2}\right)^{-1}-\left(1-\frac{v^2}{c^2}\right)^{-\frac{1}{2}}\right]$$

因为 $v^2/c^2\ll1$,由近似关系式 $(1-x)^n\approx1-nx\,(x\ll1)$,得

$$\Delta t=t_1-t_2\approx\frac{lv^2}{c^3}$$

两束光的光程差为

$$\delta=c(t_1-t_2)=\frac{lv^2}{c^2}$$

因此干涉仪中会看到干涉条纹.然后把整个仪器旋转 90°,即两条臂互换位置,其光程差数值不变,但正负号相反.可见,这一旋转引起光程差改变了 2δ,在望远镜中将观察到干涉条纹的移动,视场中条纹移动的条数为

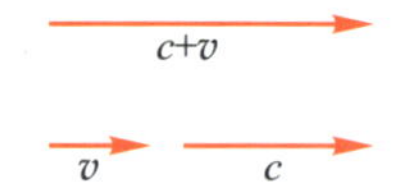

(a) 光顺着以太风方向传播

(b) 光逆着以太风方向传播

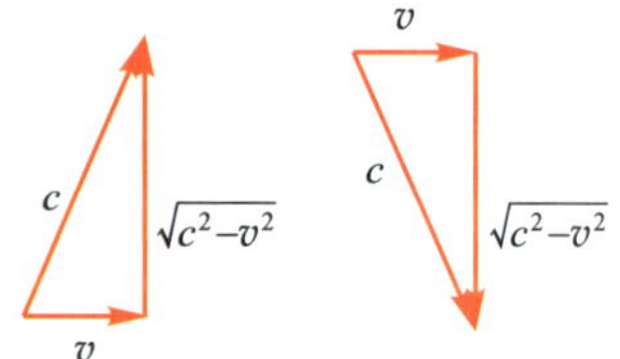

(c) 光相对于地球的速度垂直于以太风的方向

图 13-3

$$\Delta N=\frac{2\delta}{\lambda}=\frac{2lv^2}{\lambda c^2}$$

地球相对于以太的速率 v,取地球绕太阳公转速率 $v=3\times10^4\ \mathrm{m\cdot s^{-1}}$,在实验时所用光的波长为 $\lambda\approx590\ \mathrm{nm}$,干涉仪的臂长约为 10 m.由上式计算出 $\Delta N\approx0.4$,也就是说,如果存在以太,则应有 0.4 条条纹的移动.然而,实验结果只看到 0.01 条条纹的移动,而干涉仪的精度也为 0.01 条条纹,所以这显然是实验误差带来的结果,绝非由于存在以太所引起的条纹移动.

迈克耳孙-莫雷实验的零结果给 19 世纪的物理学家带来了莫大的困惑.如果以太不存在,则意味着绝对参考系的不存在,基于绝对时空的牛顿力学将失去其根基,这是人们决不愿意接受的.著名英国物理学家开尔文把“以太漂移”实验的零结果称为“笼罩在物理学晴朗天空上的一朵乌云”.

13-2 狭义相对论基本原理与时空的相对性

13-2-1 狭义相对论基本原理

正当人们为“以太漂移”实验的零结果绞尽脑汁,试图对其作出解释的时候,爱因斯坦却在 1905 年创建了狭义相对论,并以其敏锐的洞察力预言:“我们发现不了以太的原因是以太根本就不存在”.狭义相对论构建了一套全新的时空结构,时间和空间不再被认为是绝对的,它们只有相对意义,并与物质运动有关.整个理论建立在两条基本假设之上,它们分别是:

(1) **狭义相对论的相对性原理:在所有惯性系中,物理定律的表达形式都相同**.即所有惯性系都应该是彼此等价和平权的,不存在特殊地位的绝对参考系.显然,狭义相对论的相对性原理是力学相对性原理的推广,把力学规律的等价性推广为一切物理规律的等价性.

(2) **光速不变原理:在所有惯性系中,真空中的光速具有相同的量值** c.据此可知,以地球作为参考系,无论光向什么方向传播,其速率都是 c,因此在迈克耳孙-莫雷实验中不会出现干涉条纹的移动.

13-2-2 时空的相对性

1. 同时性的相对性

对时间或时间间隔进行测量,必然要涉及“同时”这一基本概念.我们说火车7点钟到达北京站，意指在火车到站那一刻，我们手表的指针正好指到7点，两事件同时发生.凭借生活经验，无论是车上的旅客还是站台上的接客者都是这么认为的，即同时不依赖于不同的惯性参考系.但是，从爱因斯坦的光速不变原理出发却会导出一个似乎“违背常理”的结论：“同时”与所选择的参考系有关.

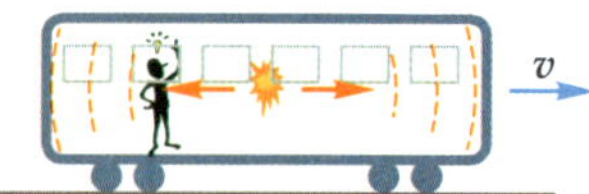

(a) 车厢以速度 $\boldsymbol{v}$ 作匀速直线运动，以车厢为参考系，光脉冲同时到达车厢的前后两端

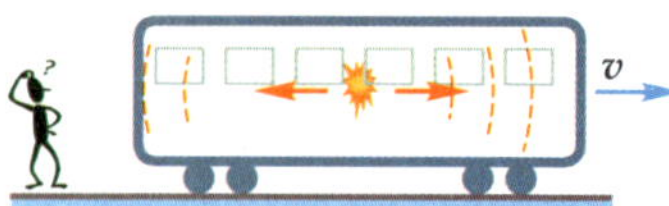

(b) 车厢以速度 $\boldsymbol{v}$ 作匀速直线运动，以地面为参考系，光脉冲先到达车厢的后端，然后到达车厢的前端

图 13-4

设想有一列火车相对于地面作匀速直线运动，车厢里的乘客以车厢为参考系（S′系），发现车厢中央有一光源发出一个光脉冲，以速度 c 分别向前和向后传播，同时到达车厢的两端，如图 13-4(a)所示.地面上的一位观察者也看到了车厢中央的光源发出一个光脉冲，他以地面作为参考系（S系），按光速不变原理，光向前和向后的传播速率也是 c，但是火车在向前运动，在光传播的过程中车厢向前移动了一段距离，因此他看到光先到达车厢的后端，然后再到达前端，如图 13-4(b)所示.显然，在车厢里测得同时发生的两个事件，在地面上看来并不同时，这就是同时的相对性.

动画 同时的相对性

2. 时间延缓

从不同的惯性参考系测量事件发生的时间间隔情况又将如何呢？

让我们来探讨一个思想实验.设车厢以速度 $\boldsymbol{v}$ 作匀速直线运动，以车厢为惯性系 S′，以地面为惯性系 S.事件1是位于车厢地板上 B 处的一个光源垂直往上发出一个光脉冲；事件2是 B 处接收到一个反射光脉冲，反射光来自车厢顶部，且距光源为 d 的一个镜面，如图 13-5(a)所示.对于车厢内的观察者来说，两个事件发生在同一地点，测得两事件的时间间隔为

$$\Delta t_0=\frac{2d}{c} \tag{13-4}$$

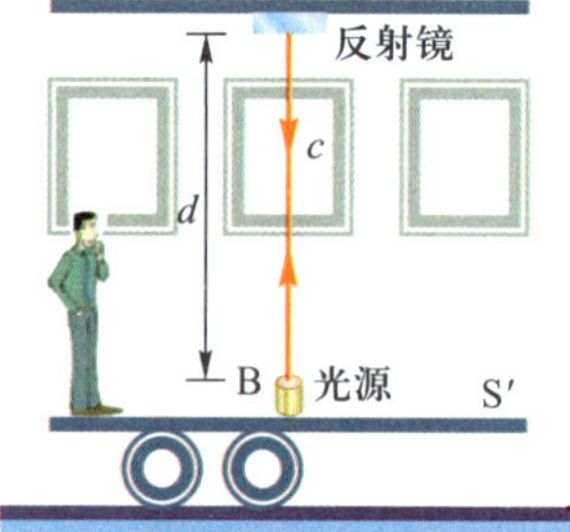

(a) 车厢内的观察者发现，光的发射和接收发生在同一个地点

在地面参考系 S 中的观察者，看到这两个事件并不发生在空间同一个地点.在时间 Δt 内，光源相对于 S 系运动了一段距离 $v\Delta t$，如图 13-5(b)所示.在 S′系中，光的全程为 $2d$，而在 S 系中为斜线 $2l$（$l>d$），利用几何关系可得

$$l=\sqrt{d^2+\left(\frac{v\Delta t}{2}\right)^2}$$

由于光速不变，在 S 系中光的速率也是 c，所以有

$$\Delta t=\frac{2l}{c}=\frac{2}{c}\sqrt{d^2+\left(\frac{v\Delta t}{2}\right)^2}$$

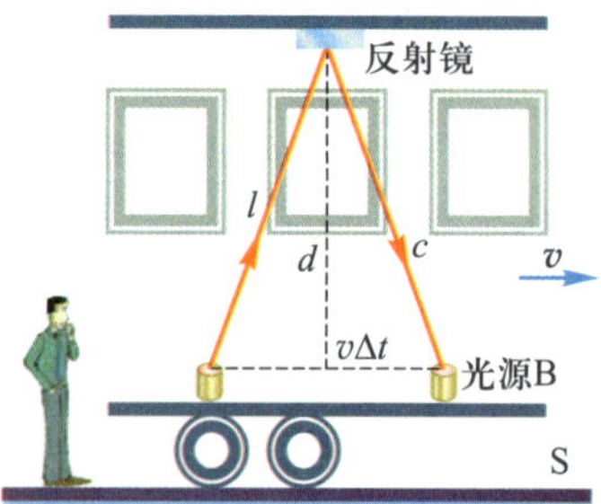

(b) 在 S 系中，光的发射和接收不是在同一个地点，整个过程中光走过的距离是 $2l$

图 13-5

从式(13-4)中解出 d，并代入上式得

$$\Delta t=\frac{2l}{c}=\frac{2}{c}\sqrt{\left(\frac{c\Delta t_0}{2}\right)^2+\left(\frac{v\Delta t}{2}\right)^2}$$

将上式等号两边平方，解出 Δt 为

$$\Delta t=\frac{\Delta t_0}{\sqrt{1-\frac{v^2}{c^2}}} \tag{13-5}$$

以上结果虽是由一个特例推出，但它却有普遍意义.由于 $v<c$，$\sqrt{1-v^2/c^2}<1$，因此 $\Delta t>\Delta t_0$.通常把在某一参考系中同一地点先后发生的两个事件的时间间隔称为**固有时**（proper time）.显然，在S系记录下两事件的时间间隔大于在S′系中记录到的固有时.这一效应称为**时间延缓**（time dilation）.时间延缓表明了时间间隔的相对性.如果用钟走得快慢来说明，由于S′系以速度 $\boldsymbol{v}$ 相对于S系运动，那么，S系中的观察者把固定于S系中的钟与固定在S′系中的钟进行比较，将会发现S′系中的钟走慢了.

如果把光源和反射镜都固定于地面惯性系S中进行实验，则通过类似的分析和计算，就会得到S系中的钟比S′系中的钟走得慢了.这表明，所有惯性系是等价的，没有一个钟指示的时间是绝对时间，即相对论认为的时间是相对的.

由式（13-5）可以看出，当 $v\ll c$ 时，$\Delta t\approx\Delta t_0$.这就是说，在运动速度远小于光速的情况下，时间测量与参考系无关.这就是经典力学的绝对时间观念.

相对论的时间延缓效应已被实验所证实，请看下面的例题.

例 13-1

μ子是一种不稳定的粒子.以其自身为参考系，测得它的平均寿命为 2×10^{-6} s，此后就衰变为电子和中微子.宇宙射线与上层大气相互作用产生的μ子，其速率为 $0.998c$，试问为什么它能够穿透 9 000 m 厚的大气层而到达地面实验室.

解 地面上的观察者按经典理论计算，μ子在大气层中可以通过的距离为

$$d_1=v\Delta t_0=(0.998\times3\times10^8\times2\times10^{-6})\ \mathrm{m}\approx600\ \mathrm{m}$$

因此，按μ子的平均寿命，它似乎不可能到达地面，这与实验结果 9 000 m 不符.

但是，考虑到相对论的时间延缓效应，从实验室参考系来观测，μ子的平均寿命应为

$$\Delta t=\frac{\Delta t_0}{\sqrt{1-v^2/c^2}}=\frac{2\times10^{-6}}{\sqrt{1-0.998^2}}\ \mathrm{s}=3.16\times10^{-5}\ \mathrm{s}$$

μ子在这段时间通过的平均距离为

$$v\Delta t=0.998\times3\times10^8\times3.16\times10^{-5}\ \mathrm{m}\approx9\ 461\ \mathrm{m}$$

这与实验结果基本符合.

3. 长度收缩

时间间隔具有相对性，那么空间长度是否也具有相对性呢？通常，在相对于物体静止的参考系中要测量其长度可以分别先后记录下物体两端点的坐标位置，然后算出这两坐标位置之间的长度.但是要测量运动物体的长度，就必须同时测量物体两端的坐标位置，然后确定其长度.如果对两端坐标位置的测量有先后，则由于物体在运动，所以必然导致测量结果的错误.我们已经知道同时性是一个与参考系有关的相对概念，因为这个概念已经进入到测量空间长度的操作中，所以长度也必然是一个与参考系有关的相对量.

我们来探讨一个思想实验.设地面为S系，运动的车厢为S′系，S′系相对于S系以速度 $\boldsymbol{v}$ 沿 Ox 轴运动.在S′系中放置一把米尺，一端固定一个光源，另一端固

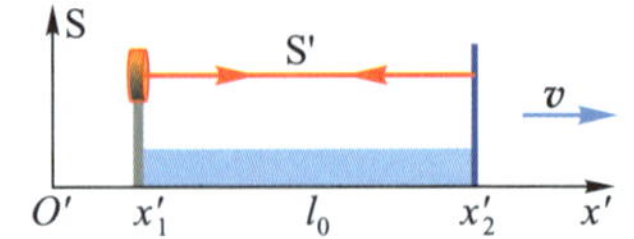

(a) 在相对于物体静止的参考系中记录下物体两端的坐标位置 x_1' 和 x_2'，其长度为 $l_0=x_2'-x_1'$

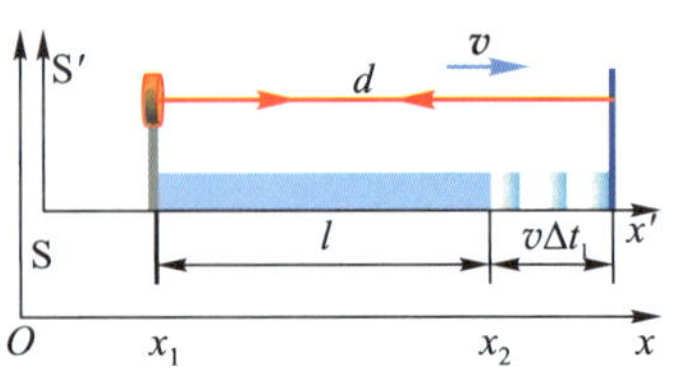

(b) 在 S 系中测量米尺的长度为 l，光脉冲从光源传播到反射镜的时间是 Δt_1，这期间米尺向右移动了距离 $v\Delta t_1$

图 13-6

定一面反射镜.米尺静止于 S′系中，在该系中测得的长度为 l_0，见图 13-6(a).

现从光源发射出一个光脉冲，它从光源到镜面再从镜面反射回光源.如果由 S′系中的观察者来测量，全程所需要的时间为

$$\Delta t_0=\frac{2l_0}{c}$$

因为光的出发点和返回点发生在 S′系中的同一地点，所以上式中的 Δt_0 是固有时间.接着，从 S 系来测量同样两事件发生的时间间隔.假设在 S 系中测得的米尺长度为 l，光脉冲从光源传播到反射镜的时间是 Δt_1.在这一时间段中，米尺向右移动了距离 $v\Delta t_1$，如图 13-6(b)所示，因此，光脉冲从光源抵达反射镜经过的路程是

$$d=l+v\Delta t_1$$

因为在 S 系中光脉冲的速率也是 c，所以有

$$d=c\Delta t_1$$

由以上两式消去 d 后，可得

$$\Delta t_1=\frac{l}{c-v}$$

注意：上式中将 l 除以 $c-v$ 并不意味着光以速率 $c-v$ 行进.同理，我们可以得到光脉冲从反射镜返回到光源的时间为

$$\Delta t_2=\frac{l}{c+v}$$

全程所用时间是 $\Delta t=\Delta t_1+\Delta t_2$，即

$$\Delta t=\frac{l}{c-v}+\frac{l}{c+v}=\frac{2l}{c(1-v^2/c^2)}$$

由时间延缓公式(13-5)，消去 Δt 可得

$$\frac{2l}{c(1-v^2/c^2)}=\frac{\Delta t_0}{\sqrt{1-v^2/c^2}}=\frac{2l_0}{c\sqrt{1-v^2/c^2}}$$

解得

$$l=l_0\sqrt{1-v^2/c^2} \tag{13-6}$$

由于 $\sqrt{1-v^2/c^2}<1$，因此 $l<l_0$，即，从 S 系测得运动尺的长度 l 要比从相对于该尺静止的 S′系中测得的长度 l_0 缩短了.这一效应称为**长度收缩**(length contraction).我们把 l_0 称为**固有长度**(proper length)，它是在相对于物体静止的惯性系中测得的长度。显然当 $v\ll c$ 时，$l\approx l_0$，这就是牛顿的绝对空间.需要注意的是，长度收缩只发生在物体运动的方向上，在与运动垂直的方向上长度不受影响.

长度收缩与时间延缓一样,也是一种相对论效应.

例 13-2

假设飞船以 0.990c 的速度飞行,飞船上的机组人员测得飞船的长度为 60 m.问地球上的观察者测得飞船的长度是多少?

解 根据题意,固有长度 $l_0=60\ \text{m}$,由长度收缩公式,地面上观察者测得飞船的长度为

$$l=l_0\sqrt{1-\frac{v^2}{c^2}}=60\ \text{m}\times\sqrt{1-0.990^2}$$
$$=8.46\ \text{m}$$

13-3 洛伦兹变换

13-3-1 洛伦兹变换

力学相对性原理告诉我们,一切力学规律在伽利略变换下形式保持不变.然而爱因斯坦则把力学相对性原理推广为狭义相对论的相对性原理,即一切物理规律在不同的惯性系中是等价的.那么,在什么样的变换关系下才能保证物理规律在不同惯性系中具有相同的形式呢?

设在惯性系 S 中观测到在时空坐标(x,y,z,t)处发生了一个事件 P,同一事件发生在惯性系 S′中的(x',y',z',t')处.设 S′系相对于 S 系沿 Ox 轴方向以恒定速度 $\boldsymbol{v}$ 运动,如图 13-7 所示.令在 $t=t'=0$ 时,两惯性系的坐标原点 O 与 O' 重合.

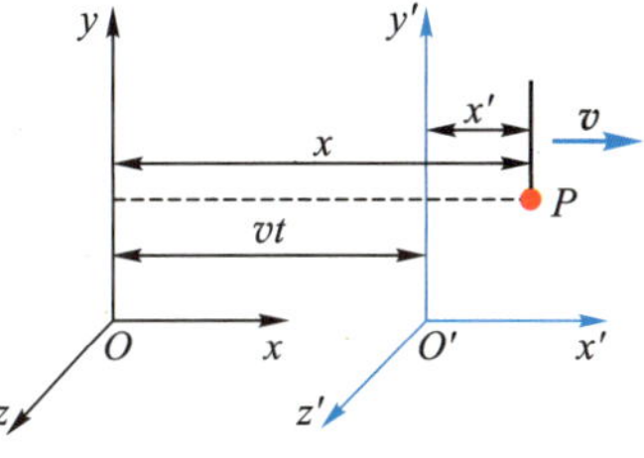

图 13-7 在 S 系中测量,原长 x' 收缩为 $x'\sqrt{1-v^2/c^2}$

在 S 系中观测,t 时刻 O'离开 O 的距离为 vt.

注意到 $O'x'$是 S′系中的固有长度,从 S 系看它的长度为 $x'\sqrt{1-v^2/c^2}$,因此有

$$x=vt+x'\sqrt{1-v^2/c^2} \tag{13-7}$$

将两惯性系的时空坐标整理后得

$$x'=\frac{x-vt}{\sqrt{1-v^2/c^2}} \tag{13-8a}$$

上式是以 x 和 t 来表示 x'的坐标变换式;同样,从 S′系来看,S 系相对于它以速度 $\boldsymbol{v}$ 沿 $O'x'$轴的相反方向运动,因此坐标的逆变换式为

$$x=\frac{x'+vt'}{\sqrt{1-v^2/c^2}} \tag{13-8b}$$

把(13-8a)和(13-8b)两式联立,消去 x',可得时间变换式

$$t'=\frac{t-vx/c^2}{\sqrt{1-v^2/c^2}} \tag{13-9a}$$

其逆变换式为

$$t=\frac{t'+vx'/c^2}{\sqrt{1-v^2/c^2}} \tag{13-9b}$$

如前所述,在垂直于相对运动的方向上,长度不受运动的影响,所以有 $y'=y$ 和 $z'=z$. 以上的坐标变换和时间变换关系称为**洛伦兹变换**[①](Lorentz transformation).归纳起来,有

$$\begin{cases} x'=\dfrac{x-vt}{\sqrt{1-v^2/c^2}} \\ y'=y \\ z'=z \\ t'=\dfrac{t-vx/c^2}{\sqrt{1-v^2/c^2}} \end{cases} \quad 和 \quad \begin{cases} x=\dfrac{x'+vt'}{\sqrt{1-v^2/c^2}} \\ y=y' \\ z=z' \\ t=\dfrac{t'+vx'/c^2}{\sqrt{1-v^2/c^2}} \end{cases} \tag{13-10}$$

在洛伦兹变换下,一切物理规律(包括麦克斯韦方程)的形式保持不变.与伽利略变换相比,洛伦兹变换中的时间坐标与空间坐标互有关联,二者构成不能分割的**四维时空**.我们再也不能够说空间和时间具有绝对的意义,而与参考系无关了.

当运动速度远小于光速时,$v^2/c^2\to 0$,洛伦兹变换转变为伽利略变换,$t=t'$.这说明牛顿力学仅是相对论力学在速度远小于光速情况下的一个特例.在宏观领域中,宇宙速度已是相当大的一个量值,其数量级为 $10^4\ \text{m}\cdot\text{s}^{-1}$,与光速相比,$v^2/c^2=10^{-8}$.可见在宏观领域中用牛顿力学处理问题已是足够精确了,这也说明了为什么几千年来人们把时间和空间都看成独立的、绝对的原因.

假设 $v>c$,则 $\sqrt{1-v^2/c^2}$ 为一虚数,没有实际的物理意义.这说明两参考系的相对速度不可能大于或等于光速.由于参考系总是借助于一定的物体而确定的,因此可以得出结论:**真空中的光速是一切客观实体的速度极限**.在美国加利福尼亚的斯坦福直线加速器中,电子已被加速到 0.999 999 999 7c 的速率,但始终没能超过 c.

---

① 1892年,荷兰物理学家洛伦兹为解释"以太漂移"实验的零结果提出了"收缩假设",认为物体在运动方向上发生了收缩,其收缩因子为 $\sqrt{1-v^2/c^2}$.同年他开始着手研究运动物体的电动力学问题,认为以太是电磁场的载体.由于所有证明以太漂移的实验都失败了,因此洛伦兹认为平移参考系中的电磁学规律的形式应当和静止系中的一样.于是又经过十多年的努力,他得到了我们现在所用的洛伦兹变换式.按照这套变换式,他称这些方程是协变的.因为 S′系和 S 系中的电磁规律和光学规律都相同.这就说明在地球上所做的任何光学和电学的实验,都不可能发现地球相对于以太的运动.

虽然洛伦兹提出了正确的变换方程,但他把这些方程看成一种纯粹的数学手段,把变换式中的 t' 称为"地方时",认为它是一个数学辅助量,而不是真正的时间;而真实的、普遍的空间和时间坐标是相对于静止以太参考系的坐标.

1915年,洛伦兹在总结自己没有提出相对论的原因时说:我失败的主要原因是我墨守这一概念,只是把时间 t 认为是真实的,而地方时 t' 不过是一个数学的辅助量而已.虽然有上述缺点,但洛伦兹对于相对论的建立所作出的贡献是重大的.爱因斯坦对洛伦兹的贡献作过很高评价:"狭义相对论是洛伦兹理论和相对性原理的结合."

13-3-2 相对论速度变换

根据洛伦兹变换，可以导出相对论速度变换式. 设运动质点 P 在 S 系和 S′ 系中的时空坐标分别为 (x,y,z,t) 和 (x',y',z',t')，质点 P 的速度分量分别为 (u_x,u_y,u_z) 和 (u'_x,u'_y,u'_z)；S′系相对于 S 系沿 Ox 轴方向的运动速度为 $\boldsymbol{v}$. 按速度的定义有

$$u_x=\frac{\mathrm{d}x}{\mathrm{d}t},\quad u_y=\frac{\mathrm{d}y}{\mathrm{d}t},\quad u_z=\frac{\mathrm{d}z}{\mathrm{d}t}\quad (\text{S 系})$$

$$u'_x=\frac{\mathrm{d}x'}{\mathrm{d}t'},\quad u'_y=\frac{\mathrm{d}y'}{\mathrm{d}t'},\quad u'_z=\frac{\mathrm{d}z'}{\mathrm{d}t'}\quad (\text{S}'\text{系})$$

在洛伦兹变换式中分别取 x'、t' 的微分，按上述速度的定义式，便可以计算得到相对论速度变换式，即

$$\left.\begin{aligned}u'_x&=\frac{u_x-v}{1-\dfrac{u_xv}{c^2}}\\u'_y&=\frac{u_y\sqrt{1-v^2/c^2}}{1-\dfrac{u_xv}{c^2}}\\u'_z&=\frac{u_z\sqrt{1-v^2/c^2}}{1-\dfrac{u_xv}{c^2}}\end{aligned}\right\}\tag{13-11a}$$

用同样的方法可得式(13-11a)的逆变换式，即

$$\left.\begin{aligned}u_x&=\frac{u'_x+v}{1+\dfrac{u'_xv}{c^2}}\\u_y&=\frac{u'_y\sqrt{1-v^2/c^2}}{1+\dfrac{u'_xv}{c^2}}\\u_z&=\frac{u'_z\sqrt{1-v^2/c^2}}{1+\dfrac{u'_xv}{c^2}}\end{aligned}\right\}\tag{13-11b}$$

应当注意，与经典力学的速度变换不同，虽然 S′系相对于 S 系沿 Ox 轴方向运动，但不仅速度的 x 分量要变换，而且 y 分量和 z 分量也要变换.

当 $v\ll c$ 时，相对论速度变换式过渡到经典力学速度变换式.

如果一束光在 S 系中沿 Ox 轴以速度 c 传播，则在 S′系中测得的光速为

$$u'_x=\frac{u_x-v}{1-u_xv/c^2}=\frac{c-v}{1-cv/c^2}=c$$

可见，相对论速度变换与光速不变原理是自洽的.

例 13-3

在一次飞船大赛中，某一艘太空飞船以 $0.700c$ 的速度越过太空中的终点线. 以飞船为参考系，欢呼声在飞船头部撞线的同时从尾部发出. 宇航员测出飞船的长度是 60.0 m. 裁判员位于终点线上，问：裁判员测得飞船撞线和发出欢呼声这两个事件分别发生在何时何地？

解 为简单起见，我们令 S 系的坐标原点 O 位于终点线上，S′系的坐标原点 O' 位于飞船的头部. 假设在飞船撞线的瞬间宇航员和裁判分别把自己的时钟指针调到零，即有 $t=t'=0$，$x=x'=0$. 宇航员测得 $t'=0$ 时，欢呼声在 $x'=-60.0$ m 处发出；设裁判测得欢呼声发出的位置为 x，时间为 t. 由洛伦兹变换：

$$x=\frac{x'+vt'}{\sqrt{1-v^2/c^2}}=\frac{-60.0}{\sqrt{1-0.700^2}}\ \text{m}=-84.0\ \text{m}$$

$$t=\frac{t'+vx'/c^2}{\sqrt{1-v^2/c^2}}=\frac{0-0.700\times 60.0/(3\times 10^8)}{\sqrt{1-0.700^2}}\ \text{s}$$

$$=-1.96\times 10^{-7}\ \text{s}=-0.196\ \mu\text{s}$$

即宇航员认为是同时发生的两事件，裁判员却不认同，认为欢呼声发生在飞船撞线以前.

这是怎么回事呢？是否意味着因果律的颠倒呢？其实相对论并不会改变因果关系. 宇航员在撞线时发出信号到飞船尾部收到信号而发出欢呼声不可能同时，至少需要 $(60.0\ \text{m})/(3.00\times 10^8\ \text{m}\cdot\text{s}^{-1})=0.200\ \mu\text{s}$ 的时间，因此宇航员必须有至少 0.200 μs 的提前量发出撞线信号，才能保证二者的同时.

在终点线上的裁判员测得飞船的长度是 $l=l_0\sqrt{1-v^2/c^2}=42.84$ m，在 $t=-0.196$ μs 时欢呼声发生在 $x=-84.0$ m 处. 那一刻，他测得飞船头部距终点线为 $(84.0-42.84)$ m $=41.16$ m. 此后，飞船以 $0.700c$ 的速度用了 $t=-0.196$ μs 的时间才撞线. 期间经过的距离为

$$0.700\times 3\times 10^8\times 1.96\times 10^{-7}\ \text{m}=41.16\ \text{m}$$

所以，裁判员测得飞船在 $t=0$ 时撞线. 欢呼声发生在飞船撞线之前.

例 13-4

一太空飞船以 $0.90c$ 的速度飞离地球，并相对于飞船以 $0.70c$ 的速度沿飞船运动方向发射一太空探测器. 求探测器相对于地球的速度.

解 以地球作为 S 系，以飞船作为 S′系，探测器是运动质点，则有 $v=0.90c$，$u'=0.70c$. 由相对论速度变换式，可求出探测器相对地球的速度为

$$u=\frac{u'+v}{1+u'v/c^2}=\frac{0.70c+0.90c}{1+0.90c\times 0.70c/c^2}$$

$$=0.98c$$

探测器相对于地球的速度为 $0.98c$.

13-4 光的多普勒效应

在 4-9 节中，由经典力学理论解释了机械波的多普勒效应. 这里，我们将从相对论运动学理论出发来讨论光的多普勒效应.

设高速列车以恒定的速度 v 向站台上的观察者驶来，以列车为参考系（S′系），列车头部的光源发出频率为 ν_0 的光，如图 13-8 所示．以下我们要讨论：以站台为参考系（S 系），观察者接收到的光波频率．

图 13-8 光的多普勒效应．运动的光源向着观察者发出一个光波峰，然后向着观察者运动了 vT 的距离，紧接着又发出下一个光波峰．两波峰之间的距离是 λ，$\lambda=(c-v)T$，$T=T_0/\sqrt{1-v^2/c^2}$

设 T 为 S 系中测得光源相继发出两个光波峰的时间间隔．在 T 时间内，波峰向前传播了 cT 的距离，而波源向前移动了 vT 距离．相继两波峰之间的距离（即波长）为 $\lambda=(c-v)T$．站台上的观察者测得的光频率为

$$\nu=\frac{c}{\lambda}=\frac{c}{(c-v)T} \tag{13-12}$$

设 T_0 是在相对于波源静止的 S′系中测得同一地点光源相继发出两个波峰的时间间隔，所以 T_0 是固有时间．由时间延缓公式可得

$$T=\frac{T_0}{\sqrt{1-v^2/c^2}}=\frac{cT_0}{\sqrt{c^2-v^2}}$$

因为 $T_0=1/\nu_0$，所以

$$\frac{1}{T}=\frac{\sqrt{c^2-v^2}}{cT_0}=\frac{\sqrt{c^2-v^2}}{c}\nu_0 \tag{13-13}$$

把式（13-13）代入式（13-12）可得光的多普勒效应公式

$$\nu=\sqrt{\frac{c+v}{c-v}}\nu_0 \tag{13-14a}$$

上式表示，当光源趋近于观察者运动时，观察者接收到的频率 ν 大于光源的发射频率 ν_0．我们把 $\Delta\nu=\nu-\nu_0$ 称为**多普勒频移**（Doppler shift）．当高速列车倒退，光源远离观察者运动时，只要改变上式中 v 的符号即可．因而，有

$$\nu=\sqrt{\frac{c-v}{c+v}}\nu_0 \tag{13-14b}$$

上式表示，当光源远离观察者运动时，观察者接收到的频率 ν 小于光源的发射频率 ν_0．

注意：①由于可见光是频率在一定范围内的电磁波，因此凡是电磁波都会有多普勒效应．②光波与声波不同，它的传播不需要弹性介质，因此不存在光源运动还是观察者运动的区别，只要考虑两者的相对运动即可．

电磁波的多普勒频移在交通管理中常用于测量汽车的运动速度，如

图 13-9 根据电磁波的多普勒效应设计制造的雷达测速仪广泛用于交通管理中

图 13-9所示.雷达测速仪发出的电磁波遇到运动的车辆而发生反射,反射波又被雷达测速仪接收.由式(13-14)可知,反射波会出现多普勒频移,频移量与车速有关.雷达测速仪中的电磁波发射频率与接收到的反射波频率不同,叠加后产生拍现象.根据拍频的大小,通过计算机可以很快计算出车速.用同样的技术还可以测量出大气中气流的流速.

光的多普勒效应在天文学研究中占有重要地位,天文学家们发现,来自遥远星系的光,明显存在波长向长波方向偏移的现象,人们把这一现象称为**红移**(red shift).红移现象支持了宇宙膨胀的理论.

例 13-5

一束钠原子向着观察者射来,已知在其自身参考系中钠原子的辐射频率为 $\nu_0=5.08\times10^{14}$ Hz,但观察者测得的频率为 $\nu=10.16\times10^{14}$ Hz.问钠原子的运动速度.

解 已知 $\nu/\nu_0=2.00$,由式(13-14a)可解得

$$v=\frac{\nu^2/\nu_0^2-1}{\nu^2/\nu_0^2+1}c=\frac{2.00^2-1}{2.00^2+1}c=0.600c$$

即钠原子向着我们以 0.600c 的速度运动,我们测得的频率是静止参考系中测得频率的 2 倍.

13-5 相对论与电磁特性

按照电磁学理论,运动电荷的周围既有电场又有磁场,但是如果观察者随着电荷一起运动(电荷相对于观察者静止),这时电荷周围只有电场,不存在磁场.电荷周围到底有没有磁场呢?不同惯性系中的观察者有不同的结论.事实上,电和磁是统一体,不可能把其中的任何一个独立出来加以认识.以下我们以载流直导线为例,从狭义相对论出发来描述电与磁的密切关系.

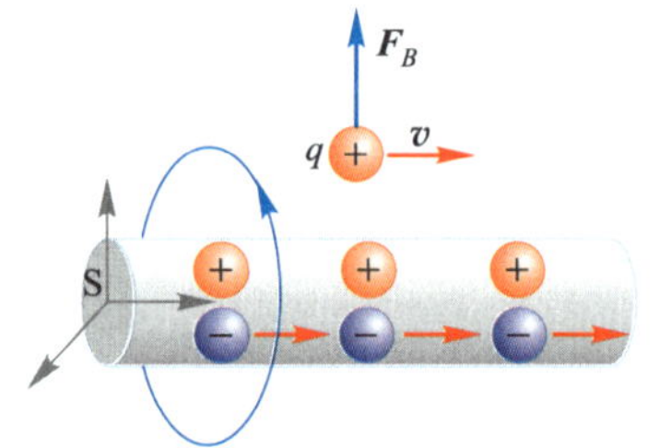

(a) 以载流导线为参考系,试探电荷 q 以速率 v 向右运动,载流导线周围产生磁场,试探电荷 q 受到磁场力的作用

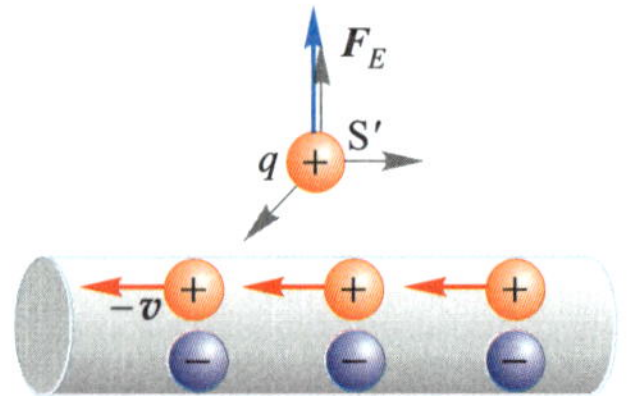

(b) 以试探电荷 q 为参考系,q 相对静止,载流导线上出现净正电荷,周围产生电场,试探电荷 q 受到电场力的作用

图 13-10

如图 13-10(a)所示,设一个带正电的试探电荷 q 相对于一根载流直导线沿着与其平行的方向以速度 $\boldsymbol{v}$ 向右运动.以直导线为 S 系,假设载流直导线上的净电荷为零,电子在导线中也以同样的速率 v 向右运动.电流将产生磁场,对试探电荷的作用力为 $\boldsymbol{F}_B$,方向垂直于导线向上,由于导线上的净电荷为零,因此载流导线周围没有电场,试探电荷 q 不受电场力的作用.

现在我们以 q 为 S′系来讨论试探电荷的受力问题.S′系中的观察者发现,载流导线中的电子静止,而正电荷以速率 v 向左运动,形成电流.因为试探电荷相对于 S′系静止,所以不受磁场力的作用.那么是否会受到电场力的作用呢?我们将作进一步的讨论.

在 S 系中,导线中的正电荷静止,电子沿导线以速度 $\boldsymbol{v}$ 向右运动.由于存在

长度收缩效应,电子与电子之间的距离要小于它们之间的固有长度.因为已知载流导线上没有净电荷,所以长度收缩后电子之间的距离应等于正电荷之间的距离.但是如果从 S′系来看问题,由于长度收缩效应,导线中正电荷之间的距离变小了,而此时的电子处于静止状态,电子之间的距离要大于 S 系中测得的距离.由此可见,正电荷的线密度要大于负电荷的线密度,因此载流导线带正电荷,在周围将产生电场.试探电荷受电场力 $\boldsymbol{F}_E$ 的作用,其方向垂直于导线向上,如图13-10(b)所示.由此可见,在一个惯性参考系中发生的磁现象,在另一个惯性系中有可能表现为电现象.

从以上的讨论可以得出结论,电现象和磁现象并不是相互孤立的,两者有着密切的联系,表现为统一的电磁场.

13-6 相对论动力学

13-6-1 相对论质量与动量

前面我们探讨了空间和时间的相对性问题,对相对论运动学知识有所认识.本节将进一步讨论相对论动力学问题,给出相对论中的质量、动量、能量以及力学规律的表达式.

按照牛顿力学理论,质量为 m 的物体在不变的外力作用下从静止开始作匀加速直线运动,加速度为 $a=F/m$.经过时间 t,物体的速度将变为 $v=at=Ft/m$.可以设想,如果 F 持续作用足够长的时间,那么物体的速度完全有可能超过光速.显然这有悖于相对论的结论.事实上,至今我们还没发现有超光速的客体存在.看来牛顿力学确实存在问题.问题究竟出在哪儿呢?

问题出在物体的质量 m 上.按照经典力学理论,质量是一个不变量,与物体的运动无关.然而相对论却不这么认为.根据动量守恒定律以及相对论速度变换关系可以证明(证明从略),物体的质量与物体的运动速度有关,它们的关系为

$$m=\frac{m_0}{\sqrt{1-v^2/c^2}} \tag{13-15}$$

上式称为**质速关系式**.式中的 m_0 是物体相对于惯性系静止时的质量,称为**静质量**(rest mass).质量 m 则是一个与物体运动速度 v 有关的量,速度越大,质量就越大.相对论质速关系式揭示了物质与运动的不可分割性.

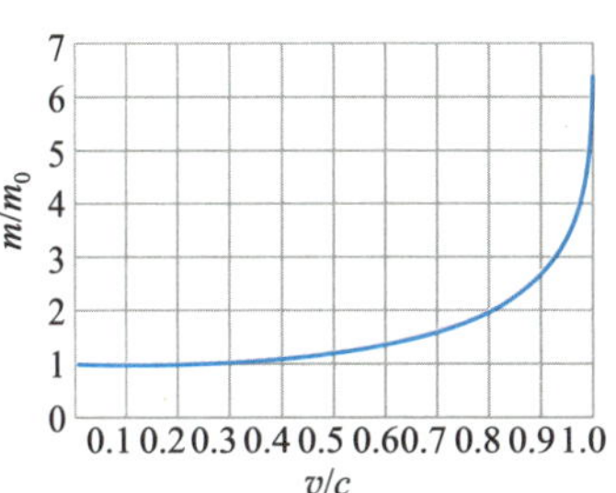

图 13-11 m/m_0 与 v/c 的关系曲线.当质点的速率高达光速的百分之一时,其质量不过增量万分之一

图 13-11 是 m/m_0 与 v/c 的关系图.由图看出,只有当物体的速度接近光速时,其质量才有明显的增加.在地球上,一般宏观物体的速度远小于光速,因此运

动物体的质量变化甚微，可不予考虑.例如，宇宙速度的数量级是 $10^4\ \mathrm{m\cdot s^{-1}}$，光速的数量级是 $10^8\ \mathrm{m\cdot s^{-1}}$，由式(13－15)可估算出质量增量的数量级仅为 $10^{-9}m_0$.但是在一些微观粒子的实验中，粒子的速度常达到接近于光速，这时就必须考虑质量的变化.近年来，在高能物理实验中，质子的质量比已达到 $m/m_0=200$，电子在加速器中的质量比已达到 $m/m_0=40\ 000$.

至于动量，我们仍可沿用牛顿关于质点的动量定义 $\boldsymbol{p}=m\boldsymbol{v}$，只是其中的质量 m 是一个与运动有关的量.相对论中的动量为

$$\boldsymbol{p}=\frac{m_0\boldsymbol{v}}{\sqrt{1-v^2/c^2}} \tag{13-16}$$

上式称为**相对论性动量**(relativistic momentum)表达式.

13-6-2 相对论动力学的基本方程

在相对论力学中，仍可沿用质点的动量变化率来定义质点所受的作用力，即

$$\boldsymbol{F}=\frac{\mathrm{d}\boldsymbol{p}}{\mathrm{d}t}=\frac{\mathrm{d}}{\mathrm{d}t}\left(\frac{m_0\boldsymbol{v}}{\sqrt{1-v^2/c^2}}\right) \tag{13-17}$$

上式称为**相对论动力学的基本方程**.可以证明，这一方程在洛伦兹变换下其形式保持不变.当 $v\ll c$ 时，由上式可得 $\boldsymbol{F}=m_0\mathrm{d}\boldsymbol{v}/\mathrm{d}t$，这正是经典力学的牛顿第二定律.

由于动量与速度不再成正比关系，因此动量的变化率也不再与加速度成正比，由此必然导致物体在恒力作用下作变加速运动.比如，假设物体以速度 v 沿 Ox 轴方向运动，并受到 x 轴方向的作用力 $\boldsymbol{F}$，则由式(13－17)可得

$$\boldsymbol{F}=\frac{m_0}{(1-v^2/c^2)^{3/2}}\frac{\mathrm{d}\boldsymbol{v}}{\mathrm{d}t} \tag{13-18}$$

解得加速度为

$$\frac{\mathrm{d}v}{\mathrm{d}t}=\frac{F}{m_0}\left(1-\frac{v^2}{c^2}\right)^{3/2}$$

可见，在力 $\boldsymbol{F}$ 的作用下，随着物体速率 v 的增加，其加速度 $\mathrm{d}v/\mathrm{d}t$ 将减小.当 $v\to c$ 时，$\mathrm{d}v/\mathrm{d}t\to 0$.这时无论作用力有多大，都不能使物体的速度超过光速.

13-6-3 相对论能量

在相对论动力学中，动能定理仍然适用，我们将以此导出能量与质量的关系.

为了简单起见，我们假设某一质点在外力 $\boldsymbol{F}$ 作用下，由静止开始沿 Ox 轴作一维运动．当质点的速度达到 v 时，它所具有的动能就等于外力所做的功．由式(13-18)可得

$$E_k=\int_{x_1}^{x_2}F\mathrm{d}x=\int_{x_1}^{x_2}\frac{m_0}{(1-v^2/c^2)^{3/2}}\frac{\mathrm{d}v}{\mathrm{d}t}\mathrm{d}x=\int_0^v\frac{m_0v\mathrm{d}v}{(1-v^2/c^2)^{3/2}}$$

积分得到

$$E_k=\frac{m_0c^2}{\sqrt{1-v^2/c^2}}-m_0c^2=mc^2-m_0c^2 \tag{13-19}$$

上式是相对论的动能表达式．从表面上看，它与经典力学中的质点动能表达式 $E_k=(mv^2)/2$ 毫无相似之处，但是在 $v\ll c$ 的情况下，它们却是一致的．

当 $v\ll c$ 时，利用数学中的级数展开式，有

$$\frac{1}{\sqrt{1-v^2/c^2}}=1+\frac{1}{2}\frac{v^2}{c^2}+\frac{3}{8}\frac{v^4}{c^4}+\cdots\approx1+\frac{1}{2}\frac{v^2}{c^2}$$

代入式(13-19)可得

$$E_k=\frac{1}{2}m_0v^2$$

这正是经典力学中质点动能的表达式．由此可见，相对论力学的动能表达式更具普遍意义，经典力学的动能表达式是其在速度远小于光速情况下的近似．

在相对论的动能表达式(13-19)中，动能 E_k 表示为 mc^2 和 m_0c^2 两项之差．显然这两项都应该具有能量的量纲．前者与物体的运动速度 v 有关，后者与 v 无关．m_0c^2 是物体静止时所具有的能量，爱因斯坦把它称为物体的**静能**(rest energy)，用 E_0 表示．

$$E_0=m_0c^2 \tag{13-20}$$

一般把 mc^2 称为物体的**总能量**(total energy)，用 E 表示．

$$E=mc^2=m_0c^2+E_k \tag{13-21}$$

即物体的总能量等于其静能与动能之和．静止物体具有能量这一事实，已在高能物理实验中得到证实．一个最简单的例子就是中性 π 介子的衰变．这是一个静质量为 m_π 的很不稳定的亚原子．在衰变时，这个 π 介子消失了，同时产生电磁辐射．如果在衰变前这个中性粒子的动能为零，那么可以发现衰变后电磁辐射的总能量正好等于 $m_\pi c^2$．

式(13-21)称为相对论的质能关系式，它表示了质量和能量的普遍关系，揭示了质量和能量的不可分割性．爱因斯坦把式(13-20)和式(13-21)称为**质能相当性**．一个物体的静能与该物体的静质量相当；一个物体的总能则与它的质量(相对论质量)相当．能量与质量的转换因子是 c^2．如果一个物体的质量发生 Δm 的变化，那么它的能量 E 也一定有相应的变化

$$\Delta E=(\Delta m)c^2 \qquad (13-22)$$

反之，如果物体的能量发生变化，那么它的质量也一定会有相应的变化.实验表明，当核子（中子和质子）结合为原子核时，核子的质量之和大于原子核质量，因此在核子结合成原子核的过程中会有能量释放出来.

从历史的发展来看，质量守恒和能量守恒并无关联，而相对论把两者结合起来，统一成更普遍的质能守恒定律，这一守恒定律是原子能开发和利用的理论依据.

在相对论中，我们可以找到能量与动量之间的关系.静质量为 m_0，速度为 v 的物体的总能量为

$$E=mc^2=\frac{m_0c^2}{\sqrt{1-v^2/c^2}}$$

动量为

$$p=\frac{m_0v}{\sqrt{1-v^2/c^2}}$$

将以上两式联立，消去 v，可得相对论性能量和动量的关系式

$$E^2=m_0^2c^4+p^2c^2=E_0^2+p^2c^2 \qquad (13-23)$$

上式指出，对于静质量 $m_0=0$ 的粒子，可以有能量和动量.其动量为

$$p=\frac{E}{c} \qquad (13-24)$$

光子（电磁辐射的量子效应，将在 15-2 节中讨论）的静质量为零，但它却有能量和动量.

阅读 爱因斯坦创建狭义相对论的基本思路

例 13-6

在热核反应 ${}_1^2\mathrm{H}+{}_1^3\mathrm{H}\rightarrow{}_2^4\mathrm{He}+{}_0^1\mathrm{n}$ 中，各粒子的静质量分别为氘核（${}_1^2\mathrm{H}$）：$m_\mathrm{D}=3.343\,7\times10^{-27}$ kg；氚核（${}_1^3\mathrm{H}$）：$m_\mathrm{T}=5.004\,9\times10^{-27}$ kg；氦核（${}_2^4\mathrm{He}$）：$m_\mathrm{He}=6.642\,5\times10^{-27}$ kg；中子（${}_0^1\mathrm{n}$）：$m_\mathrm{n}=1.674\,9\times10^{-27}$ kg；求这一热核反应所释放的能量.

解 在这反应过程中，反应前、后质量变化为

$$\begin{aligned}\Delta m&=(m_\mathrm{D}+m_\mathrm{T})-(m_\mathrm{He}+m_\mathrm{n})\\&=[(3.343\,7+5.004\,9)-(6.642\,5+1.674\,9)]\times10^{-27}\ \mathrm{kg}\\&=3.12\times10^{-29}\ \mathrm{kg}\end{aligned}$$

相应释放的能量为

$$\begin{aligned}\Delta E&=\Delta mc^2\\&=(3.12\times10^{-29}\ \mathrm{kg})\times(3\times10^8\ \mathrm{m\cdot s^{-1}})^2\\&=2.808\times10^{-12}\ \mathrm{J}\end{aligned}$$

1 kg 的这种燃料所释放的能量为

$$\frac{\Delta E}{m_\mathrm{D}+m_\mathrm{T}}=\frac{2.808\times10^{-12}\ \mathrm{J}}{(3.343\,7+5.004\,9)\times10^{-27}\ \mathrm{kg}}=3.36\times10^{14}\ \mathrm{J\cdot kg^{-1}}$$

这个结果相当于 1.15×10^4 t 优质煤所释放出的能量.

例 13-7

两质子(质量分别为 $m_p = 1.67\times10^{-27}$ kg)以相同的速率对心碰撞,放出一个中性的 π 介子($m_\pi = 2.40\times10^{-28}$ kg).如果碰撞后的质子和 π 介子都处于静止状态,求碰撞前质子的速率.

解 碰撞前后的总能量守恒

$$2\gamma m_p c^2 = 2m_p c^2 + m_\pi c^2$$

式中的

$$\gamma = 1/\sqrt{1-v^2/c^2}$$

$$\gamma = 1 + \frac{m_\pi}{2m_p} = 1 + \frac{2.40\times10^{-28}\ \text{kg}}{2\times1.67\times10^{-27}\ \text{kg}} = 1.072$$

$$v = c\sqrt{1-(1/\gamma)^2} = 0.360c$$

两质子的初始动能经完全非弹性碰撞后转变为 π 介子的静能.

狭义相对论以全新的时空结构为基础,建立起了一套完整的力学体系,动摇了牛顿力学的根基.然而,牛顿力学体系中的表达式在远小于光速的条件下还是具有足够的准确度.而时间延缓、长度收缩等相对论效应如此之小,以致根本就觉察不到.

至此可以看出,不能说牛顿力学理论错了,只能说它还不完善.它是相对论在低速情况下的一个特例.牛顿力学理论是建立在相当牢固的实验验证的基础上的,因此,相对论不是全盘否定牛顿力学理论,而是牛顿力学的推广.相对论不但解决了在接近于光速情况下牛顿力学所不能解决的力学问题,而且涵盖了牛顿力学理论.在物理学发展史上已经形成一种共识,那就是:当新理论与旧理论发生局部冲突时,对于在旧理论的领域中那些已经被实验所证实的,新的理论必须也能够作出与旧理论同样的解释.人们把这条方法论中的基本原理称为**对应原理**(correspondence principle).

思考题

13-1 试述力学相对性原理.在一个参考系内做力学实验能否测出这个参考系相对于惯性系的加速度?

13-2 何谓同时性的相对性?为什么会有这种相对性?如果光速无限大,是否还会有同时性的相对性?

13-3 根据伽利略变换公式,你对于时间概念、空间概念、速度合成等能作出什么结论?

13-4 根据力学相对性原理,每个观察者对同一光束都测量到同样的速度吗?

13-5 设 S 和 S′两个惯性系在 Ox 轴方向作相对运动.今有两事件对 S 系来说是同时发生的.问在下列两种情况中,它们对 S′系是否也是同时发生的?(1)两事件在 S 系不同的地点发生;(2)两事件在 S 系相同的地点发生.

13-6 前进中的列车车头和车尾各遭到一次闪电轰击.在车上的观察者测定这两次轰击是同时发生的.试问,在地面上的观察者测定它们是否仍然同时?如果不是同时,何处先遭轰击?

13-7 一颗以速度 $v=0.2c$ 向地球运动的星球突然爆炸,成为一颗明亮的超新星.爆炸所发出的光以多大速度离开这颗星球?在地球上测量,它以多大速度射向地球?

13-8 一根静质量为 1 kg 的米尺相对于某一观察者运动.观察者测得它的质量为 2 kg,而长度为 1 m.试问米尺是取什么方向？它的运动速度有多大？

13-9 当你扔一块石头时,它的质量是增大、减小还是不变？这个效应能否被检测出来？

13-10 一个电子和一个正电子发生湮没.在这个过程中,能量守恒吗？质量守恒吗？静质量守恒吗？

13-11 有人推导在 S 系中运动的棒的长度变短时,用了下面的洛伦兹变换式,即

$$\Delta x=\frac{\Delta x'+v\Delta t'}{\sqrt{1-\frac{v^2}{c^2}}}$$

他令 $\Delta t'=0$,则有

$$\Delta x=\frac{\Delta x'}{\sqrt{1-\frac{v^2}{c^2}}}$$

这样就得出运动长度 Δx 比静止长度 $\Delta x'$ 长了的结论.请你指出其中有什么错误.

13-12 有一粒子静质量为 m_0,现以速率 $v=0.8c$ 运动,有人在计算它的动能时,用了以下的方法:首先计算粒子质量

$$m=\frac{m_0}{\sqrt{1-\frac{v^2}{c^2}}}=\frac{m_0}{0.6}$$

再根据动能公式,则有

$$E_k=\frac{1}{2}mv^2=\frac{1}{2}\frac{m_0}{0.6}(0.8c)^2=0.533m_0c^2$$

你认为这样的计算正确吗？为什么？

习题

13-1 一辆高速车以 $0.8c$ 的速率运动.当驶经地面上的一台钟时,驾驶员注意到它的指针指在 $t=0$,他即刻把自己的钟拨到 $t'=0$.当行驶了一段距离,他自己的钟指到 6 μs 时,驾驶员向外看地面上另一台钟.问这个钟的读数是多少？

13-2 在某惯性系 S 中,两事件发生在同一地点而时间间隔为 4 s,另一惯性系 S′以速率 $v=0.6c$ 相对于 S 运动,问在 S′系中测得的两事件的时间间隔和空间间隔各是多少？

13-3 一飞船以 $0.99c$ 的速率平行于地面飞行,宇航员测得此飞船的长度为 400 m.问:(1)地面上的观察者测得的飞船长度是多少？(2)为了测量飞船的长度,地面上需有两位观察者携带着两只同步的钟同时测量飞船首尾两端.这两位观察者相距多远？(3)宇航员测得两位观察者相距多远？

13-4 一质点在惯性系 S′的 $O'x'y'$ 平面内以恒定速率 $0.25c$ 运动,它的轨道与 $O'x'$ 轴成 60°角.如果 S′沿另一惯性系 S 的 Ox 轴以速率 $0.8c$ 运动,试求 S 中所确定的质点运动方程及轨道方程.

13-5 一立方体的质量和体积分别为 m_0 和 V_0.求立方体沿其一棱的方向以速率 v 运动时的体积和密度.

13-6 在 6 000 m 的高空大气层中产生了一个 π 介子,它以速率 $v=0.998c$ 飞向地球,设该 π 介子在其自身静止的参考系中的寿命等于其平均寿命 2×10^{-6} s.试分别从下面两个角度,即地球上的观察者和相对于 π 介子静止参考系中的观察者,分别判断该 π 介子能否到达地球.

13-7 两惯性系 S 和 S′,各对应坐标轴相互平行,彼此沿 x、x' 方向作匀速直线运动.若有一米尺静止在 S′系中,与 $O'x'$ 轴成 30°角.而在 S 系中测得该米尺与 Ox 轴成 45°角.问:(1)S′系相对 S 系的速率是多少？(2)在 S 系中测得的米尺长度是多少？

13-8 在参考系 S 中,一粒子沿 x 轴作直线运动.从坐标原点 O 运动到 $x=1.50\times10^8$ m 处,经历时间 $\Delta t=1.00$ s.试问粒子运动所经历的固有时间是多少？

13-9 从地球上测得地球到最近的恒星半人马座 α 星的距离约为 4.3×10^{16} m,设一宇宙飞船以速率 $0.999c$ 从地球飞向该星.问:(1)飞船中的观察者测得地球和该星间的距离为多少？(2)按地球上的钟计算,飞船往返一次需多少时间？若以

飞船上的钟计算，往返一次的时间又为多少？

13-10 两艘宇宙飞船相对于恒星参考系以 $0.8c$ 的速度沿相反方向飞行，求两飞船的相对速度。

13-11 一束光经过地球时，相对于地球的速度为 c。现一宇航员乘坐一艘飞船以 $0.95c$ 的速率相对于地球运动。试求光相对于飞船的速率。

13-12 在地面上 A 处发射一枚炮弹后经时间 4×10^{-6} s 在 B 处又发射一枚炮弹，A、B 两处相距 800 m。(1) 在什么样的参考系中将测得上述两个事件发生在同一地点？(2) 能否找出一个参考系，在其中测得上述两个事件同时发生？

13-13 一艘飞船原长为 l_0，以速度 v 相对于地面作匀速直线飞行。飞船内一小球从尾部运动到头部，宇航员测得小球运动速度为 u，求地面观察者测得小球运动的时间。

13-14 一个电子的总能量是它的静能的 5 倍，问它的速率、动量、动能分别为多少？

13-15 (1) 把一个静质量为 m_0 的粒子由静止加速到 $0.1c$ 所需的功是多少？(2) 由速率 $0.89c$ 加速到速率为 $0.99c$ 所需的功又是多少？

13-16 一个电子由静止出发，经过电势差为 1×10^4 V 的一个均匀电场，电子被加速。已知电子静质量为 $m_0=9.11\times10^{-31}$ kg，求：(1) 电子被加速后的动能是多少？(2) 电子被加速后质量增加的百分比。(3) 电子被加速后的速度。

13-17 在一种热核反应 ${}^2_1\mathrm{H}+{}^3_1\mathrm{H}\to{}^4_2\mathrm{He}+{}^1_0\mathrm{n}$ 中，各粒子的静质量如下：

氘核(${}^2_1\mathrm{H}$) $m_\mathrm{D}=3.343\ 7\times10^{-27}$ kg

氚核(${}^3_1\mathrm{H}$) $m_\mathrm{T}=5.004\ 9\times10^{-27}$ kg

氦核(${}^4_2\mathrm{He}$) $m_\mathrm{He}=6.642\ 5\times10^{-27}$ kg

中子(${}^1_0\mathrm{n}$) $m_\mathrm{n}=1.675\ 0\times10^{-27}$ kg

求：(1) 这一热核反应释放的能量是多少？(2) 释能效率，即所释放的能量占静能的百分比。(3) 质量为 1 kg 的这种燃料所释放的能量是 1 kg 优质煤燃烧所释放热量(约 2.93×10^7 J)的多少倍？

13-18 两个静质量都是 m_0 的小球，其中一个静止，另一个以 $v=0.8c$ 运动。在它们作对心碰撞后粘在一起，求碰后合成小球的静质量。

* 13-19 试计算在什么速度下经典力学计算的动能与考虑相对论的动能的相对误差分别达到 1%、5% 和 50%？由此可以得出什么结论？

* 13-20 绘制狭义相对论的长度收缩、时间延缓，以及质速关系中的长度、时间间隔和动力学质量随速度变化的曲线。

黑洞是广义相对论的一个重要预言.一切物质进入黑洞视界便会消失得无影无踪,连光都无法逃脱.由于黑洞周围的引力场极其强大,能够俘获周围的天体绕其高速旋转,形成吸积盘。吸积盘温度非常高,使俘获物质的一部分引力能转化为强烈的电磁辐射能,从而被我们观测到,以此可以猜测其核心处存在黑洞的可能性.

第 14 章 广义相对论

狭义相对论的巨大成功并没有使爱因斯坦陶醉于成就之中而停滞不前.正当人们从不理解到对狭义相对论倍加推崇并且津津乐道之时,爱因斯坦已开始思索更深层次的问题.他注意到自己建立的狭义相对论存在两个重要的局限性.

1. 为什么惯性系在物理学上具有特殊的地位

无论是牛顿力学还是狭义相对论,对运动的描述都是建立在惯性系上的.那么宇宙间有哪一个运动的物体可以被认为是严格意义上的惯性系呢?是地球吗?不是;是太阳吗?也不是……宇宙中天体与天体之间相互作用,相互影响,运动十分复杂,我们实在找不到一个理想的惯性参考物体.那么为什么狭义相对论以这种并不存在的惯性系作为研究的基础呢?

2. 在狭义相对论框架中不能建立令人满意的引力理论

一切物理规律在洛伦兹变换下形式不变,即满足狭义相对论的相对性原理.但是有一个例外,爱因斯坦在企图把牛顿的万有引力理论纳入他的相对性原理时失败了.事实上,牛顿的万有引力定律是以物体之间的超距作用为基础的,这种作用不需要时间.但超距作用又有悖于狭义相对论的基本观点,这给万有引力蒙上了一层神秘的面纱.可以设想,如果引力信号以有限速度传递,比如说光速,那么在太阳和地球之间,引力信号的传递需要 8 分钟,在这 8 分钟内太阳与地球的相对位置已经发生了变化,因此必然导致作用力与反作用力不再大小相等、方向相反,牛顿第三定律将不再成立.

狭义相对论的这两个缺陷是爱因斯坦进一步寻求更普遍理论的重要原因.又经过了十年的努力,爱因斯坦于 1916 年创建了**广义相对论**(general relativity).

14-1　广义相对论基本原理

14-1-1　等效原理与局域惯性系

广义相对论源于一个平凡而古老的实验事实："在引力场中的同一地点，一切物体都具有相同的加速度."自伽利略以来，物理学家都知道物体的这一性质，但都未加深究.然而，只有爱因斯坦对这样一个人们习以为常的事实提出了为什么.要理解这一问题，需从质量的定义说起.

牛顿在他的力学理论中引入过两个质量的概念.一个是从牛顿第二定律

$$\boldsymbol{F}=m\boldsymbol{a}$$

引入，表示质量是反映物体惯性的量度，称为**惯性质量**(inertial mass)，用 m_i 表示.另一个由万有引力定律

$$F=G\frac{m_1m_2}{r^2}$$

引入，m_1 和 m_2 分别表示相互作用着的两个物体的质量，这里的质量反映物体之间相互吸引的能力，称为**引力质量**(gravitational mass)，用 m_g 表示.从质量的引入可以发现，惯性质量与引力质量在概念上是完全不同的两个物理量.两者之间的关系如何，是我们下面要探讨的问题.

地球表面上的物体受到的引力为

$$F=G\frac{m_Em_g}{R_E^2}$$

式中 m_E 为地球的质量，m_g 为物体的引力质量，R_E 为地球半径.由牛顿第二定律，物体在地球引力 F 的作用下，其运动方程为

$$F=m_ig$$

式中 m_i 是物体的惯性质量，g 为重力加速度.由以上两式可得

$$g=G\frac{m_E}{R_E^2}\frac{m_g}{m_i} \tag{14-1}$$

实验证明，同一地点一切物体的重力加速度 g 都相等.于是由上式可知 m_g/m_i 为一常量，与物体的大小和种类无关.只要选取适当的单位，就可以使引力质量 m_g 与惯性质量 m_i 相等.历史上是牛顿第一次注意到这个问题，并用单摆实验进行了验证.爱因斯坦认为引力质量与惯性质量相等绝不是简单的巧合，应该有其深刻的内涵.他提出了一个关于密封舱的思想实验.

设有一个密封舱，内部的宇航员完全不了解外面所发生的一切，他只能通

过实验的方法来检测密封舱的运动情况.如果舱内的观察者通过实验发现,所有的物体都以同样的加速度 a 向下作自由落体运动,就像在地球表面上发生的现象一样,对此,他可以作出两种不同的判断:

(1) 密封舱在引力场中处于静止(或匀速直线运动)状态,物体在引力作用下作加速运动($F_g=m_g a$),如图 14-1(a)所示.

(2) 密封舱在没有引力场的空间向上作加速运动,物体受到惯性力的作用相对于密封舱向下作加速运动($F_i=m_i a$),如图 14-1(b)所示.

由于惯性质量 m_i 与引力质量 m_g 严格相等,因此他无法通过力学实验区分这两种情况.也就是说,在密封舱这个局部空间范围内,一个处于引力场中的静止参考系等效于一个无引力场的加速参考系.这种惯性力与引力作用的等效性称为**弱等效原理**(weak equivalence principle).强调“弱”字是因为该原理仅限于力学范畴.

进一步可以设想,如果密封舱内的宇航员发现,所有物体都飘浮在空中相对于密封舱静止(或匀速直线运动),他也可以作出两种判断:

(1) 密封舱在远离引力场的遥远空间静止或作匀速直线运动;

(2) 在引力场中密封舱作自由落体运动,舱内的物体既受到引力的作用,又受到惯性力的作用,两者相互平衡,物体相对于密封舱的加速度为零.

由此可见,在引力场中总可以找到一个自由下落的局域参考系,在这个参考系中引力被惯性力抵消,它相当于一个惯性参考系.在这个参考系中一切物理规律都应该满足狭义相对论的相对性原理,这就给我们研究引力场问题提供了方便.因此我们进一步可以得到**强等效原理**(strong equivalence principle):**在引力场中任何一个时空点上,人们总能建立一个局域惯性系①,在这个参考系中一切物理规律都服从狭义相对论理论.**

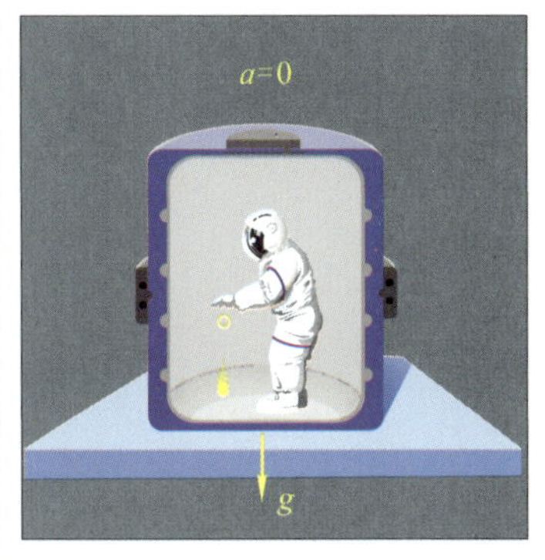

(a) 密封舱在引力场中处于静止状态,物体在引力作用下作加速运动

(b) 在遥远的太空,那里没有引力场.密封舱向上作加速运动,而物体则受惯性力的作用相对于密封舱向下作加速运动

图 14-1

14-1-2 广义相对性原理

在狭义相对论中,惯性系几乎取代了牛顿的“绝对空间”的地位.但是从严格意义上讲,我们在处理力学问题时所选用的参考系都不是惯性系.因此,我们没有理由把非惯性系排斥在一个完善的力学理论之外.等效原理使狭义相对性原理的进一步推广成为一种逻辑的必然.1916 年,爱因斯坦正式提出了他的**广义相对性原理**(principle of general relativity):

所有参考物体,不论它们的运动状态如何,对于描述自然现象(表述普遍的自然定律)都是等效的.

需要指出的是,广义相对性原理中用了“等效”二字,而非“等价”.它只是

图 14-2 在地球上不同地点(如北极和赤道)的重力加速度是不同的.因此一个作自由降落的密封舱只能在一个空间地点附近的小范围内将引力作用全部抵消,而不可能在一个较大范围内消除引力的影响

① 注意:强等效原理中涉及的惯性系与牛顿力学中的惯性系概念有所不同,它是指对狭义相对论成立的参考系,也即引力被抵消的参考系,不具备惯性系之间只能作相对匀速直线运动的特点.此外,由于引力场一般分布不均匀,参考系作加速运动所产生的惯性力只能在局部抵消引力.因此在等效原理中要强调局域性,如图 14-2 所示.

表示所有参考系都可以用来描述自然规律，并且都是有效的.但它并不像狭义相对性原理那样具有在物理上“全同”或“不可区分”的含义.

广义相对性原理要求，在任何不同的参考系中，描述物理学规律应具有等效性，但这需要寻找一种合适的描述方法.在狭义相对论中，洛伦兹变换式就是一种很好的描述方法，它保证了物理学规律在任何惯性系中具有相同的形式；那么，广义相对论在描述非惯性系之间的变换时应当采用怎样的数学形式呢？在解决这个问题以前，首先应当了解引力场的时空结构.

14-2 弯曲的时空

14-2-1 弯曲的时空

图 14-3 火箭向上作加速运动，但火箭舱中的观察者以为火箭没动，小球作抛体运动是因为受到引力的作用.事实上，无论是引力还是惯性力，对小球的作用是等效的

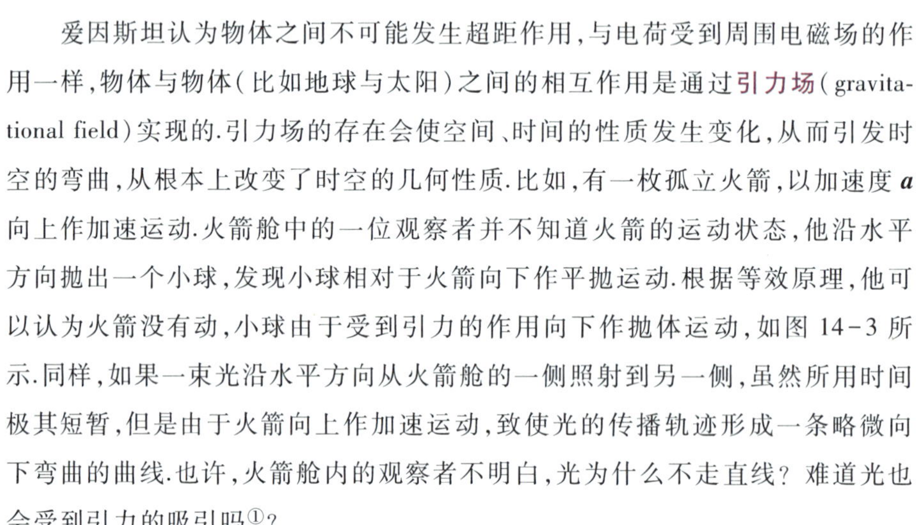

爱因斯坦认为物体之间不可能发生超距作用，与电荷受到周围电磁场的作用一样，物体与物体（比如地球与太阳）之间的相互作用是通过**引力场**（gravitational field）实现的.引力场的存在会使空间、时间的性质发生变化，从而引发时空的弯曲，从根本上改变了时空的几何性质.比如，有一枚孤立火箭，以加速度 $\boldsymbol{a}$ 向上作加速运动.火箭舱中的一位观察者并不知道火箭的运动状态，他沿水平方向抛出一个小球，发现小球相对于火箭向下作平抛运动.根据等效原理，他可以认为火箭没有动，小球由于受到引力的作用向下作抛体运动，如图 14-3 所示.同样，如果一束光沿水平方向从火箭舱的一侧照射到另一侧，虽然所用时间极其短暂，但是由于火箭向上作加速运动，致使光的传播轨迹形成一条略微向下弯曲的曲线.也许，火箭舱内的观察者不明白，光为什么不走直线？难道光也会受到引力的吸引吗①？

爱因斯坦认为，火箭舱中存在局部等效引力场，在这种引力场中时空是弯曲的.在这种弯曲的时空中，一切物质粒子，包括光子在内的运动不再沿直线，而是曲线.爱因斯坦把“非惯性系”“引力场”以及“时空弯曲”这三个不同的概念统一起来，这正是广义相对论的核心内容.

14-2-2 引力场中的时空特性

引力场的存在会导致时空的弯曲，由此可以推测，广义相对论所寻求的描述方法应该是一个关于弯曲时空的理论.显然这一理论不可能建立在欧几里得

① 根据狭义相对论，光子的静质量等于零，但它的质量却不等于零，而是 $m=E/c^2$.既然光有惯性质量，它也应该有引力质量，且两者相等，因此光通过引力场时，受引力作用会发生弯曲.

几何学的基础上，这是因为欧几里得几何学所反映的是平直空间的性质.比如“两点之间最短距离的线是直线”，“两条平行线永不相交”，“三角形的内角之和等于180°”，“圆周率等于π”…….为了说明物理学规律在非惯性系(或引力场)中的非欧几何特性，我们来分析一个物理过程.

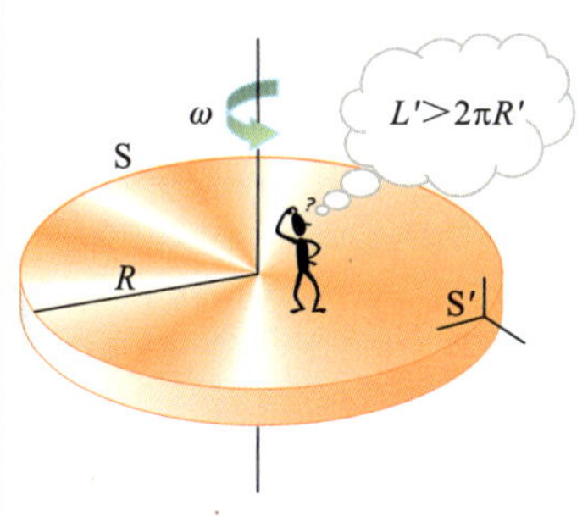

图14-4　在转动参考系中，空间发生了弯曲，欧几里得几何学不再适用

如图14-4所示，设想在实验室(惯性系S)中有一个圆盘绕中心轴转动，其半径为R，角速度为ω.在S系中观察，圆盘周边上的每一点都沿着切线方向运动.如果在圆周上的某一点建一个瞬时与之共动的惯性系S′(局域惯性系)，则由长度收缩效应，在S和S′两个不同参考系中测得的弧长关系为

$$dl=\sqrt{1-\beta^2}\,dl'$$

式中$\beta=R\omega/c$，其中与运动方向垂直的半径R长度不变，即$R=R'$.对上式积分，可得圆盘周长为

$$L=\oint dl=\oint\sqrt{1-\beta^2}\,dl'=\sqrt{1-\beta^2}\,L'$$

由此可以得到

$$L'=L/\sqrt{1-\beta^2}>L \tag{14-2}$$

在惯性系S(平直空间)中，应有$L=2\pi R$，而由式(14-2)可得$L'>2\pi R'$，即圆周率大于π.根据等效原理，可以把转动圆盘这个非惯性系看成存在引力场的静止参考系.由此可以得出结论：**在引力场(或非惯性系)中，欧几里得几何学命题不成立**.

接着，我们要分析引力场中的时间问题.设转动圆盘上有两个全同的时钟，一个在中心，一个在边缘，如图14-5所示.圆盘中心的时钟因为相对于S系静止，所以与S系(实验室)的时钟同步；但圆盘边缘上的钟因为相对于S系在运动，所以它应比S系的时钟走得慢些.显然，圆盘上的两个钟虽属同一个圆盘参考系(S′系)，但并不同步，即**同一非惯性系中没有统一的时间**.事实上，圆盘上的观察者和实验室中的观察者都会发现这个差别，但是各有不同的看法.S系中的观察者认为，圆盘边缘的时钟走得较慢是因为运动的结果；而S′系观察者认为两个钟相对静止，边缘上的时钟走得较慢是因为处于较强的惯性力场中.设想，如果把整个圆盘封闭起来，盘上的观察者并不知道圆盘的运动状态，于是他会把盘缘的惯性力看作引力，引力场分布不均匀，盘心引力为零，边缘引力最强.于是得出结论：**引力场较强处比引力场较弱处时间流逝得慢**.

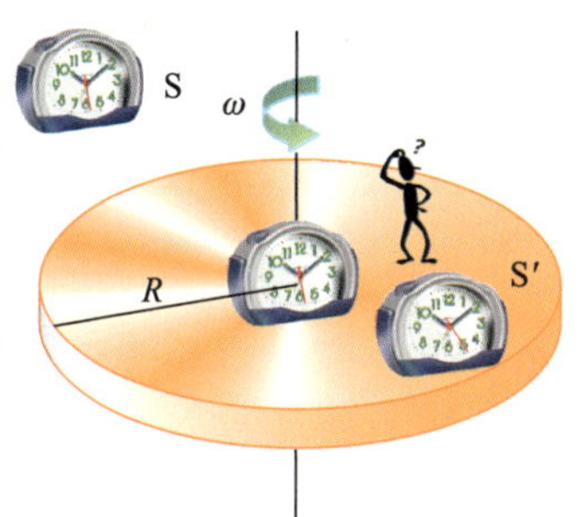

图14-5　以圆盘为参考系，盘缘上的时钟走得较慢，即在同一非惯性系中没有统一的时间

引力场的非欧几何特性表明时空的弯曲.弯曲的空间(如曲面)具有弯曲的外形，但是外形是不能被生活在弯曲空间内的生物所察觉的，它所能认识到的只是空间“内在”的弯曲结构，称为**内禀**(intrinsic)性质.比如，二维世界中的“智慧蚂蚁”，世世代代生活在一个二维球面上.因为它们没有第三维感觉，所以无法想象它们的世界(球面)的形状.蚂蚁只能凭借长期生活经验的积累，形成它

自己的非欧几何学：三角形内角之和大于 180°、圆周率小于 π…… 如图14-6所示.

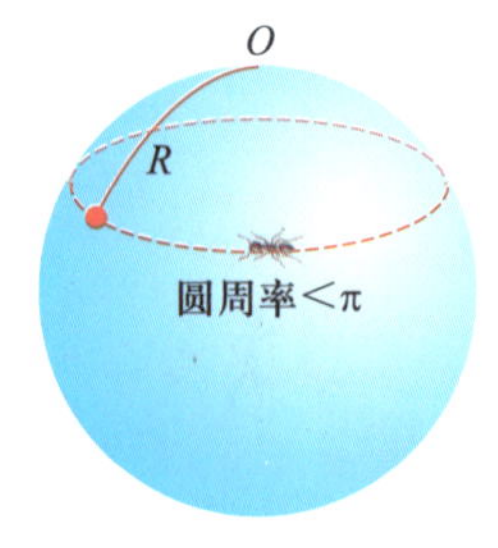

图 14-6 二维世界的蚂蚁以 O 为圆心，以 R 为半径测出圆周率小于 π

我们生活在三维空间（或四维时空）中，很难想象这个弯曲时空是什么形状的，只能凭经验了解其内禀性质.在弯曲时空的内禀特性中有一个很重要的概念——**短程线**，它是直线在弯曲时空的对应物，定义为：**相距不太远的两个时空点之间长度最短的线**.在平直空间中，两点之间直线距离最短，光在均匀介质中沿直线传播，自由粒子将作匀速直线运动（牛顿的惯性定律）.但是在弯曲空间中不存在严格意义上的直线，所以惯性定律必须修改.广义相对论中的"惯性定律"是：**自由粒子沿短程线运动**.这种推广起初是作为基本假设提出的，后来从引力场方程中得到了证明，因此它成为了一条定理.

爱因斯坦认为，引力场时空是一个柔性的连续体，只要有物质存在，连续体就会受到影响而发生畸变.好比在大海中，船只的运动会引起周围海水发生扰动，从而又影响到鱼的运动一样.恒星的存在，会使周围的时空发生弯曲，行星在弯曲的时空中沿短程线运动，形成了各自的轨道.地球绕太阳运动，可以认为地球受到了太阳的引力作用；也可以认为，地球在太阳周围弯曲的时空中沿短程线作惯性运动，如图 14-7 所示.引力作用被代之以由于物质存在而造成弯曲空间的几何场.这种空间的几何性质与引力的物理性质成功的结合，是物理学发展史上的一大成就.

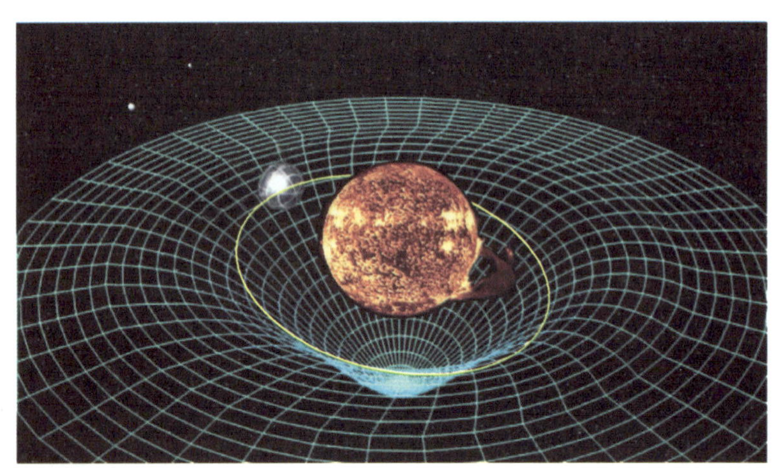

图 14-7 由于太阳的存在，周围的时空发生了畸变，地球在畸变的空间中作惯性运动

14-2-3 场方程

既然引力场可以由弯曲时空的几何场取代，那么只要知道时空结构，就可以知道物体运动的规律.剩下的问题就是如何描述时空的几何结构，这是爱因斯坦完全陌生的数学领域中的问题.1912 年，在老同学格罗斯曼的帮助下，爱因斯坦把黎曼张量运算引入了物理学，把平直空间的张量运算推广到弯曲的黎曼空间.终于在 1915 年 11 月 25 日，爱因斯坦在《引力的场方程》一文中提出了引

力场方程的完整形式：

$$R_{\mu\nu}-\frac{1}{2}g_{\mu\nu}R=-\frac{8\pi G}{c^4}T_{\mu\nu} \tag{14-3}$$

引力导致时空弯曲，实质上反映了物质将造成时空弯曲．爱因斯坦利用黎曼几何建立的引力场方程反映了物质的分布如何决定时空弯曲．式(14-3)的左边可以用一个张量 $G_{\mu\nu}\left(G_{\mu\nu}=R_{\mu\nu}-\frac{1}{2}g_{\mu\nu}R\right)$ 表示，它是黎曼几何中描述空间弯曲的量；右边的张量 $T_{\mu\nu}$ 是描述物质分布的能量动量张量．方程涉及一些较高深的数学知识，这里不予讨论．

爱因斯坦在建立引力场方程的过程中非常注意两个原则：对应原理和逻辑简单性原理．当在弱引力场条件下，广义相对论可以退化为狭义相对论结果．当引力场很弱，物质粒子的速度又很低时，场方程式退化为牛顿的引力形式．较之牛顿的引力方程，爱因斯坦的引力理论更科学、更精确，适用范围更普遍．

引力场方程建立后，求解方程成了一项非常艰巨的工作，迄今为止，人们只找到少数几个特殊的解．1916 年德国天文学家卡尔·施瓦西(Karl Schwarzschild，1873—1916)得到一个最简单，却是很重要的解，即在场源静止并且球对称分布条件下，真空引力场方程的解．方程解给出了一般星球引力场的数学模式．比如，在太阳系引力场中，太阳作为一个引力源，周围其他行星的引力与之相比可以忽略，因此太阳周围的空间是一个施瓦西空间．施瓦西很好地描述了这种特殊空间的弯曲性质，通过计算可以得到行星运行的轨道．计算结果与牛顿引力方程计算的结果以及实际观测的结果非常一致．

14-3 广义相对论的实验验证

14-3-1 光线在引力场中弯曲

根据广义相对论的计算结果，爱因斯坦曾预言，从遥远恒星发出的光线，在经过太阳附近时要发生偏折，如图 14-8 所示，它与初始入射方向的偏折角度为

$$\theta=\frac{4Gm}{c^2R}=\frac{4\times6.673\times10^{-11}\times1.99\times10^{30}}{3\times10^8\times6.96\times10^8}=1.75''$$

式中 $m=1.99\times10^{30}$ kg 是太阳的质量，$R=6.96\times10^8$ m 是太阳的半径，G 为引力常量，c 为真空中的光速．

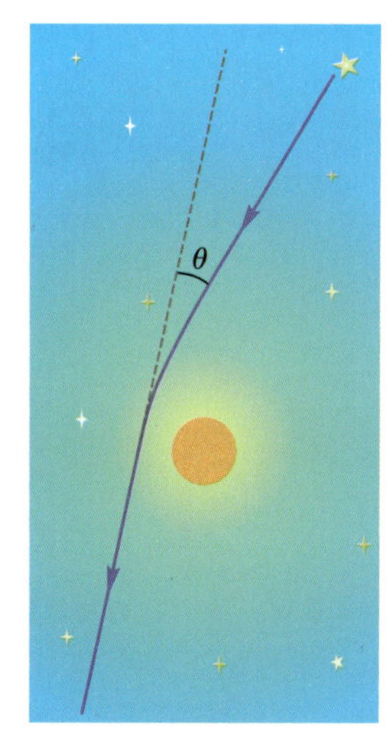

图 14-8 来自遥远恒星的光线在行经太阳附近时发生了偏转

这一预言引起了天文学家们的关注，他们都想成为第一个证实这个预言的

人.但是由于太阳光非常强,星光被淹没在日光之中,平时无法拍摄到太阳附近恒星的照片.为了证实爱因斯坦的预言,1919 年,英国组织了两支考察队,分别奔赴巴西北部的索布拉耳和非洲的普林西比岛,对当年 5 月 29 日的日全食进行观察.因为当时太阳背后正好有几颗较明亮的恒星,他们拍摄了日全食时太阳附近的星空照片,然后与太阳不在这个天区时星空的照片进行比较,发现光线经过太阳时确实发生了弯曲.两支考察队测得的偏离角度分别为 $\theta\approx1.98''$ 和 $\theta\approx1.64''$.其平均值与爱因斯坦的计算值相当接近.消息一经公布,立时轰动了当时的物理学和天文学界,人们惊叹不已.以后发生日全食时,常会有人做相同的观察,人们先后观察到来自 400 多颗恒星的光线弯曲现象,其偏转角与爱因斯坦的预言都很接近.

14-3-2 水星近日点的进动

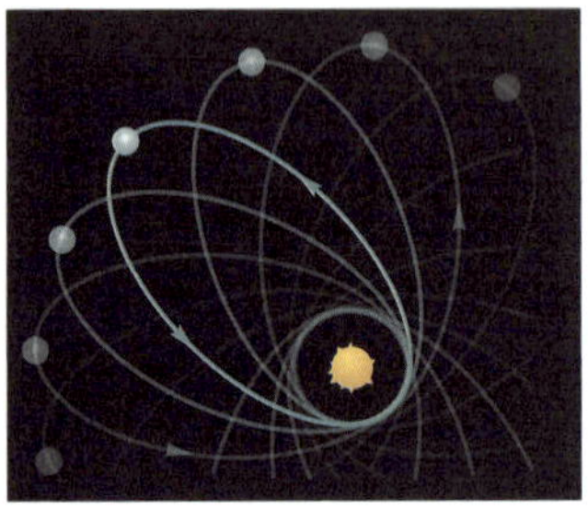

早在 1609 年,开普勒就指出,行星沿椭圆轨道绕太阳运行,太阳位于椭圆的焦点上.但是从长期积累的天文资料看,水星的椭圆轨道并不规则,它在不断地作缓慢进动,如图 14-9 所示.水星近日点相对于空间固定方位每 100 年转过 5 600″.人们试图从牛顿的引力理论出发去解释这一现象,考虑了各种引起轨道进动的因素,诸如,观察者所处的地球不是一个真正的惯性系、其他行星对水星的引力摄动作用……,经过严密计算最终也只能说明其中的 5 557″.仍然还有每 100 年 43″的进动无法作出解释.这始终是天文学家的一块心病.

图 14-9 水星除了绕太阳运动外,其椭圆轨道近日点同时在绕太阳作缓慢进动

广义相对论建立以后,这一问题迎刃而解.按照广义相对论,太阳周围的引力场空间是弯曲的.爱因斯坦从他的引力场方程出发,精确计算了水星在弯曲空间中的运动规律,发现与平方反比定律的结果有所偏离,即使在没有其他因素的影响下,水星也应该有每 100 年 43″的进动.理论与实际观测结果符合得非常好.

其实,太阳系的其他行星也有类似的进动.只是水星离太阳最近,处于较强的引力场中,空间弯曲得很厉害,因而进动现象表现得比较明显.

14-3-3 引力红移

广义相对论的一个重要结论是引力场越强的地方时间延缓效应越明显,在 14-2-2 节中,我们曾探讨过这个问题.由此可以推断,从大质量天体发出的光,由于处于强引力场中,其光振动周期要比同一种元素在地球上发出光的振动周期长,或者说频率变小.因此,如果把恒星光谱与地球上同一种元素的光谱进行比较就会发现:谱线向红光波段偏移.这一现象称为**引力红移**(gravitational redshift).由广义相对论给出的引力红移公式为

$$\frac{\nu-\nu_0}{\nu_0}=\frac{\varphi-\varphi_0}{c^2} \tag{14-4}$$

式中 ν_0 为地球上的发光频率，ν 为某一强引力场中的发光频率，把 $\Delta\nu/\nu_0$ 称为**红移**；c 为真空中的光速，φ 为引力势，φ_0 为地球上的引力势（$\varphi_0=-Gm_{地球}/R$）.

如果把太阳和地球的有关数值代入上式，计算出的红移只有 2×10^{-6}. 对于这样小的红移，限于早期的测量技术，很难作出精度较高的实验验证. 直到 1961 年，对太阳光谱中的钠（589.3 nm）谱线进行了引力红移测量，其结果与理论值的偏差小于 5%.1971 年对白矮星（天狼星的一颗伴星）进行测量，其结果与理论值偏差小于 7%.

地面上的引力红移效应更是微弱，对应于高度差为 H 的引力势差（$\varphi-\varphi_0=gH$）产生的红移为

$$\frac{\Delta\nu}{\nu_0}=\frac{gH}{c^2}=1.1\times10^{-16}\ H/\mathrm{m}$$

即使 100 m 高度差引起的引力红移也只有 10^{-14} 数量级. 1958 年发现的穆斯堡尔效应提供了提高实验测量精度的有效手段. 庞德等人在 22.6 m 高的哈佛大学塔楼第一次完成了地面上的引力红移实验. 实验测量的结果是 $(2.57\pm0.26)\times10^{-15}$，而理论值是 2.49×10^{-15}，二者符合得非常好.

14-3-4 引力波

依据广义相对论，引力问题可以用弯曲的时空几何场来描述. 爱因斯坦认为由于物体的存在会引起周围的时空发生弯曲；如果物体作加速运动，或物体的质量分布发生变化，会对周围时空产生扰动，从而形成“涟漪”，并以光速 c 向周围辐射传播，形成引力波（gravitational wave）. 引力波是广义相对论的一项重要预言，自从引力波这个概念被提出以后，就其存在问题在历史上曾有过较激烈的争论和探讨. 然而随着广义相对论的一些预言逐个被实验所验证，诸如光在引力场中的弯曲、水星近日点的进动以及引力红移等问题，人们开始重视引力波的考证.

从引力场方程（14-3）来分析，等号左边的张量 $G_{\mu\nu}\left(令\ G_{\mu\nu}=R_{\mu\nu}-\frac{1}{2}g_{\mu\nu}R\right)$ 是描述时空弯曲的量；等号右边的 $T_{\mu\nu}$ 是描述物质分布的能量动量张量，显然引力场方程把时空弯曲与物质属性关联在一起. 关键是 $T_{\mu\nu}$ 前面的系数 $-8\pi G/c^4$（其中 G 为引力常量，c 为光速）是一个很微小的数值. 显然，只有在具有巨大尺度和巨大能量的天体中才能较明显地表现出时空弯曲的特性. 因此人们把目光投向了宇宙天体，试图从中找到引力波的证据. 中子星的自转、超新星爆发、双星绕行系统以及黑洞的形成和碰撞等都可能成为我们探索和研究的引力辐射源.

图 14-10 双星系统在运行中辐射出引力波的模拟图

1974 年,在美国新泽西州普林斯顿大学工作的物理学家泰勒(Joseph H. Taylor)和赫尔斯(Russell A. Hulse)利用设在波多黎各的 305 m 直径的射电望远镜发现了一对双星系统,它是由一颗脉冲星和另一颗伴星构成,被命名为 PSR1913+16.两颗中子星质量相近,均为太阳质量的 1.4 倍,并且以椭圆轨道相互绕行,如图 14-10 所示.经过 4 年长时间的持续观测,期间做了上千次记录,每次记录至少 5 000 个脉冲,发现两颗星体的轨道运行周期在以每年约 75 μs 的速率减小,同时椭圆轨道的长半轴也在缓慢缩短.根据广义相对论,如果把周期减小、轨道收缩的原因归结为由于双星系统的引力波辐射导致能量损耗,则可以作为引力波存在的间接证据.这一观测结果的报告最初由泰勒与其合作者于 1978 年末公布.从 1974 年至 1992 年,泰勒和赫尔斯经过 18 年之久的观测,得到的结果是该脉冲星的公转周期变化率为$(-2.410\,1\pm0.008\,5)\times10^{-12}$,而由广义相对论得出的理论结果是$(-2.402\,5\pm0.000\,1)\times10^{-12}$.理论计算结果与实际观测结果相当吻合.1993 年,诺贝尔奖评委会宣布,由于泰勒和赫尔斯对脉冲双星的研究打开了研究引力的新途径,授予他们当年的诺贝尔物理学奖.

科学探索永无止境,对引力波的认知不会止步于间接论证,人们需要引力波存在的直接证据.20 世纪 90 年代开始的引力波的探测掀起了新的高潮,人们开始筹建灵敏度更高的大型引力波探测系统.到 21 世纪初期,世界各地的大型引力波探测系统基本建成并开始用于测量.其中有美国的激光干涉仪引力波天文台(Laser Interferometer Gravitational-Wave Observatory,简称 LIGO),建造了两个臂长均为 4 000 m 的激光干涉引力波探测器,如图 14-11 所示,分别位于美国路易斯安那州的利文斯顿(Livingston)和华盛顿州的汉福德(Hanford);此外,世界各地的探测器还有位于意大利比萨附近的 VIRGO,位于德国汉诺威的 GEO600,位于日本东京国家天文台的 TAMA300.之所以要在世界不同区域分别建立观测点,是因为需要剔除由于各种环境因素以及仪器本身的微扰产生的噪声,而把真正有用的引力波信号保留下来.然而,也许是引力波引起的应变实在太小,以至于这些探测器从 2002 年至 2011 年期间的连续工作没有任何结果.此后,在对 LIGO 探测器进行了一系列的重大技术改造后,其灵敏度有了大幅度的提高.其精度甚至可以达到质子直径的万分之一.图 14-12 是激光干涉引力波探测器的原理图.

图 14-11 位于华盛顿州汉福德的激光干涉仪引力波探测器,臂长 4 000 m

激光干涉引力波探测器实际上就是一台经过现代高新技术改造后的巨型迈克耳孙干涉仪.相互垂直的两条臂长均为 4 000 m,抽成真空.每条臂由两个测试质量反射镜构成,既用于感受引力波造成的空间形变,又构成了一个法布里-珀罗光学谐振腔,使激光在单臂中来回反射多次,以加强引力波在激光相位上产生的影响,同时实现了光放大.图中的一个功率循环镜用于尽可能减少激光能量的损失,另一个信号循环镜用于减少信号能量的损失,以提高设备灵敏度.当引力波来到时,相互垂直的两条臂长会有微小的位移或振动,引起两束光的光程差发生改变,进而表现为干涉条纹的移动,这就可以表明直接探测到了引力波.

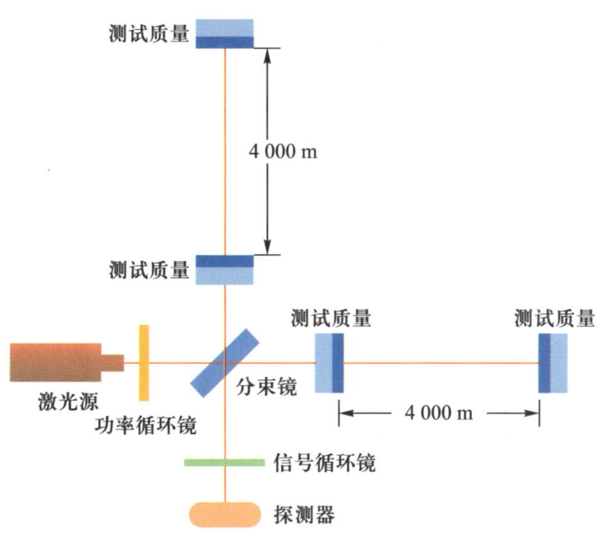

图 14-12 激光干涉仪引力波探测器原理示意图

2015 年 9 月 14 日格林尼治标准时间 9 点 50 分 45 秒(北京时间 9 月 14 日 17 点 50 分 45 秒),LIGO 位于美国利文斯顿与汉福德的两台探测器同时观测到了引力波事件 GW150914 信号.根据 LIGO 的数据分析,该引力波事件来自于距离地球十几亿光年的一个遥远星系,一个 36 倍太阳质量的黑洞与另一个 29 倍太阳质量的黑洞合并,形成一个 62 倍太阳质量的更大黑洞.合并过程中 3 倍太阳质量的能量转化为引力波的辐射能.这是人类第一次直接探测到的引力波.2017 年度诺贝尔物理学奖授予美国科学家雷纳・韦斯(Rainer Weiss)、基普・索恩(Kip S. Thorne)和巴里・巴里什(Barry C. Barish),用以表彰他们在引力波研究方面的贡献.

14-4 黑洞

14-4-1 黑洞

世界上第一个提出**黑洞**(black hole)概念的是 18 世纪著名法国数学家拉普拉斯(P.S.Laplace,1749—1827).

黑洞的电脑模拟图

我们知道,宇宙飞船要进入太空必须摆脱地球对它的引力作用.飞船脱离引力所需的最小发射速度称为**逃逸速度**(escape velocity).

设飞船在发射时的总机械能为 $\frac{1}{2}m'v^2-\frac{Gmm'}{r}$,其中 r 为地球半径,m 为地球质量,m' 为飞船质量,v 为逃逸速度.令飞船刚脱离引力场时的速度降为零,此时的引力势能也为零.根据机械能守恒定律有

$$\frac{1}{2}m'v^2-\frac{Gmm'}{r}=0$$

解得飞船的逃逸速度为

$$v=\sqrt{\frac{2Gm}{r}} \tag{14-5}$$

由上式可知,逃逸速度与地球的质量和半径有关.拉普拉斯作了进一步设想:如果某一个天体,其质量与半径之比足够大,以至逃逸速度 v 大于光速,那么是否意味着任何物质,包括光在内,都不可能脱离该天体的引力场呢? 在外面的观察者将看不到天体发出的光,因而认为该天体是"黑"的.这就是早期拉普拉斯的"黑洞"概念.令逃逸速度 v 等于光速 c,可以得到黑洞的半径:

$$r=\frac{2Gm}{c^2} \tag{14-6}$$

由上式可以得出结论,如果要把地球变成黑洞,必须把地球的全部质量 6×10^{24} kg 压缩到半径为 0.89 cm 的球体内.其密度之高令人无法想象,因此拉普拉斯的黑洞之说在当时没有引起人们的注意.

广义相对论建立以后,人们又重提黑洞的概念,但与拉普拉斯黑洞有本质的区别.因为拉普拉斯黑洞是从牛顿力学体系下的守恒定律得到的结论,但若涉及静质量为零的高速光子,显然是有问题的.

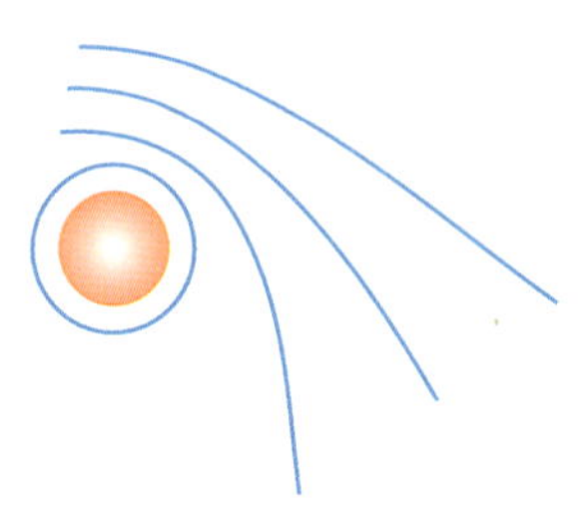

图 14-13 天体周围的时空会发生弯曲,代表时空弯曲程度的曲线,在大质量天体的附近闭合成一个圆

按照爱因斯坦的观点,物质的存在将使周围的时空发生弯曲,质量越大,弯曲得越厉害.如图 14-13 所示,如果以线代表时空弯曲的程度,则随着天体质量的增加,周围曲线的曲率半径将变得越来越小,最后收缩成一个圆.根据引力场方程的施瓦西解,当自由粒子的时空曲线收缩成一个圆时,它的半径为

$$r_S=\frac{2Gm}{c^2} \tag{14-7}$$

这一半径 r_S 称为**施瓦西半径**(Schwarzschild radius).在以 r_S 为半径的球面内,任何物质粒子,即使是光子都不能从中逃出.这个特殊的球面称为**视界**(horizon).视界范围以内就形成一个黑洞,称为**施瓦西黑洞**,它的大小恰好和拉普拉斯黑洞的大小完全相同.任何路过黑洞或在其周围徘徊的物质粒子都有可能成为它的俘虏.根据对施瓦西解的讨论,任何物质粒子一旦进入视界就不可能停留不动,只能被迅速吸向中心,如图 14-14 所示.视界内的空间具有像时间那样的单向特性.表 14-1 列出了一些天体的施瓦西半径和"平均密度"①.

图 14-14 黑洞的模拟图.任何物质一旦进入视界就只能被迅速吸向中心,光和电磁波也不例外

① 这里的"平均密度"只是代表一个感性的量,把施瓦西黑洞看成一个普通的球体.实际上,在黑洞内部时空极度弯曲,已经完全没有了平直空间的欧几里得几何特性,半径失去了原有的意义,球体的体积不再与"半径"的三次方成正比.

表 14-1 一些不同质量天体的施瓦西半径和“平均密度”

黑洞质量/kg	施瓦西半径/m	“平均密度”/($kg \cdot m^{-3}$)
1	1.48×10^{-27}	7.36×10^{79}
6×10^{24}(地球)	8.9×10^{-3}	2.0×10^{30}
2×10^{30}(太阳)	2.96×10^{3}	1.84×10^{19}
2×10^{36}(球状星团)	2.96×10^{9}	1.84×10^{7}
3×10^{41}(银河系)	4.45×10^{14}	8.13×10^{-4}

从上表可以看出,任何质量的物体,只要其体积足够小,都能形成黑洞.黑洞的密度大得惊人,一个中子(或质子)大小的黑洞其质量可达十亿吨.如果把地球压缩成黑洞,则其半径还不到 1 cm.随着质量的增加,黑洞的平均密度迅速减小.假设某个巨大的黑洞,其质量相当于银河系的总质量,那么它的密度会比普通气体的密度小得多.

14-4-2 探索黑洞

黑洞的性质如此奇特,它真的存在吗?由于光都无法摆脱黑洞的束缚,人们自然无法对它直接进行观测,只能通过寻找黑洞存在的间接证据来作出判断.这是相对论天体物理的重要课题之一.

天文学家普遍认为,在一些双星系统中很可能存在黑洞.一般的双星中都存在一个密度高、质量大的星体,比如说白矮星、中子星或黑洞.质量巨大的星体周围激发出强大的引力场,把它的伴星的物质吸引过来,形成旋转着的**吸积盘**(accretion disk).随着吸积盘中的物质越来越聚集,会产生大量的热量,温度急剧升高,同时产生强烈的电磁辐射.辐射的主要成分是 X 射线.因此可以通过寻找强 X 射线和双星系统来捕捉黑洞.通过测量构成吸积盘的星际物质和气体旋转的速度来判断核心的质量大小.如果推算出的质量超乎寻常的巨大,则可以认为吸积盘的核心处存在黑洞.

天鹅座 X-1 双星是天鹅座星群中的一个强大的 X 射线源,距离地球 2 500 pc①,如图 14-15 所示.它由一个蓝超巨星和一个看不见的伴星构成,两者环绕它们的引力中心旋转,周期为 5.6 天.人们认为吸积盘的中间最有可能是一个黑洞.

图 14-15 天鹅座 X-1 是一个双星系统,在吸积盘的中间可能是一个黑洞

此外,一种比较普遍的看法是:在星系的中心可能存在黑洞,这也包括我们的银河系.这种想法不无道理,因为黑洞周围存在着非常强大的引力场,正是借助这个强大的引力中心,离散着的星际物质和恒星才能聚拢在一起形成星系.

① 1 pc = 3.26 l.y.

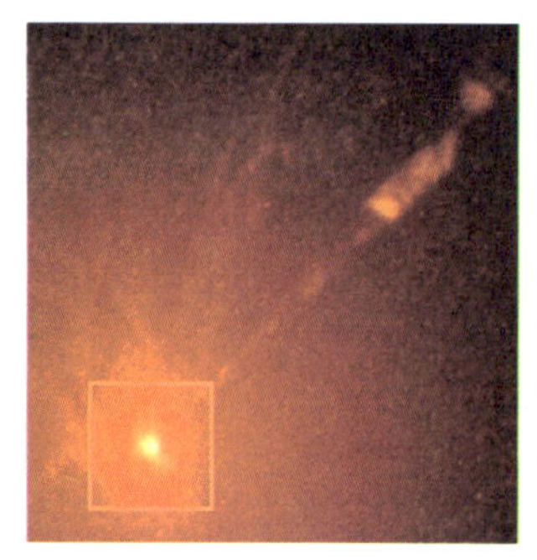

图 14-16 位于室女星座的 M87 星系距离地球 5 500 万光年，人们认为其核心处存在黑洞

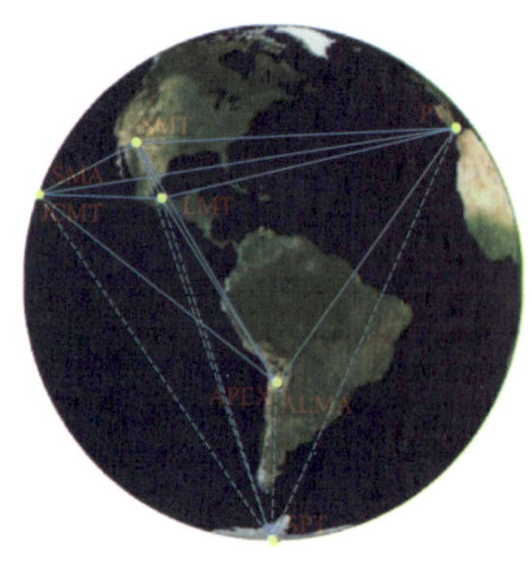

图 14-17 8 台射电望远镜阵列包括：南极的 SPT、智利的 ALMA（阵）和 APEX、墨西哥的 LMT、美国亚利桑那州的 SMT、美国夏威夷州的 JCMT 和 SMA（阵）、西班牙的 PV，构成了事件视界望远镜（EHT），其有效孔径约 1.3 万公里，相当于地球的直径

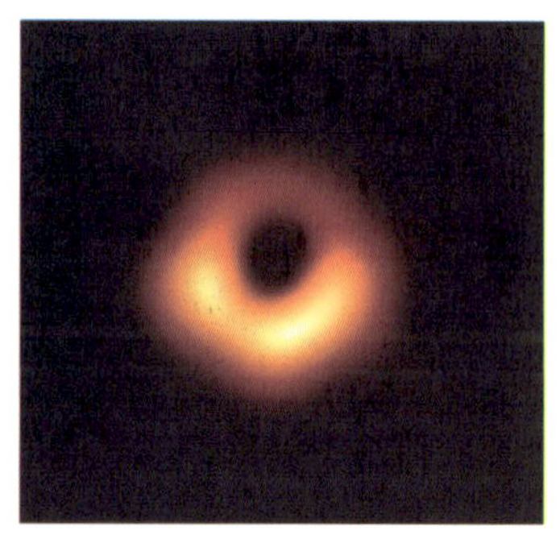

图 14-18 这是一张 M87 星系核心处的黑洞照片，公布于 2019 年 4 月 10 日，格林尼治标准时间 13:00，这也是人类史上首张黑洞照片

人们将目光聚焦在距离我们 5 500 万光年的巨型椭圆星系 M87 上.M87 星系核心处发出的高速喷流（jet）延伸约 5 000 光年，核心周围形成旋转热气体吸积盘，如图 14-16 所示.高速旋转着的吸积盘预示着强引力场的存在，以致人们猜测在该星系的核心处存在一个质量巨大的黑洞.

黑洞的间接证据已经很多，但是科学家的好奇心绝不仅限于此，人们希望得到真实存在着的黑洞证据.即使无法看到黑洞内部的结构信息，但可以通过视界外围的吸积盘将黑洞的“阴影”突显出来.尽管 M87 星系的黑洞质量巨大（约为太阳质量的 65 亿倍），但是由于距离地球实在太遥远，以至于世界上任何一台射电望远镜的分辨本领都无法达到观测要求.随着科学技术的发展，“甚长基线干涉测量法”（Very Long Baseline Interferometry，简称 VLBI），诞生了.这项技术是把分布于不同地点的若干台射电望远镜联网组合，同时观测同一天体的射电波，然后把数据录入大型计算机进行处理，从而获取对象的位置和辐射强度.VLBI 的分布点范围越大则分辨本领越大，布点越多，则其灵敏度越高.

2017 年，一项宏伟的黑洞探测计划开始实施.人们把全球不同区域的 8 台亚毫米波射电望远镜联合组网（分别位于南极、智利、墨西哥、西班牙以及美国的夏威夷州和亚利桑那州），构成一个有效孔径相当于整个地球直径的虚拟望远镜，称之为“事件视界望远镜”（Event Horizon Telescope，简称 EHT），如图 14-17 所示.该望远镜选用的波长为 1.3 mm，其最小分辨角为 20 微角秒.2017 年 4 月 5 日至 14 日，EHT 的 8 台射电望远镜同时对 M87 星系核心处的黑洞进行了观测.

2019 年 4 月 10 日，格林尼治标准时间 13:00（北京时间 4 月 10 日 21:00），人类首张黑洞照片向世界公布，如图 14-18 所示.照片呈圆环状结构，中间的阴影即为黑洞，圆环大小约为 40 微角秒，呈不对称结构.由于高速旋转吸积盘向着地球运动的一侧出现多普勒蓝移，而远离地球运动的另一侧出现多普勒红移，因此左下角要比右上角明亮得多.这种不对称圆环状结构具有广义相对论预言的典型黑洞阴影特征.首张黑洞照片提供了黑洞真实存在的证据，人们更能通过观测数据验证强引力场下广义相对论的正确性.相信随着经验的积累和探测技术的发展，望远镜的分辨率和灵敏度将会进一步提高.今后的黑洞照片会提供更丰富的细节，我们对黑洞及其周围的构成会有更深入的了解.

思考题

14-1 为什么说牛顿的万有引力理论建立在物体之间超距作用的基础上？这与狭义相对论的观点一致吗？

14-2 你是如何理解等效原理的？简述等效原理的基本思想.

14-3 如果你在一艘宇宙飞船中，在远离一切恒星和行星的空间以 1.5 g 加速度运动，你将感觉自己有多重？如果是 0.5 g 呢？如果你根本不作加速运动呢？

14-4 乘坐一架飞机从上海到乌鲁木齐，走最短路线，我们能够沿着直线飞行吗？为什么？如果必须沿着曲线飞行，应该沿什么曲线飞行？

14-5 一个圆周是一个空间吗？它的维数是多少？它是一个弯曲空间还是一个平直空间？给出一个平直一维空间的例子.

14-6 在晴朗的夜晚，抬头仰望天空能够看到许多恒星，我们看到的星光都是现在发出来的吗？

14-7 球面三角形是指球面上三条短程线作成的一个三角形.你能否作出一个球面三角形，使其内角和等于 270°？

14-8 引力红移与哈勃红移的本质有何不同？它们分别是如何形成的？

“不确定性原理”是由德国物理学家海森伯于 1927 年提出，它源自物质的波粒二象性，是量子力学的一个重要推论，反映了微观客体的重要特征。不确定性原理告诉我们，在微观领域粒子的坐标和动量不可能同时被准确测定。

第 15 章 量子物理

19 世纪末，人们普遍认为物理学的发展已经臻于完善.牛顿的经典力学体系几乎完美无缺；麦克斯韦的电磁场理论把当时已知的电、磁和光的现象统一起来；能量守恒定律的发现，为建立热力学奠定了基础，同时也使客观世界中一切物质的运动，不论其表现形式如何，都有了一个统一的量度标准——能量.与此同时，人们对物质运动的探索，也从宏观现象深入到分子领域，建立起了统计力学理论，这又是经典物理学中的一个重要分支.至此，整个经典物理学框架体系已经非常清楚和完备了，似乎没有什么解决不了的基本问题.当 20 世纪第一个春天来临之时，久负盛名的英国物理学家开尔文勋爵发表了新年贺词，他踌躇满志地宣告：“物理学的大厦已经建成.”但是，他又不无遗憾地指出，在物理学晴朗的天空中出现了两朵令人不安的乌云.这两朵乌云指的是两个实验，一个是迈克耳孙-莫雷实验，在寻找以太时得出了否定的结果；另一个则是黑体辐射实验，人们竟无法用经典物理学理论对其作出解释.

开尔文不愧为英国物理学界的元老，具有非凡的洞察力.正是这两朵小小的乌云，不久就催生了物理学的一场革命风暴，新潮迭起，开创了近代物理学.前者，从实验上支持了相对论的建立，后者则直接导致了量子力学的建立.相对论和量子力学正是近代物理学的两大理论支柱.前面我们已经对相对论有所了解，本章将逐一介绍早期量子论的一些基本内容(黑体辐射、光电效应、康普顿效应、玻尔的氢原子理论、德布罗意假设)以及量子力学初步.

15-1 黑体辐射和普朗克能量子假设

15-1-1 黑体辐射

19 世纪,由于冶金、高温测量技术和天文学等领域的研究和发展,人们开始了对热辐射的研究.所谓**热辐射**(heat radiation)是指物体内的分子、原子受到热激发而发射电磁辐射的现象.由于分子热运动是物体存在的基本属性,因此任何物体在任何温度下都会产生热辐射.不同温度下,辐射能量集中的波长范围不同.在 600 ℃以下,物体的热辐射波长在红外和远红外波段.随着温度的升高,物体热辐射的能量逐渐增强,辐射波长趋向短波段.当温度达到 600~700 ℃之间,物体开始呈现暗红色,这表明辐射波段开始进入可见光区域.随着物体温度的继续升高,辐射的波长进一步向短波方向移动,物体变得鲜红,甚至白热.

为了定量描述热辐射的性质,我们引入描述热辐射的两个物理量:

单色辐出度(monochromatic radiant exitance),用 M_λ 表示,定义为:在物体温度为 T 时,**从物体表面单位面积上辐射出的波长介于 λ 与 $\lambda+\mathrm{d}\lambda$ 之间的辐射功率 $\mathrm{d}M$ 与 $\mathrm{d}\lambda$ 的比值**.单色辐出度与波长和温度有关,其定义式表示为

$$M_\lambda(\lambda,T)=\frac{\mathrm{d}M(\lambda,T)}{\mathrm{d}\lambda} \tag{15-1}$$

其单位为 $\mathrm{W\cdot m^{-3}}$.

辐出度(radiant exitance),用 M 表示,定义为:**在一定温度 T 下、物体表面单位面积发射的包含各种波长在内的辐射功率**,它与单色辐出度的关系为

$$M(T)=\int_0^\infty M_\lambda(\lambda,T)\,\mathrm{d}\lambda \tag{15-2}$$

其单位为 $\mathrm{W\cdot m^{-2}}$.

值得指出:物体在向外发射辐射能的同时,也在吸收外来的辐射能,当辐射能入射到不透明物体的表面时,一部分能量被吸收,一部分能量被反射,描述物体吸收能力的物理量称为**吸收率**(absorptivity),定义为:**吸收能量与入射总能量的比值**.不同的物体,其吸收电磁辐射的能力不同,例如深色物体吸收率较大,反射率较小;浅色物体则相反.此外物体的吸收率与物体的温度 T 和入射波的波长 λ 也有关,波长在 $\lambda\sim\lambda+\mathrm{d}\lambda$ 范围内的吸收率称为**单色吸收率**,用 $a(\lambda,T)$ 表示.

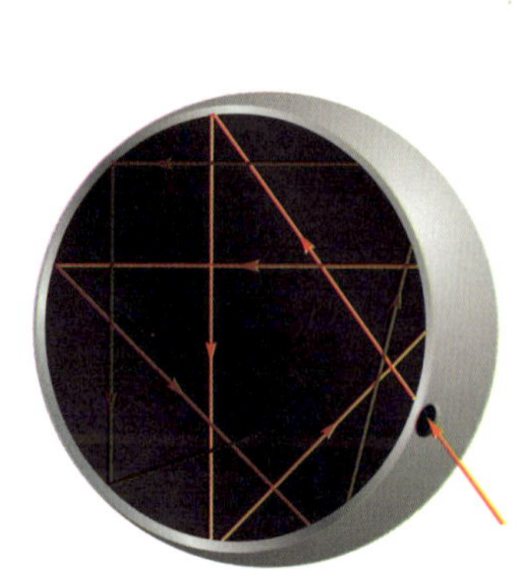
图 15-1 空腔内壁涂有黑煤烟,腔壁上的小孔是一个较为理想的黑体.进入空腔的电磁辐射在内壁的每一次入射都只有很少的能量被反射.这样经过在腔内的多次反射和吸收,电磁辐射几乎全部被吸收,从小孔出射的电磁波已是微不足道,可以忽略

如果某一物体能够完全吸收外来辐射而没有反射,也即 $a(\lambda,T)=1$,这样的物体被称为**黑体**(black body).黑体是一个理想物体模型,它不等同于黑色物体,因为黑色物体也会有少量反射.为了获得较理想的黑体,如图 15-1 所示,人

们用不透明材料制作成一个空腔，其内部用黑煤烟涂黑（其吸收率高达95%），表面开一个小孔，这个小孔就是一个较理想的黑体.外来辐射一旦进入小孔几乎全部被吸收.通常，人们在白天看到楼房的窗户总是黑暗的，就是因为进入室内的光在室内经多次反射和吸收，从窗户反射出来的光已经非常微弱.

1859年，德国物理学家基尔霍夫（G.R.Kirchhoff，1824—1887）根据几个放在封闭容器内的物体处于热平衡时，各物体在单位时间内辐射出的能量等于所吸收能量这一实验事实，得出如下结论：**在相同温度下，M_λ 与 a 的比值对于所有物体都相同，是一个只取决于温度 T 和波长 λ 的函数**，记为 $\phi(\lambda,T)$，即

$$\phi(\lambda,T)=\frac{M_{1\lambda}(\lambda,T)}{a_1(\lambda,T)}=\frac{M_{2\lambda}(\lambda,T)}{a_2(\lambda,T)}=\cdots=M_{0\lambda}(\lambda,T) \tag{15-3}$$

式中的 $M_{0\lambda}(\lambda,T)$ 是黑体的单色辐出度.由此可见，对黑体单色辐出度的研究成为研究热辐射的中心课题.

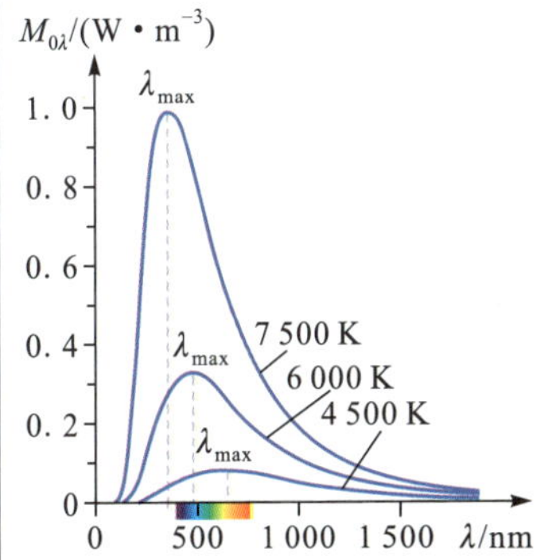

图 15-2 从黑体辐射的能谱分析，随着温度的升高，峰值增大，驼峰向短波段偏移；温度降低，则峰值减小，驼峰向长波段偏移

在热平衡条件下，对不同温度的黑体辐射进行实验，其辐射能谱，即 $M_{0\lambda}(\lambda,T)-\lambda$ 的关系曲线如图15-2所示.如何从理论上去解释这个黑体辐射的能谱曲线呢？

1879年，斯特藩（J.Stefan）从实验总结出一条黑体辐出度与温度关系的经验公式：

$$M(T)=\sigma T^4 \tag{15-4}$$

其中 $\sigma=5.670\ 374\ 419\times10^{-8}\ \mathrm{W\cdot m^{-2}\cdot K^{-4}}$，称为**斯特藩常量**.1884年，玻耳兹曼由经典理论也导出上述结果.因此人们把上式所反映的规律称为斯特藩-玻耳兹曼定律.

1893年，德国物理学家维恩（Wien，1864—1928）由经典电磁学和热力学理论得到了能谱峰值对应的波长 λ_m 与黑体温度 T 的关系式，这个关系式称为**维恩位移定律**（Wien's displacement law）.

$$\lambda_m T=b \tag{15-5}$$

式中 $b=2.897\ 771\ 955\times10^{-3}\ \mathrm{m\cdot K}$，称为**维恩常量**.

玻耳兹曼只是从理论上得出辐出度与温度的关系；维恩也只是从理论上解决了 λ_m 随温度 T 的变化关系.两者均未涉及单色辐出度 $M_{0\lambda}$ 随温度的变化关系.

1896年，维恩假设黑体辐射能谱分布与麦克斯韦分子速率分布相似，并分析了实验数据后得出一个经验公式，即

$$M_{0\lambda}(\lambda,T)=c_1\frac{\mathrm{e}^{-c_2/\lambda T}}{\lambda^5} \tag{15-6}$$

这个公式称为**维恩公式**，式中的 c_1 和 c_2 为两个经验参量.

维恩公式在短波波段与实验符合得较好，但在长波波段与实验结果相差悬殊.

1900 年,英国物理学家瑞利(Rayleigh,1842—1919)由经典电磁学理论结合统计物理学中的能量按自由度均分原理得到了一个黑体辐射的能谱分布公式,后经天文学家金斯(J.H.Jeans,1877—1946)纠正了其中的一个错误因子,最后的公式可表示为

$$M_{0\lambda}(\lambda,T)=\frac{2\pi ckT}{\lambda^4} \tag{15-7}$$

称为**瑞利-金斯公式**,式中的 c 为光速,k 为玻耳兹曼常量.瑞利在关于黑体辐射的经典理论模型中,把空腔壁中振动的电子看作一维简谐振子,辐射各种波长的电磁波.从这一模型出发可以得到简谐振子的平均能量与温度 T 成正比.

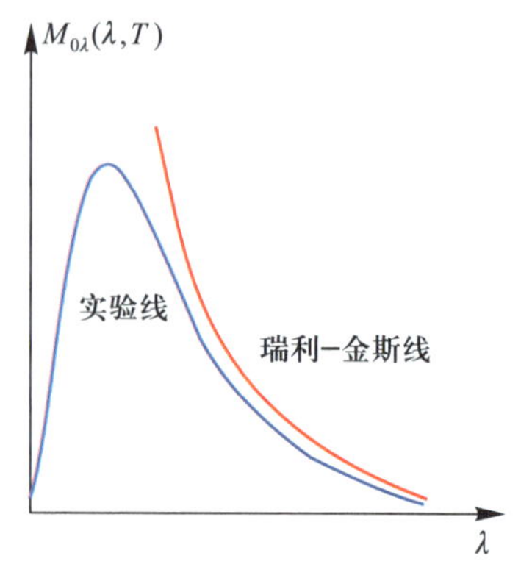

图 15-3 瑞利-金斯曲线在短波波段与实验曲线比较相去甚远

瑞利-金斯公式在长波波段与实验曲线吻合得较好,但在短波的紫外波段却显著偏离实验曲线,如图 15-3 所示.历史上称之为**紫外灾难**(ultraviolet catastrophe).经典理论在解释黑体辐射能谱分布时显然遇到了困难.

15-1-2 普朗克公式 普朗克量子假设

维恩公式在短波段与实验符合得较好,而瑞利-金斯公式则在长波段与实验曲线相吻合.这使德国物理学家普朗克受到很大的启发.他认为可以把两者结合起来,首先找到一个与实验结果相符合的经验公式,然后再寻求理论解释.

普朗克(Planck,1858—1947)德国物理学家.长期从事热力学的研究工作.1900 年,他在黑体辐射研究中首先引入了能量子的概念,创立了量子论,开辟了近代物理的新纪元,量子论和相对论一起构成了近代物理的研究基础.由于这一发现对物理学的发展作出了巨大的贡献,他获得 1918 年诺贝尔物理学奖

普朗克依据熵对能量二阶导数的两个极限值(分别由维恩公式和瑞利-金斯公式确定)内推,并用经典的玻耳兹曼统计取代了能量按自由度均分原理,得出一个能够在全波段范围内很好反映实验结果的公式:

$$M_{0\lambda}(\lambda,T)=\frac{2\pi hc^2}{\lambda^5}\frac{1}{e^{\frac{hc}{\lambda kT}}-1} \tag{15-8}$$

称为**普朗克公式**,曲线如图 15-4 所示,式中的 h 是一个参量,可以用来调整理论曲线,使它与实验数据相吻合.普朗克发现这个 h 值是与黑体的材料、性质和温度都无关的一个普适常量,$h=6.626\ 070\ 15\times10^{-34}$ J·s,称为**普朗克常量**(Planck constant).

在长波段,由于 λ 较大,$e^{hc/\lambda kT}$经级数展开,近似可得

$$e^{\frac{hc}{\lambda kT}}\approx1+\frac{hc}{\lambda kT}$$

则式(15-8)转换为瑞利-金斯公式,即

$$M_{0\lambda}(\lambda,T)=\frac{2\pi hc^2\lambda^{-5}}{\frac{hc}{\lambda kT}}=2\pi ckT\lambda^{-4}$$

文档 普朗克简介

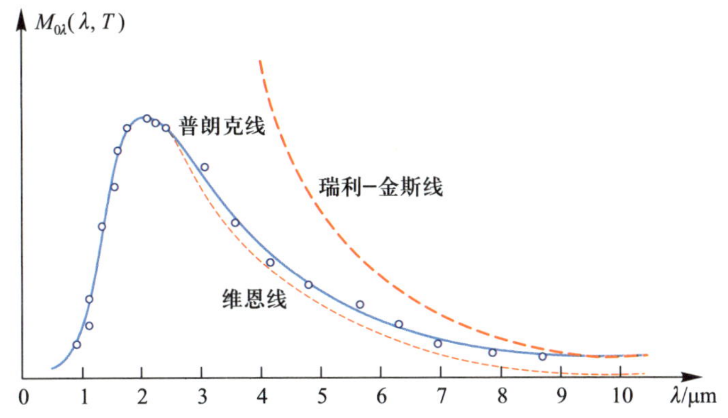

图 15-4 维恩公式在短波段与实验符合得较好，但在长波段与实验结果相差甚大.瑞利-金斯公式在长波段与实验曲线吻合得非常好，但在短波段发散.普朗克公式在全部波长范围与实验值符合得非常好

在短波段，由于 λ 很小，而 $e^{hc/\lambda kT}$ 很大，可以忽略式(15-8)分母中的 1，于是普朗克公式转换为维恩公式，即

$$M_{0\lambda}(\lambda,T)=\frac{2\pi hc^2}{\lambda^5}e^{-\frac{hc}{\lambda kT}}$$

普朗克公式虽令人满意，但在当时却留下了一丝遗憾.因为在涉及黑体表面谐振子的性质时，普朗克引入了一个大胆而有争议的假设——**能量子假设：对于频率为 ν 的谐振子，其辐射能量是不连续的，只能取某一最小能量 $h\nu$ 的整数倍，即**

$$\varepsilon_n=nh\nu\quad(n=1,2,3,\cdots)\tag{15-9}$$

式中的 n 称为**量子数**(quantum number)，$n=1$ 时，能量 $\varepsilon=h\nu$ 称为**能量子**(quantum of energy).普朗克把 h 称为**作用量子**(quantum of action)，它是最基本的自然常量之一，体现了微观世界的基本特征.由于 h 值非常小，因此能量的不连续性在宏观尺度上很难被觉察.

能量子假设与经典的简谐振子模型不一致.在经典理论中，振子的能量取决于振幅和频率.对于给定频率 ν 的谐振子，其能量可以取连续的量值.而按照普朗克的假设，振子的能量是分立的，只能按量子数 n 取特定的能量值.所以当时物理学界对能量子假设并不认同，就连普朗克本人对自己的理论也不满意，试图将常量 h 纳入经典理论的框架之中.他为之奋斗了 10 年，却始终未能如愿.直至 1905 年爱因斯坦借助能量子假设，提出了光量子理论，成功地解释了光电效应之后，量子思想才逐渐为人们所接受.

1900 年 12 月 14 日，普朗克在德国物理学会上正式提出了他的辐射公式.后人把这一天定为量子论的诞生日.爱因斯坦对普朗克的发现予以高度评价，他说："这一发现成为 20 世纪整个物理研究的基础，从那时起，几乎完全决定了物理学的发展."

例 15-1

计算下列情况下辐射体的辐射能谱峰值对应的波长 λ_m:(1)人体皮肤的温度为 35 ℃;(2)点亮的白炽灯中,钨丝的温度为 2 000 K;(3)太阳表面的温度约为 5 800 K.(计算时假设以上的辐射体均为黑体)

解 根据维恩位移定律 $\lambda_m T=b$ 可以求出波长.

已知 $b=2.898\times10^{-3}\ \mathrm{m\cdot K}$

$$(1)\ \lambda_m=\frac{2.898\times10^{-3}}{35+273}\ \mathrm{m}=9.4\ \mu\mathrm{m}$$

这一辐射位于红外波段,人的眼睛觉察不到.有些动物(比如毒蛇),能够探测到这种波长的辐射,以致在夜间也能对人发动袭击.

$$(2)\ \lambda_m=\frac{2.898\times10^{-3}}{2\ 000}\ \mathrm{m}=1.449\ \mu\mathrm{m}$$

这个波长同样位于红外波段,这表明白炽灯辐射出的可见光能量相对较少,而大部分辐射能我们是看不到的.因此从节能的角度看,用白炽灯不经济.

$$(3)\ \lambda_m=\frac{2.898\times10^{-3}}{5\ 800}\ \mathrm{m}=0.499\ 7\ \mu\mathrm{m}$$

这一波长位于可见光谱近中心位置,人眼对这一波长的光较敏感.

顺便指出,根据斯特藩-玻耳兹曼公式,我们还可以计算出太阳表面的辐出度

$$\begin{aligned}M&=\sigma T^4=5.67\times10^{-8}\times5\ 800^4\ \mathrm{W\cdot m^{-2}}\\&=6.42\times10^{7}\ \mathrm{W\cdot m^{-2}}\end{aligned}$$

这一能量非常巨大,但照射到地球上的只是其中的很小一部分,约为 1.4 $\mathrm{kW\cdot m^{-2}}$.

15-2 光电效应 爱因斯坦光量子理论

15-2-1 光电效应

图 15-5 真空石英管中的两块金属板分别连接电源的正、负极,电路中的电流计用于检测电流.当没有光照时,回路中没有电流;当一束光从窗口入射到阴极金属板上时,电流计指针发生偏转,表明回路中存在电流

光电效应(photoelectric effect)是指:当光照射在金属表面时有电子从金属表面逸出.这一现象是由德国物理学家赫兹(H.Hertz,1857—1894)在 1887 年研究电磁波的性质时偶然发现的.但是,赫兹只是注意到用紫外线照射在放电电极上时,放电比较容易发生,却并不知道这一现象产生的原因.1902 年,勒纳德(P.Lenard,1862—1947)对光电效应进行了详细的研究.

光电效应的实验装置如图 15-5 所示.在没有入射光照射光电管时,回路中没有电流;当入射光照射在阴极金属板上时,有光电子从金属板表面逸出.逸出的电子称为**光电子**(photoelectron),光电子在加速电压作用下从阴极向阳极运动,从而在回路中形成电流,称为**光电流**(photocurrent).

光电效应现象本身并不能算是一项重大发现,但是,当人们在对实验中所得到的一些结论进行分析时发现,经典电磁学理论无法对其作出合理的解释.光电效应实验的结果可归纳如下:

（1）并不是任何频率的入射光都能引起光电效应.对于某种金属材料，只有当入射光的频率大于某一频率 ν_0 时，电子才能从金属表面逸出，形成光电流.这一频率 ν_0 称为**截止频率**（cutoff frequency），也称**红限**.截止频率与阴极材料有关，不同金属材料的 ν_0 一般不同.如果入射光的频率 ν 小于截止频率 ν_0，那么，无论入射光的光强多大，都不能产生光电效应.

（2）当入射光频率 $\nu>\nu_0$ 时，加速电压 V 与光电流 i 的实验曲线如图 15-6 所示.随着加速电压 V 增大，光电流 i 增大，当电压增至足够大时，光电流 i 达到饱和.饱和光电流与入射光强度有关，入射光强度越大，饱和光电流也越大.从实验曲线显示，当加速电压等于零时，光电流 i 并不为零，只有当光电管两极加上一定的反向电压 $-V_\varepsilon$ 时，电路中才没有光电流.这个反向电压 $-V_\varepsilon$ 称为**遏止电压**（retarding voltage）.

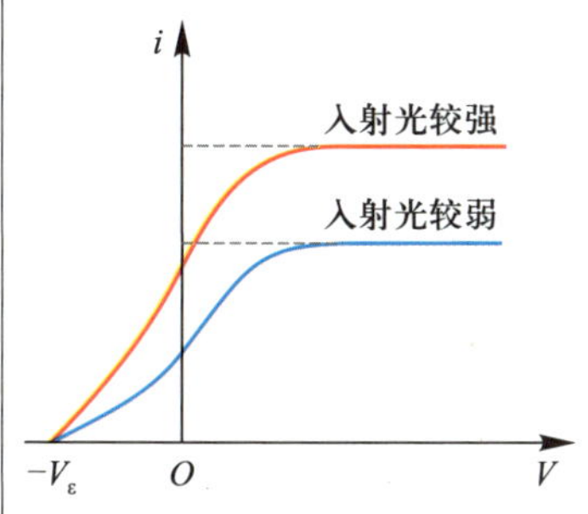

图 15-6 对于给定的阴极材料，当入射光频率 ν 一定时，光电流 i 与加速电压 V 的关系曲线

（3）遏止电压 V_ε 与入射光强度无关，但与入射光频率 ν 有关，当 $\nu>\nu_0$ 时，V_ε 与 ν 成正比关系，如图 15-7 所示.

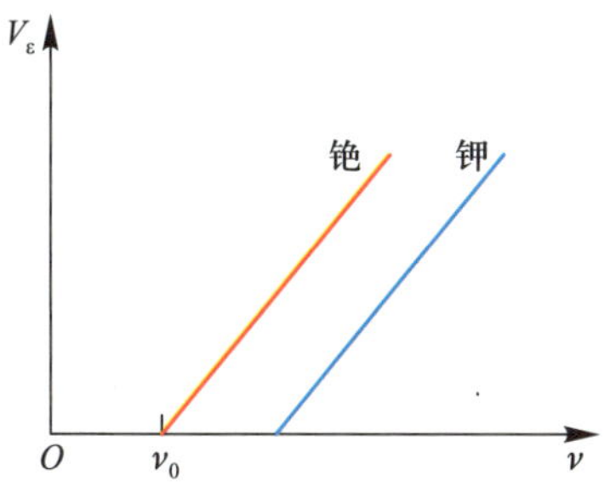

图 15-7 遏止电压 V_ε 与入射光频率 ν 成正比关系，比例系数与金属板的材料性质无关

（4）入射光一照射到阴极表面，几乎同时就有电子从金属板表面逸出，时间间隔仅为 10^{-9} s 数量级.而且这种瞬间响应与入射光的强度无关.

光电效应的实验结果给当时的物理学家们带来了困惑.在上述实验结果中只有第二条可以从经典物理学理论去理解.光电流反映了单位时间内从阴极到阳极的光电子数，当从阴极逸出的电子全部飞到阳极上时，电流达到饱和.在同一电压作用下，入射光强度越大，光电流 i 越大，也就是单位时间内从金属板逸出的电子数越多.

当加速电压等于零或一个较小的反向值时，由于金属板上逸出的电子具有初动能，因此仍有部分动能较大的电子可以克服电场力做功到达阳极，形成光电流.当反向电压 $V\geqslant V_\varepsilon$ 时，具有最大初动能的光电子都无法克服电场阻力到达阳极，这时的光电流为零.由此可见，遏止电压 V_ε 反映了光电子的最大逸出动能，根据功能原理，二者的关系为

$$eV_\varepsilon=\frac{1}{2}mv_\mathrm{m}^2 \tag{15-10}$$

式中的 e 为电子的电荷绝对值，m 为电子的质量，v_m 为光电子的最大速度.

对于上述其他三条实验结果，很难用经典物理学理论作出解释.按照经典理论，任何频率的入射光，只要其强度足够大或照射时间足够长，都可以使电子获得足够的能量逸出金属表面.然而实验显示，只要入射光频率小于截止频率，无论光的强度有多大，照射时间有多长，都不能产生光电效应.此外，光电效应的瞬间响应性质也无法用经典理论解释.按经典理论，电子在逸出金属表面以前需要获得足够的能量，这需要一定的时间积累，绝不可能在 10^{-9} s 内完成.尤其对于强度较弱的入射光，其积聚能量的时间会更长.

15-2-2 爱因斯坦光量子理论

1905 年,为了从理论上解释光电效应,爱因斯坦摆脱了经典理论的束缚,在普朗克能量子假设的基础上进一步提出了光子的假设.光不仅像普朗克已经指出的那样,在发射或吸收时具有粒子性,而且在空间传播时也具有粒子性.这种粒子性表现为光的能量在空间分布的不连续性.这些不连续的能量子称为**光量子**(light quantum),简称**光子**(photon).在真空中光子以速率 $c=3\times10^{8}\ \mathrm{m\cdot s^{-1}}$ 运动.对于频率为 ν 的光辐射,光子的能量为

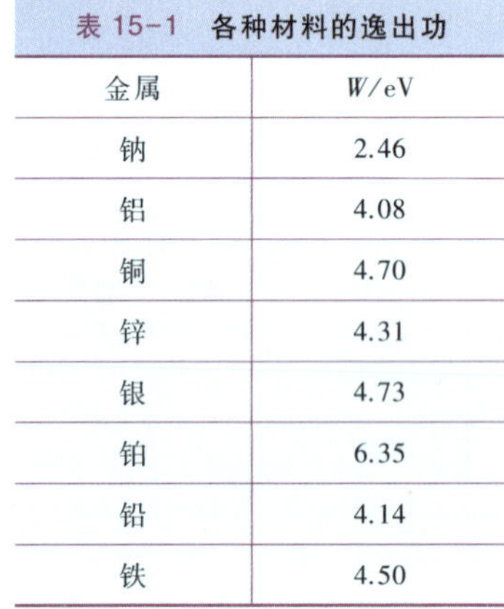

表 15-1 各种材料的逸出功

金属	W/eV
钠	2.46
铝	4.08
铜	4.70
锌	4.31
银	4.73
铂	6.35
铅	4.14
铁	4.50

$$\varepsilon=h\nu \tag{15-11}$$

式中的 h 为普朗克常量.入射光的强度 I 取决于单位时间内垂直通过单位面积的光子数 n,因此可表示为 $I=nh\nu$.

爱因斯坦以他的光量子论,成功地解释了光电效应现象.当频率为 ν 的光入射到金属表面时,能量为 $h\nu$ 的光子被电子一次性吸收,不需要经历能量的积累过程,因此电子能在 10^{-9} s 这样极其短暂的时间内逸出金属表面.

电子吸收光子的能量后,一部分用于克服金属表面势垒束缚而做功 W,这部分功称为**逸出功**,也称为**功函数**(work function),不同的金属材料,其逸出功不同,见表 15-1;另一部分转化为光电子的初动能.根据能量守恒定律,有

$$h\nu=\frac{1}{2}mv_{m}^{2}+W \tag{15-12}$$

这个方程称为**爱因斯坦光电效应方程**.

爱因斯坦的光量子理论成功地解释了光电效应的实验结果:

(1) 对于频率为 ν 的光,其强度($I=nh\nu$)与光子数成正比,当入射光较强时,因为单位时间内到达金属板的光子数较多,所以获得能量而逸出的电子数也多,饱和电流自然也就大.

(2) 由爱因斯坦光电效应方程可知,当入射光子的能量 $h\nu$ 小于逸出功 W 时,电子无法获得足够能量脱离金属表面,只有当 $h\nu\geqslant W$ 时,才会产生光电效应.这就解释了为什么会存在截止频率 ν_0.恰能产生光电效应的入射光频率为

$$\nu_0=\frac{W}{h} \tag{15-13}$$

(3) 由式(15-10)和式(15-12)可得

$$V_{\varepsilon}=\frac{h}{e}\nu-\frac{W}{e} \tag{15-14}$$

可见遏止电压 V_{ε} 随着频率 ν 的增大而线性地增加,比例系数为 h/e,与金属材料性质无关.这与实验结果相一致.

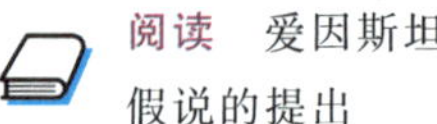

阅读 爱因斯坦光量子假说的提出

至此，原先在解释光电效应时经典物理学所遇到的困难，全部可以用爱因斯坦的光量子理论得到解决.

现代科学技术中常用到光电转换技术，其中光电效应是重要的技术手段之一. 例如微光夜视仪(图 15-8)就是根据光电效应的物理学原理制作而成的. 光子进入夜视仪后打在金属板上，产生光电子. 这些电子又通过一个安放在光屏前的薄盘片，盘片上有数百万个微通道(即数百万个像素)，电子进入微通道后实现电子倍增，最后投射到荧光屏上成像. 成像的亮度可以达到肉眼直接观察亮度的数千倍.

图 15-8　微光夜视仪，用它可以在夜间看清非常暗淡的物体

15-2-3 光的波粒二象性

光量子假设不仅解决了光电效应问题，更重要的是，人们对光的本性有了认识上的飞跃. 关于光的本性问题，历史上曾有牛顿的微粒说与惠更斯的波动说之争. 直到 19 世纪初期，大量的光干涉和衍射实验使人们更相信光是一种波动. 至 19 世纪末，麦克斯韦的电磁场理论经赫兹的实验证实，进一步确定了光就是电磁波.

然而，进入 20 世纪，对黑体辐射和光电效应的研究，使人们重新认识到光具有粒子性，但这绝不是简单的历史回归. 牛顿的粒子说是排他的，是与波动说完全对立的. 而现在所认识的粒子性只是光性质的一个方面，光性质的另一个方面是它的波动性，从而确认：光具有**波粒二象性**(wave-particle dualism). 1928 年，N. 玻尔提出了**互补原理**(complementarity principle)，从而解决了粒子与波的矛盾. 玻尔认为：粒子图像和波动图像是同一事物的两个互补描述. 光的某一方面性质不可能同时由这两种图像来描述，从这个意义上说两者是互斥的；要全面反映光的性质，只有把这两种图像结合起来，才能形成对光的完备描述，从这个意义上说二者又是互补的. 玻尔的互补思想不仅在物理学上产生了重大影响，更是被许多学者用于生物学、心理学，甚至社会和历史学科等各个领域. 互补原理正在逐渐成为一般科学研究的指导思想.

光在传播过程中显著地表现出它的波动性；光在与物质相互作用时，更多地表现为粒子性. 光既是粒子，就应该具有粒子的属性，即有质量、能量和动量.

按照光子假设，光子的能量为 $\varepsilon=h\nu$；考虑到相对论的质能关系，光子的能量又可表示为 $\varepsilon=mc^2$(m 是光子的质量). 显然光子的质量为

$$m=\frac{h\nu}{c^2}=\frac{h}{\lambda c} \tag{15-15}$$

这应是光子的运动质量. 根据相对论的质速关系 $m=m_0\Big/\sqrt{1-\frac{v^2}{c^2}}$，由于光子的速度 $v=c$，而 m 又是一个有限量，因此必有

$$m_0=0 \tag{15-16}$$

即**光子的静质量为零**.因为光对于任何惯性参考系都不会静止,其速度为 c,所以光子不具有静质量.

1917 年,爱因斯坦进一步假设光子不仅具有能量,还具有动量.光子的动量为 $p=mc$,将式(15-15)中的质量代入,得

$$p=\frac{h}{\lambda} \tag{15-17}$$

波动性可以用波长 λ 和频率 ν 来描述;而粒子性一般则由质量、能量和动量来描述.式(15-11)、式(15-15)和式(15-17)建立了光的粒子性与波动性的关系,两者在数量上通过普朗克常量联系在一起.

例 15-2

波长为 300 nm 的单色光照射在金属钠的表面上,已知钠的逸出功为 2.46 eV.试计算:(1)光电子的最大动能;(2)钠的截止波长.

解 (1) 入射光子的能量为

$$\varepsilon=\frac{hc}{\lambda}=\frac{6.626\times10^{-34}\times3.00\times10^{8}}{300\times10^{-9}}\ \text{J}$$

$$=6.63\times10^{-19}\ \text{J}$$

$$=4.14\ \text{eV}$$

根据爱因斯坦光电效应方程,

$$\frac{1}{2}mv_{\text{m}}^2=\varepsilon-W=(4.14-2.46)\ \text{eV}=1.68\ \text{eV}$$

(2) 由式(15-13)可得截止波长为

$$\lambda_0=\frac{hc}{W}=\frac{6.626\times10^{-34}\times3.00\times10^{8}}{2.46\times1.60\times10^{-19}}\ \text{m}$$

$$=5.05\times10^{-7}\ \text{m}=505\ \text{nm}$$

例 15-3

在光电效应实验中,对于某一阴极材料,如果用波长为 600 nm 的单色光照射,其遏止电压为 1.0 V;用波长为 300 nm 的单色光照射,其遏止电压为 3.0 V.试确定这种阴极材料的逸出功 W 和普朗克常量 h.

解 由式(15-14),$V_\varepsilon=\frac{h}{e}\nu-\frac{W}{e}$为一直线方程,其斜率为 h/e,截距为$-W/e$.

由关系式 $\nu=c/\lambda$,根据已知波长,可得相应波长的频率分别为 0.50×10^{15} Hz,1.0×10^{15} Hz.在 $V_\varepsilon-\nu$ 图上过点(0.50×10^{15} Hz,1.0 V)和(1.0×10^{15} Hz,3.0 V)作直线方程,图线如图 15-9 所示.其截距为

$$-\frac{W}{e}=-1.0\ \text{V}$$

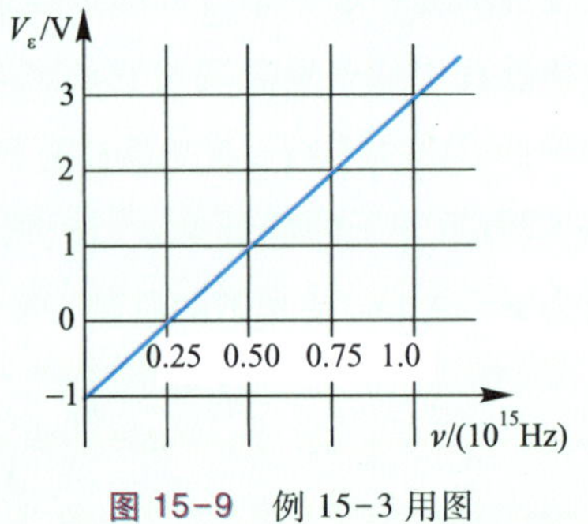

图 15-9 例 15-3 用图

$$W=1.0\ \text{eV}=1.6\times10^{-19}\ \text{J}$$

$$\frac{\Delta V_0}{\Delta \nu}=\frac{3.0-0}{(1.0-0.25)\times 10^{15}}\ \mathrm{J\cdot s\cdot C^{-1}}=4.0\times 10^{-15}\ \mathrm{J\cdot s\cdot C^{-1}}$$

$$h=e\frac{\Delta V_0}{\Delta \nu}=1.6\times 10^{-19}\times 4.0\times 10^{-15}\ \mathrm{J\cdot s}=6.4\times 10^{-34}\ \mathrm{J\cdot s}$$

15-3 康普顿效应

光量子理论成功地解释了光电效应的实验结果,但是理论只是从能量的角度说明光具有粒子性,并未涉及光子的动量.尽管爱因斯坦进一步认为光子应该具有动量,并且给出了动量的表达式 $p=h/\lambda$,但这毕竟还没有得到实验的支持.

1920—1922 年,美国物理学家康普顿(A.H.Compton,1892—1962)在研究 X 射线被物质散射的实验时发现:散射光中不仅有与入射光相同的波长成分,更有波长大于入射光波长的成分.人们把这一现象称为**康普顿效应**(Compton effect).

15-3-1 康普顿效应的实验规律

图 15-10 是康普顿效应的实验示意图.X 射线源发射一束波长为 λ_0 的 X 射线,经一块石墨发生散射,散射光穿过光阑,其波长和强度可以由晶体和探测器所组成的光谱仪来测定.康普顿采用了钼的 K_α 线(波长为 0.071 nm 的 X 射线)作为入射光,在各种不同散射角方向上测量了 X 射线波长与强度的关系.实验结果如图 15-11 所示.

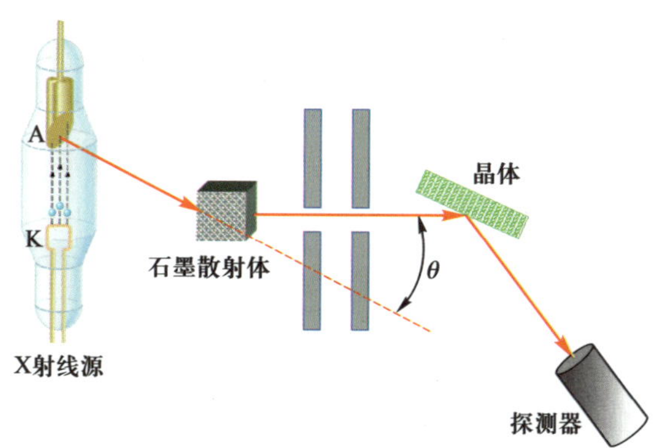

图 15-10 康普顿效应实验示意图,X 射线经石墨散射后,散射束穿过光阑,其波长可以由晶体和探测器所组成的光谱仪来测定

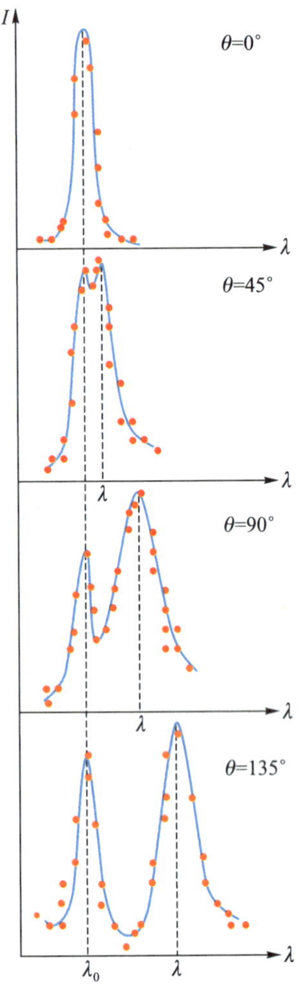

图 15-11 康普顿散射中,在不同的散射角 $\theta=0°,45°,90°,135°$ 上的强度与波长的关系曲线

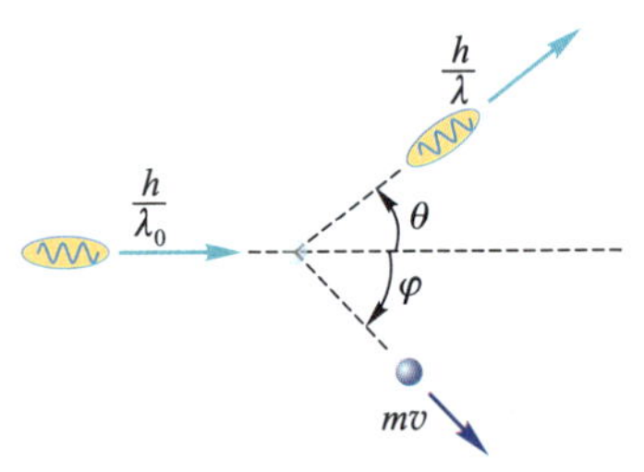

图 15-12 光子与静止的电子发生弹性碰撞,光子的一部分能量传给了电子,因此它的能量和动量都发生了变化,同时电子获得了能量和动量

从实验结果看到,在散射角 $\theta=0°$的方位,只有单一波长的 X 射线被散射,其波长与入射光的波长 λ_0 相同.在 $\theta\neq0°$的其他方位,存在波长大于入射光波长 λ_0 的成分 λ,并且随着散射角 θ 的增大,波长的偏移量 $\Delta\lambda=\lambda-\lambda_0$ 也随之增大.

康普顿最初的实验结果只涉及一种散射物质(石墨),尽管已经获得了明确的数据,但毕竟只限于某一种特殊情况,难以令人信服.

1923—1926 年,我国物理学家吴有训参与了康普顿的 X 射线散射实验.为了证明这一效应的普遍性,吴有训做了不同物质的 X 射线散射实验,发现都存在康普顿效应的现象,并且证实:对于相对原子质量较小的散射物质,康普顿散射较强,反之较弱.在同一散射角下波长的偏移量 $\Delta\lambda$ 与散射体的材料性质无关,为康普顿效应的确认作出了重大贡献.

15-3-2 康普顿效应的量子解释

康普顿效应很难用经典电磁学理论作出解释.按照经典理论,电磁波作用于物质时,将引起物质内带电粒子作同频率的受迫振动,振动的带电粒子再向周围发射电磁波,从而形成散射,因此散射光的波长应该等于入射光的波长,而不可能存在大于入射光波长的成分.康普顿在对实验结果作理论解释时,引用了爱因斯坦的光子理论.认为 X 射线散射是单个光子与单个电子发生碰撞的结果.每个光子不但具有能量 $h\nu$,而且具有动量 h/λ.当光子射入散射体内,与其中的某个电子发生碰撞时,它把一部分能量传递给了该电子,因此散射光子的能量要减小,从而出现散射光子的频率减小、波长变长的现象.这就是康普顿效应的定性解释.

在进行定量的理论分析前,我们还有必要作一些简化.在散射体中存在大量束缚较弱的电子,尤其对一些较轻的原子,外层电子的电离能只有几个电子伏,而 X 射线中的光子能量数量级为 $10^4\sim10^5$ eV;因此可以把这些电子近似看作自由电子.又因为这些电子的热运动能量很小,仅 10^{-2} eV 量级,远小于 X 射线光子的能量,因此又可以近似认为它们在碰撞前是静止的.由此,我们建立了一个 X 射线散射的简化模型:**单个光子与单个静止的自由电子发生弹性碰撞**,碰撞示意图见图 15-12.

碰撞前,光子的能量为 $h\nu_0=hc/\lambda_0$,动量为 h/λ_0;电子的静能为 m_0c^2,动量为零.碰撞后,光子的能量为 hc/λ,动量为 h/λ;电子的能量为 mc^2,动量为 mv.按能量守恒定律可得

$$\frac{hc}{\lambda_0}+m_0c^2=\frac{hc}{\lambda}+mc^2 \tag{15-18}$$

按动量守恒定律,在沿入射光的方向和垂直于入射光方向上分别可有

$$\frac{h}{\lambda_0}=\frac{h}{\lambda}\cos\theta+mv\cos\varphi \tag{15-19}$$

$$0=\frac{h}{\lambda}\sin\theta-mv\sin\varphi \tag{15-20}$$

由以上三式，结合相对论的质量与速度关系 $m=\dfrac{m_0}{\sqrt{1-v^2/c^2}}$，可解得

$$\Delta\lambda=\lambda-\lambda_0=\frac{h}{m_0c}(1-\cos\theta) \tag{15-21}$$

此式称为**康普顿散射公式**.公式显示，波长偏移量 $\Delta\lambda$ 与散射体的性质无关，只与散射角有关.当 $\theta=0°$时，$\Delta\lambda=0$；随着散射角 θ 增大，$\Delta\lambda$ 也增大.由式(15-21)得到的理论值与实验值符合得相当好.式中的 h/m_0c 称为**康普顿波长**(Compton wavelength)，反映波长偏移量 $\Delta\lambda$ 的数量级，其量值为

$$\lambda_C=\frac{h}{m_0c}=2.426\ 310\ 238\ 67(73)\times10^{-12}\ \mathrm{m} \tag{15-22}$$

为什么在散射光中还有与入射光波长相同的成分呢？这是因为入射光子除了与原子的外层电子发生碰撞外，有的还会与原子的芯电子发生碰撞.由于芯电子受原子核的束缚很强，光子与之相碰撞宛如与一个质量很大的原子实体发生碰撞，由于两者质量相差悬殊，在弹性碰撞中，光子的散射只改变方向，但其能量损失极其微小，即散射光子的能量仍为 $h\nu_0$，其波长与入射光的波长相同.由式(15-21)可知，若以原子的质量 m_a 取代电子的质量 m_0，由于$m_a\gg m_0$，从而有 $\Delta\lambda\approx0$.一般轻原子对电子束缚较弱，重原子对芯电子束缚较紧，因此对于原子量较小的散射物质康普顿效应较明显.

从以上的理论分析可知，对于任何光的散射都会出现康普顿效应.但是为什么人们从来没有发现过可见光的康普顿效应呢？这个问题留给读者思考.

康普顿效应从实验上支持了光子理论，证实了光子不但拥有能量，而且具有动量，同时让我们看到，即使在光子与电子相互作用的微观过程中，能量和动量依然分别守恒.

阅读　康普顿效应的发现

例 15-4

在康普顿散射实验中，设入射 X 射线的波长为 0.071 1 nm，试计算：(1) 入射光中光子的能量；(2) 在 $\theta=180°$处，散射光子的波长和能量；(3) 在 $\theta=180°$处，电子的反冲能量.

解　(1) 入射光中光子拥有的能量为

$$E_0=\frac{hc}{\lambda_0}=\frac{6.63\times10^{-34}\times3\times10^8}{7.11\times10^{-11}}\ \mathrm{J}$$

$$\approx2.8\times10^{-15}\ \mathrm{J}=1.75\times10^4\ \mathrm{eV}$$

(2) 在 $\theta=180°$处，散射光子的波长和能量可分别计算如下：

$$\Delta\lambda=\frac{h}{m_0c}(1-\cos\theta)$$

$$=\frac{6.63\times10^{-34}}{9.1\times10^{-31}\times3\times10^8}(1-\cos180°)\ \mathrm{m}$$

$$\approx4.86\times10^{-12}\ \mathrm{m}$$

得 $\lambda=\lambda_0+\Delta\lambda$

$=(7.11\times10^{-11}+4.86\times10^{-12})$ m

$=7.596\times10^{-11}$ m

$$E=\frac{hc}{\lambda}=\frac{6.63\times10^{-34}\times3\times10^{8}}{7.596\times10^{-11}}\ \text{J}$$

$=2.62\times10^{-15}$ J $=1.64\times10^{4}$ eV

(3) 根据能量守恒定律,电子的反冲动能等于光子在碰撞前后能量的损失:

$E_e=E_0-E$

$=(1.75\times10^{4}-1.64\times10^{4})$ eV

$=1.1\times10^{3}$ eV

15-4 氢原子光谱和玻尔理论

15-4-1 氢原子光谱

19 世纪末期,人们对气体放电中原子光谱的研究产生了兴趣.这种辐射谱表现为一系列分立谱线,每条谱线具有特定的颜色或波长,不同原子的辐射光谱具有不同的特征.这就是说,在原子光谱中隐藏着原子结构的重要信息.人们希望从原子光谱中寻找规律,从而对光谱与原子结构的关系作出理论解释.然而,一般元素的原子光谱都十分复杂,由几百上千条谱线构成,要从中整理出基本规律谈何容易!因此具有最简单结构的氢原子特征光谱成了当时研究的突破口.氢原子光谱在可见光范围内由四条明亮的谱线构成,如图15-13所示.

图 15-13 氢原子光谱中的巴耳末系,其中四条明线在可见光范围内

1885 年,瑞士的一位中学教师巴耳末(J.J.Balmer,1825—1898)发现,这四条光谱线的波长可以用一个简单的数学公式表示,即

$$\lambda=B\frac{n^2}{n^2-4}\quad(n=3,4,5,\cdots)\tag{15-23}$$

式中的 $B=364.56$ nm.人们把这个公式称为**巴耳末公式**,将这一公式所表达的一组光谱线称为**巴耳末系**(Balmer series).

巴耳末认为,他的公式很可能是某一个更普遍表达式的一个特例.这种更普遍表达式由里德伯(J.R.Rydberg,1854—1919)获得,他用波长的倒数来表示

巴耳末公式,即

$$\sigma=\frac{1}{\lambda}=R_{\mathrm{H}}\left(\frac{1}{2^{2}}-\frac{1}{n^{2}}\right) \quad (n=3,4,5,\cdots) \tag{15-24}$$

式中的 σ 称为**波数**(wave number),R_{H} 称为氢原子的**里德伯常量**(Rydberg constant),近代 R_{H} 的实验测定值为 $1.096\ 775\ 8\times10^{7}\ \mathrm{m}^{-1}$.1890 年,里德伯给出了更普遍的表达式,即

$$\sigma=R_{\mathrm{H}}\left(\frac{1}{m^{2}}-\frac{1}{n^{2}}\right)=T(m)-T(n) \quad (n>m) \tag{15-25}$$

其中的 $T(n)=R_{\mathrm{H}}/n^{2}$ 称为**光谱项**,某谱线的波数可表示为两光谱项之差.里德伯公式预言了氢原子光谱其他线系的存在,这些线系以后相继被发现:

莱曼系 $\sigma=R_{\mathrm{H}}\left(\frac{1}{1^{2}}-\frac{1}{n^{2}}\right)$ $(n=2,3,\cdots)$ 紫外线

巴耳末系 $\sigma=R_{\mathrm{H}}\left(\frac{1}{2^{2}}-\frac{1}{n^{2}}\right)$ $(n=3,4,\cdots)$ 可见光

帕邢系 $\sigma=R_{\mathrm{H}}\left(\frac{1}{3^{2}}-\frac{1}{n^{2}}\right)$ $(n=4,5,\cdots)$ 红外线

布拉开系 $\sigma=R_{\mathrm{H}}\left(\frac{1}{4^{2}}-\frac{1}{n^{2}}\right)$ $(n=5,6,\cdots)$ 红外线

普丰德系 $\sigma=R_{\mathrm{H}}\left(\frac{1}{5^{2}}-\frac{1}{n^{2}}\right)$ $(n=6,7,\cdots)$ 红外线

至此,氢原子光谱的规律已经清楚,但是它与氢原子的内部结构有什么本质上的联系?这有待进一步研究和探讨.

15-4-2 原子的经典模型

1897 年,汤姆孙(J.J.Thomson,1856—1940)发现了电子,并认为电子是一切原子的组成部分.电子带负电,其质量只是氢原子的 1/1 836.人们开始意识到,电中性的原子很可能是由电子和带正电的另一部分构成.问题是原子内部正、负电荷是如何分布的?

1904 年,汤姆孙本人提出了一个模型,认为原子中正电荷均匀地分布在整个球体内,电子镶嵌在其中作简谐振动,同时辐射出电磁波.人们形象地把这个模型称之为**葡萄干面包**模型,如图 15-14 所示.汤姆孙的原子模型能够解释当时的一些实验结果,也能够从理论上说明原子的发光、散射等问题.但是没过几年就被 α 粒子散射实验所否定.

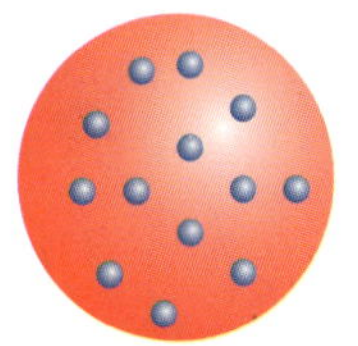
图 15-14 汤姆孙的原子模型

1910—1911 年间,卢瑟福(E.Rutherford,1871—1937)为了检验汤姆孙的模型,与他的两个学生盖革(H.Geiger,1882—1945)和马斯登(E.Marsden,1889—

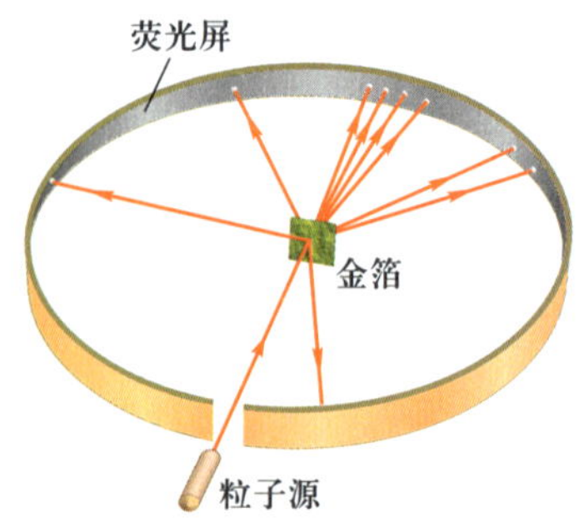

图 15-15 α 粒子散射实验示意图.放射源放出 α 粒子,对一块很薄的金进行轰击.散射粒子打在周围镀有锌硫化物的圆弧状荧光屏上,产生闪烁.卢瑟福和他的学生在不同的散射角记录散射的粒子数

动画 α 粒子散射(横屏观看)

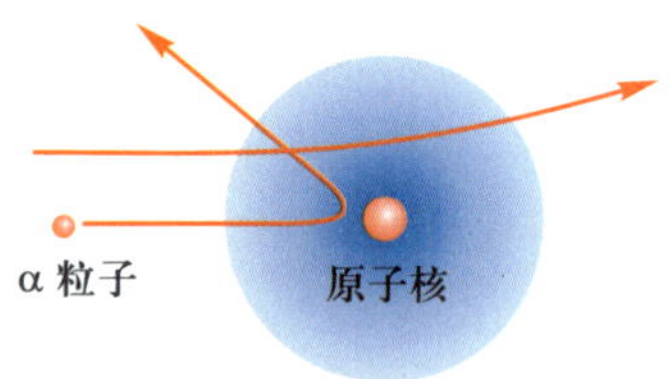

图 15-16 原子核的体积仅为原子总体积的 10^{-12},但却几乎集中了原子的全部质量.在 α 粒子散射实验中,只有极少数粒子会与原子核足够接近而产生大角度散射,绝大多数 α 粒子在远离原子核的区域穿过,散射角非常小

1970)进行了一系列的 α 粒子散射实验.他们用镭作为放射源,对金箔进行轰击,观察其散射现象,见实验示意图 15-15.

实验发现,多数 α 粒子穿过金箔的偏转角非常小,绝大多数几乎是方向不变地直线穿过.但是却有约八千分之一的 α 粒子,其散射角度大于 90°,有的甚至接近 180°.

对于这个存在大角度散射的实验事实,用汤姆孙的葡萄干面包模型无法解释.α 粒子实为氦离子,带有两个基本单位的正电荷,它的质量约为电子质量的 7 300 倍,因此当它与电子碰撞时是绝不会引起大角度散射的.此外,按照汤姆孙的原子模型,正、负电荷分布在整个原子内部,因此内部的电场强度很弱,对 α 粒子影响不大,所以也不可能出现大角度散射.

1911 年卢瑟福分析上述实验结果后认为,只有当正电荷聚集在原子中的一个很小区域内时,才能形成足够强的电场,引起个别 α 粒子的大角度散射,如图 15-16 所示.卢瑟福把这个小区域称为**原子核**(atomic nucleus),并根据实验中在各个方位测得的散射粒子数估算出原子核的直径数量级为 10^{-14} m(原子直径数量级为 10^{-10} m).于是,卢瑟福提出了原子的**核式模型**,认为原子由原子核和电子构成,原子核集中了原子中的全部正电荷以及整个原子的 99.95% 的质量,电子在原子核周围运动,好像行星绕太阳转动一样.

原子的核式模型成功地解释了 α 粒子散射实验,并逐渐为人们所接受,但是也遇到了一些困难.按照经典理论,电子绕原子核转动时具有加速度,因此会向外辐射电磁波,从而不断损失能量.在这一过程中,电子绕核的转动频率会相应地发生变化,同时转动半径越来越小,最后电子落到原子核上.由此分析,原子应该是不稳定的,原子光谱应该是连续光谱.但是这些推断与原子的稳定性以及原子发射的线光谱的事实相矛盾.

15-4-3 玻尔的氢原子理论

为了克服经典理论所遇到的困难,丹麦著名物理学家玻尔(N.Bohr,1885—1962)于 1913 年提出了一个能够解释氢原子特征光谱的氢原子模型.他在卢瑟福核式模型的基础上,把经典物理学理论和普朗克的能量子概念以及爱因斯坦的光子理论相结合,建立了原子结构的量子理论,为人类认识微观世界打开了大门.

玻尔的氢原子理论基于以下三条基本假设:

(1) 原子中的电子只能在一些特定的圆轨道上运动而不会辐射电磁能量.这时原子处于稳定状态,简称**定态**(stationary state),并具有一定的能量.原子系统各个能量状态分别表示为 $E_1, E_2, E_3, \cdots$.

(2) 当电子从某一轨道向另一轨道跃迁,也就是原子从一个能量状态 E_n 向另一个能量状态 E_m 跃迁时,原子才会发射或吸收光子.光子频率为

$$\nu=\frac{E_n-E_m}{h} \tag{15-26}$$

当 $E_n>E_m$ 时，发射光子；当 $E_n<E_m$ 时吸收光子.

(3) 电子在原子中的稳定轨道必须满足角动量 L 等于 $h/2\pi$ 的整数倍的条件，即

$$L=m_e vr=n\frac{h}{2\pi} \tag{15-27}$$

式中的 v 为电子速率，r 为轨道半径，m_e 为电子的质量，h 为普朗克常量，$n=1,2,3,\cdots$，称为**主量子数**(principal quantum number).上式称为**量子化条件**.

从玻尔的基本假设出发，可以推导出氢原子的能态表达式，并解释氢原子光谱的规律.

设氢原子中电荷为 e、质量为 m_e 的电子，在原子核的库仑力作用下，以速率 v_n 绕原子核作半径为 r_n 的圆周运动.根据牛顿第二定律，有

$$m_e\frac{v_n^2}{r_n}=\frac{e^2}{4\pi\varepsilon_0 r_n^2} \tag{15-28}$$

根据玻尔的量子化条件，有

$$v_n=\frac{nh}{2\pi m_e r_n} \tag{15-29}$$

由以上两式消去 v_n 可得电子的轨道半径为

$$r_n=\frac{\varepsilon_0 h^2}{\pi m_e e^2}n^2=r_1 n^2 \quad (n=1,2,3,\cdots) \tag{15-30}$$

在上式中，当 $n=1$ 时，$r_1=\varepsilon_0 h^2/\pi m_e e^2$，为最靠近原子核的轨道半径，由于 ε_0、h、m_e、e 都为已知的常量，计算可得，$r_1=5.29\times10^{-11}$ m，称为**玻尔半径**(Bohr radius).其他可能的轨道半径分别为 $4r_1,9r_1,16r_1,\cdots$，可见轨道是分立的.

电子在第 n 个轨道上的能量包括动能和电势能(忽略引力势能)，即

$$E_n=\frac{1}{2}m_e v_n^2-\frac{e^2}{4\pi\varepsilon_0 r_n}$$

将式(15-29)和式(15-30)代入上式，便有

$$E_n=-\frac{m_e e^4}{8\varepsilon_0^2 h^2 n^2}=\frac{E_1}{n^2} \quad (n=1,2,3,\cdots) \tag{15-31}$$

可见能量也是分立的：$E_1,E_2=E_1/4,E_3=E_1/9,\cdots$，这一系列能量的取值称为**能级**(energy level).不难算出，当 $n=1$ 时，$E_1=-m_e e^4/8\varepsilon_0^2 h^2=-13.6$ eV.这是氢原子的最低能级，它所对应的状态称为**基态**(ground state)；当 $n\geqslant2$ 时，各能级对应的状态称为**激发态**(excited state).例如：$n=2$ 的状态称为第一激发态，$n=3$ 的状态称为第二激发态……氢原子的能级示意图如图 15-17(a)所示.

玻尔，丹麦物理学家，哥本哈根学派的创始人，量子物理学的奠基者之一.1916 年任哥本哈根大学物理学教授；1917 年当选为丹麦皇家科学院院士；1922 年荣获诺贝尔物理学奖；1939 年任丹麦皇家科学院院长；1944 年玻尔在美国参加了和原子弹有关的理论研究；1947 年丹麦政府为了表彰玻尔的功绩，封他为"骑象勋爵"

文档 玻尔简介

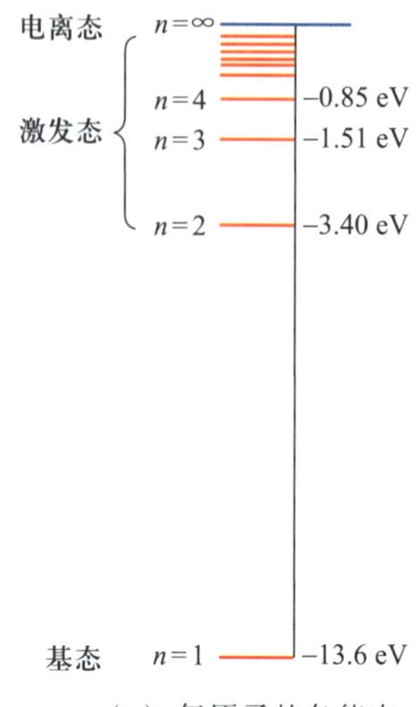

（a）氢原子的各能态

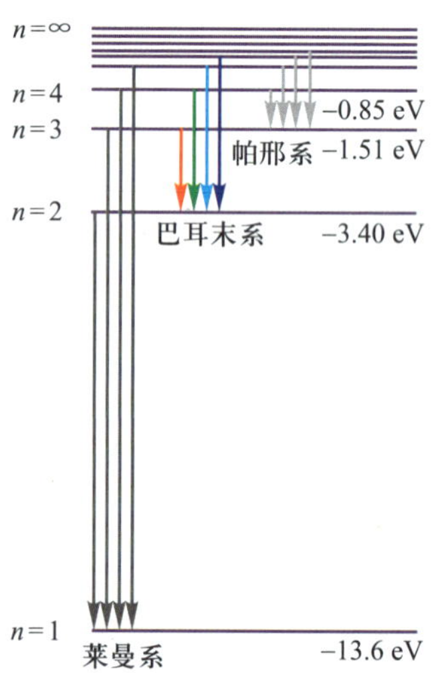

（b）氢原子各能级之间的跃迁，形成各不同线系的光谱线

图 15-17

根据玻尔假设，当电子从高能级 E_n 向低能级 E_m 跃迁时，放出光子，光子的波数为

$$\sigma=\frac{\nu}{c}=\frac{E_n-E_m}{hc}=\frac{m_e e^4}{8\varepsilon_0^2 h^3 c}\left(\frac{1}{m^2}-\frac{1}{n^2}\right) \quad (n>m) \tag{15-32}$$

上式与里德伯的经验公式在形式上完全一致，与式(15-25)比较，可得里德伯常量的理论值为

$$R_{\mathrm{H}}=\frac{m_e e^4}{8\varepsilon_0^2 h^3 c}$$

式中 ε_0、h、m_e、e、c 都是已知量，代入上式，读者不难自行算出 $R_{\mathrm{H}}=1.097\,373\,157\times10^7\ \mathrm{m}^{-1}$. 可见，理论值与实验值符合得非常好. 玻尔理论为里德伯常量提供了理论上的说明. 由式(15-32)可得到氢原子光谱的各谱线系. $m=1, n=2,3,4,\cdots$ 为莱曼系；$m=2, n=3,4,5,\cdots$ 为巴耳末系；$m=3, n=4,5,6,\cdots$ 为帕邢系……这些由玻尔理论得出的谱线系与实验得出的谱线系符合得很好. 图 15-17(b)反映了氢原子能级间的跃迁与谱线系之间的关系.

玻尔理论发表不久，德国物理学家弗兰克(J.Franck，1882—1964)和赫兹进行了电子与原子的碰撞实验，实验结果显示原子内部确实存在分立的能级. 这个实验以完全独立于光谱研究的方法支持了玻尔理论.

玻尔理论较成功地解释了氢原子光谱的规律性. 他提出的分立定态和原子能级的概念，即使在现代原子结构和分子结构的理论中仍然是普遍正确的. 玻尔的创造性工作对进一步建立量子力学有着深远的影响.

然而玻尔理论并不完善，还存在诸多缺陷. 例如，玻尔理论只能说明氢原子和类氢离子的光谱规律，却不能解释多电子原子的特征光谱. 造成玻尔理论存在缺陷的主要原因是：它是一个经典理论与量子条件的混合产物，没有完全摆脱经典理论的束缚. 它一方面把微观粒子看成经典质点，用牛顿运动定律来计算电子的轨道，另一方面又加上量子条件来限定稳定运动状态的轨道(显然这是违背经典力学理论的)；一方面认为原子核与电子的作用遵从经典的库仑定律，另一方面又认为定态时电子绕核转动不发射电磁波(这与经典的电磁学理论相矛盾). 以后随着量子力学的建立和发展，人们才进一步解决了玻尔理论所遇到的困难.

例 15-5

(1)氢原子中的电子从第一激发态向基态跃迁，试计算辐射光的波长和频率. (2)在星际空间，观测到的高激发态的氢原子，称为里德伯原子. 试计算电子从 $n=273$ 的能态跃迁到 $m=272$ 的能态时辐射光的波长. (3)里德伯原子的半径是多少？($n=272$)

解 (1) 由里德伯公式，取 $n=2, m=1$，直接计算辐射光的波长.

$$\frac{1}{\lambda}=R_{\mathrm{H}}\left(\frac{1}{m^2}-\frac{1}{n^2}\right)=R_{\mathrm{H}}\left(1-\frac{1}{2^2}\right)=\frac{3R_{\mathrm{H}}}{4}$$

$$\lambda=\frac{4}{3R_{\mathrm{H}}}=\frac{4}{3\times1.097\times10^{7}}\ \mathrm{m}=1.215\times10^{-7}\ \mathrm{m}$$

由此得辐射光的频率为

$$\nu=\frac{c}{\lambda}=\frac{3.00\times10^{8}}{1.215\times10^{-7}}\ \mathrm{Hz}=2.47\times10^{15}\ \mathrm{Hz}$$

(2) 由里德伯公式,取 $n=273$,$m=272$,得

$$\frac{1}{\lambda}=R_{\mathrm{H}}\left(\frac{1}{m^{2}}-\frac{1}{n^{2}}\right)$$

可算出

$$\lambda=0.922\ \mathrm{m}$$

(3) 由式(15-30)得

$$r_{1}=5.29\times10^{-11}\ \mathrm{m}$$

$$r_{272}=r_{1}n^{2}=5.29\times10^{-11}\times272^{2}\ \mathrm{m}=3.91\times10^{-6}\ \mathrm{m}=3.91\ \mu\mathrm{m}$$

15-5 粒子的波动性

15-5-1 德布罗意波

光的波动和粒子两重性被发现后,正当许多著名的物理学家为此感到疑惑和不解时,年轻的德布罗意却以其敏锐的思维把光的波粒二象性推广到了所有的实物粒子.这种推广最初出自他的猜测,没有实验的支持.德布罗意认为,自然界是美的,这种美更多地表现在它的对称性方面.19 世纪人们过分重视光的波动性而忽略了其粒子性一面,那么从对称性的角度考虑,对于物质粒子,我们以往是否过分重视其粒子性一面,而忽略了其波动性呢?1923 年,德布罗意在题为《辐射——波和量子》一文中第一次提出了实物粒子具有波动性的观点,以后人们把这种波称为**德布罗意波**(de Broglie wave)或**物质波**(matter wave).1924 年,德布罗意在他的博士论文《量子论研究》中进一步作了系统的阐述.

德布罗意(L.de Broglie,1892—1987),法国物理学家.1892 年 8 月 15 日生于下塞纳的迪耶普,出身贵族.因他提出的革命性假设——“实物粒子具有波动性”,他于 1929 年获诺贝尔物理学奖

出于对称性考虑,并试图把实物粒子与光的理论统一起来,德布罗意假设:与光子一样,静质量不为零的实物粒子具有波动性,其波长同样可以表示为

$$\lambda=\frac{h}{p}=\frac{h}{mv} \qquad (15-33)$$

上式称为**德布罗意关系式**,其中的波长 λ 称为**德布罗意波长**(de Broglie wavelength).p 为粒子的动量,v 为粒子的速度,m 为粒子的质量(当 $v\ll c$ 时,m 可取粒子的静质量 m_0 代替).

文档 德布罗意简介

实物粒子的能量也可以用与光子能量相同的形式表示为

$$E=h\nu \qquad (15-34)$$

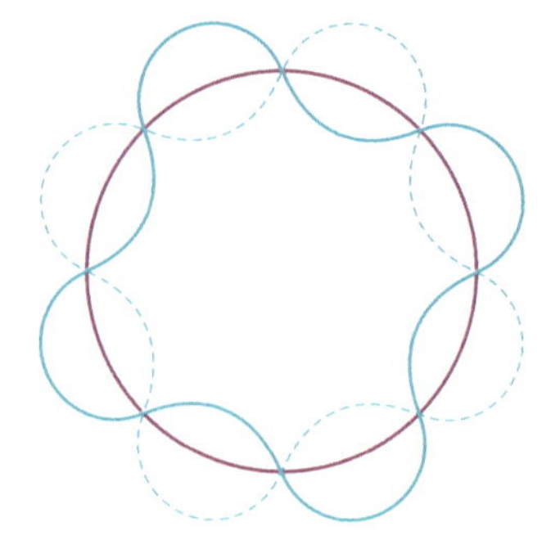

图 15-18 电子的波动性在其稳定轨道上以驻波的形式出现

根据德布罗意假设，可以消除玻尔量子化条件中的人为因素. 电子在某一半径为 r 的圆轨道上绕原子核运动时，只有满足驻波条件才是最稳定的，这是因为驻波不存在能量的传递；又考虑到在圆周上的驻波应光滑自然衔接，因此圆周长必须是波长的整数倍，如图 15-18 所示，即

$$2\pi r=n\lambda$$

把德布罗意关系式(15-33)代入上式，可得电子角动量为

$$mvr=n\frac{h}{2\pi}$$

这正是玻尔的量子化条件. 当然用驻波来建立与量子化的联系有其局限性，但是它的物理图像却颇有启迪意义.

15-5-2 物质波的实验验证

德布罗意波的提出在物理学界掀起了轩然大波，许多物理学家认为这只不过是在形式上与光子理论的对比，并没有物理上的实质内容. 但是，只有爱因斯坦、薛定谔等少数几位著名物理学家注意到了这一假设的重要意义.

1927 年，德布罗意假设终于得到了实验的支持. 当时，美国物理学家戴维森(C.J.Davisson，1881—1958)和革末(L.H.Germer，1896—1971)正在实验室从事镍片表面的研究. 镍和许多其他金属一样是一种多晶材料，这种材料是由大量无规则排列的微小晶体组合而成的. 他们用电子束打在样品表面上，从各个角度观测和记录散射电子的数目，如图 15-19(a)所示. 在一般情况下，测得散射电子束的强度分布随角度 θ 呈现平滑地变化. 但是，在某一次实验中，由于真空室漏气，从而使样品表面氧化. 为了清除氧化膜，他们对镍片高温加热，结果使原来的多晶镍中的微小晶体排列整齐，从而出现面积较大的单晶区域.

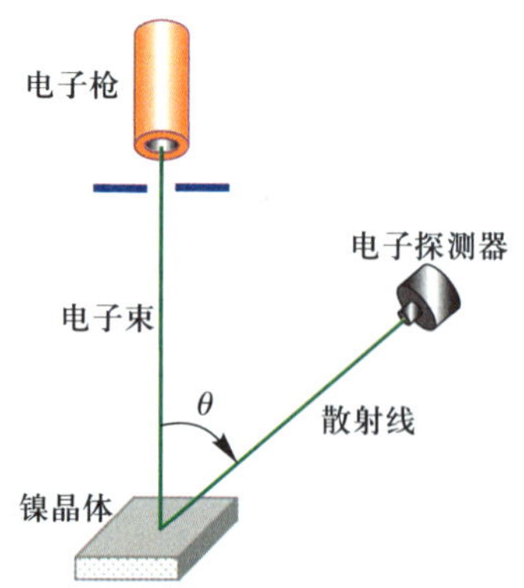

(a) 戴维森-革末实验装置示意图. 热灯丝发出的电子在电子枪中经电压加速，打在晶体表面上. 探测器可在各个方向接收散射电子束

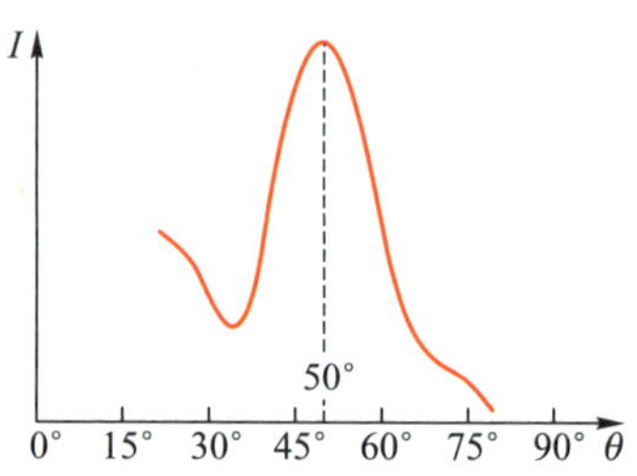

(b) 散射电子束的强度是角度 θ 的函数，在 $\theta=50°$ 时，晶体表面的散射电子波在该方向干涉加强

实验继续进行，但是结果与先前预期的大不一样，随着散射角的不同而出现了极大值和极小值，并且显示极大值的角度 θ 与电子束的加速电压 V_e 有关. 例如：在加速电压 $V_e=54$ V 时，$\theta=50°$，探测到散射电子束强度极大，如图15-19(b)所示. 实验结果出乎意料，于是，戴维森和革末制备了单晶镍靶继续深入研究，认为这是电子衍射所造成的实验结果. 这为实物粒子波动性提供了最直接的实验证据.

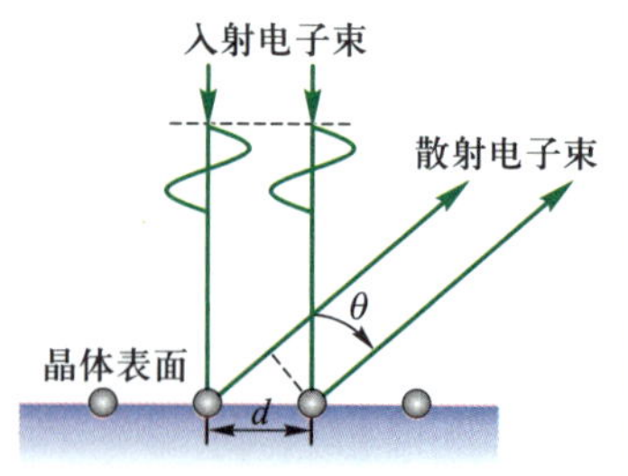

(c) 电子束垂直于晶体表面入射，并在不同的角度测量其散射束强度

图 15-19

如图 15-19(c)所示，设电子束垂直入射晶体表面，晶体晶格犹如反射式衍射光栅，晶体中的原子间距为 d，可以由 X 射线衍射技术测得，θ 为其散射角. 则满足散射波加强的条件为

$$d\sin\theta=k\lambda\quad(k=1,2,3,\cdots)\tag{15-35}$$

镍单晶的原子间距 $d=2.15\times10^{-10}$ m，取 $\theta=50°$，$k=1$，可得

$$\lambda=\frac{d\sin\theta}{k}=\frac{2.15\times10^{-10}\times\sin 50^{\circ}}{1}\ \text{m}=1.65\times10^{-10}\ \text{m}$$

由此可以推测，如果在 $V_e=54$ V 的加速电压下，电子束的德布罗意波长 λ_e 等于上面的计算值 λ，则可断定德布罗意物质波的假设是正确的. 为此设电子的动量为 p，质量为 m，则动能为 $p^2/2m$. 在加速电压 $V_e=54$ V 作用下，根据动能定理，有

$$eV_e=\frac{p^2}{2m}$$

$$p=\sqrt{2meV_e}$$

电子的德布罗意波长为

$$\lambda=\frac{h}{p}=\frac{h}{\sqrt{2meV_e}} \tag{15-36}$$

$$\lambda=\frac{6.626\times10^{-34}}{\sqrt{2\times9.10\times10^{-31}\times1.602\times10^{-19}\times54}}\ \text{m}=1.67\times10^{-10}\ \text{m}$$

计算结果表明德布罗意波长的理论计算值与实验值颇为吻合.

1928 年，G.P.汤姆孙(J.J.汤姆孙的儿子)进行了又一个电子衍射实验. 它让电子束打在一块很薄的多晶金属箔靶上，结果在靶后的屏上直接观察到了圆环状电子衍射条纹，如图 15-20 所示. 这是电子波动性的又一个实验证据. 以后对 α 粒子束、低能量中子束进行类似的实验，都观察到了它们的衍射效应. 因此我们断言，实物粒子和光子一样具有波粒二象性.

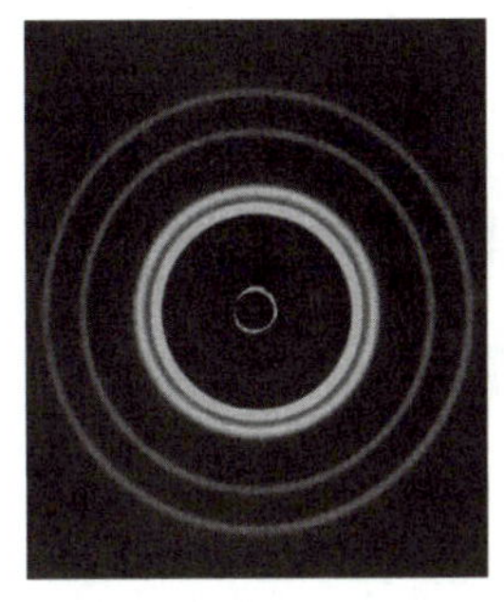

(a) 波长为 0.071 nm 的 X 射线穿过铝箔形成的衍射图样

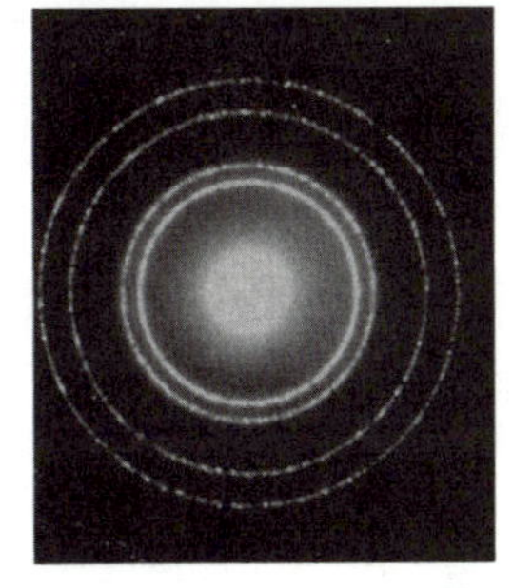

(b) 600 eV 的电子束穿过铝箔形成的电子衍射图样

图 15-20

电子波动性的一个重要而有趣的应用就是电子显微镜的发明. 电子束和光束一样可以成像. 光线可以经反射和折射发生偏转；而电子径迹可以通过电磁场实现偏转. 从物点发出的光可以通过会聚透镜或凹面镜聚焦；同样某个小区域发出的电子束可以通过电磁场会聚.

对于普通的光学显微镜，如果用 500 nm 的可见光，由于波的衍射效应，无法分辨小于几百纳米的物体. 当然，电子显微镜也会受到分辨率的限制，但是由于电子波长很短，只是可见光的几千甚至上万分之一，因此可以大大提高分辨率，放大倍数可达光学显微镜的数千倍.

例 15-6

电子显微镜中的非相对论电子束也是由阴极射线管中的电子枪发射的. 如果要获得波长为 0.010 nm (约为可见光波长的五万分之一)的电子束，需要多大的加速电压？(假设电子的初动能可以忽略.)

解 由式(15-36)得

$$V_e=\frac{h^2}{2me\lambda^2}$$

$$=\frac{(6.626\times10^{-34})^2}{2\times9.109\times10^{-31}\times1.602\times10^{-19}\times(10^{-11})^2}\ \text{V}$$

$$=1.5\times10^{4}\ \text{V}$$

以上电压值相当于电视机显像管中电子束的加速电压.这个例子说明,电视机画面的锐度①不受电子衍射效应的限制.

15 kV 的加速电压可以使电子的动能增加 15 keV,而电子的静能为511 keV,因此不必考虑相对论效应.

15-6 德布罗意波的统计诠释 不确定性原理

15-6-1 德布罗意波的统计诠释

(a) 入射电子数大于 100

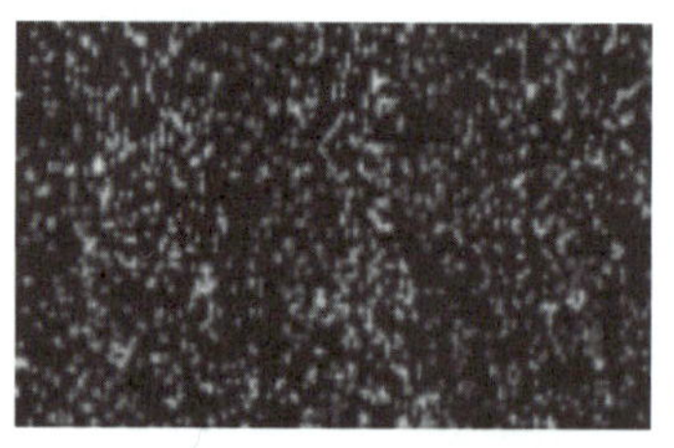

(b) 入射电子数大于 3 000

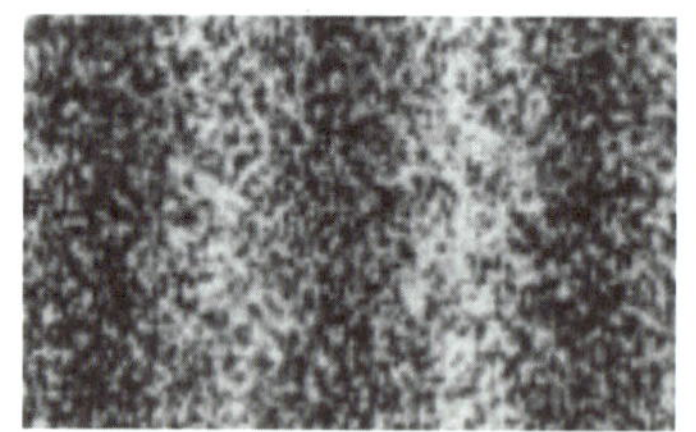

(c) 入射电子数大于 70 000

图 15-21 电子双缝衍射的实验照片.对于某一个电子,我们无法确定它会出现在照片的什么地方,我们所能预测的是在哪些地方电子出现的可能性最大,哪些地方电子出现的可能性最小.显然,照片上的明纹处电子出现的概率大,暗纹处电子出现的概率小

电子衍射实验证明了实物粒子具有波动性的假设.但是波和粒子在经典物理学中是两个完全对立的物理概念,很难把它们统一到同一个客体上去.按通常理解,粒子是实物的集中形态,如果某一个时刻它出现在空间的某个地点,那么它绝不可能会在别处被同时发现;而波动却能在一个广延的空间范围中同时发生.物理学家们绞尽脑汁,提出了各种各样的猜测和想法,试图把这两个对立的概念统一起来,但总不能令人满意.有一种观点认为,粒子是基本的,波动只是大量粒子在空间相互作用而形成的疏密波.然而,这一观点很快被实验所否定.在电子衍射实验中已经可以做到入射电子束的强度极其微小,电子几乎可以是一个一个地通过仪器.图 15-21 是三幅电子双缝衍射的实验照片,最初看到落在屏幕上的电子分布似乎没有什么规律,但随着时间的推移,积累的电子越来越多,渐渐出现了衍射图样.这就表明,物质波是实物粒子的个体属性,绝非大量粒子相互作用的集体表现.

1926 年,德国物理学家玻恩(M.Born,1882—1970)提出了德布罗意波的统计诠释,以协调粒子与波的矛盾.他认为实物粒子的波是一种概率波,波的强度反映了空间某处发现粒子的可能性(概率)的大小.以 G.P.汤姆孙的电子衍射实验为例:从粒子的观点来看,衍射条纹表示电子在屏幕上各处出现的概率不同,“明纹处”电子出现的概率较大,电子分布较密集,“暗纹处”电子出现的概率很小,电子分布稀疏;从波动的观点来看,电子密集处表示波的强度大,电子稀疏处表示波的强度小.

玻恩的统计观点很快被大多数人所接受.1954 年,玻恩因他的基础研究,尤其是他关于德布罗意波的统计诠释而获得了诺贝尔物理学奖.在获奖演说中,他谦虚地把他作出统计诠释的灵感归因于爱因斯坦的一个观点,他说:“爱因

① 锐度是反映图像平面清晰度和图像边缘锐利程度的一个指标.

斯坦的观念又一次引导了我,他曾经把光波的振幅二次方解释为光子出现的概率密度,从而使粒子(光子)和波的二象性得以理解."由此,我们又一次看到了爱因斯坦高度敏锐的洞察力,他经常能一针见血地触及事物的本质.可见,爱因斯坦早在用光子概念解释光的衍射现象时,就已经萌发了理解波粒二象性的统计思想.

15-6-2 不确定性原理

在经典力学中,粒子(质点)的运动状态可以用位置坐标和动量来描述.按照牛顿运动规律,粒子在任何时刻的位置和动量都可以同时准确测定.但是在微观领域,由于粒子波动性的突出表现,会出现一些有悖于宏观经验的离奇结论.下面以电子的单缝衍射实验为例进行探讨.

电子枪沿 y 方向发射一束速度为 v 的电子束,相应的德布罗意波长为 λ.电子穿过宽度为 Δx 的狭缝,在照相底片上形成了衍射条纹,如图 15-22 所示.电子的单缝衍射规律类同于光的衍射规律,大部分电子将落在底片中央较宽的区域,相应衍射角 φ 由关系式 $\sin\varphi=\lambda/\Delta x$ 确定.少量电子将落在外侧次极大处.我们现在来考察某一个电子在通过狭缝时的位置与动量的关系.

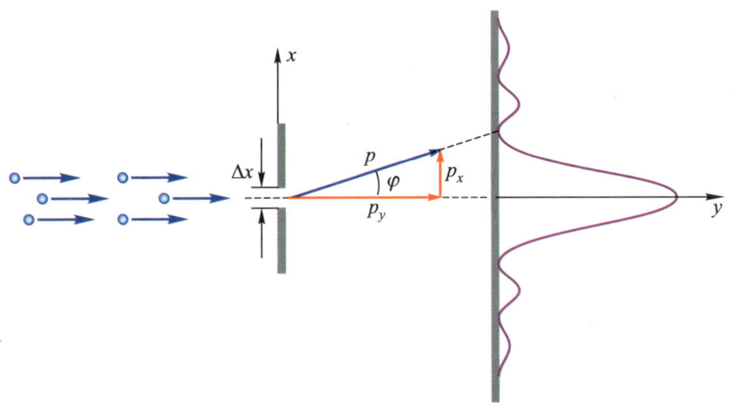

图 15-22 电子沿 y 方向穿过狭缝形成衍射图样.在狭缝处电子的坐标位置有一个不确定量 Δx,同时在 x 方向有一个动量的变化 Δp_x,由于衍射,电子可以落在底片上任何一个位置,因此这也是一个不确定量

在电子通过狭缝的瞬间,我们并不知道它的确切位置,只能说它一定是在狭缝的宽度范围内.因此,在 x 方向上电子的位置有一个不确定量 Δx.与此同时,由于衍射,电子的运动方向要发生变化,在 x 方向将出现动量分量 p_x.p_x 是一个不确定量,它取决于衍射角 φ.我们以两个一级暗纹之间的主极大来估算电子在 x 方向动量的不确定量:

$$\Delta p_x=p_x=p\sin\varphi=p\frac{\lambda}{\Delta x}$$

以德布罗意公式 $\lambda=h/p$ 代入,可得

海森伯(W.Heisenberg,1901—1976)德国物理学家,量子力学的创始人之一,1927 年提出了不确定关系,1932 年获诺贝尔物理学奖

文档 海森伯简介

$$\Delta x\Delta p_x = h$$

以上仅就中央主极大范围来估算 Δp_x,事实上衍射电子也有可能落在主极大以外的次极大位置,显然电子在 x 方向的动量不确定量应更大一些,因此上式可改写为

$$\Delta x\Delta p_x \geqslant h \tag{15-37}$$

上式表示,位置坐标测量得越准确(Δx 越小),则动量越不能准确测量(Δp_x 越大),反之亦然.式(15-37)所反映的现象虽说只是从一个特定的单缝衍射实验引出的,但是却具有普遍意义.它告诉我们:**微观粒子的坐标和动量不可能同时进行准确测定**.这就是说,微观粒子不可能同时具有确定的位置和动量,企图同时确定这二者是办不到的,也是无意义的.这一结论称为**不确定性原理**(uncertainty principle),乃是由德国物理学家海森伯于 1927 年首先提出的.以后从量子力学出发进行严密推导,得出不确定性原理的最终形式为

$$\Delta x\Delta p_x \geqslant \frac{\hbar}{2} \tag{15-38}$$

式中 $\hbar = h/2\pi = 1.055\times10^{-34}\ \mathrm{J\cdot s}$.

除了位置和动量的不确定关系外,能量和时间也有类似的不确定性原理:

$$\Delta E\Delta t \geqslant \frac{\hbar}{2} \tag{15-39}$$

式中 ΔE 表示能量的不确定量,Δt 表示时间的不确定量.此关系式表示,如果某个粒子在亚稳态上停留较长的时间(Δt 较大),则粒子具有较为确定的能量值(ΔE 较小);如果它在该能态上停留的时间很短(Δt 很小),则该能态的能量值存在一个较大的弥散宽度,由 $\Delta E \geqslant \hbar/2\Delta t$ 确定,如图 15-23 所示.

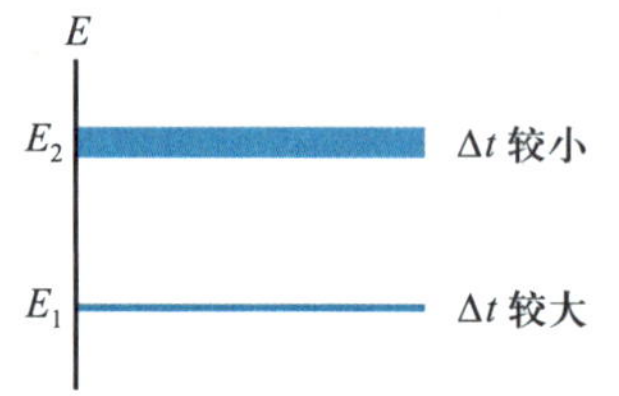

图 15-23 粒子在某一能态的寿命越长,其能量的弥散宽度越小

不确定性原理划分了经典理论与量子理论的界限.如果在某一个具体的问题中普朗克常量 h 可以忽略($h\to0$),则 $\Delta x\Delta p_x \geqslant 0$,这意味着 Δx 和 Δp_x 可以同时趋于零,也就是位置和动量可以同时准确测定.由于 h 的数量级仅为 $10^{-34}\ \mathrm{J\cdot s}$,远远小于宏观物理量的测量精度,因此在宏观领域可以不计 h 的作用,经典力学理论适用.但是在微观领域,h 的作用不可忽略,从而使不确定性原理在微观世界成为一条重要的基本规律,必须用量子力学取代经典力学理论.也就是说,不确定性原理成为经典力学理论适用性的判据.下面几节内容将介绍量子力学的基本概念及其处理问题的基本方法.

例 15-7

根据玻尔的氢原子模型，电子处于基态时的运动轨道半径 $r=0.529\times10^{-10}$ m.请问，根据海森伯的不确定性原理，这一模型现实吗？

解 根据不确定性原理 $\Delta r\Delta p_r\geqslant\hbar/2$，其中 Δr 为半径的不确定量，Δp_r 为沿半径方向动量的不确定量.已知轨道半径 r 有三位有效数字，那么取它的不确定量为 $\Delta r=0.000\ 5\times10^{-10}$ m.由此可以得到沿半径方向动量的不确定量为

$$\Delta p_r=\frac{\hbar}{2\Delta r}=\frac{1.05\times10^{-34}}{2\times0.000\ 5\times10^{-10}}\ \mathrm{kg\cdot m\cdot s^{-1}}\approx1\times10^{-21}\ \mathrm{kg\cdot m\cdot s^{-1}}$$

不考虑相对论效应，估算出半径方向相应的速度不确定量为

$$\Delta v_r=\frac{\Delta p_r}{m_e}=\frac{1\times10^{-21}}{9.1\times10^{-31}}\ \mathrm{m\cdot s^{-1}}\approx1\times10^{9}\ \mathrm{m\cdot s^{-1}}$$

速度不确定量几乎是光速的三倍（如果考虑相对论效应计算，同样会得出非常大的 Δv_r）.由此可见，玻尔的氢原子模型存在很大的缺陷.

例 15-8

处于激发态的原子很不稳定，它会很快返回低能态而放出光子，一般平均寿命为 $\tau=10^{-8}$ s.(1) 试根据不确定关系估算光谱线频率的宽度；(2) 如果光谱线的波长为 500 nm，则频宽与频率的比值是多少？

解 (1) 按能量和时间的不确定性原理 $\Delta E\Delta t\geqslant\hbar/2$，其中 $\Delta t=10^{-8}$ s，$\Delta E=h\Delta\nu$，光谱线宽度可由频率的最小不确定值表征，即

$$\Delta\nu=\frac{1}{4\pi\Delta t}=\frac{1}{4\pi\times1.0\times10^{-8}}\ \mathrm{Hz}=8.0\times10^{6}\ \mathrm{Hz}$$

注意：ΔE 为激发态原子的能量不确定量，也是辐射出光子能量的不确定量.（根据玻尔理论，由于能级值是准确值，因此光谱线极细而没有宽度.）

(2) $$\nu=\frac{c}{\lambda}=\frac{3.00\times10^{8}}{500\times10^{-9}}\ \mathrm{Hz}=6.00\times10^{14}\ \mathrm{Hz}$$

因此，频宽与频率之比为

$$\frac{\Delta\nu}{\nu}=\frac{8.0\times10^{6}}{6.00\times10^{14}}=1.3\times10^{-8}$$

15-7 波函数 薛定谔方程

我们已经注意到经典力学的理论体系在描述微观粒子运动时所显示出来的局限性.按照经典力学，质点的运动规律遵从牛顿的运动学方程，由初始条件，原则上就可以推算出以后任何时刻该质点状态量的确切值，包括位置、速度、动量以及能量.但是在微观领域，我们无法跟踪粒子的运动，也无从全面掌握某个粒子的运动物理量.所有这一切都是由微观粒子的波动性造成的.这就迫使人们不得不放弃传统的观念，试图寻找一种新的理论体系来全面描述微观

粒子的波粒二象性及其运动规律.经过德布罗意、薛定谔、海森伯、玻恩、狄拉克等人的努力,一个能够正确反映微观世界客观规律的理论——**量子力学**(quantum mechanics)终于诞生了.

15-7-1 波函数

在微观世界中,粒子表现出明显的波动特征.其波动性和粒子性由德布罗意关系式 $\lambda=h/p$ 和 $\nu=E/h$ 相关联.量子力学中用以描述粒子运动状态的数学表达式称为**波函数**(wave function),用符号 Ψ 表示.不同条件和状态下的波函数形式有所不同,有的很复杂.在此,为了便于阐述量子力学的基本概念和方法,我们仅以最简单的波函数形式——**自由粒子波函数**为例进行讨论.所谓自由粒子,是指不受外力场的作用,其动量和能量都不变的粒子.由德布罗意关系式推知,自由粒子的波长 λ 和频率 ν 也不变,其波函数可以认为是一个平面单色简谐波,可表示为

$$\Psi(x,t)=\psi_0\cos 2\pi\left(\nu t-\frac{x}{\lambda}\right) \qquad (15-40)$$

根据欧拉公式①,也可以把上式改用复指数形式来表示,即

$$\Psi(x,t)=\psi_0 e^{-i2\pi\left(\nu t-\frac{x}{\lambda}\right)} \qquad (15-41)$$

式(15-40)是式(15-41)的实部.把波函数写成复指数形式不仅仅是为了运算方便,而是在研究微观粒子的波函数时,正是这种复指数形式才能适应波粒二象性的理论要求.将式(15-41)中的频率 ν 和波长 λ 分别用能量 E 和动量 p 来取代,可得

$$\Psi(x,t)=\psi_0 e^{-i\frac{2\pi}{h}(Et-px)}=\psi_0 e^{-\frac{i}{\hbar}(Et-px)} \qquad (15-42)$$

上式即为描述能量为 E、动量为 p 的自由粒子运动状态的波函数.

根据玻恩的观点,波函数反映了粒子在空间的概率分布,这就和电磁波的波函数反映电磁场的分布相统一.在波动光学中我们知道,干涉或衍射条纹处的光强 I 正比于光波在该处振幅的二次方 E^2.从光子的概念来理解,条纹处的光强正比于光子落在该处的数量,或者说正比于光子落在该处的概率.由此可见,在条纹上的某一点处,光振动振幅的二次方正比于在该点附近发现光子的概率.

同样,在空间某一点附近发现实物粒子的概率正比于粒子波函数绝对值的二次方 $|\Psi|^2$.许多情况下的波函数是个复数,因此波函数的平方应等于 Ψ 与其共轭复数 Ψ^*②的乘积,即 $|\Psi|^2=\Psi\Psi^*$.因为在某一时刻空间点附近发现粒子的

① 欧拉公式 $e^{-i\theta}=\cos\theta-i\sin\theta$

② $\Psi^*=\psi_0 e^{i\frac{2\pi}{h}(Et-px)}$

概率还与该点附近区域体积的大小有关,所以在 $dV=dxdydz$ 中发现粒子的概率正比于

$$|\Psi|^2 dV=\Psi\Psi^* dV \tag{15-43}$$

式中 $|\Psi|^2=\Psi\Psi^*$ 表示在某空间点附近单位体积内粒子出现的概率,称为**概率密度**(probability density).

在给定的时刻,粒子在空间某处出现的概率应该是一个确定的量值,因此,波函数 Ψ 必须是单值和有限的.对于某个粒子,它要么出现在空间的这个区域,要么出现在另一个区域,而在整个全空间找到它的概率是 100%,因此有

$$\int |\Psi|^2 dV = 1 \tag{15-44}$$

上式称为波函数的**归一化条件**.满足上式的波函数称为**归一化波函数**.此外,由于概率不会在某处发生突变,因此要求波函数处处连续.

综上所述:**波函数必须是单值、连续、有限,并且是归一化的**,这就是对波函数所要求的标准条件.

值得指出,理论研究表明当一个粒子的波函数给定以后,在任何时刻,不但该粒子的空间位置概率分布确定了,而且关于粒子所有力学量(包括速度、动量、角动量、能量等)的概率分布也都确定了①,通过量子力学中特有的数学运算法则,可以计算出各力学量的平均值.从这个意义上来说,Ψ 完全描述了粒子的状态,所以波函数也称为**态函数**.显然,这种描述粒子状态的方式与经典力学的描述粒子状态的方式完全不同,它解决了微观粒子波动性和粒子性这对矛盾的统一问题.

波动的一个重要特征是它的可叠加性.粒子的波动性由波函数来描述,而波函数又代表了粒子的状态.因此在量子力学中,粒子的状态具有可叠加性.假设 $\Psi_1,\Psi_2,\cdots,\Psi_n$ 是粒子体系的 n 个可能状态,那么,它们的线性组合态 Ψ 也是一种可能的状态,即

$$\Psi=c_1\Psi_1+c_2\Psi_2+\cdots+c_n\Psi_n \tag{15-45}$$

式中各系数 $c_1,c_2,\cdots,c_n$ 均为复数.式(15-45)称为**态叠加原理**,这是量子力学中的一条重要原理.

15-7-2 薛定谔方程的一般形式

在经典力学中,我们用运动学的方法来描述质点的运动,但是质点的哪些运动是被允许的,却要由牛顿动力学方程来决定.在量子力学中,我们同样需要

① 这部分内容超出了本书的范围,在此不作深入探讨.

薛定谔(E.Schrödinger,1887—1961),奥地利物理学家,1926 年建立了以他自己名字命名的量子力学波动方程.1933 年,与英国物理学家狄拉克分享诺贝尔物理学奖,以后潜心研究哲学和科学史

 文档 薛定谔简介

 阅读 波动力学的建立

与牛顿运动定律或电磁学理论中的麦克斯韦方程相当的基本方程来确定波函数,或者说确定在各种具体物理状态下可能的波函数形式.这一问题终于在 1926 年,由奥地利物理学家薛定谔建立的波动方程得以解决.这个方程称为**薛定谔方程**(Schrödinger equation),它是量子力学的基本方程.值得注意,薛定谔方程并不是由其他基本原理推导出来的,其正确与否只能靠实践来检验.自量子力学建立以来,大量实践表明,在现代科学领域中薛定谔方程是正确的.以下我们来建立薛定谔方程.

设一质量为 m,动量为 p 的自由粒子沿 x 方向作一维运动.如果忽略相对论效应,其能量可表示为

$$E=\frac{p^2}{2m} \tag{15-46}$$

自由粒子的波函数由式(15-42)表示.接着就是要寻找一个方程,使其既能满足能量式(15-46),又能使式(15-42)成为方程的解.

分别对式(15-42)中的 x 和 t 求导,可得

$$\mathrm{i}\hbar\frac{\partial}{\partial t}\Psi(x,t)=E\Psi(x,t) \tag{15-47}$$

$$-\mathrm{i}\hbar\frac{\partial}{\partial x}\Psi(x,t)=p\Psi(x,t) \tag{15-48}$$

$$-\hbar^2\frac{\partial^2}{\partial x^2}\Psi(x,t)=p^2\Psi(x,t) \tag{15-49}$$

从式(15-47)和式(15-48)看出,能量 E 与波函数 Ψ 的乘积相当于一个运算符号 $\mathrm{i}\hbar\frac{\partial}{\partial t}$ 作用于波函数;而动量 p 与波函数 Ψ 的乘积相当于一个运算符号 $-\mathrm{i}\hbar\frac{\partial}{\partial x}$ 作用于波函数.把这两个分别对应于 E 和 p 的运算符号对波函数的作用分别取代能量式(15-46)中的能量和动量,可得

$$\mathrm{i}\hbar\frac{\partial}{\partial t}\Psi(x,t)=-\frac{\hbar^2}{2m}\frac{\partial^2}{\partial x^2}\Psi(x,t) \tag{15-50}$$

这就是一维运动自由粒子的薛定谔方程.

如果粒子在势场 $V(x,t)$ 中运动,其能量为 $E=p^2/2m+V(x,t)$,则**势场中的一维薛定谔方程**可表示为

$$\mathrm{i}\hbar\frac{\partial}{\partial t}\Psi(x,t)=\left[-\frac{\hbar^2}{2m}\frac{\partial^2}{\partial x^2}+V(x,t)\right]\Psi(x,t) \tag{15-51}$$

如果粒子在三维势场中运动,则可把薛定谔方程(15-51)推广为更普遍的形式,即

$$\mathrm{i}\hbar\frac{\partial}{\partial t}\Psi(\boldsymbol{r},t)=\left[-\frac{\hbar^2}{2m}\nabla^2+V(\boldsymbol{r},t)\right]\Psi(\boldsymbol{r},t) \tag{15-52}$$

式中 $\nabla=\frac{\partial}{\partial x}\boldsymbol{i}+\frac{\partial}{\partial y}\boldsymbol{j}+\frac{\partial}{\partial z}\boldsymbol{k}$,称为梯度算符;而把 $\nabla^2=\nabla\cdot\nabla=\frac{\partial^2}{\partial x^2}+\frac{\partial^2}{\partial y^2}+\frac{\partial^2}{\partial z^2}$称为拉普拉斯算符.

15-7-3 一维定态不含时薛定谔方程

在许多实际情况下,势场 $V(x)$ 只是坐标的函数,而与时间无关.在这种情况下,通常可以把波函数分离成坐标函数与时间函数的乘积形式,即

$$\Psi(x,t)=\psi(x)\phi(t)$$

将其代入式(15-51),并两边除以 $\psi(x)\phi(t)$,分离变量后可得

$$\frac{\mathrm{i}\hbar}{\phi}\frac{\mathrm{d}\phi}{\mathrm{d}t}=\frac{1}{\psi(x)}\left[-\frac{\hbar^2}{2m}\frac{\mathrm{d}^2}{\mathrm{d}x^2}+V(x)\right]\psi(x) \tag{15-53}$$

等式左边只是时间 t 的函数,等式右边只是坐标 x 的函数,且 t 和 x 都是独立变量.要使等式恒成立,只有一种可能,即左右两边等于同一个常量.又因为等式右边具有能量量纲,所以这个常量是一个能量值,用 E 表示,得

$$\frac{\mathrm{i}\hbar}{\phi}\frac{\mathrm{d}\phi}{\mathrm{d}t}=E$$

解得

$$\phi(t)=c\mathrm{e}^{-\frac{\mathrm{i}Et}{\hbar}}\quad(c\text{ 为积分常量})$$

因此,波函数可表示为

$$\Psi(x,t)=\psi(x)\mathrm{e}^{-\frac{\mathrm{i}Et}{\hbar}} \tag{15-54}$$

式中的 $\psi(x)$ 包含了 $\phi(t)$ 中的常量 c.

以上分析可知,若势场与时间无关,则粒子的能量具有确定值.这种**能量不随时间变化的状态**称为**定态**(stationary state),相应的波函数称为**定态波函数**.令式(15-53)右边等于常量 E.得到

$$\left[-\frac{\hbar^2}{2m}\frac{\mathrm{d}^2}{\mathrm{d}x^2}+V(x)\right]\psi(x)=E\psi(x) \tag{15-55}$$

上式称为**一维定态薛定谔方程**.$\psi(x)$ 则称为**一维定态波函数**.知道了 $\psi(x)$,就可得到式(15-54)的波函数形式.由定态波函数形式可知,其概率密度 $\Psi\Psi^*$ 只是 x 的函数,与时间无关,因此**定态粒子在空间的概率分布不会随时间改变**.

15-8 一维定态问题

用量子力学处理一维定态问题时所涉及的物理过程比较简单,而且容易得

出较严格的结果,便于讨论和分析.本节将用薛定谔方程求解一维无限深势阱、一维谐振子以及一维势垒等具体问题,从中可以了解量子力学处理问题的一般方法,同时了解微观领域所特有的一些现象.

15-8-1 一维无限深势阱

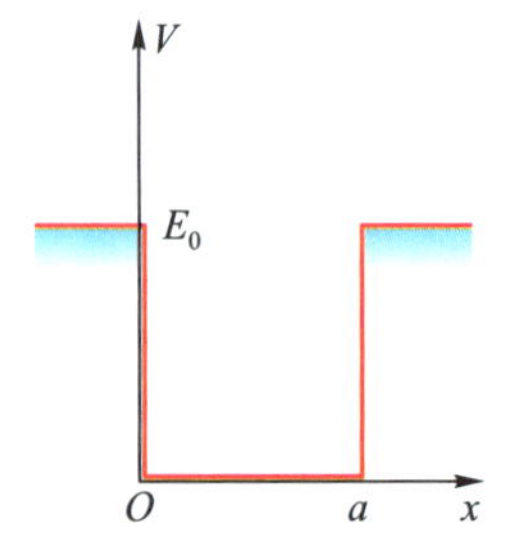

(a) 一维有限深方势阱

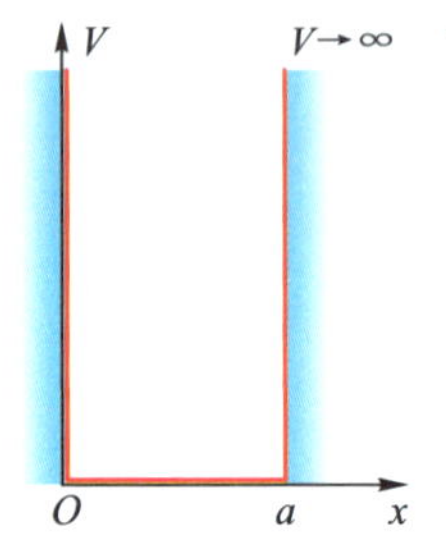

(b) 一维无限深方势阱

图 15-24

所谓**势阱**(potential well),实际上是一个势函数 $V(x)$,因为对应的势能曲线形状如同陷阱而得名.势阱是物理学在研究微观粒子运动规律时常用的一个物理模型.比如说,一块厚度为 a 的金属片,其中的电子沿垂直于表面的方向运动.在金属内部,电子的运动是自由的,但是电子要想脱离金属表面则必须获得一定的能量.就像在光电效应中,只有当入射光子的能量大于或等于逸出功时才有可能使电子逸出金属表面.据此就可以给出一个一维有限方势阱的模型,如图 15-24(a)所示,在势阱内部势函数 $V(x)=0$,势阱以外,$V(x)=E_0$.

如果金属片中的电子无论获得多大的能量都不能脱离金属表面对它的束缚,那么我们就可以建立一个无限深势阱的模型.以下就一维无限深方势阱问题进行讨论.设在一维空间运动的粒子,其势函数为

$$V(x)=\begin{cases}0 & (0<x<a)\\ \infty & (x\leqslant 0,x\geqslant a)\end{cases} \tag{15-56}$$

如图 15-24(b)所示.这就是说,粒子只能在宽度为 a 的两个无限高阱壁之间自由运动.因为 $V(x)$ 与时间无关,所以这属于定态问题,可由定态薛定谔方程式(15-55)求解.

在势阱内部($0<x<a$)的薛定谔方程式为

$$\frac{\mathrm{d}^2\psi}{\mathrm{d}x^2}=-\frac{2m}{\hbar^2}E\psi \tag{15-57}$$

从数学形式看,这是一个类似简谐振动的方程,令 $k^2=2mE/\hbar^2$,可得其解为

$$\psi(x)=A\sin(kx+\varphi) \tag{15-58}$$

式中 A 和 φ 分别为待定常量.因为阱壁无限高,从物理上考虑,粒子不能穿透阱壁,即 $\psi(x)=0,(x\leqslant 0,x\geqslant a)$.根据边界条件 $\psi(0)=0$,可知 $\varphi=0$,因此波函数为

$$\psi(x)=A\sin(kx) \tag{15-59}$$

因为 A 不可能为零,所以由 $\psi(a)=0$ 可推得 $\sin(ka)=0$,于是有

$$k=\frac{n\pi}{a}\quad(n=1,2,3,\cdots)$$

其中 n 为正整数($n=0$ 意味着 $\psi\equiv 0$,无物理意义;n 取负整数不能给出新的波函数).由 $k^2=2mE/\hbar^2$,便得能量 E 可能的取值为

$$E_n=\frac{n^2h^2}{8ma^2}\quad(n=1,2,3,\cdots)\tag{15-60}$$

上式表明粒子的能量只能取分立的能级.$n=1$ 时,$E_1=h^2/8ma^2$ 为其基态能量;其他激发态能级的能量分别为 $4E_1,9E_1,\cdots$.由此可见,能量量子化是量子力学的必然结果,不同于早期量子论中带有人为假设的成分.

下面将确定各能级对应的波函数.由于粒子在势阱中($0<x<a$)出现的概率为 100%,根据归一化条件,有

$$\int_0^a|\psi|^2\mathrm{d}x=\int_0^a A^2\sin^2\frac{n\pi}{a}x\mathrm{d}x=1$$

解得 $A=\sqrt{2/a}$,这样式(15-59)的波函数成为

$$\psi(x)=\sqrt{\frac{2}{a}}\sin\frac{n\pi}{a}x\quad(0<x<a)\tag{15-61}$$

势阱中粒子处于各能级的概率密度为

$$|\psi(x)|^2=\frac{2}{a}\sin^2\frac{n\pi}{a}x\tag{15-62}$$

图 15-25 给出了势阱中粒子对应于几个能级的概率密度分布.

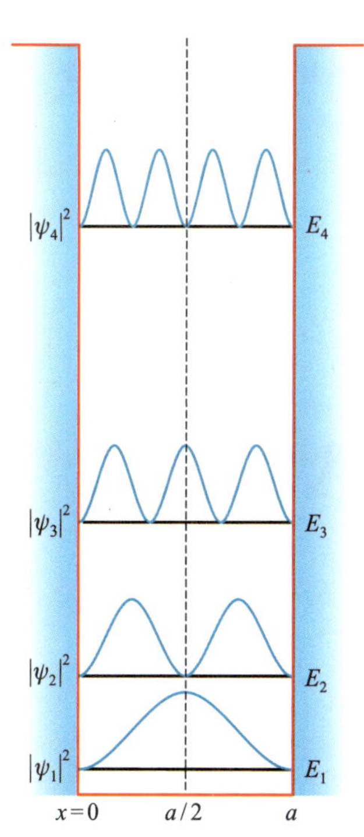

图 15-25 粒子在一维无限深方势阱中处于各个能态的概率密度分布

以上从定态薛定谔方程出发,解出了在一维无限深方势阱中粒子的一系列能量值(可能的测量值),见式(15-60),同时确定了相应的态函数,见式(15-61).

从图 15-25 可以看出:粒子在势阱中不同位置出现的概率不同,比如在基态 E_1,粒子出现在势阱中央 $a/2$ 处的概率最大,而在第一激发态 E_2,势阱中央出现的概率却为零,显然有悖于经典理论.按照经典理论,粒子在势阱中任何位置出现的概率应该相同.图中还可以看出,随着量子数 n 的增加,概率峰的个数也增加,同时相邻两峰的间距变小.可以想象,当 n 很大时,峰与峰挤压在一起,这才是经典理论中各处概率相同的情况.

此外,由式(15-60)可知 $E_n\propto n^2$,当 n 较大时,相邻能级间距为 $\Delta E_n\approx h^2n/4ma^2$;当 $n\to\infty$ 时,$\Delta E_n/E_n\approx2/n\to0$,即在 n 很大时能量可看作连续的,这就是经典物理的图像.

从以上分析可知,经典物理可看成量子力学在量子数 n 趋于无穷大时的极限情况.就方法论的角度而言,这又是对应原理的一个典型例子.

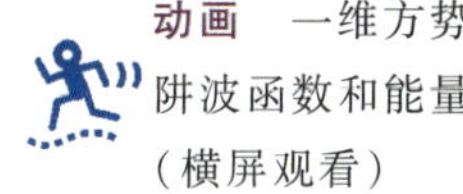

动画 一维方势阱波函数和能量(横屏观看)

15-8-2 一维势垒 隧道效应

如图 15-26(a)所示,**势垒**(potential barrier)的势能曲线形状与势阱正好相反,中间隆起.按照经典力学,要使位于势垒一侧的粒子能够迁移到另一侧,它

必须具有大于势垒峰值 E_0 的能量才能跨越,否则只能遇阻返回.然而,对于同样的问题,量子力学将给出完全不同,甚至有些离奇的结果.我们将会发现,即使粒子的动能小于势垒的峰值 E_0,粒子仍有可能出现在势垒的另一侧或在势垒区域内.这是一种粒子穿透势垒的现象,称为隧道效应(tunnel effect).这好比在山下开挖一条隧道,汽车无须翻越山顶,直接由隧道就可以到达山的另一侧.当然,粒子在通过势垒时不必打洞,穿越时也没有能量的损失.下面以一维方势垒问题为例进行讨论.

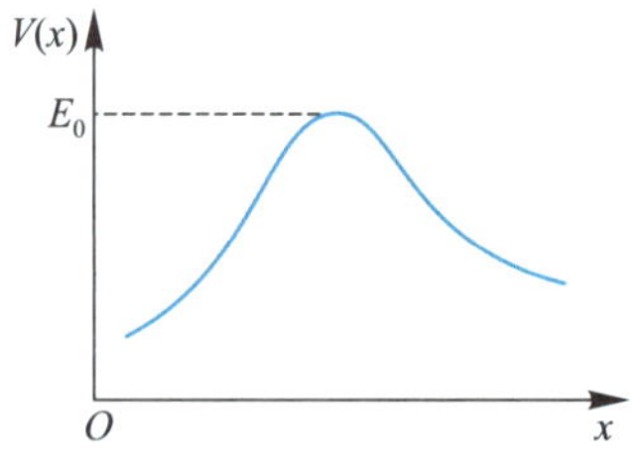

(a) 按经典理论,在势函数极值左侧的粒子必须获得大于峰值 E_0 的能量,才能翻越势垒到达右侧

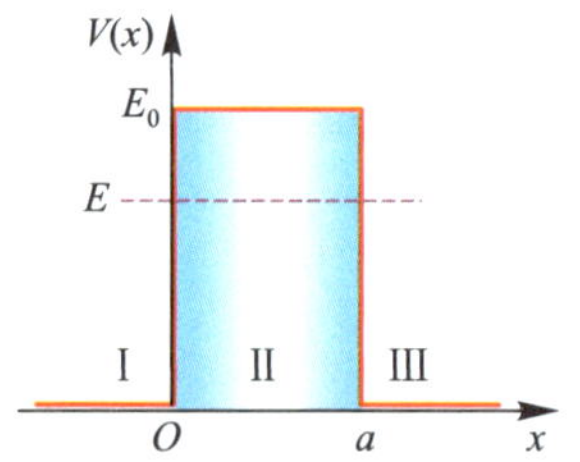

(b) 一维方势垒宽度为 a、高度为 E_0,按照经典力学,总能量 E 小于 E_0 的粒子无法越过势垒,只能被限制在势垒的一侧

图 15-26

动画 一维势垒波函数(横屏观看)

方势垒如图 15-26(b)所示,其势函数为

$$V(x)=\begin{cases}0 & (x<0,x>a)\\ E_0 & (0\leqslant x\leqslant a)\end{cases} \tag{15-63}$$

因 $V(x)$ 与时间无关,所以也是定态问题.薛定谔方程为

$$\left[-\frac{\hbar^2}{2m}\frac{\mathrm{d}^2}{\mathrm{d}x^2}+V(x)\right]\psi(x)=E\psi(x)$$

设粒子的质量为 m,能量为 $E(E<E_0)$.

(1) $x<0,x>a$,$V(x)=0$,薛定谔方程为

$$\frac{\mathrm{d}^2\psi}{\mathrm{d}x^2}=-\frac{2m}{\hbar^2}E\psi$$

令 $k^2=2mE/\hbar^2$,则对区域Ⅰ和Ⅲ的方程而言,其解分别为

$$\psi_1=A_1\sin(kx+\varphi_1) \quad 和 \quad \psi_3=A_3\sin(kx+\varphi_3)$$

式中 A_1、A_3 和 φ_1、φ_3 分别为待定常量.

(2) 在势垒内部,即区域Ⅱ,$0\leqslant x\leqslant a$,$V(x)=E_0$,薛定谔方程为

$$\frac{\mathrm{d}^2\psi}{\mathrm{d}x^2}=\frac{2m}{\hbar^2}(E_0-E)\psi$$

令 $\lambda^2=2m(E_0-E)/\hbar^2$,可得方程解为

$$\psi_2=Be^{\lambda x}+Ce^{-\lambda x} \tag{15-64}$$

B、C 分别为待定常量.根据 15-7 节中关于波函数性质的讨论,波函数在 $x=0$ 和 $x=a$ 处应连续,根据边界条件,Ⅰ区和Ⅲ区波函数均含正弦函数,其绝对值小于或等于 1。幅值 A_1 和 A_3 均为常量。而在Ⅱ区波函数表达式 ψ_2 中,如果第一项 $Be^{\lambda x}$ 中的 λ 足够大,则在边界处必有 $\psi_2>\psi_1$ 或 $\psi_2>\psi_3$,则意味着边界处函数不连续,因此式(15-64)中必然要求系数 $B=0$,势垒内部 $\psi_2=Ce^{-\lambda x}$.全部区域的波函数曲线如图 15-27 所示.从图中看出,$\psi_2\neq0$,这就表明在势垒内部存在出现粒子的可能,这与经典力学的结论完全不同.并且即使最初粒子位于势垒的左侧,但是仍有可能穿透势垒出现在右侧.$|\psi_3|^2_{x_2=a}$表示粒子在势垒右侧壁出现的概率密度,$|\psi_1|^2_{x_1=0}$表示粒子在势垒左侧壁出现的概率密度.我们把

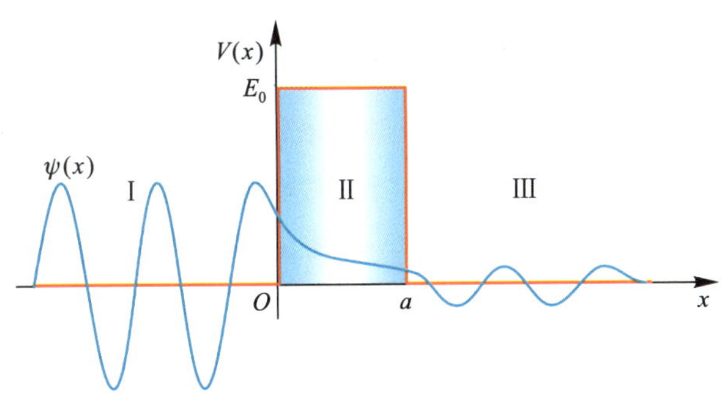

图 15-27 从势垒附近的波函数曲线可以看出,初始位于左侧的粒子可以穿透势垒出现在其他两个区域.这就是隧道效应

粒子穿透势垒的概率称为**透射系数**(transmission coefficient),用 T 表示.T 与 $|\psi_3|^2_{x_2=a}$ 和 $|\psi_1|^2_{x_1=0}$ 的比值成正比.考虑到波函数在势垒边界的连续性,有

$$T=G\frac{|\psi_3|^2_{x_2}}{|\psi_1|^2_{x_1}}=G\frac{|\psi_2|^2_{x_2}}{|\psi_2|^2_{x_1}}=G\frac{C^2\mathrm{e}^{-2\lambda x_2}}{C^2\mathrm{e}^{-2\lambda x_1}}=G\mathrm{e}^{-2\lambda(x_2-x_1)}$$

其中 G 为比例系数.将 $\lambda^2=2m(E_0-E)/\hbar^2$ 代入上式可得

$$T=G\mathrm{e}^{-\frac{2a}{\hbar}\sqrt{2m(E_0-E)}} \tag{15-65}$$

在 $T\ll1$ 的情况下,比例系数 $G=16\frac{E}{E_0}\left(1-\frac{E}{E_0}\right)$,则透射系数可表示为

$$T\approx16\frac{E}{E_0}\left(1-\frac{E}{E_0}\right)\mathrm{e}^{-\frac{2a}{\hbar}\sqrt{2m(E_0-E)}} \tag{15-66}$$

从式(15-66)分析,透射系数 T 与势垒宽度 a、能量差 (E_0-E) 以及粒子的质量 m 的依赖关系十分敏感.当 a 增加时,T 将按指数规律迅速减小.因此在宏观领域几乎观察不到隧道效应.

例 15-9

能量为 30 eV 的电子遇到一个高为 40 eV 的势垒,试估算电子穿过势垒的概率.(1)势垒宽度为 1.0 nm;(2)势垒宽度为 0.1 nm.

解 因为透射系数的数量级主要取决于式(15-65)的指数部分,所以可仅取其指数部分进行估算.

(1) $E_0-E=40\ \mathrm{eV}-30\ \mathrm{eV}=10\ \mathrm{eV}$

$$=1.6\times10^{-18}\ \mathrm{J}$$

$$\frac{2a}{\hbar}\sqrt{2m(E_0-E)}=2\times1.0\times10^{-9}\times$$

$$\frac{\sqrt{2\times9.1\times10^{-31}\times1.6\times10^{-18}}}{1.054\times10^{-34}}=32.4$$

$$T\approx\mathrm{e}^{-\frac{2a}{\hbar}\sqrt{2m(E_0-E)}}=\mathrm{e}^{-32.4}=8.5\times10^{-15}$$

可知,电子只有约 10^{-14} 的概率穿过势垒.

(2) 当势垒宽度 a 等于 0.1 nm 时,指数是原来的 1/10,即 3.24.

$$T\approx\mathrm{e}^{-3.24}=0.039$$

可知电子穿透势垒的概率很大,接近于 4%.由此可见,只要势垒宽度 a 缩小 1 个数量级,则穿透概率可提高 12 个数量级.一般情况下,当 $a>1$ nm 时几乎就不能穿透势垒了.

15-8-3 扫描隧穿显微镜

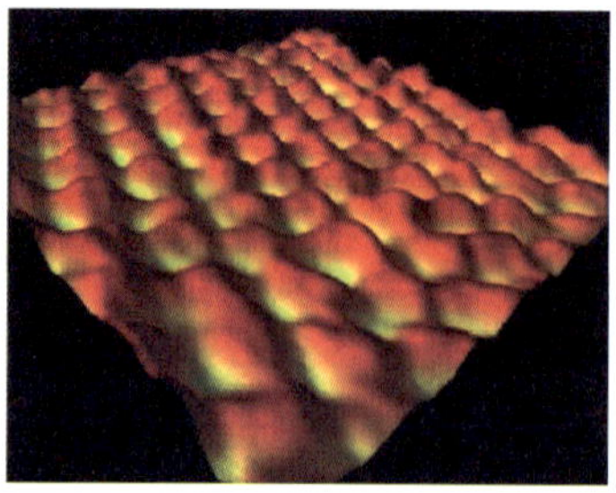

图 15-28 照片由 STM 拍摄，记录了材料表面碳原子的排列结构

量子力学中的隧道效应在现代科学技术领域中已有广泛应用，扫描隧穿显微镜（STM）就是其中一个重要应用实例，它能够提供材料表面结构的清晰照片，其分辨本领可以达到单个原子的尺寸.图 15-28 是一帧由 STM 拍摄的材料表面碳原子周期性排列的照片.

扫描隧穿显微镜的原理如图 15-29 所示.一根非常尖细的导体探针置于材料表面的上方，针尖与材料表面之间的间隙形成势垒.在针尖与材料之间加上一定的电压，由于量子隧道效应，表面电子将会穿透势垒到达针尖，从而形成隧穿电流.由于隧道效应对势垒宽度（针尖与表面间隙）a 极其敏感，因此当探针在材料表面水平扫描时，隧穿电流将敏感地发生变化.于是从监视器上就可以看出被测材料表面的“地形”构造.利用 STM 可以测出约 0.001 nm 高度范围内的表面特征以及原子直径的 1/100 精细结构.

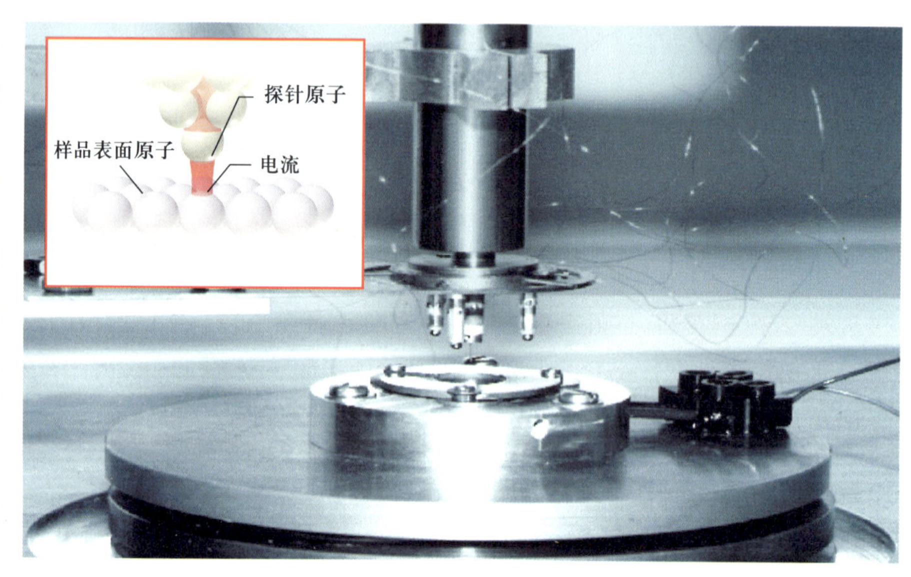

图 15-29 被测材料放在样品架上，探针位于样品上方.由于隧道效应，材料表面电子穿过针尖与样品表面之间的空隙到达针尖，形成隧穿电流.当探针在样品表面扫描时，根据电流的变化可以显示材料表面的结构

STM 也存在一个严重的缺陷.由于它的工作原理依赖于探针与样品表面间的导电性，而大多数材料并不具有导电性.即使是金属导体，也会因为表面出现氧化层而使 STM 不能工作.现在有一种显微镜——原子力显微镜（AFM），克服了 STM 的缺点，它的工作原理是测量探针与样品表面间的作用力，而非隧穿电流.现在，原子力显微镜已经广泛应用于科学技术各个领域.

15-8-4 一维谐振子

简谐振动是一种最简单而又最基本的振动形式，它是研究复杂振动的基础.在微观领域中分子的振动、晶格的振动、原子表面的振动等都可以近似地用谐振子模型来描述.因此对谐振子运动的研究无论在理论上还是在应用上都具有重要意义.

取平衡位置为势能零点,则一维谐振子的势能可表示为

$$V(x)=\frac{1}{2}kx^2=\frac{1}{2}m\omega^2x^2 \tag{15-67}$$

式中 m 为振子质量,k 是一个力常量,角频率 $\omega=\sqrt{k/m}$.相应的定态薛定谔方程为

$$-\frac{\hbar^2}{2m}\frac{\mathrm{d}^2\psi}{\mathrm{d}x^2}+\frac{1}{2}m\omega^2x^2\psi=E\psi \tag{15-68}$$

鉴于解这个薛定谔方程所用到的数学知识较复杂,这里不作详细推算.根据波函数 ψ 应满足单值、连续、有限以及归一化条件,可以得到满足方程的一组波函数,其中的基态波函数形式较简单,可表示为

$$\psi=B\mathrm{e}^{-(m\omega/2\hbar)x^2} \tag{15-69}$$

B 为一系数,与简谐振动系统有关.方程的其他解较复杂,但是都包含指数因子 $\mathrm{e}^{-(m\omega/2\hbar)x^2}$,这些解分别是各激发态的波函数.满足方程的谐振子能量为

$$E_n=\left(n+\frac{1}{2}\right)\hbar\omega\quad(n=0,1,2,\cdots) \tag{15-70}$$

可见,能量是分立的,当 $n=0$ 时,$E_0=\frac{1}{2}\hbar\omega$ 为基态能量;当 $n=1$ 时,$E_1=\frac{3}{2}\hbar\omega$ 为第一激发态的能量……相邻能级的间距相等,为

$$\Delta E=\hbar\omega \tag{15-71}$$

简谐振动系统的能级如图 15-30 所示.经典力学中,简谐振动系统的能量应该是连续的,且最小能量为零,这就是振子静止于平衡位置的时刻.但量子力学的结果则给出能量是分立的,且最小能量不等于零.这就表明微观粒子不可能静止,这是波粒二象性的表现,与不确定性原理相一致.振子的最小能量称为**零点能**(zero-point energy).

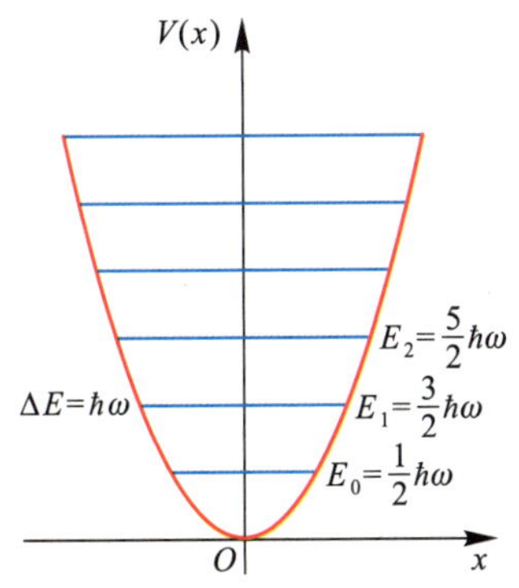

图 15-30 一维谐振子的能级图.相邻能级的间距相等,为 $\Delta E=\hbar\omega$.零点能量为 $E_0=\frac{1}{2}\hbar\omega$

图 15-31 是振子处于各能态的概率 $|\psi|^2$ 分布图(红线),同时给出了按经典力学分析所得到的在各状态下粒子出现的概率分布(蓝线).经典力学认为,振子在通过平衡位置 $x=0$ 时速度最快,驻留时间最短,因而在该处出现粒子的概率最小;而在最大位移附近,由于振子的速度最小,也即振子逗留的时间最长,因此粒子出现的概率也大.而量子力学的结果则表明,处于基态的粒子出现

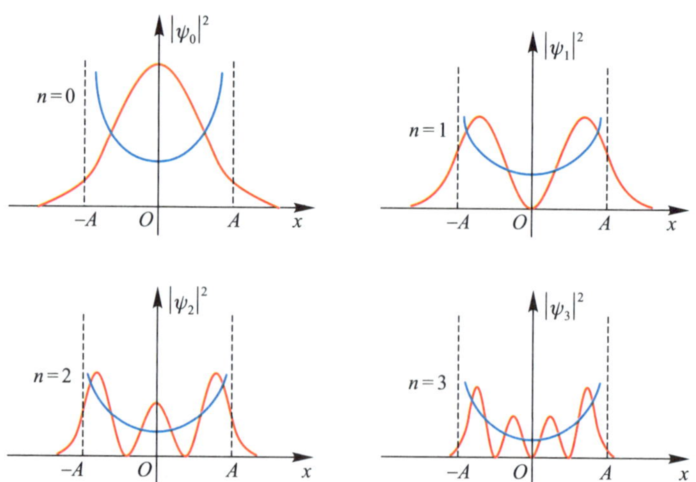

图 15-31 红色曲线为量子力学中的振子概率分布，蓝色曲线为经典力学中振子的概率分布. 当 $n\to\infty$ 时，二者趋于一致

在平衡位置的概率最大. 虽然，在较低能态的情况下两种理论的结果完全不同，但是在高能态时由于量子数 n 很大，概率密度 $|\psi_n|^2$ 的峰值个数多而密集，从平均意义上理解，两者趋于一致. 当 $n\to\infty$ 时，量子力学概率分布过渡到经典概率分布.

15-9 氢原子结构

曾经有一些物理学家声称全部的化学都包含在薛定谔方程之中. 虽然这话说得有些过分，但却反映了量子力学在揭示原子和分子内部结构和性质方面所起到的关键作用. 本节将把量子理论应用到原子体系上去，通过求解氢原子的薛定谔方程，对原子的基本结构和性质进行介绍. 鉴于求解氢原子的薛定谔方程需要复杂的数学操作，因此对一些结论将不作推导，只是定性介绍这些结果的重要特征.

15-9-1 氢原子的薛定谔方程

氢原子是由原子核和一个核外电子构成，电子在原子核的库仑场中运动. 设电子的质量为 m，带电荷量 $-e$，它与原子核之间的距离是 r，则氢原子体系的势函数为

$$V(r)=-\frac{e^2}{4\pi\varepsilon_0 r} \tag{15-72}$$

把式(15-55)推广到三维薛定谔方程形式，则氢原子的定态薛定谔方程可表示为

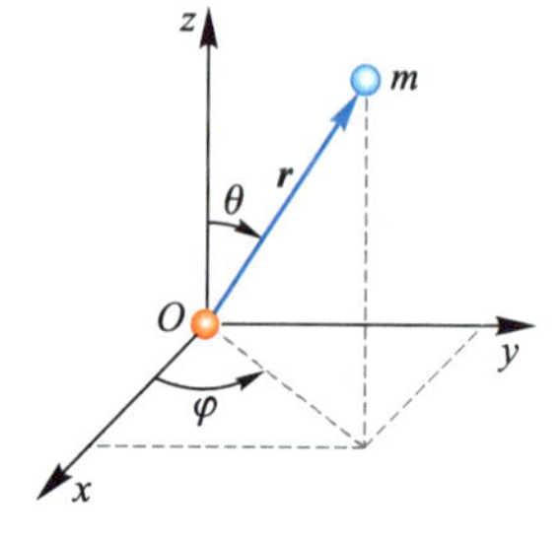

图 15-32 球面坐标系变量与直角坐标系之间的坐标变换关系

$x=r\sin\theta\cos\varphi$

$y=r\sin\theta\sin\varphi$

$z=r\cos\theta$

$$\frac{\partial^2\psi}{\partial x^2}+\frac{\partial^2\psi}{\partial y^2}+\frac{\partial^2\psi}{\partial z^2}+\frac{2m}{\hbar^2}\left(E+\frac{e^2}{4\pi\varepsilon_0 r}\right)\psi=0$$

考虑到势函数 $V(r)$ 的球对称性，采用球坐标求解方程比较方便. 我们以球坐标变量 r、θ、φ 代换直角坐标中的 x、y、z，它们之间的关系如图 15-32 所示. 通过相关运算（从略）便可得出球坐标中的薛定谔方程形式为

$$\frac{1}{r^2}\frac{\partial}{\partial r}\left(r^2\frac{\partial\psi}{\partial r}\right)+\frac{1}{r^2\sin\theta}\frac{\partial}{\partial\theta}\left(\sin\theta\frac{\partial\psi}{\partial\theta}\right)+\frac{1}{r^2\sin^2\theta}\frac{\partial^2\psi}{\partial\varphi^2}+\frac{2m}{\hbar^2}\left(E+\frac{e^2}{4\pi\varepsilon_0 r}\right)\psi=0 \qquad (15-73)$$

通过分离变量法，可将 ψ 表示成三个各自具有一个独立变量（r、θ 和 φ）的函数的乘积，即

$$\psi(r,\theta,\varphi)=R(r)\Theta(\theta)\Phi(\varphi) \qquad (15-74)$$

代入式(15-73)，整理后将得到三个独立的方程.

$$\frac{1}{r^2}\frac{\mathrm{d}}{\mathrm{d}r}\left(r^2\frac{\mathrm{d}R}{\mathrm{d}r}\right)+\left[\frac{2m}{\hbar^2}\left(E+\frac{e^2}{4\pi\varepsilon_0 r}\right)-\frac{\lambda}{r^2}\right]R=0 \qquad (15-74\mathrm{a})$$

$$\frac{1}{\sin\theta}\frac{\mathrm{d}}{\mathrm{d}\theta}\left(\sin\theta\frac{\mathrm{d}\Theta}{\mathrm{d}\theta}\right)+\left[\lambda-\frac{m_l^2}{\sin^2\theta}\right]\Theta=0 \qquad (15-74\mathrm{b})$$

$$\frac{\mathrm{d}^2\Phi}{\mathrm{d}\varphi^2}+m_l^2\Phi=0 \qquad (15-74\mathrm{c})$$

每个方程只含有一个坐标变量，其中 m_l 和 λ 是引入的两个常量. 经过这样处理，把原来一个复杂的偏微分方程简化成三个较简单的常微分方程，便于分别求解. 当然，解这三个方程的过程还是比较复杂的. 限于篇幅，以下仅提供解这些方程的基本思路.

与前述一维势阱的薛定谔方程的求解程序相仿，可以根据波函数的标准化条件：单值、有限、连续、归一化和边界条件来确定波函数以及满足方程的能量值. 例如：径向函数 $R(r)$ 在较远的 r 处应趋于零，因为处于束缚态的电子只可能位于原子核的附近，由此可以解得径向波函数 $R(r)$ 是一个关于变量 r 的多项式与一个指数函数 $\mathrm{e}^{-\alpha r}$（α 为正数）的乘积. 角量函数 $\Theta(\theta)$ 和 $\Phi(\varphi)$ 必须满足周期性条件，比如：$\psi(r,\theta,\varphi)$ 和 $\psi(r,\theta,\varphi+2\pi)$ 必须是反映同一点的状态，即 $\Phi(\varphi)=\Phi(\varphi+2\pi)$，由此可以解得 $\Phi(\varphi)$ 与 $\mathrm{e}^{\mathrm{i}m_l\varphi}$ 成正比，其中 m_l 为整数. 根据归一化条件，波函数 $\Theta(\theta)$ 必须有限，尤其在 $\theta=0$ 或 $\theta=\pi$ 处，由此可以解得 $\Theta(\theta)$ 是一个包含 $\sin\theta$ 和 $\cos\theta$ 指数项的多项式. 由于波函数形式较复杂，这里不一一列出. 我们将对解方程过程中所得到的一些重要结果进行讨论.

15-9-2 三个量子数 角动量量子化

在求解薛定谔方程的过程中，由边界条件可以解得能量的本征值，其结果与从玻尔模型得到的结果一致，即

$$E_n=-\frac{me^4}{8\varepsilon_0^2h^2n^2}=\frac{E_1}{n^2} \tag{15-75}$$

式中 n 称为**主量子数**.玻尔在推出上述结果时人为地引入了量子化条件;而同样的结果在量子力学中却是根据波函数的物理条件通过求解薛定谔方程的必然结果.

电子轨道角动量也可以从方程中解得.在波函数必须满足边界条件的限制下,轨道角动量 $\boldsymbol{L}$ 必然是分立的,它的各个可能值可以由波函数 $\Theta(\theta)$ 在 $\theta=0$ 或 $\theta=\pi$ 处必须有限而确定.对应于能级 E_n 和主量子数 n,轨道角动量 $\boldsymbol{L}$ 大小的可能取值为

$$L=\sqrt{l(l+1)}\,\hbar\quad(l=0,1,2,\cdots,n-1) \tag{15-76}$$

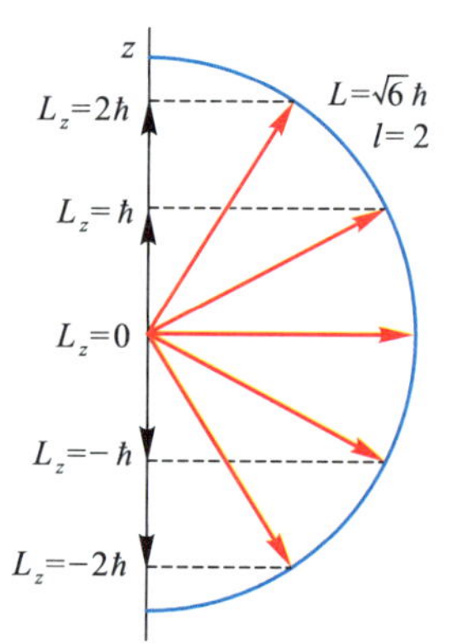

(a) 当 $l=2$ 时,角动量的大小 $L=\sqrt{6}\,\hbar$,但是它的取向有五个可能的方向,在 z 轴上的投影 L_z 分别为 $2\hbar,\hbar,0,-\hbar,-2\hbar$

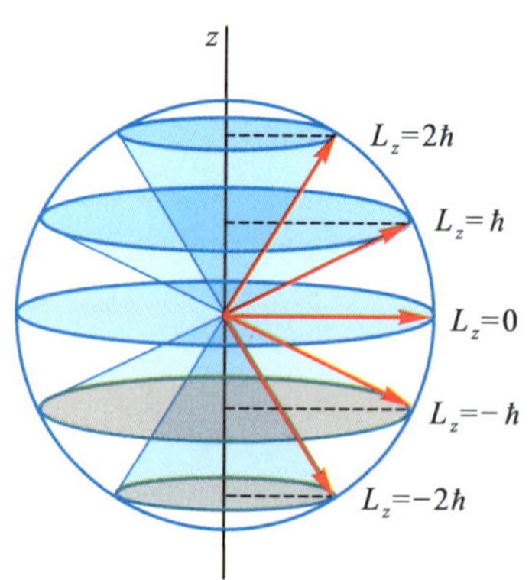

(b) 角动量 $\boldsymbol{L}$ 可能取向的圆锥面

图 15-33

式中 l 称为**轨道角动量量子数**,简称**轨道量子数**(orbital quantum number).式(15-76)显示,对应于氢原子的第 n 能级,可以有 n 个不同的角动量 L 值,这与玻尔模型中一个能级只有一个角动量值不同.此外,在 $l=0$ 状态,轨道角动量 $L=0$,对应的波函数 ψ 只与 r 有关,呈球对称分布.而在玻尔模型中电子作轨道运动,其角动量不可能为零.

应该指出,电子运动具有一定轨道及相应的角动量等,是玻尔理论的概念,与量子力学的概率概念是相抵触的.但是为了便于想象,人们习惯上仍沿用这些经典说法,即使在与量子力学相关内容的叙述中也常常使用这样的词语,读者不要误会.

根据波函数 $\Phi(\varphi)$ 的周期性条件 $\Phi(\varphi)=\Phi(\varphi+2\pi)$,将得到轨道角动量 $\boldsymbol{L}$ 的取向不能是任意的结论,它在 z 轴方向的分量 L_z 服从如下关系式:

$$L_z=m_l\hbar\quad(m_l=0,\pm1,\pm2,\cdots,\pm l) \tag{15-77}$$

式中 m_l 称为**磁量子数**(magnetic quantum number).从上式看出,对于给定的 l 值,m_l 可以有 $2l+1$ 个取值.例如,当 $l=2$ 时,m_l 可以是 $2,1,0,-1,-2$,也就是说,轨道角动量 $L=\sqrt{2(2+1)}\,\hbar=2.45\hbar$ 有五个可能的取向,它们在 z 轴上的分量 L_z 分别为 $2\hbar,\hbar,0,-\hbar,-2\hbar$,如图 15-33 所示.

15-9-3 氢原子中电子的概率分布

根据玻尔的氢原子模型,电子绕原子核作轨道运动,但是根据量子理论中的不确定关系,运动电子不可能存在确定的轨道.通过求解薛定谔方程可以得到描述运动状态的波函数 $\psi(r,\theta,\varphi)$ 以及概率密度 $\psi\psi^*$,从而可以了解电子在氢原子核周围空间的概率分布.

由式(15-74),波函数 ψ 可以表示成三个独立变量函数的乘积.由此我们便可给出在氢原子中的空间体积 $\mathrm{d}V$ 内发现电子的概率为

$$|\Psi|^2\mathrm{d}V=\Psi\Psi^*\,\mathrm{d}V=R^2r^2\mathrm{d}r\cdot\Theta^2\sin\theta\mathrm{d}\theta\cdot\Phi\Phi^*\,\mathrm{d}\varphi \tag{15-78}$$

其中 $\Phi\Phi^*$ 表示发现电子的概率随 φ 的分布情况.计算结果表明,$\Phi\Phi^*$ 对于 φ 是一常量.这就表明电子的空间概率分布与 φ 无关,相对于 z 轴对称.Θ^2 表示发现电子的概率随 θ 的分布(θ 是电子的位置矢量 $\boldsymbol{r}$ 与 z 轴的夹角).计算结果表明,它与量子数 l 和 m_l 有关.

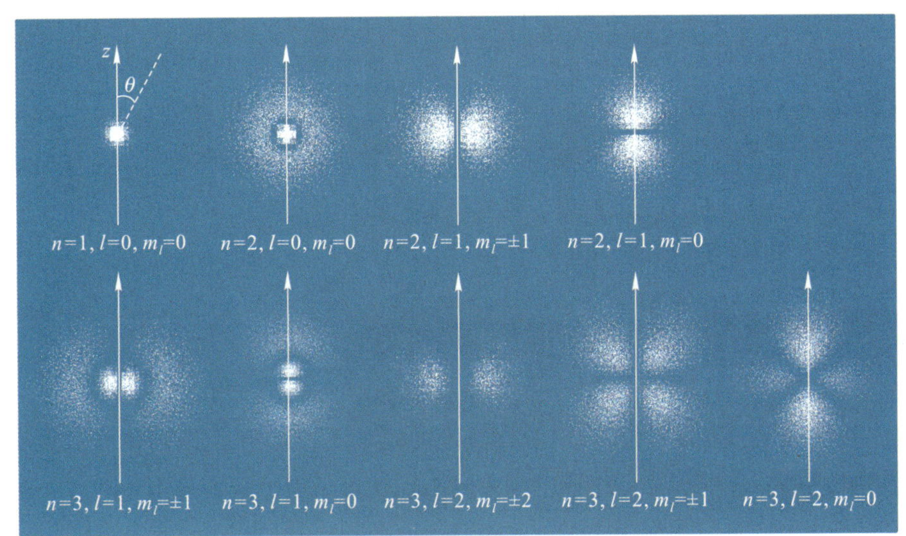

图 15-34 氢原子中某些状态下的电子概率分布图(比例尺不都相同).竖线为 z 轴,设想每一个平面分布图案绕轴转动,就可得到电子概率分布的三维空间中的图形

图 15-34 描绘了在不同 l 和 m_l 值状态下,电子出现的概率随 θ 的分布关系.分布图形绕 z 轴旋转就可以得到电子在三维空间概率分布的立体图形.

以下我们再就电子的径向概率作一些分析.径向函数 R^2 表示电子出现的概率随 r 的分布.以原子核为圆心,取半径为 r,厚度为 $\mathrm{d}r$ 的一个薄球壳,电子在球壳中出现的概率为 $P(r)\mathrm{d}r=R^2r^2\mathrm{d}r$($\theta$ 和 φ 取全部范围).图 15-35 给出了氢原子的几个状态波函数对应的概率分布曲线,横坐标为 r/r_1(r_1 为玻尔半径).图中可以看出,对于不同的状态,电子的概率分布不同,有些位置电子出现的概率为零,而另一些位置电子出现的概率则比较大.值得注意的是:对于每一个主量子数 n,l 取最大值所对应的状态,概率分布都只有一个峰值(红色曲线),峰值的所在位置表示电子出现的概率最大.比如,当 $n=1$ 时,l 的最大取值为 0,峰值位置 $r=r_1$;当 $n=2$ 时,l 的最大取值为 1,峰值位置 $r=4r_1$,当 $n=3$ 时,l 的最大取值为 2,峰值位置 $r=9r_1$.可见,这些位置正好是玻尔预言氢原子轨道半径的位置 $r=n^2r_1$.但是按玻尔理论,电子只能严格地位于圆形轨道上,不可能在别处出现,而量子力学得出的结论是:电子在圆形轨道上的那些点出现的概率最大,但是也有可能出现在别处.

量子力学的结论和玻尔的轨道模型结论有相仿之处,但又完全不同,量子力学的预言与实验结果更接近.从玻尔轨道理论到量子力学是一个认识发展的过程.

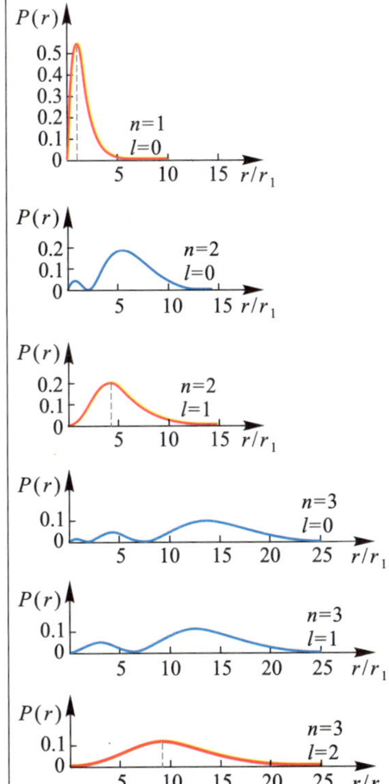

图 15-35 氢原子中电子的径向概率随 r/r_1 的变化关系.对于每一个函数曲线,概率峰值的个数等于 $(n-l)$.对于 $l=n-1$ 的曲线,只有一个峰值,其位置满足关系式 $r=n^2r_1$

15-10 电子的磁矩 原子的壳层结构

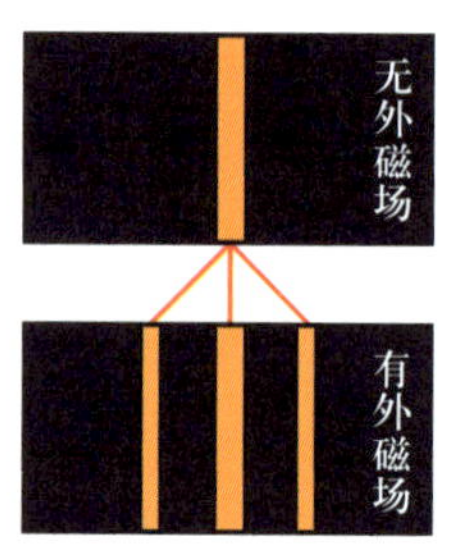

图 15-36 光源放在外磁场中，由于电子的磁矩 $\boldsymbol{\mu}$ 与磁场 $\boldsymbol{B}$ 的相互作用，使光谱线分裂三条. 这是一种正常塞曼效应

1896 年，荷兰物理学家塞曼(P.Zeeman，1865—1943)发现在磁场中一些光谱线会发生分裂，这一现象称为塞曼效应(Zeeman effect). 图 15-36 显示的是一种正常塞曼效应(normal Zeeman effect)，即一条谱线在外磁场中分裂为三条的现象. 塞曼曾经和 H.A.洛伦兹一起用经典理论对该现象作过分析，并由此于 1902 年获得诺贝尔物理学奖. 但是对塞曼效应的全面解释是在量子力学建立以后作的. 这一效应与原子中的电子具有轨道磁矩和自旋有关.

15-10-1 电子的轨道磁矩

按照玻尔的氢原子模型，电子在特定的轨道上作圆周运动. 设电子的电荷为 $-e$，质量为 m，速率为 v，轨道半径为 r，则运动电子所形成的环电流大小可表示为 $I=ev/2\pi r$. 电子作轨道运动的磁矩大小为

$$\mu=IS=\frac{ev}{2\pi r}\pi r^2=\frac{evr}{2}$$

电子的角动量 $L=mvr$，代入上式可以得到磁矩与轨道角动量的关系，并可表示为如下的矢量形式，即

$$\boldsymbol{\mu}=-\frac{e}{2m}\boldsymbol{L} \tag{15-79}$$

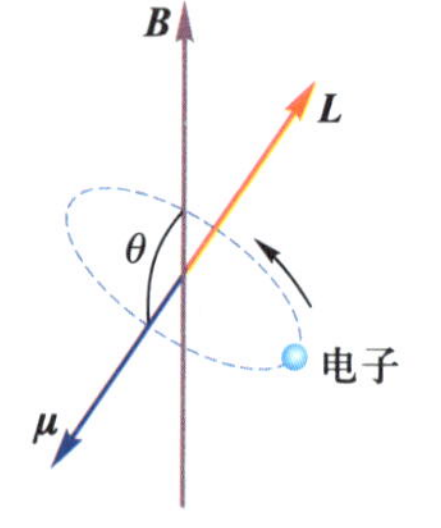

图 15-37 磁场沿 z 轴方向. 由于电子带负电，因此其角动量方向与它的磁矩方向相反

式中的负号表示电子角动量的方向与其磁矩方向相反，如图 15-37 所示. 磁矩与角动量比值的大小 $\mu/L=e/2m$ 称为旋磁比(gyromagnetic ratio).

根据玻尔的量子化条件：$L=n\hbar$，因此电子轨道磁矩的大小又可表示为 $\mu=ne\hbar/2m$. 当 $n=1$ 时(基态)，电子的轨道磁矩用 μ_B 表示，称为玻尔磁子(Bohr magneton).

$$\mu_B=\frac{e\hbar}{2m} \tag{15-80}$$

$\mu_B=5.788\times10^{-5}\ \text{eV}\cdot\text{T}^{-1}=9.274\times10^{-24}\ \text{A}\cdot\text{m}^2$.

根据量子力学理论，氢原子处于基态时的轨道量子数 $l=0$，角动量 $L=0$. 但根据玻尔理论，基态时电子的轨道角动量 $L\neq0$. 由此可见，玻尔理论存在缺陷. 要正确反映电子的状态需求解薛定谔方程. 但是事有凑巧，求解薛定谔方程得到的电子旋磁比与玻尔的结论相同，也是 $\mu/L=e/2m$.

由于电子具有磁矩，因此在外磁场 $\boldsymbol{B}$ 中将受到磁场力的作用. 其相互作用能为 $E=-\boldsymbol{\mu}\cdot\boldsymbol{B}=-\mu B\cos\theta$，$\theta$ 是 $\boldsymbol{\mu}$ 和 $\boldsymbol{B}$ 的夹角，如图 15-37 所示. 如果以 $\boldsymbol{B}$ 的方

向定为 z 轴方向，则相互作用能可表示为

$$E=-\mu_z B \tag{15-81}$$

式中的 μ_z 是磁矩 $\boldsymbol{\mu}$ 在 z 轴上的分量.

由式(15-79)，电子轨道磁矩沿 z 轴的分量式可表示为

$$\mu_z=-\frac{e}{2m}L_z$$

可见，由于电子带负电，因此其轨道角动量与磁矩方向相反.把式(15-77)代入上式，可得

$$\mu_z=-m_l\frac{e\hbar}{2m} \tag{15-82}$$

再把上式代入能量式(15-81)，则轨道磁矩与磁场的相互作用能可表示为

$$E=m_l\frac{e\hbar}{2m}B=m_l\mu_B B \quad (m_l=0,\pm1,\pm2,\cdots,\pm l) \tag{15-83}$$

相互作用能使轨道能级发生偏移.从式(15-83)可看出 E 与 m_l 有关，而 m_l 决定了轨道磁矩相对于磁场的方向，这就是把 m_l 称为磁量子数的原因.

磁量子数 m_l 从 $-l\to l$，共有 $(2l+1)$ 个取值.这就是说对应于某一个具有特定轨道量子数 l 的能级，具有 $(2l+1)$ 个不同的轨道状态，在没有外磁场的情况下这些状态的能量是相同的，或说这些状态是**简并**的；但是如果受到外磁场的作用，这一简并将消失，原来的一个能级将分裂成 $(2l+1)$ 个能级，相邻两能级的能量之差为 $\mu_B B$.氢原子在外磁场中由于电子的轨道磁矩与外磁场的相互作用而引起的能级分裂，如图 15-38 所示.

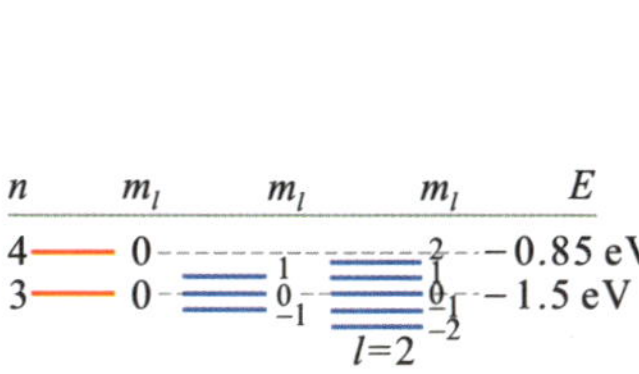

图 15-38 氢原子中电子的轨道磁矩与外磁场相互作用导致能级发生分裂

正常塞曼效应一般发生在外磁场足够强的情况下，其分裂的谱线是等间距的.但是实验表明，如果原子在弱磁场的作用下，它的光谱线也会发生分裂.不过分裂数目不止三条，有的是四条，也有的是六条，并且相邻谱线的间距也不相等.由于在电子自旋概念建立以前，人们对这种现象无法解释，故称其为**反常塞曼效应**(anomalous Zeeman effect).事实上，电子除了轨道运动以外还有自旋运动，因此电子不但具有轨道磁矩，还有自旋磁矩.全面解释塞曼效应必须考虑电子自旋，电子自旋磁矩与轨道磁矩耦合为总磁矩，它们是空间量子化的.总磁矩在外磁场作用下将引起不同的附加能量，从而造成能级分裂和光谱线的分裂.

15-10-2 电子的自旋

1921 年，施特恩(O.Stern，1888—1969)和格拉赫(W.Gerlach，1889—1979)首先对角动量的空间量子化进行了实验观察.实验中一束中性的银原子沿 y 方向经过一个非均匀的磁场区域，结果发现原子束沿 z 方向分裂成两束投射在照相底片上，如图 15-39 所示.如何来解释这一实验结果呢？

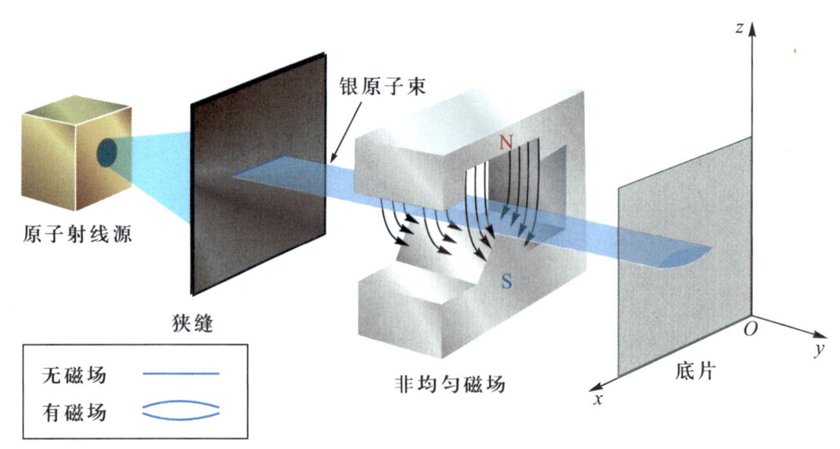

图 15-39 施特恩-格拉赫实验装置.银原子束经过非均匀磁场后分裂成两束,在照相底片上留下两条感光条纹

按照经典电磁学理论,如果取 $\boldsymbol{B}$ 方向为 z 轴方向,磁矩 $\boldsymbol{\mu}$ 与 z 轴的夹角为 θ,磁场变化率为 $\mathrm{d}B/\mathrm{d}z$,则磁矩在 z 方向受到的磁场力为

$$F_z=\mu\frac{\mathrm{d}B}{\mathrm{d}z}\cos\theta=\mu_z\frac{\mathrm{d}B}{\mathrm{d}z} \tag{15-84}$$

可见 F_z 与磁矩 μ 在磁场中的取向有关.如果磁矩的空间取向呈量子化(即角动量的空间取向呈量子化),则必然导致在不同 F_z 作用下的不同偏转角,从而在底片上形成条纹.但是令人费解的是,从理论上推测,当电子轨道角动量量子数为 l 时,它在空间的取向应有 $(2l+1)$ 种可能,也即具有 $(2l+1)$ 种可能的磁矩取向.这就是说,在底片上应该出现奇数条条纹.但实验中却出现了两条(偶数)条纹.实验结果不得不使我们反思是量子力学理论不完善呢,还是建立的模型有问题.

1925 年,乌伦贝克和古兹密特曾经提出:电子除了具有轨道角动量 $\boldsymbol{L}$ 外还具有内禀角动量.从经典观点看,这个内禀角动量是由于电子绕自身轴旋转所引起的,故称为**自旋角动量**,简称**自旋**(spin),一般用 $\boldsymbol{S}$ 表示.1927 年,费浦斯和泰勒改用氢原子束重复了施特恩-格拉赫实验.这个实验很重要,因为氢是单电子原子,量子力学在氢原子理论中被证明是可靠的.处于基态的氢原子,其 $l=0$,因此不存在轨道磁矩 μ.然而实验结果表明,氢原子束还是分裂为两束,底片上只有两条条纹.这就表明原子中除了轨道磁矩外还有其他形成磁矩的因素存在,这就证实了电子的自旋假设.值得注意的是,最初在引入自旋概念时虽然带有经典色彩,但是自旋电子却是一个量子实体,不可能用任何简单的经典图像去描述.进一步分析表明,电子的自旋可以由一个量子数 s 来描述,称为**自旋量子数**,它的量值只能是 1/2.

与轨道角动量的表达方式相同,电子自旋角动量可表示为

$$S=\sqrt{s(s+1)}\,\hbar=\frac{\sqrt{3}}{2}\hbar \tag{15-85}$$

自旋角动量在 z 轴方向(外磁场沿 z 轴方向)上的投影为

$$S_z = m_s \hbar \tag{15-86}$$

式中的 m_s 称为**自旋磁量子数**,它的取值只能是 $m_s = \pm 1/2$.自旋磁量子数的两个取值反映了自旋的空间量子化,如图 15-40 所示.

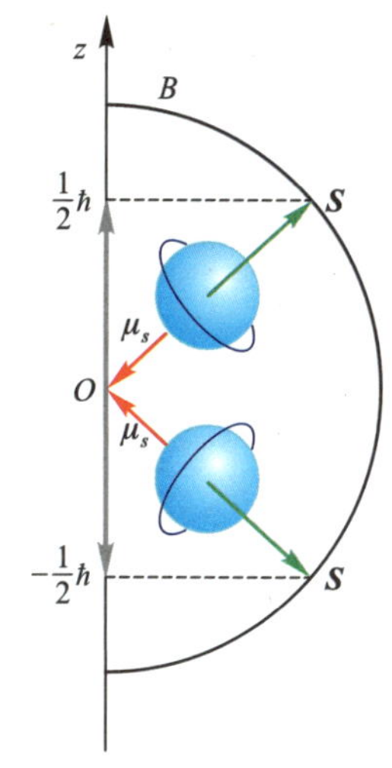

图 15-40 电子的自旋角动量 $\boldsymbol{S}$ 呈空间量子化,图中显示电子自旋角动量 $\boldsymbol{S}$ 以及自旋磁矩 $\boldsymbol{\mu}_s$ 的两个可能取向

自旋磁矩用 $\boldsymbol{\mu}_s$ 表示,它与自旋角动量 $\boldsymbol{S}$ 的方向相反,两者的关系可表示为以下的矢量式,即

$$\boldsymbol{\mu}_s = -\frac{e}{m}\boldsymbol{S} \tag{15-87}$$

因为 $S_z = m_s \hbar = \pm \hbar/2$,所以自旋磁矩的 z 分量为

$$\mu_{s,z} = \pm \frac{e\hbar}{2m} \tag{15-88}$$

由于自旋电子在空间只有两种可能的取向,因此无论是银原子束还是氢原子束在经过非均匀磁场时,两个不同空间取向的自旋电子将会受到两个不同力的作用,从而引起原子束一分为二.

电子自旋假设成功地解释了施特恩-格拉赫实验.同时可以对反常塞曼效应和原子光谱的精细结构作出合理解释.

应该指出,不仅电子具有自旋,质子、中子、光子等其他粒子也具有自旋.自旋量子数 s 也并非都是 1/2,例如光子的自旋量子数为 1.依据粒子的自旋状态,可以把它们分为两大类:$s = 1/2, 3/2$ 等半整数的粒子称为**费米子**(fermion),电子、质子和中子都是费米子;$s = 0, 1, 2$ 等整数的粒子称为**玻色子**(boson),光子就是一种玻色子.

15-10-3 原子的壳层结构

至此,我们在对氢原子结构的描述中引入了四个量子数 n、l、m_l、m_s,用以表征电子的运动状态.实际上,即使是结构更复杂的多电子原子,同样可以用这四个量子数对其进行状态描述:

(1) 主量子数 n($n = 1, 2, 3, \cdots$)用于确定原子中电子能量的主要部分.

(2) 轨道量子数 l($l = 0, 1, 2, \cdots, n-1$)用于确定电子的轨道角动量.一般来说,同一个主量子数 n 下不同 l 值的电子状态,其能量稍有不同.

(3) 磁量子数 m_l($m_l = 0, \pm 1, \pm 2, \cdots, \pm l$)用于确定轨道角动量在外磁场方向上的分量,也就是确定轨道角动量的空间取向.

(4) 自旋量子数 m_s($m_s = \pm 1/2$)用于确定电子的自旋角动量在外磁场方向上的分量,也就是确定自旋角动量的空间取向.它也会影响原子在外磁场中的能量.

下面我们将从四个量子数出发,简单描述原子中的电子分布结构.

泡利（W. E. Pauli, 1900—1958）是一位天才的奥地利理论物理学家，在现代物理学的许多领域都有杰出的贡献．他的主要工作有：发现了泡利不相容原理，建立了量子电动力学理论，提出了中微子假设和原子核自旋假设

文档 泡利简介

1925 年，奥地利理论物理学家泡利在分析了原子光谱和其他实验事实后提出，原子系统内的电子状态需要由四个量子数 n, l, m_l, m_s 来确定．并且指出：**在一个原子中不可能有两个或两个以上的电子处于相同的状态，即两个电子不可能具有相同的四个量子数**．这条规律称为**泡利不相容原理**（Pauli exclusion principle）．对于给定的主量子数 n，轨道量子数 l 的可能取值为 $(0,1,2,\cdots,n-1)$ 共 n 个；对其中任意一个 l 值，磁量子数 m_l 的可能取值为 $(0,\pm1,\pm2,\cdots,\pm l)$，共 $(2l+1)$ 个；当 n, l, m_l 都确定后，自旋量子数 m_s 取 1/2 和 −1/2 两个可能值．根据泡利不相容原理可以算出，在原子中同一个主量子数 n 的层面上，电子数最多只能是

$$Z_n = \sum_{l=0}^{n-1} 2(2l+1) = 2n^2 \tag{15-89}$$

1916 年，柯塞耳（Kossel）提出了原子的壳层结构模型，认为主量子数 n 相同的电子同属一个壳层．后来，人们把对应于 $n=1,2,3,\cdots$ 各壳层分别用大写字母 K, L, M, N, O, P, … 表示．同一壳层中不同的 l 值构成次壳层，对应于 $l=0,1,2,\cdots,n-1$ 的各次壳层分别用小写字母 s, p, d, f, g, h, i, … 表示．根据泡利不相容原理可以确定各壳层和各次壳层最多可能容纳的电子数．比如：当 $n=1$，$l=0$ 时，必有 $m_l=0$，在这一状态下最多只能容纳两个自旋量子数 m_s 分别为 1/2 和 −1/2 的电子，即在 K 壳层中的 s 次壳层上可有两个电子，以 $1s^2$ 表示其电子态．同理，当 $n=2, l=0$ 时，即在 L 壳层中的 s 次壳层上，也只可能有两个电子，以 $2s^2$ 表示；当 $n=2, l=1$ 时，因为 m_l 有三个可能值 0、1、−1，即三个状态，每个状态都有 m_s 分别为 1/2 和 −1/2 的两个电子，因此共有 6 个电子，即在 L 壳层中的 p 次壳层上可以有 6 个电子，以 $2p^6$ 表示．这样算来，在 L 壳层中共可以有 8 个电子．表 15-2 列出各壳层中的电子数．

表 15-2 原子壳层和次壳层上最多可能容纳的电子数

n \ l	0	1	2	3	4	5	6	Z_n
	s	p	d	f	g	h	i	
1 K	2	—	—	—	—	—	—	2
2 L	2	6	—	—	—	—	—	8
3 M	2	6	10	—	—	—	—	18
4 N	2	6	10	14	—	—	—	32
5 O	2	6	10	14	18	—	—	50
6 P	2	6	10	14	18	22	—	72
7 Q	2	6	10	14	18	22	26	98

电子在原子中的分布除了遵从泡利不相容原理外，还应遵从能量最小原理：**在原子处于正常状态下，每个电子趋于占据最低的能级**．能级的高低主要取决于量子数 n，n 越小，能级越低，因此越接近核的壳层一般将首先被电子充满．但是能级还与轨道量子数 l 有关，当 n 一定时，l 越小，能级越低，l 越大，能级越高．因此在某些情况下，n 较大而 l 较小的能级可能比 n 较小而 l 较大的能级反而低，从而出现在 n 较小的壳层尚未填满时，就有电子先行填入 n 较大的壳层．

关于 n 和 l 都不同的状态的能级高低问题，我国科学工作者总结出了一条判断法则，即对于原子的外层电子而言，能级高低以 $(n+0.7l)$ 值来确定，$(n+0.7l)$ 值较大者相应的能级较高.例如 4s($l=0$) 和 3d($l=2$) 两个状态，4s 的 $(n+0.7l)=4$ 而 3d 的 $(n+0.7l)=4.4$，因此电子先占据 4s 态，而后才是 3d 态.

根据泡利不相容原理和能量最小原理，由原子的壳层结构可以解释元素周期表以及多电子原子的化学性质.元素的化学性质原则上取决于原子最外层电子的相互作用，因此我们尤其要了解这些电子的布局.正常情况下原子处于基态，分布电子的能级最低.以下我们将按周期表中原子序数 Z 的次序就一些基态原子的电子组态进行讨论.

第一周期有两种原子，第一位是氢原子($Z=1$)：核外一个电子，其电子组态为 1s；第二位是氦原子($Z=2$)：核外两个电子，都处于 1s 态(两电子的 m_s 分别为 1/2 和 $-1/2$)，其电子组态为 $1s^2$.至此第一壳层(K)电子已满.这说明为什么第一周期只有两种元素.

第二周期有 8 种原子，排位第一的是锂原子($Z=3$)：核外有三个电子.由泡利不相容原理，1s 态最多只能有两个电子，因此第三个电子只能被安排在具有较高能级的 2s 态.由此得到锂原子的电子组态为 $1s^22s$；排位第二的是铍原子($Z=4$)：核外有四个电子，它的电子组态为 $1s^22s^2$，这样第二壳层($n=2$)的次壳层($l=0$)已填满；排位第三的是硼原子($Z=5$)：核外有五个电子，其中四个的电子组态为 $1s^22s^2$，第五个只能安排在 2p 态($n=2,l=1$)，其电子组态为 $1s^22s^22p$.后面的原子排位分别是碳、氮、氧、氟和氖，氖的电子组态为 $1s^22s^22p^6$，至此第二壳层(L)电子已填满，第二周期结束.此后，第三周期、第四周期……各原子的电子组态按此规律分布排列.表 15-3 列出了元素周期表中前 30 种基态原子的电子组态.从表中分析，就锂($Z=3$)、钠($Z=11$)和钾($Z=19$)的原子电结构来看，它们的内壳层都已填满(钾的 3d 态次壳层在 4s 态次壳层之外)，最外壳层都只有一个电子，很容易失去而成为正离子，从而与其他原子化合.

氦原子($Z=2$)中的电子正好填满 K 壳层，氖原子($Z=10$)中的电子正好填满 K 和 L 壳层，因此最稳定，称为惰性气体.

周期表中排列在氖原子前一位的是氟($Z=9$)，在其 L 壳层上留有一个空位，如果获得一个电子后将形成非常稳定的结构，成为负离子.用同样的方法可以解释周期表中其他元素的化学性质以及它们在周期表中的排列顺序.

表 15-3 部分原子的电子组态

原子	Z	电子组态
氢	1	1s
氦	2	$1s^2$
锂	3	$1s^22s$
铍	4	$1s^22s^2$
硼	5	$1s^22s^22p$
碳	6	$1s^22s^22p^2$
氮	7	$1s^22s^22p^3$
氧	8	$1s^22s^22p^4$
氟	9	$1s^22s^22p^5$
氖	10	$1s^22s^22p^6$
钠	11	$1s^22s^22p^63s$
镁	12	$1s^22s^22p^63s^2$
铝	13	$1s^22s^22p^63s^23p$
硅	14	$1s^22s^22p^63s^23p^2$
磷	15	$1s^22s^22p^63s^23p^3$
硫	16	$1s^22s^22p^63s^23p^4$
氯	17	$1s^22s^22p^63s^23p^5$
氩	18	$1s^22s^22p^63s^23p^6$
钾	19	$1s^22s^22p^63s^23p^64s$
钙	20	$1s^22s^22p^63s^23p^64s^2$
钪	21	$1s^22s^22p^63s^23p^64s^23d$
钛	22	$1s^22s^22p^63s^23p^64s^23d^2$
钒	23	$1s^22s^22p^63s^23p^64s^23d^3$
铬	24	$1s^22s^22p^63s^23p^64s3d^5$
锰	25	$1s^22s^22p^63s^23p^64s^23d^5$
铁	26	$1s^22s^22p^63s^23p^64s^23d^6$
钴	27	$1s^22s^22p^63s^23p^64s^23d^7$
镍	28	$1s^22s^22p^63s^23p^64s^23d^8$
铜	29	$1s^22s^22p^63s^23p^64s3d^{10}$
锌	30	$1s^22s^22p^63s^23p^64s^23d^{10}$

例 15-10

假设氢原子处于 $l=3$ 状态，求轨道角动量 L 及其与 z 轴方向的夹角 θ 和投影值 L_z.

解 由式(15-75)，轨道角动量为

$$L=\sqrt{l(l+1)}\,\hbar=\sqrt{3(3+1)}\,\hbar=2\sqrt{3}\,\hbar$$

允许的 L_z 值为 $L_z=m_l\hbar$，$m_l=-3,-2,-1,0,1,2,3$，则 $L_z=-3\hbar,-2\hbar,-\hbar,0,\hbar,2\hbar,3\hbar$，因为 $L_z=$

$L\cos\theta$,所以

$$\cos\theta=\frac{m_l}{2\sqrt{3}}$$

代入各 m_l 值,可得

$$\theta=30.0°,54.7°,73.2°,90.0°,106.8°,125.3°,150°$$

15-11　激光

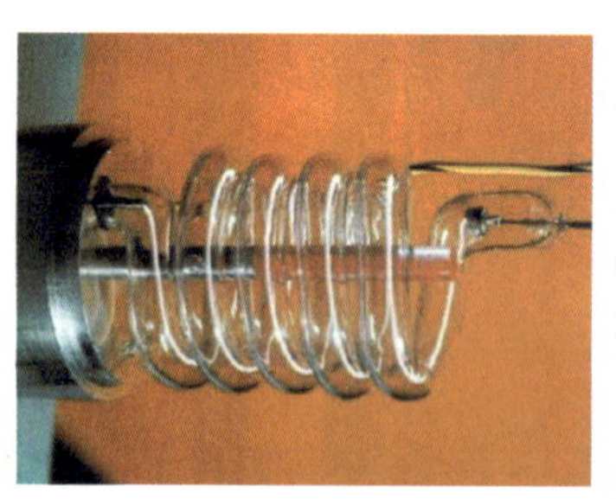
世界上第一台激光器——红宝石激光器,诞生于 1960 年

1960 年 5 月 16 日,世界上第一台激光器——红宝石激光器诞生了,它发出一束神奇的光,人们称之为**激光**.激光是量子理论与现代技术成功结合的产物,由于它具有非常好的单色性、方向性、相干性以及高亮度的特点,因此很快被用于工业、农业、医疗、军事以及科学技术等各个领域,并在诸多方面,如:精密测量和探测、通信与信息处理等,引起了革命性的突破.自 20 世纪 60 年代以来,满足不同需要的激光器先后研制成功,有固体激光器、半导体激光器、气体激光器、液体激光器,以及远红外、远紫外、X 射线激光器等.激光科学技术的发展和应用前景不断深入和扩大.

“激光”这个词的原文是“laser”,它是“light amplification by stimulated emission of radiation”首字母的缩写,意思是“受激辐射的光放大”.顾名思义,这个名称反映了激光产生的机理.关于这一点还得追溯到 1916 年爱因斯坦提出的“受激辐射”理论假设.

15-11-1　光的吸收和辐射

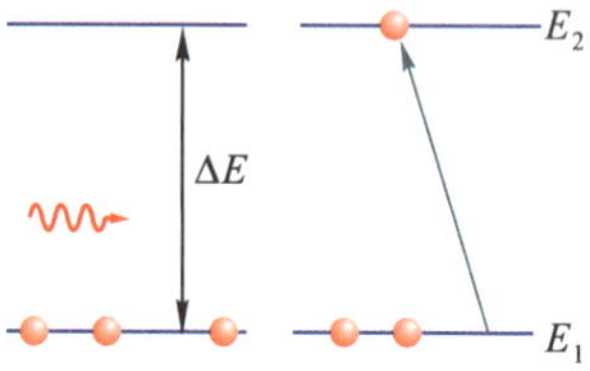

图 15-41　处于基态能级 E_1 的电子在吸收了一个光子的能量 $h\nu$ 后跃迁到激发态能级 E_2,$h\nu=E_2-E_1$,这一过程称为受激吸收

根据量子力学理论,原子内部存在分立的能级.在正常情况下,电子趋于占据最低能级,整个原子处于基态.这时如果原子受到光照,且光子的能量 $h\nu$ 正好等于两个能级之差 ΔE 时,这个光子将被原子吸收,处于基态的电子将获得能量而跃迁到激发态能级,如图 15-41 所示,这一过程称为**受激吸收**(stimulated absorption).

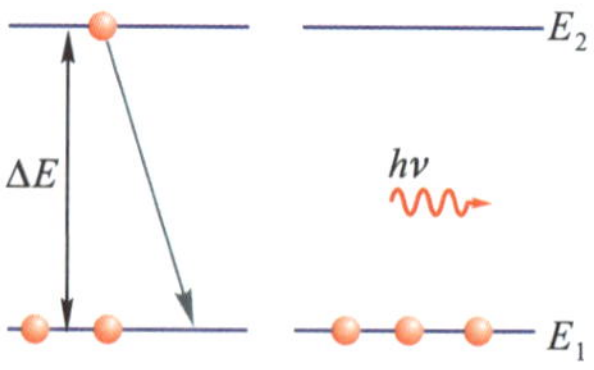

图 15-42　处于激发态的原子很不稳定,很快就会自发地回落到基态,同时放出一个能量为 $h\nu=E_2-E_1$ 的光子

处于激发态的原子很不稳定,其寿命仅为约 10^{-8} s,很快就会自发地回落到基态,与此同时放出一个能量为 $h\nu=E_2-E_1$ 的光子,如图 15-42 所示,这一过程称为**自发辐射**(spontaneous radiation).自发辐射是一个随机过程,原子的辐射以各自独立、自发的方式进行,辐射光子的传播方向、初相位没有确定关系.普通光源的发光都属于自发辐射.

处于激发态的原子,如果在它发生自发辐射之前受到一个外来光子的作用，且光子的能量 $h\nu$ 正好等于两能级之差 $\Delta E=E_2-E_1$，则原子会从原来的较高能级 E_2 向低能级 E_1 跃迁，同时辐射出一个与外来光子同频率、同相位、同方向、同偏振态的光子，这一过程称为**受激辐射**(stimulated radiation)，这是由爱因斯坦首先提出的，如图 15-43 所示.

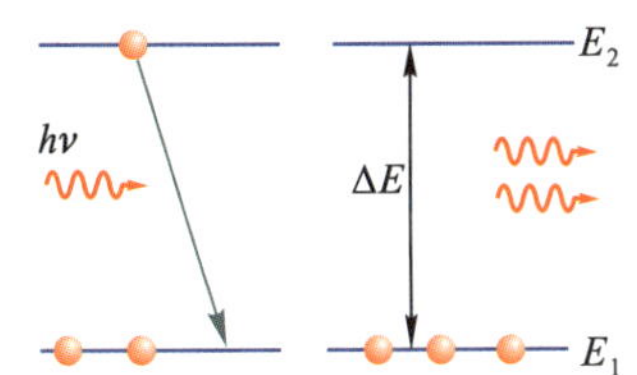

图 15-43 处于激发态的原子，在一个外来光子的作用下产生受激辐射，从而产生两个同频率、同相位、同传播方向以及同偏振态的光子

受激辐射是激发态原子在外来光子同步作用下的辐射过程. 当一个光子进入原子系统后，由于受激辐射将产生两个全同光子，这两个光子与周围其他原子作用又形成四个全同光子……以此类推，全同光子成倍增加，这就实现了**光放大**. 受激辐射的光放大是激光产生的基本机制.

15-11-2 粒子数反转

激光是通过受激辐射来实现光放大的，但是当外来光进入原子系统时，一般受激吸收、自发辐射和受激辐射三种过程同时存在，哪一种过程占主导取决于原子状态. 在通常情况下，原子体系总是处于热平衡状态，原子数按能态的分布符合玻耳兹曼分布律，大部分原子都处于基态，而在激发态上的原子数量很少，因此受激吸收和自发辐射较之受激辐射总是占有主导地位. 要使受激辐射胜过受激吸收从而实现光放大，就必须实现高能态的原子数 N_2 多于低能态的原子数 N_1，这种非平衡态的原子数分布称为**粒子数反转**(population inversion).

各种物质并非都能实现粒子数反转，必须具备一定的条件. 首先要有能够实现粒子数反转的物质，称为**激活介质**. 这种物质的原子结构中一般都存在寿命较长的**亚稳态**能级，原子在亚稳态的滞留时间一般可达 10^{-3} s，甚至 1 s；其次要有必要的能量输入系统，使物质中有尽可能多的粒子吸收能量后跃迁到高能态. 这一能量供应过程称为**激励**或**抽运**(pumping). 激励的方式可以是光激励、气体放电激励、化学激励等. 以下我们来分析能够实现粒子数反转的物质原子的能级结构.

1. 三能级系统

如图 15-44 所示，在正常情况下，处于基态能级 E_1 的原子数最多，而在激发态能级 E_2 和 E_3 的原子数较少. 通过激励，把基态的原子迅速抽运到能态 E_3，由于原子在能态 E_3 的寿命很短，通过与其他原子的碰撞很快会跳到能态 E_2 上. E_2 是个亚稳态能级，原子在这一能态滞留的时间较长，因此会出现原子的堆积. 当能态 E_2 上堆积的原子数超过基态能级 E_1 上的原子数时，在 E_1 和 E_2 之间就实现了粒子数反转. 世界上第一台激光器以红宝石作为激活介质，它就是一个三能级系统. 能态 E_3 的寿命只有 5×10^{-8} s，而亚稳态 E_2 的寿命约为 3×10^{-3} s. 三能级系统虽能实现粒子数反转，但由于基态总是聚集着大量的原子，因此要实现粒子数反转，外界抽运能力必须非常强. 这是三能级系统的一个明显缺陷.

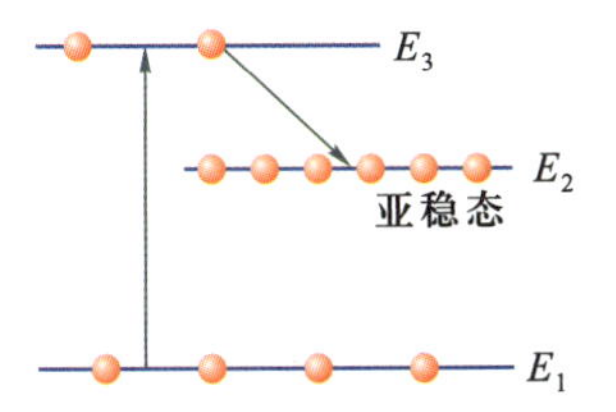

图 15-44 三能级系统. 基态能级 E_1 与亚稳态能级 E_2 之间实现粒子数反转

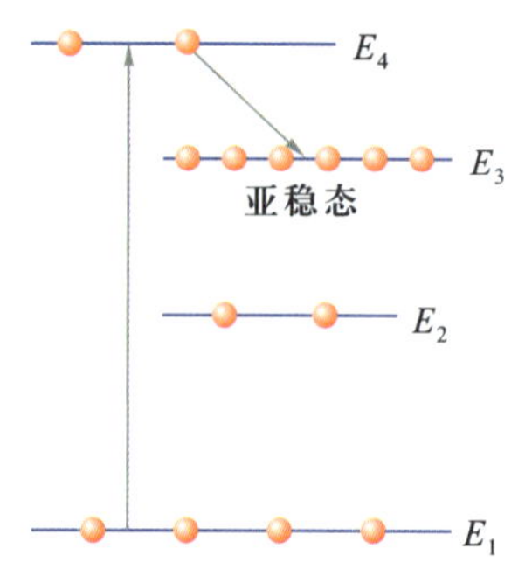

图 15-45 四能级系统.激发态能级 E_2 与亚稳态能级 E_3 之间实现粒子数反转

2. 四能级系统

为克服三能级系统的缺点,人们找到了四能级系统的工作物质.氦氖激光器、二氧化碳激光器等都是四能级系统的激光器,如图 15-45 所示.四个能级中 E_1 是基态能级,E_2、E_3、E_4 是三个激发态能级,其中 E_3 是个亚稳态.在外界激励条件下,处于基态的原子被大量抽运到能态 E_4,而后又迅速转移到亚稳态 E_3,在该能态形成原子堆积.而能态 E_2 的寿命很短,不会形成原子的积累,因此处于该能态的原子很少.于是在能态 E_2 和 E_3 之间就形成了粒子数反转.因为能态 E_2 上的原子数远少于基态 E_1 上的原子数,所以四能级系统比三能级系统容易实现粒子数反转.

应该注意,所谓三能级、四能级系统只是指激光器中的工作物质在运行过程中所涉及的能级,并非是指某种工作物质只有三个能级或四个能级.

15-11-3 光学谐振腔

工作介质处于粒子数反转分布是形成光放大产生激光的必要条件,但还不足以得到一束强度高、寿命长、单色性和方向性俱佳的激光.这是因为初始激励来源于自发辐射的光信号,而原子的自发辐射是随机的,所以由此形成的受激辐射包含各种频率、各种偏振态以及不同传播方向的光,而且辐射强度弱,寿命短.光学谐振腔就是为解决这些问题而设计的一种光学装置.

图 15-46 是光学谐振腔的示意图,中间是激活介质,两端各放一块反射镜,它们可以是平面镜,也可以是凹面镜.其中一块是全反射镜,另一块则是部分透光反射镜,镜轴与工作物质的轴线平行放置.光学谐振腔的主要作用是产生和维持光振荡,它对光束的方向和频率有选择作用.

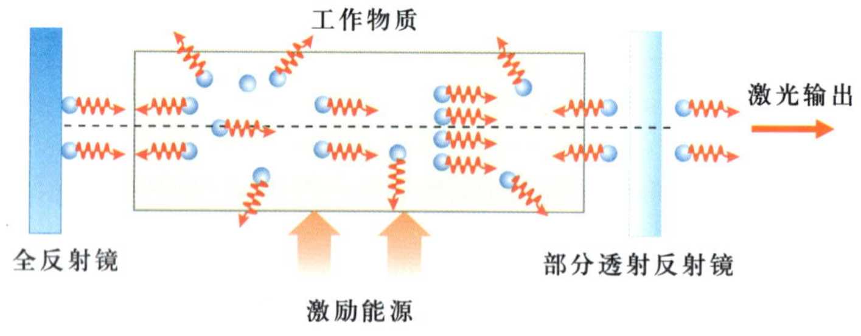

图 15-46 光学谐振腔由两块反射镜构成,其中一块可以部分透光.光子在两反射镜之间沿轴向发生振荡,同时实现连锁式的受激辐射光放大

工作物质受到激励实现粒子数反转后,大量原子处于激发态,有的产生自发辐射,有的产生受激辐射,这些光子射向四面八方,许多光子很快逸出谐振腔外,只有那些沿着轴向的光子,在谐振腔内受到两端反射镜的反射而形成往复光振荡,同时引起连锁受激辐射,这种雪崩式的受激辐射光放大使谐振腔内沿轴方向的光子数不断增加;与此同时,在部分透射反射镜中输出激光光束.由此得到的激光具有非常好的方向性.

动画 谐振腔工作原理

光学谐振腔的另一个主要功能是选频.腔内沿轴向传播的光受两端反射镜的作用将形成驻波.形成驻波的条件是 $L=k\lambda/2n$,其中 L 为谐振腔的长度,n 为介质的折射率,k 是整数.把波长 λ 换成频率 ν,则有

$$\nu=k\frac{c}{2nL} \tag{15-90}$$

式中 c 为光速,ν 称为**谐振频率**.凡不满足上述条件的光会很快被削弱而遭淘汰,能够形成激光的也就是几个能满足驻波条件的谐振频率.每个谐振频率称为一个**纵模**(longitudinal mode).一般激光器是多纵模输出的,但如果采取适当措施,也可以输出单纵模.因为纵模的光谱线宽很窄,所以激光的单色性很好.

15-11-4 激光的特性

激光的特性可归纳如下:

1. 方向性好

激光束的发散角非常小,一般只有毫弧度的数量级,因此几乎就是一束平行光.利用激光方向性好的特性,可将其用于定位、导向、测距等.

2. 单色性好

光的单色性可用谱线宽度 $\Delta\lambda$ 来衡量,氦氖激光的波长为 632.8 nm,它在室温下的谱线宽度 $\Delta\lambda$ 只有 1.0×10^{-8} nm.而在普通光源中单色性最好的是氪灯,其谱线宽度为 4.7×10^{-4} nm.这就是说,激光的单色性比氪灯单色性高出万倍.利用激光单色性好的特点,可以把激光波长作为长度标准,用于精密测量.

3. 能量集中

由于激光的方向性好,因此可以通过聚焦使能量高度集中.一台高性能红宝石激光器,其亮度可达 10^{18} W · m^{-2},比高压氙灯(俗称小太阳)的亮度高出37亿倍,迄今为止只有氢弹爆炸瞬间的强烈闪光才能与之相提并论.激光能量高度集中的特性被广泛用于各种固体材料的打孔、切割等精密机械加工;在医学上用于激光外科手术.例如利用**准分子激光原位角膜磨镶术**(LASIK)治疗近视、远视(图 15-47);在军事上用于激光攻击性武器等.

图 15-47 准分子激光原位角膜磨镶术(LASIK)是在角膜的顶端掀起一叶小瓣,然后用波长为 193 nm 的紫外激光束对角膜基质进行精确消融,从而改变角膜的屈光度,最后冲洗基质表面碎屑,再将角膜瓣复位,起到治疗近视的作用

4. 相干性好

由于激光的发光机制是受激辐射,辐射光子的特征完全相同,因此是相干光.利用激光干涉仪进行检测比普通干涉仪的精度更高.

1948 年,伦敦大学的丹尼斯 · 伽博(D.Gabor,1900—1979)首先提出了**全息术**(holography),但苦于没有合适的相干光源.直到 20 世纪 60 年代激光问世后,这种三维照相术才成为现实.由于全息术不仅记录了光的强度,而且还记录了光的相位,因此才能获得真正意义上的立体照片,如图 15-48 所示.

图 15-48 用全息术拍摄的一张花卉立体照片

思考题

15-1 在光电效应中，遏止电压与哪些因素有关？

15-2 黑体在任何温度下都呈现黑色，对吗？为什么？如何理解黑体？

15-3 有经验的炼钢工人，只凭观察一下炼钢炉内的颜色，就可以估计出炉温，这是为什么？

15-4 如果用可见光来进行康普顿散射实验，是否合适？为什么？

15-5 玻尔氢原子理论中，为什么原子的总能量为负值？

15-6 在光电效应实验中，(1) 将入射光的强度增加一倍；(2) 将入射光频率增加一倍. 试分别判定对实验结果有何影响？

15-7 医生常告诫我们，皮肤长时间暴露在阳光下容易造成损伤，这主要是因为阳光中紫外线的作用. 请问为什么紫外线比其他可见光更容易损伤皮肤呢？

15-8 任何物体在任何温度下都会辐射电磁波，但为什么在黑暗中，我们看不见物体呢？

15-9 光电效应和康普顿效应在对光的粒子性认识方面有何不同的意义？

15-10 玻尔的氢原子理论主要基于哪几条基本假设？

15-11 实物粒子的波动性与我们通常理解的机械波和电磁波，在本质上有何不同？

15-12 试述不确定关系的起源，它是由于测量误差造成的吗？

15-13 假设一个中子和一个电子具有相同的动能，哪一个的德布罗意波长更长？

15-14 什么是波函数必须满足的标准条件？

15-15 试比较玻尔的氢原子基态图像和由薛定谔方程得到的氢原子基态，它们之间有何相似之处和不同之处？

15-16 什么是隧道效应？在怎样的情况下，隧道效应就不明显了？

15-17 如何理解物质波的统计意义？

15-18 将微观粒子作为经典粒子来处理的条件是什么？

15-19 为什么光谱线存在自然宽度？试从能量与时间的不确定关系加以说明.

15-20 用经典理论和光量子理论在描述光的强度时有何不同？

15-21 卢瑟福通过实验提出原子核式模型结构的依据是什么？

15-22 一切实体（包括微观粒子）之间都存在着万有引力. 但是在玻尔的氢原子理论中却没有考虑万有引力的作用，这是为什么？

15-23 力学量的测量值与波函数的关系如何？

15-24 在一维无限深方势阱中，如果势阱宽度发生变化，则其能级将随之如何变化？

15-25 请阐述四个量子数 n、l、m_l、m_s 的含义.

15-26 产生激光应满足哪些基本条件？

15-27 激光与自然光相比有哪些特点？根据这些特点，激光在现代科学技术和生产实践中有哪些重要应用？请举例说明.

习题

15-1 已知一弹簧振子的质量为 2 kg,以频率为 2.0 Hz 作简谐振动,振幅为 0.1 m.如果振动能量呈量子化,求:(1)该振动系统的量子数 n;(2)一个能量子的能量值.

15-2 假设把白炽灯中的钨丝视为黑体,其点亮时的温度为 2 900 K.(1)求电磁辐射中单色辐出度的极大值对应的波长;(2)据此分析白炽灯发光效率低的原因.

15-3 某黑体的表面面积为 10.0 cm^2,温度为 5 500 K.求:(1)黑体的辐射功率;(2)对应于单色辐出度最大的波长;(3)对应于该波长的辐射功率.

15-4 金属钾的逸出功为 2.00 eV.求:(1)光电效应的红限频率和红限波长;(2)如果入射光波长为 300 nm,求遏止电压.

15-5 锂和汞的逸出功分别为 2.30 eV 和 4.50 eV,如果用波长为 300 nm 的光照射.试问:(1)哪种材料会出现光电效应?(2)光电子的最大动能为多少?

15-6 一个静止光源发出一束波长为 480 nm 的光,实验中发现,它不能使某种金属产生光电效应,但是如果该光源以 0.20c 的速率向着该金属材料运动时,却刚好能产生光电效应.求该金属材料的逸出功.(c 为真空中的光速.)

15-7 在康普顿散射实验中,假设所用 X 射线的波长为 0.1 nm.如果在散射角为 45°的方向观测,求:(1)散射光的波长和散射光子的能量;(2)反冲电子的能量.

15-8 设一个氢原子处于第二激发态.试根据玻尔理论计算:(1)电子的轨道半径;(2)电子的角动量;(3)电子的总能量.

15-9 一束单色光被一批处于基态的氢原子吸收,在这些氢原子重回基态时,可观察到具有六种不同波长谱线的光谱.求入射单色光的波长.

15-10 (1)一个电子的动能为 2.80 eV,求其德布罗意波的波长;(2)如果一个光子具有同样的能量,则其波长为多少?

15-11 试证明自由粒子的频率 ν 与德布罗意波的波长的关系为

$$\left(\frac{\nu}{c}\right)^2=\frac{1}{\lambda^2}+\frac{1}{\lambda_C^2}$$

式中 $\lambda_C=h/m_0c$,为康普顿波长.

15-12 根据玻尔的氢原子理论,求:(1)电子在基态轨道运行时,其德布罗意波的波长;(2)电子在第一激发态时,其德布罗意波的波长.

15-13 已知一波函数为 $\psi(x)=A\sin\dfrac{2\pi}{\lambda}x$,其中 A 为一实数.求:(1)粒子在何处出现的概率最大;(2)粒子在何处出现的概率为零.

15-14 中性 π 介子(π^0)很不稳定,其平均寿命只有 8.4×10^{-17} s.求 π^0 介子的质量不确定量.

15-15 给出氢原子中主量子数 $n=3$ 时,其他各量子数的可能取值.

15-16 当电子的轨道量子数为 $l=3$ 时,求:(1)轨道角动量;(2)轨道角动量的 z 分量;(3)各轨道角动量 $\boldsymbol{L}$ 与 Oz 轴的夹角.

15-17 设一粒子沿 x 轴方向运动,相应的波函数为 $\psi(x)=C/(1+\mathrm{i}x)$.求:(1)常量 C;(2)概率密度函数;(3)何处出现粒子的概率最大?

15-18 设原子的线度为 10^{-10} m 数量级,原子核的线度为 10^{-14} m 数量级.已知电子的质量为 9.11×10^{-31} kg,质子的质量为 1.67×10^{-27} kg.求:(1)原子中电子的能量;(2)原子核中质子的能量.

15-19 一维方势垒的高为 $V_0=18$ eV,入射电子具有能量 $E_k=8$ eV.试分别估算在下列势垒宽度数量级条件下的透射系数:(1)$a=10^{-11}$ m;(2)$a=10^{-10}$ m;(3)$a=10^{-9}$ m.

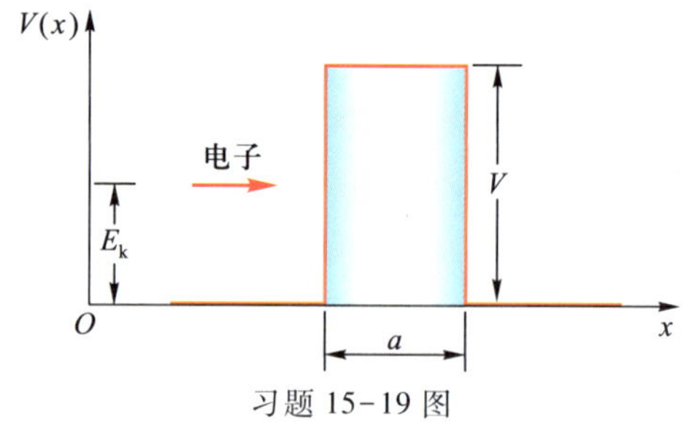

习题 15-19 图

15-20 一质量为 m 的粒子，位于一维无限深势阱内，其势函数为

$$V(x)=\begin{cases}-\dfrac{\hbar^2x^2}{ma^2(a^2-x^2)} & (-a<x<a)\\ \infty & (x\leqslant -a,x\geqslant a)\end{cases}$$

粒子在势阱中的定态波函数为

$$\psi(x)=\begin{cases}A\left(1-\dfrac{x^2}{a^2}\right) & (-a<x<a)\\ 0 & (x\leqslant -a,x\geqslant a)\end{cases}$$

求：(1) 粒子的能量；(2) 确定波函数中的常量 A；(3) 粒子出现在 $x=-a/3$ 至 $x=a/3$ 范围内的概率.

15-21 一维谐振子的波函数为 $\psi(x)=Axe^{-bx^2}$，(1) 求证：波函数满足一维谐振子的薛定谔方程式(15-68)；(2) 确定波函数中的 b 和简谐振子的能量；(3) 与这一能量对应的是基态还是第一激发态？

15-22 已知一自由电子的波函数为

$$\psi(x)=A\cos(5.00\times10^{10}x)$$

表达式中 x 的单位为 m. 求：(1) 自由电子的德布罗意波长；(2) 自由电子的动量；(3) 自由电子的动能.

15-23 设某一处于第五激发态($n=6$)的氢原子，发出一个波长为 1 090 nm 的光子. 试求辐射光子后，电子可能具有的最大轨道角动量.

15-24 设某一处于基态的原子，其外层电子刚好充满 M 壳层. 试问：(1) 这是何种元素的原子？(2) 写出其电子组态.

* 15-25 从黑体辐射的普朗克公式 $M_{0\lambda}(\lambda,T)=\dfrac{2\pi hc^2}{\lambda^5(e^{hc/\lambda kT}-1)}$，导出维恩位移定律 $\lambda_{max}T=b$，并计算 b 的值.

* 15-26 试编写计算机程序，在平面上描绘出氢原子 1s 和 2s 态的电子云分布图和径向概率密度函数与半径的关系曲线.

在考古工作中，常利用测定生物化石中的放射性同位素含量来确定其年代.具有放射性的元素，其核很不稳定，会自发地衰变成其他元素.比如^{14}C具有放射性，^{12}C不具有放射性.生物活着的时候，其体内两种碳元素的含量之比与空气中的含量之比相同.但生物死后，遗骸中的^{14}C因衰变而不断减少，而^{12}C核则较为稳定，因此测出古生物遗骸中的^{14}C与^{12}C的存量比，就可以推算出古生物死亡的年代.（源自上海自然博物馆拍摄）

第16章 原子核物理

随着世界经济的飞速发展，各国对能源的需求迅速增加.而煤炭、石油等资源的过度开采，导致这些一次性能源日渐匮乏.寻找替代能源已经成为世界经济稳定和发展的至关重要的课题之一. 20世纪中叶以来，核物理的应用对人类产生了巨大的影响，人类在核能的和平利用中获得了巨大的利益.核能从20世纪60年代以来已被世界上60多个国家利用.然而1979年3月的美国三哩岛核电站事故，1986年4月的苏联切尔诺贝利核电站事故，2011年3月，由于地震引起的日本福岛第一核电站核泄漏事故等等，这一切又给人类带来了灾难.许多人对核反应堆的应用表现出各种强烈的观点，其中有正面的，也有反面的.我们希望各种观点建立在对核物理知识的认知和了解的基础上，而不应带有某种偏见.本章将向读者介绍一些核物理学的基础知识，通过学习读者可以对核物理学的应用形成自己的观点，并作出正确的选择.

16-1 原子核的基本性质

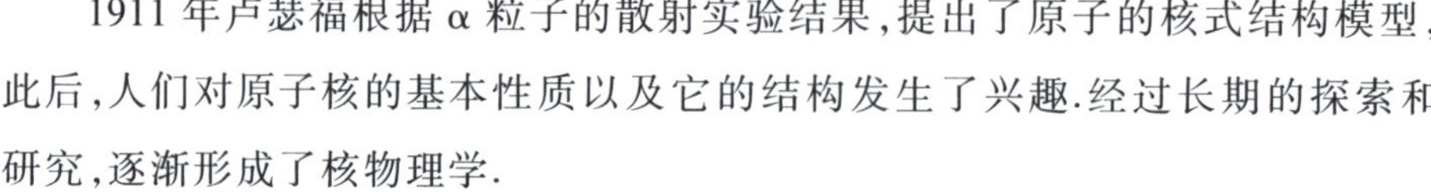

16-1-1 原子核的构成

阅读 天然放射性的发现

1911 年卢瑟福根据 α 粒子的散射实验结果，提出了原子的核式结构模型，此后，人们对原子核的基本性质以及它的结构发生了兴趣.经过长期的探索和研究，逐渐形成了核物理学.

事实上，早在 1896 年就已经出现了核物理学诞生的先兆.法国物理学家贝可勒尔（A.H.Becquerel，1852—1908）在研究 X 射线的过程中发现铀盐可以放出一种看不见的射线，它能使黑纸包裹着的照相底片感光，从而发现了**放射现象**，详见史料天然放射性的发现.两年以后，居里夫妇又发现元素钋和镭也具有放射性.这是一种什么射线呢？由射线的带电特性分析，发现有三种射线，分别被命名为 α 射线、β 射线和 γ 射线.进一步研究表明，α 射线是一束带正电的高速氦核流；β 射线则是一束高速飞行的电子流；至于 γ 射线则是一束不带电的光子流.为了考察这些射线的来源，通过分析后，人们确认，由于核外电子带负电，因此 α 粒子只能出自于原子核；至于 β 射线和 γ 射线，初看起来似乎是来自核外电子，可是从射线中的粒子拥有高能量（MeV 数量级）来推测，似乎又不应该来自核外电子，看来也得从原子核中去寻找答案了.因此可以断言，放射现象的发现揭示出原子核具有较复杂的结构.

阅读 质子的发现

阅读 中子的发现

1919 年，卢瑟福在实验中首先实现了原子核的人工转变，他用 α 粒子轰击氮核 N，发现有氮核转变为氧核 O，并发现了**质子**（proton），记作 p；1932 年，英国物理学家查德威克（J.A.Chadwick，1891—1974）在实验中发现了**中子**（neutron），记作 n，详见史料质子的发现和中子的发现.随即海森伯和伊凡宁柯各自独立地提出原子核是由质子和中子所构成的，二者统称为核子（nucleon），并得到了一系列实验的验证.从此，对物质结构的探索从原子层次深入到了原子核层次.质子带正电荷，电荷量为 $1.602\ 176\ 6\times10^{-19}$ C，而中子不带电，二者的大小几乎相同，半径约为 0.8×10^{-15} m；但它们的质量略有不同，分别为

$$m_p = 1.672\ 621\ 923\ 69(5)\times10^{-27}\ \text{kg}$$

$$m_n = 1.674\ 927\ 498\ 04(95)\times10^{-27}\ \text{kg}$$

在微观领域，人们普遍采用的质量单位是原子质量单位，记作 u，国际上规定自然界最丰富的碳同位素 ^{12}C 的质量为 12 u，则

$$1\ \text{u} = 1.660\ 539\ 066\ 60(50)\times10^{-27}\ \text{kg}$$

当采用 u 来量度原子核的质量时，其值都接近于某个整数 A，这个整数称为**质量数**（mass number）.这样，质子和中子的质量也可以分别表示为 m_p =

1.007 276 5 u 和 $m_n=1.008\ 664\ 9$ u,它们的质量数记作 1.

我们把各种原子核统称为**核素**(nuclide).按照海森伯和伊凡宁柯的设想,如果把核电荷数(即核内质子数)表示为 Z,核素的质量数(即核内的核子数)表示为 A,则原子核内的中子数为 $N=A-Z$.任何一种核素都可以用符号^A_ZX 表示,其中 X 代表与 Z 相联系的一种元素符号.比如,铝原子的核子数为 $A=27$,质子数为 $Z=13$,铝原子核可表示为$^{27}_{13}$Al.Z 相同而 A 或 N 不同的那些核素称为**同位素**(isotope),在元素周期表中占据同一个位置.比如,氢($^1_1$H)的同位素有氘($^2_1$H)和氚($^3_1$H),铀的两个同位素分别为 $^{235}_{92}$U 和 $^{238}_{92}$U.

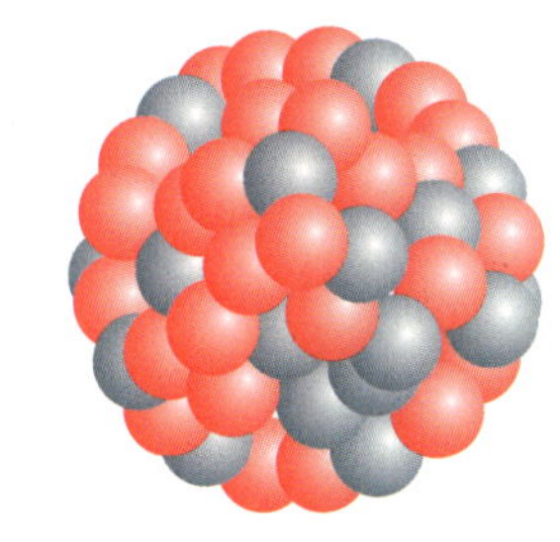

图 16-1 原子核由质子和中子构成,其形状近似为一球体

卢瑟福曾利用 α 粒子散射实验估算出原子核的半径应不大于10^{-14} m,以后各种更精密的实验显示,原子核的形状近似为一个球体,如图 16-1 所示,其平均半径 r 与质量数 A 有关,关系式为

$$r=r_0A^{1/3} \tag{16-1}$$

式中 r_0 是一个常量,等于 1.2×10^{-15} m = 1.2 fm.在核物理中,常用**飞米**(fm)作为长度单位,1 fm = 10^{-15} m.因为球体体积与其半径的三次方成正比,所以原子核的体积与 A(核子数)成正比.这一关系意味着**所有原子核都具有近乎相同的密度**,就好比液滴的密度与其体积无关一样,以后人们提出了一种原子核的液滴模型结构.

这里我们不妨来估算一下氢原子核$^1_1$H 的密度.由式(16-1),氢核的半径 $r=1.2\times10^{-15}$ m,质量数 $A=1$,质量 $m\approx1.67\times10^{-27}$ kg,其密度为

$$\rho=\frac{m}{\frac{4}{3}\pi r^3}=2.3\times10^{17}\ \mathrm{kg\cdot m^{-3}}$$

由此看出,原子核的密度非常巨大,如果核的体积为 1 $\mathrm{cm^3}$,则其质量可达 2.3 亿吨.设想,如果一颗芝麻粒有这么高的密度,那么其质量相当于两艘 10 万吨的巨型战舰.

16-1-2 核的自旋和磁矩

与电子一样,质子和中子也都是自旋量子数为 1/2 的粒子,它们的自旋角动量也可以用式(15-85)的形式表示为

$$S=\sqrt{s(s+1)}\,\hbar=\frac{\sqrt{3}}{2}\hbar \tag{16-2}$$

其沿 z 轴(外磁场方向)的分量为

$$S_z=\pm\frac{1}{2}\hbar \tag{16-3}$$

核子除了自旋角动量外,还具有量子化的轨道角动量,所有核子角动量的

矢量和就是原子核的角动量 J，称为原子核的自旋角动量，其表达式为

$$J=\sqrt{j(j+1)}\,\hbar \tag{16-4}$$

式中 j 为原子核的自旋量子数.其沿 z 轴的分量为

$$J_z=m_j\hbar \quad (m_j=-j,-j+1,\cdots,j-1,j) \tag{16-5}$$

对于处于基态的原子核，当总的核子数 A 为偶数时，j 是一个整数；当 A 为奇数时，j 是一个半整数；如果质子数 Z 和中子数 N 都是偶数，则 j 为零，即角动量 $J=0$，这就意味着核子的自旋分量两两反向.

与原子核的角动量相关的是核磁矩.在 15-10 节中我们讨论了电子的磁矩，并引入玻尔磁子 $\mu_B=e\hbar/2m_e$ 作为磁矩的自然单位.同样，我们定义核磁子(nuclear magneton)μ_N 为

$$\mu_N=\frac{e\hbar}{2m_p}=5.050\,784\times10^{-27}\ \text{J}\cdot\text{T}^{-1}=3.152\,451\times10^{-8}\ \text{eV}\cdot\text{T}^{-1} \tag{16-6}$$

式中 m_p 为质子的质量.因为质子质量是电子质量的 1 836 倍，所以核磁子只是玻尔磁子的 1/1 836.实验测得，质子的磁矩为 $2.792\,8\mu_N$.令人惊讶的是，不带电的中子也有磁矩，其值为 $-1.913\,0\mu_N$，负号表示磁矩方向与自旋角动量方向相反.中子存在磁矩预示着中子具有更深层次的结构有待我们去揭示.

16-2 原子核的结合能 核力

16-2-1 原子核的结合能

原子核既然是由核子组成的，那么它的质量应是全部核子质量的总和.但是事实并非如此，原子核的质量一般都要小于构成它的核子的总质量.以 m_X 表示原子核 ${}^A_Z\text{X}$ 的质量，则二者的质量之差为

$$\Delta m=Zm_p+Nm_n-m_X \tag{16-7}$$

差额 Δm 称为质量亏损(mass deficit).根据相对论，相应的能量值为

$$E_B=\Delta mc^2=(Zm_p+Nm_n-m_X)c^2 \tag{16-8a}$$

称为原子核的结合能(binding energy)，这表明核子在结合成原子核时会有能量释放出来.反之，要使原子核分裂必须提供结合能.通常将式(16-8a)中的 m_p 和 m_X 用相应的原子质量 m_H 和 m_X 来取代，则上式可表示为

$$E_B = \Delta mc^2 = (Zm_H + Nm_n - m_X)c^2 \tag{16-8b}$$

对于一些稳定的原子核,它们的结合能都比较大,没有足够的能量不能使其分裂.然而,不同原子核的稳定程度一般不同,表现为不同原子核的核子具有不同的平均结合能 E_B/A,又称**比结合能**.平均结合能越大,核子之间结合得越紧密,原子核越稳定.图 16-2 给出了比结合能与质量数 A 的关系曲线.

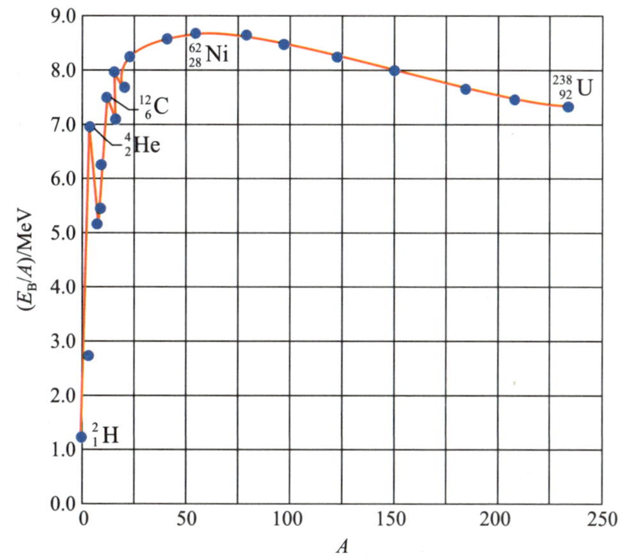

图 16-2 比结合能 E_B/A 与质量数 A 的关系曲线.曲线的峰值约为 8.8 MeV/核子,对应的核素是镍 $^{62}_{28}$Ni.位于曲线长峰尖处的点对应于核素氦$^{4}_{2}$He,其稳定性非常好

图中曲线显示,在质量数 $A=60$ 附近的中等质量原子核,其比结合能最大,而轻核或重核的比结合能都较小.由此不难看出,当重核**裂变**(fission)成两个质量较轻的原子核时将释放出能量;同样,当轻核发生**聚变**(fusion)时也会释放出能量.

曲线的另一个重要特征是:质量数 $A>50$ 的原子核的比结合能值近似相等,约为 8 MeV.对于这样的原子核,其内部核子间的作用力达到了**饱和**,这时,原子核中某一个特定的核子只能与周围有限的几个其他核子发生作用.

16-2-2 核力

质子和中子紧密结合在一起,形成了原子核.初始接受这样的观点也许会使我们产生一丝疑惑,因为质子带有正电,当它们汇集成原子核时会由于强大的电磁斥力而离散.然而原子核却是一个稳定的系统,这就引起我们猜测,在核子之间应该存在一种比电磁力强大得多的神秘引力,质子与质子、质子与中子、中子与中子靠这种引力紧密结合在一起,人们把这种力称为**核力**(nuclear force).从大量的实验中可以归纳出核力的几个重要性质:

(1) 核力是自然界最强的一种基本力,其相互作用强度是电磁力的一百多倍,所以又称作**强相互作用力**.

(2) 核力是一种短程力,它的作用半径大约只有 3 fm,超过这个距离,它的作用迅速衰减为零.这就是说,只有在原子核领域内核力才能呈威,出了这小小天地,哪怕在原子尺度内核力也起不了作用.

(3) 核力与电荷无关.无论是质子-质子(p-p)、质子-中子(p-n)或中子-中子(n-n),核力的作用性质完全相同.图 16-3 是 p-p 和 p-n 的作用势能图.图中显示,当距离在 2 fm 以上,由于核力迅速减小,而电磁力作用不可忽略,此时两条势能曲线出现明显的差别.

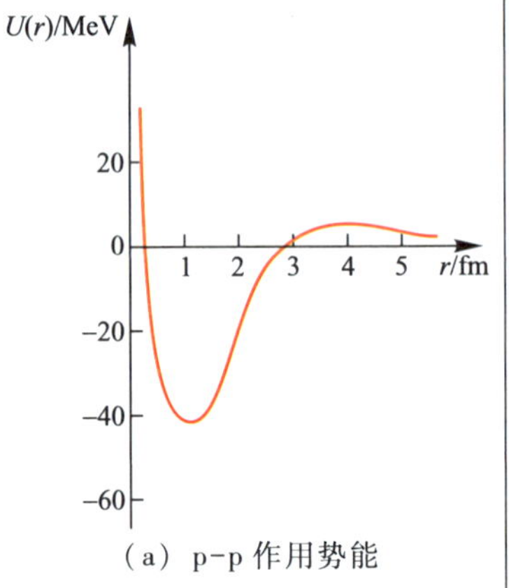

(a) p-p 作用势能

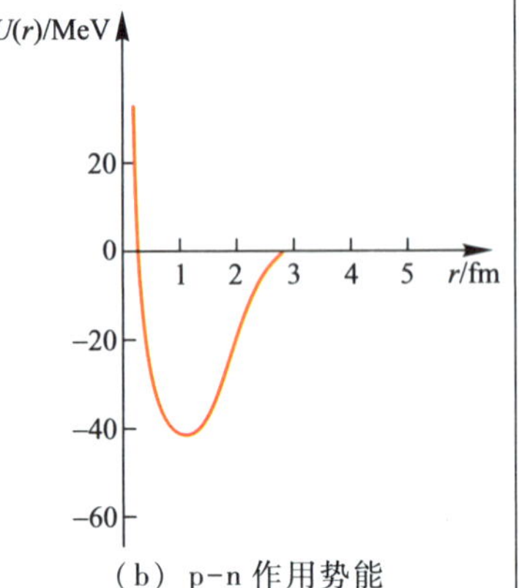

(b) p-n 作用势能

图 16-3 比较 p-p 和 p-n 两条势能曲线.在核子之间的距离 r 小于 2 fm 时,由于核力占绝对主导地位,电磁力因素可以忽略,因此两条曲线的形状基本相同;当 r 大于 2 fm 时,由于核力迅速减小,而电磁力作用不可忽略,此时两条势能曲线出现明显的差别

(4) 核力的大小与参与相互作用的核子的相对自旋取向有关.

核力的奇异特性必然会引出一些新的问题.例如:这种力的本质是什么?它是如何作用的?为什么是短程力?……以下将从认识发展的过程来探讨核力的作用机制问题.

经典电磁学理论在描述电磁场波动性方面获得了成功,但是不能解释光子的存在,因而也不能用来解决电磁辐射与物质相互作用的问题.因此,在微观领域取代经典电磁学理论的是量子电动力学.量子电动力学理论指出,电磁力是通过"光子"来传递的.一个带电粒子辐射出光子,被另一个带电粒子吸收;同样,后者也会放出光子被前者吸收.带电粒子之间的电磁力就是这样通过交换光子而实现的.由于这样的光子交换无法被观察到(否则将会违反能量守恒定律),因此被交换的称作虚光子.量子电动力学的结论得到了实验的支持.

电磁力的作用机制对我们揭示核力的本质会有什么启迪呢?核力会不会也是通过交换某种虚粒子而实现的呢?1935 年,日本理论物理学家汤川秀树(H.Yukawa,1907—1981)提出核力也是一种交换力的观点,并且预言了一种交换粒子的存在.为了能用这种新粒子来解释关于核力的实验资料,汤川估算出了这种粒子的质量应该是电子质量的 200 倍左右.

设中间传递粒子的质量为 m_0,交换粒子的时间为 Δt.新粒子的出现意味着粒子作用体系的能量发生偏移,这种偏移量 ΔE 必须限制在不确定关系 $\Delta E\Delta t\sim\hbar$ 允许的条件下,否则将违反能量守恒定律.假设能量偏移量全部转化为粒子的静质量,则有 $\Delta E=m_0c^2$,于是 $m_0\sim\hbar/\Delta tc^2$.由于作用时间 Δt 极其短暂,即使新粒子以光速传播,在 Δt 内走过的距离 $r=c\Delta t$(核力的力程)也只能是 2×10^{-15} m 左右,因此有

$$\begin{aligned}m_0&\sim\frac{\hbar}{\Delta tc^2}=\frac{h}{2\pi rc}\\&=1.75\times10^{-28}\ \text{kg}=193m_e\end{aligned}$$

可见,m_0 约是电子质量 m_e 的 200 倍.

汤川预言的新粒子于 1947 年由实验确定,称为 π 介子.质子-质子、中子-中子作用交换的是 π^0 介子;质子-中子作用交换的是 $\pi^{\pm}$ 介子,它们的质量分别为 $m_\pi^0=264.2m_e$ 和 $m_\pi^{\pm}=273.2m_e$.当然,发生交换的是 π 介子的虚粒子,而实验中发现的则是实粒子.

核子之间的核力作用示意于图 16-4.图(a)表示一个质子放出中性 π^0 介子,被另一个质子吸收;图(b)表示一个中子放出 π^0 介子,被另一个中子吸收,这两种情况下每个核子的带电特性都不变.图(c)表示一个质子放出 π^+ 介子,被另一个中子吸收;图(d)表示一个中子放出 π^- 介子,被另一个质子吸收,这两种情况下质子与中子相互转化.

核力的介子理论虽然可以定性地解释一些核现象,也能够说明核力是一种短程力,但对于某些实验事实,如核子之间的高能碰撞问题,尚不能给出满意的解释,对核力的认识有待进一步的深入.

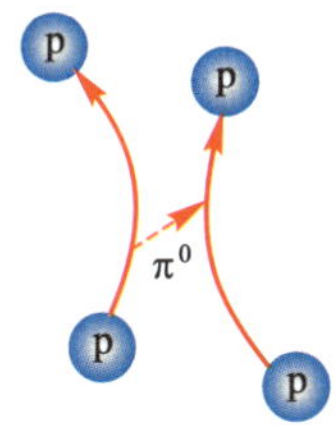

(a) 质子与质子相互作用

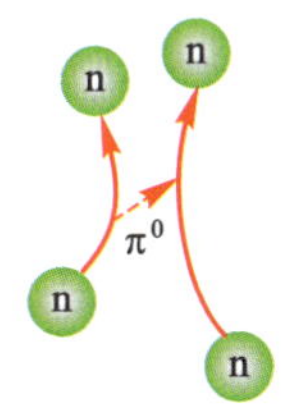

(b) 中子与中子相互作用

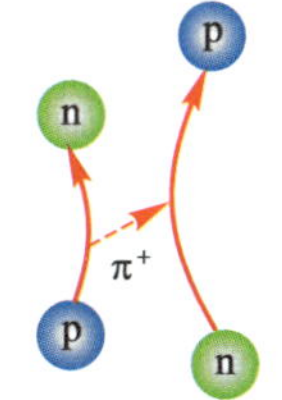

(c) 质子与中子相互作用

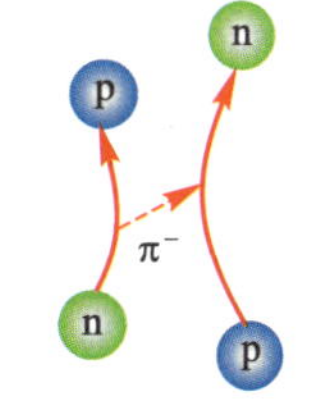

(d) 中子与质子相互作用

图 16-4　核子之间相互作用的示意图

16-3　原子核的稳定性和放射性

16-3-1　原子核的稳定性

至今,人们已经发现约有 2 500 种核素,但其中只有不到 300 种是稳定的,其余的核素都不稳定,会自发地放出射线并衰变成其他核素,这一现象称为**放射性衰变**(radioactive decay).衰变的时间短则不足 1 μs,长则数十亿年不等.稳定核素的分布由图 16-5 给出,横坐标为质子数(原子序数)Z,纵坐标为中子数 N.

图上的每个点对应于一种稳定核素,这些点的集合形成一条狭窄的稳定带区域.对于质量数 A 较小的原子核,它们的质子数 Z 与中子数 N 几乎相等($N/Z\approx1$).随着 A 的增大,比值 N/Z 随之增大.对应于质量数最大的稳定核素,其比值为 1.6.核素的性质与质子数和中子数有关,质子数过多(位于稳定带右侧的核素),电磁斥力将大大加强,短程核力无法与之平衡,因此核素不稳定;中子数过多(位于稳定带左侧的核素),由于与中子相关的能量和与质子相关的能量间失去了平衡,因此也不稳定,在衰变过程中将有部分中子转化成质子.从图中容易看出,质量数太大的核素($A>209$ 或 $Z>83$)都不稳定,都具有放射性.

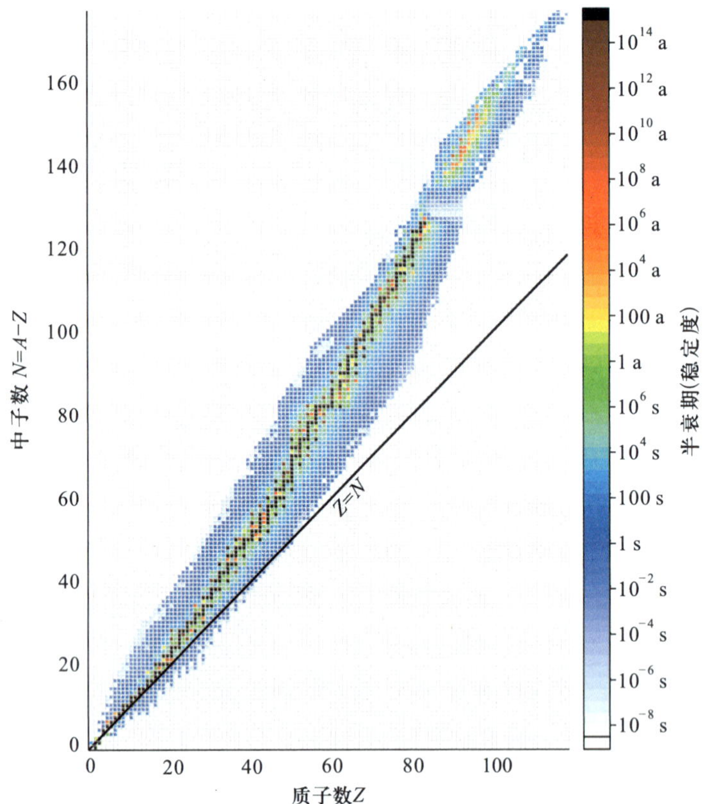

图 16-5 核素图又称塞格雷图，是意大利裔美籍物理学家塞格雷(Emilio Segrè，1905—1989)发明的.图中的每个黑点表示一种稳定的核素.其他颜色的点代表的都是不稳定核素.按照红橙黄绿青蓝白各种颜色的排列，相应的核素稳定度依次下降. 显然，稳定核素分布在一条很狭窄的区域中.在此区域以外的任何点所代表的核素都是不稳定的

16-3-2 放射性

当不稳定核素发生放射性衰变时，伴随有某种粒子或高能光子释放出来，这些粒子和光子流统称为**射线**(ray).在本章一开始就作过介绍，射线中有三种不同的成分：α 射线、β 射线、γ 射线，人们用希腊字母表的头三个字母来命名这三种射线，原意是表示它们具有不同的穿透能力.α 射线的穿透能力最差，约 0.01 mm 厚的铅薄片就能阻止它穿过，β 射线穿透力稍强，可以穿透 0.1 mm 厚的铅板，γ 射线的穿透能力最强，它可以穿透大约 100 mm 厚的铅板.不稳定核素在进行放射性衰变时遵循能量守恒、动量守恒、角动量守恒、电荷数守恒、核子数守恒等一些基本物理学定律.

1. α 衰变

α 衰变是原子核自发地放射出 α 射线而发生的转变.实验表明，α 射线由带正电的 α 粒子(氦核 ${}_{2}^{4}\mathrm{He}$)组成.从图 16-2 分析，α 粒子正好位于曲线的尖端处，它的比结合能远比邻近其他原子核的大，所以它的结构极其稳定，因而并不奇怪它能够作为一个整体从质量较大的不稳定原子核中释放出来.根据电荷守恒和核子数守恒的原则，α 衰变一般可表示为

$$ {}_{Z}^{A}\mathrm{X} \rightarrow {}_{Z-2}^{A-4}\mathrm{Y} + {}_{2}^{4}\mathrm{He}(\alpha) \tag{16-9} $$

式中$^{A}_{Z}X$是衰变前的原子核，称为**母核**，$^{A-4}_{Z-2}Y$是衰变后的剩余核，称为**子核**.例如镭核的α衰变过程（图16-6）可表示为

$$^{226}_{88}Ra \to ^{222}_{86}Rn + ^{4}_{2}He(\alpha)$$

一些原子核之所以会自发地进行α衰变是因为衰变过程中有能量释放出来，根据能量守恒定律可以得出α衰变的条件为：**衰变前，母核原子的质量必须大于衰变后子核原子和氦原子质量之和.**

2. β衰变

β衰变是核电荷数Z改变而核子数不变的核衰变，它可以有三种不同的衰变方式：β^-衰变、β^+衰变和**电子俘获**（electron capture）衰变.

（1）β^-衰变中原子核释放出的是负电子e^-，从而使母核中的一个中子转变成质子.例如，钍核的β^-衰变为$^{234}_{90}Th \to ^{234}_{91}Pa + e^-$，衰变后的子核比母核多了一个质子少了一个中子，核子数不变，如图16-7所示.

（2）β^+衰变中原子核释放出的是正电子e^+（positron），其质量与电子相同，但是带电性质却不相同.β^+衰变中的e^+来自母核中一个质子转变成中子，在这个过程中，母核中的质子数从Z减少为$Z-1$，而核子数保持不变，例如$^{12}_{7}N \to ^{12}_{6}C + e^+$.

（3）电子俘获是指原子核自发地俘获一个核外轨道电子e^-，从而使原子核序数Z减少1.通常这个电子来自核外的K壳层，因此电子俘获也称为**K俘获**，例如$^{7}_{4}Be + ^{0}_{-1}e \to ^{7}_{3}Li$.

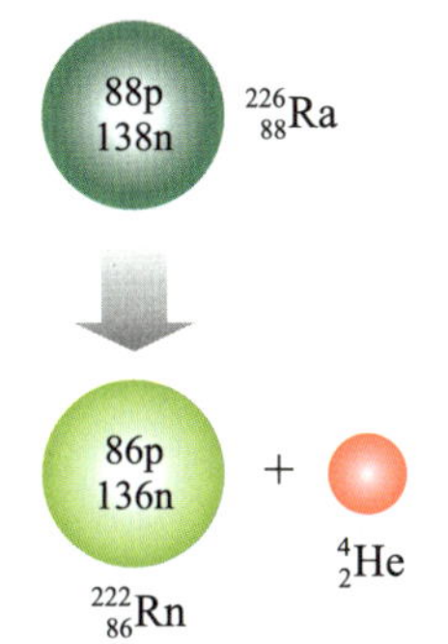

图16-6 镭$^{226}_{88}Ra$经α衰变转变为氡$^{222}_{86}Rn$，放出α粒子

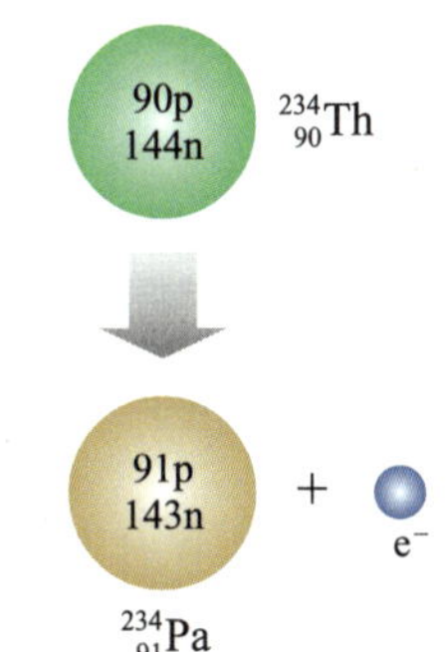

图16-7 钍核$^{234}_{90}Th$经β^-衰变后转变成镤核$^{234}_{91}Pa$，放出一个电子

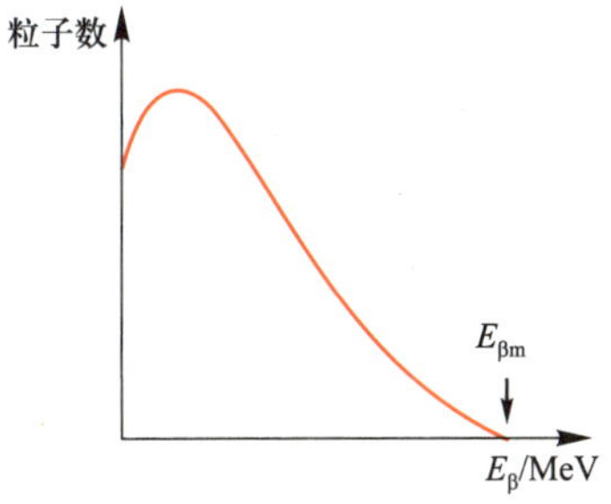

图16-8 典型β能谱曲线

原子核在发生β衰变时会释放出能量，并且实验发现β^-射线的能谱是连续的，如图16-8所示，这在当时的科学界引起不小的困惑.因为原子核是个量子体系，核衰变则是在不同量子能态之间的跃迁，由此释放出的能量应该是分立的.α衰变的能谱是分立的，这与理论预测一致，但是如何解释β^-射线的连续能谱呢？

1930年，泡利提出了**中微子**（neutrino）的假设，认为在β衰变中放出每一个电子的同时会伴随一个中微子（质量几近于零的中性粒子）射出.中微子和电子的能量之和为一常量，等于核内量子跃迁时的能量值，但是电子和中微子的能量分配可以是任意的.因此当大量原子核作β衰变时就会出现连续能谱.

1956年，中微子的存在终于得到实验的证实.通常用符号ν表示中微子，而用$\bar{\nu}$表示反中微子.三种β衰变的一般形式可分别表示为

$$^{A}_{Z}X \to ^{A}_{Z+1}Y + e^- + \bar{\nu} \quad (16\text{-}10a)$$

$$^{A}_{Z}X \to ^{A}_{Z-1}Y + e^+ + \nu \quad (16\text{-}10b)$$

$$^{A}_{Z}X + e^- \to ^{A}_{Z-1}Y + \nu \quad (16\text{-}10c)$$

中微子的性质独特：它不带电，质量几乎为零；它的自旋量子数为1/2，这样才能保证在β衰变中满足角动量守恒定律；它与物质的作用非常微弱，因此在

实验中很难被发现.

3. γ 衰变

γ 射线是一种高能电磁辐射,相应的光子能量高达 MeV 至 GeV 数量级.和原子一样,原子核的能态结构也是分立的,当处于激发态的原子核向较低能态或基态跃迁时,将放出 γ 光子,这一现象也称为 γ **跃迁**,γ 衰变可表示为

$$ {}_{Z}^{A}\mathrm{Y}^{*} \rightarrow {}_{Z}^{A}\mathrm{Y}+\gamma \qquad (16-11)$$

式中 Y^{*} 表示处于激发态的原子核.原子核可以通过与其他粒子发生剧烈碰撞而跃迁到激发态,但更多的是在发生 α 或 β 衰变时,首先衰变到子核的激发态,然后经过 γ 跃迁放出 γ 光子.典型的衰变例子为

(1) ${}_{5}^{12}\mathrm{B} \rightarrow {}_{6}^{12}\mathrm{C}+\mathrm{e}^{-}+\bar{\nu}$

(2) ${}_{5}^{12}\mathrm{B} \rightarrow {}_{6}^{12}\mathrm{C}^{*}+\mathrm{e}^{-}+\bar{\nu}$, ${}_{6}^{12}\mathrm{C}^{*} \rightarrow {}_{6}^{12}\mathrm{C}+\gamma$

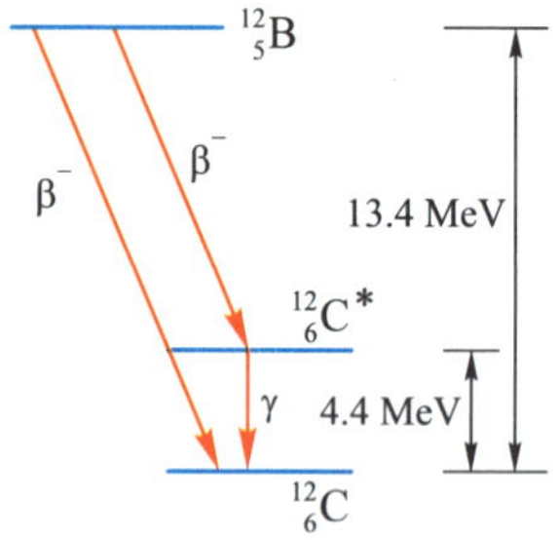

图 16-9 $^{12}\mathrm{B}$ 发生 β^{-} 衰变.(1) 直接衰变到 $^{12}\mathrm{C}$ 的基态,放出电子的能量为 13.4 MeV;(2) 首先衰变到 $^{12}\mathrm{C}$ 的激发态,然后 γ 跃迁至基态,放出电子的能量为 9.0 MeV,γ 光子的能量为 4.4 MeV

图 16-9 是 $^{12}\mathrm{B}$ 的衰变示意图.由于 γ 光子的能量很高,因此它具有非常强的穿透力和对细胞的杀伤力,医学上常用它来治疗肿瘤病人.利用放射性元素(通常采用 $^{60}\mathrm{Co}$)作为 γ 射线源,对病变部位进行照射,杀伤肿瘤细胞.

值得一提的是,原子核从激发态向较低能级跃迁时,有时不一定放出 γ 射线,而是把这部分能量直接交给核外电子,使电子电离,这种现象称为**内转换**(internal conversion),释放的电子称为内转换电子.

16-3-3 放射性衰变规律 半衰期

在放射性核材料中存在着大量的不稳定原子核,每个原子核将在什么时候发生衰变不可预知,但却遵从一定的统计规律.按照这一观点,单位时间内的核衰变数目 $-\mathrm{d}N/\mathrm{d}t$($-\mathrm{d}N$ 表示在 $\mathrm{d}t$ 时间内 N 的减少量)必定与当时存在的原子核数目 N 成正比,其关系式为

$$ -\frac{\mathrm{d}N}{\mathrm{d}t}=\lambda N \qquad (16-12)$$

式中比例系数 λ 称为**衰变常量**(decay constant),它表示单个原子核在单位时间内发生衰变的概率.不同核素的 λ 不同.设 $t=0$ 时的原子核数目为 N_0,对式(16-12)积分,可解得

$$ N=N_0\mathrm{e}^{-\lambda t} \qquad (16-13)$$

这就是放射性核素服从的衰变规律,如图 16-10 所示.λ 越大,衰变越快.

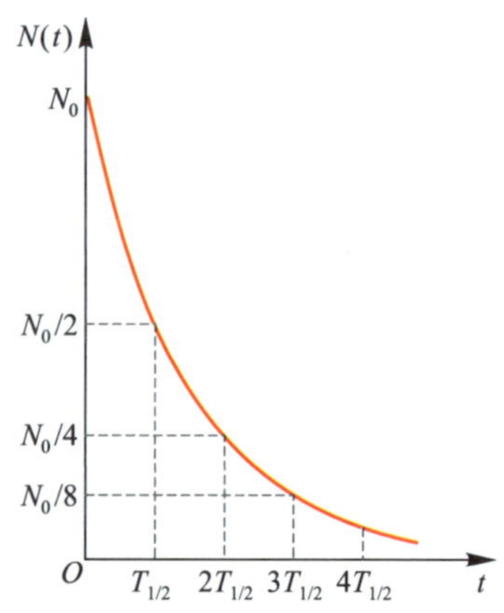

图 16-10 放射性样品的原子核数 N 随时间 t 的变化关系

放射性核素的稳定性可以用**半衰期** $T_{1/2}$(half life period)来反映,它是放射性核素衰减到原来数目的一半所需要的时间,由式(16-13)可得

$$ \frac{N}{N_0}=\frac{1}{2}=\mathrm{e}^{-\lambda T_{1/2}}$$

两边取对数可解得

$$T_{1/2}=\frac{\ln 2}{\lambda}=\frac{0.693}{\lambda} \tag{16-14}$$

表 16-1 列出了几种放射性核素的半衰期.

表 16-1 几种放射性核素的半衰期

放射性核素	半衰期
钋 $^{214}_{84}Po$	1.64×10^{-4} s
氪 $^{89}_{36}Kr$	3.16 min
氡 $^{222}_{86}Rn$	3.83 d
锶 $^{90}_{38}Sr$	28.5 a
镭 $^{226}_{88}Ra$	1.6×10^{3} a
碳 $^{14}_{6}C$	5.73×10^{3} a
铀 $^{238}_{92}U$	4.47×10^{9} a
铟 $^{115}_{49}In$	4.41×10^{14} a

此外，常用**平均寿命**(mean lifetime)τ 来描述放射性核素衰变的快慢，对某一核素中各原子核的不同寿命求平均可得

$$\tau=\frac{1}{N_0}\int_{N_0}^{0}t(-\mathrm{d}N)=\frac{1}{N_0}\int_{0}^{\infty}t\lambda N\mathrm{d}t=\lambda\int_{0}^{\infty}te^{-\lambda t}\mathrm{d}t$$

$$=\frac{1}{\lambda}=\frac{T_{1/2}}{\ln 2}=1.44T_{1/2} \tag{16-15}$$

把 $\tau=1/\lambda$ 代入式(16-13)可得 $N=N_0e^{-1}\approx37\%N_0$，即经过平均寿命后，剩下的核素数目约为原来的 37%.

放射性物质在单位时间内发生衰变的原子核数目称为该物质的**放射性活度**(activity)，用 A 表示：

$$A=-\frac{\mathrm{d}N}{\mathrm{d}t}=\lambda N_0e^{-\lambda t}=\lambda N \tag{16-16}$$

放射性活度决定了物质的放射性强弱，其国际单位是**贝可勒尔**，简称**贝可**(Bq)，1 Bq 表示每秒产生一次核衰变，即

$$1\ \mathrm{Bq}=1\ \mathrm{s}^{-1}$$

放射性活度的另一个常用单位是**居里**(Ci)，居里与贝可的换算关系为

$$1\ \mathrm{Ci}=3.7\times10^{10}\ \mathrm{Bq}$$

夜光表中放射性物质的放射性活度为 4×10^4 Bq，而用于癌症治疗的放射性物质的放射性活度大约为 4×10^{13} Bq.

放射性的一个重要而有趣的应用是在考古或地质学中用来测定古生物化石、岩土的年代. ^{12}C 是自然界大量存在的一种稳定核素，但它的同位素 ^{14}C 却是一种放射性核素，它是大气层中核反应的产物，这种核反应是由宇宙射线的作用引发的.在大气中的二氧化碳中 ^{14}C 与 ^{12}C 的含量之比约为 1.3×10^{-12}，这和生物体内的含量比值相同，这是由于生命有机体不断与周围环境进行二氧化碳的交换所致.但是当生命体死亡后，由于不再吸收大气中的 ^{14}C，因此比值 $^{14}C/^{12}C$ 会由于 ^{14}C 的放射性衰变而越来越小. ^{14}C 的半衰期为 5 730 年，我们只要测出样品中 ^{14}C 的放射性活度就可以推算出年代.

例 16-1

放射性元素镭 $^{226}_{88}Ra$ 的半衰期是 1 600 年，(1)它的衰变常量 λ 是多少?(2)若 $t=0$ 时样品中含有 3.0×10^{16} 个镭核，试确定 2 000 年后其放射性活度.

解 （1）取 1 a = 3.15×10^{7} s，则

$$T_{1/2}=1.6\times10^{3}\times3.15\times10^{7}\ \text{s}=5.0\times10^{10}\ \text{s}$$

$$\lambda=\frac{0.693}{T_{1/2}}=1.4\times10^{-11}\ \text{s}^{-1}$$

（2）已知 $N_0=3.0\times10^{16}$，则放射性活度为

$$A_0=\lambda N_0=1.4\times10^{-11}\times3.0\times10^{16}\ \text{Bq}$$
$$=4.2\times10^{5}\ \text{Bq}$$

$$t=2.0\times10^{3}\times3.15\times10^{7}\ \text{s}=6.3\times10^{10}\ \text{s}$$

$$A=A_0e^{-\lambda t}=4.2\times10^{5}\times e^{-1.4\times10^{-11}\times6.3\times10^{10}}\ \text{Bq}$$
$$=1.74\times10^{5}\ \text{Bq}$$

例 16-2

在某一古城遗址中发现一质量为 25 g 的炭块，样品显示，它的放射性活度为 250 Bq.问这一炭块所属的那棵树木距今多少年？

解 ^{14}C 的半衰期是 5 730 年，其衰变常量为

$$\lambda=\frac{0.693}{T_{1/2}}=\frac{0.693}{5\ 730\times3.15\times10^{7}\ \text{s}}$$
$$=3.84\times10^{-12}\ \text{s}^{-1}$$

碳的摩尔质量为 12 g · mol^{-1}（忽略^{14}C 的影响），1 mol 碳所含的原子数为 6.02×10^{23} 个.25 g 碳所含原子数为

$$N(^{12}\text{C})=\frac{6.02\times10^{23}}{12.0}\times25.0=1.25\times10^{24}$$

植物中的^{14}C/^{12}C 与大气中的相同，皆为 1.3×10^{-12}，则炭块在早期作为树木一部分时的原子核^{14}C 数为

$$N_0(^{14}\text{C})=1.3\times10^{-12}N(^{12}\text{C})$$
$$=1.3\times10^{-12}\times1.25\times10^{24}=1.6\times10^{12}$$

放射性活度为

$$A=\lambda N_0e^{-\lambda t}$$

两边求对数可得

$$t=\frac{1}{\lambda}\ln\frac{\lambda N_0(^{14}\text{C})}{A}$$
$$=\frac{1}{3.84\times10^{-12}}\ln\frac{3.84\times10^{-12}\times1.6\times10^{12}}{250/60}\ \text{s}$$
$$=1.0\times10^{11}\ \text{s}\approx3\ 200\ \text{a}$$

16-3-4 放射性辐射的生物效应

众所周知，自然界乃至整个宇宙都由自然物质构成，而天然元素是构成物质的基本要素.其中许多元素都伴有放射性同位素，这些元素在衰变过程中放出的高能射线能使分子电离，使原子甚至原子核的性质发生变化.于是人们担心这些射线是否会对人类造成伤害。针对这一问题我们介绍一些辐射剂量的知识.

定量描述射线对活组织作用效应的方法称为**辐射剂量测定法**，该测定法中把单位质量的受照物质吸收射线的平均能量定义为**吸收剂量**（absorbed dose），其国际单位制单位是**戈瑞**（gray，Gy），1 Gy = 1 J · kg^{-1}.但是现在更常用的单位是**拉德**（rad），

$$1\ \mathrm{rad}=0.01\ \mathrm{Gy}$$

射线产生生物学效应的程度受多种因素的影响.在受照辐射剂量相同时,不同的射线种类产生的生物学效应不同.这种差异可以由**品质因数**(Q)来描述,这个品质因数称为**相对生物效应**(RBE),通常以能量为 250 keV 的 X 射线产生的生物学效应作为比较的基准,它的剂量与其他某种射线产生相同生物效应所需的剂量之比为 RBE:

$$\mathrm{RBE}=\frac{250\ \mathrm{keV}\ \mathrm{X}\ \text{射线产生生物学效应的剂量}}{\text{某种辐射产生相同生物学效应的剂量}}$$

表 16-2 是几种辐射的 RBE 值.

衡量射线生物效应及危险度的辐射剂量称为**剂量当量**(dose equivalent),由吸收剂量与品质因素的乘积来表示,单位为**希沃特**(Sv):

$$\text{剂量当量}(\mathrm{Sv})=\mathrm{RBE}\times\text{吸收剂量}(\mathrm{Gy}) \tag{16-17}$$

另一个更常用的单位是**人体伦琴当量**(röntgen equivalent for man),单位为**雷姆**(rem).

$$\text{剂量当量}(\mathrm{rem})=\mathrm{RBE}\times\text{吸收剂量}(\mathrm{rad}) \tag{16-18}$$

因此,RBE 的单位可表示为 $\mathrm{Sv}\cdot\mathrm{Gy}^{-1}$或 $\mathrm{rem}\cdot\mathrm{rad}^{-1}$,1 rem=0.01 Sv.

普通 X 射线胸透的剂量当量为 0.20~0.40 mSv.一般对全身的辐射剂量达到 0.20 Sv 时还不至于立刻产生明显的影响,但是如果某人在短时间内全身受到的辐射剂量超过 5 Sv,则将导致其在几天或者几个星期内死亡.100 Sv 的局部辐射剂量当量将彻底破坏裸露组织.来自宇宙射线以及土壤、建筑材料等天然放射性辐射的剂量当量在海平面高度约为每年 1.0 mSv,而在海拔 1 500 m 高度的剂量当量可增加为两倍.

长期暴露在放射性辐射下会引发癌症或基因缺陷,这个问题已经引起人们的关注.辐射剂量的安全底线究竟是多少?按国际放射防护委员会(ICRP)60 号出版物建议,除了天然放射源之外,公众每年的有效剂量当量限值为 1 mSv.对于接触射线的职业人员,5 年内平均每年的有效剂量当量限值为 20 mSv,任何一年不得超过 50 mSv.

现在社会关注的另一个问题是核电厂给人们带来的危害,由此带来的核辐射是不可避免的.但是人们也应该注意到火力发电带来的危害.煤烟中的天然放射性辐射甚至是正常运作的同样装机容量核电厂的 100 倍.当然,如果核电厂发生事故或对于放射性核废料处理不当,则是另一回事,由此造成的危害无疑是巨大的.

虽然放射性辐射对人类会造成严重危害,但是人们也一直在研究如何使它为人类服务.目前它已广泛用于医学领域中的治疗和诊断.人们最熟悉的是甲状腺的治疗与诊断.甲状腺具有选择性摄取和浓聚碘的功能,其摄取速度和数量以及碘在甲状腺的停留时间取决于甲状腺的功能.放射性同位素碘^{131}I 和稳

表 16-2 几种辐射的 RBE 值

辐射种类	RBE/($\mathrm{Sv}\cdot\mathrm{Gy}^{-1}$)
X 或 γ 射线	1
电子	1.0~1.5
慢中子	3~5
质子	10
α 粒子	20
重离子	20

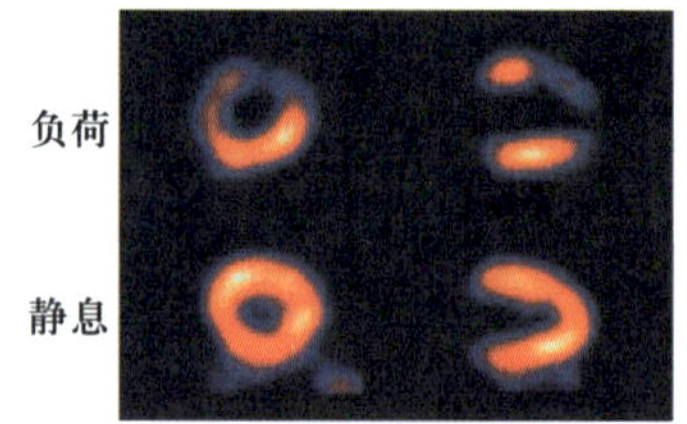

图 16-11 心肌灌注显像显示心肌可逆性缺损，这是一位心肌梗死的高危病人的心肌照片.心肌在负荷运动时表现出明显缺损

定核素碘^{127}I 具有相同的理化性质，甲状腺不能加以区别，因此口服一定量^{131}I 后即被甲状腺摄取，在体外用 γ 射线探测器就可测得甲状腺对碘的吸收情况，从而判断其功能的状况.又比如，利用心肌灌注显像，诊断心肌疾病和了解心肌供血情况.正常心肌细胞有选择性摄取某些核素标记化合物的作用.扫描探测器可使正常心肌显影，而坏死的心肌以及缺血心肌则不显影或影像变淡，从而可以作出诊断.图 16-11 是一张心肌灌注显像照片.

此外，还可以利用高能射线的局部照射对肿瘤组织进行杀伤，治疗癌症病人等.放射技术在医学领域的应用已经形成了一门专门学科——核医学.

16-4 原子核裂变和聚变

从图 16-2 的比结合能 E_B/A 与质量数 A 的关系曲线可以看出，重核和轻核的比结合能相对于质量中等的原子核而言都是较小的.因此，如果重核发生分裂或轻核发生聚合，使之变成中等质量的原子核，都将释放出部分能量.

16-4-1 原子核裂变

重核发生分裂称为**核裂变**(nuclear fission)，这一现象是德国化学家哈恩(O.Hahn，1879—1968)和斯特拉斯曼(F.Strassman，1902—1980)首先在实验中发现的.他们在用中子轰击铀核$^{235}_{92}$U 时，发现了在核反应的产物中有两种中等质量的元素钡(Ba)和镧(La).哈恩对这一结果感到困惑，于是写信把情况告诉了他的好友，奥地利的女物理学家迈特纳(L.Meitner，1878—1968)，以寻求解释.迈特纳猜测这是一种新型的核反应，并与她在玻尔研究所工作的侄子弗里施(O.Frisch，1904—1979)一起进行了更深入的研究.1939 年 1 月，他们发表了文章，根据玻尔提出的原子核液滴模型对核裂变进行了解释.

发现铀核裂变的意义不仅仅是对原子核有了进一步的认识，更重要的是发现了在裂变过程中伴随有约 200 MeV 的能量释放出来.这一实验事实甚至将对历史进程产生影响.我们可以作一个估算.由图 16-2 看出，对于质量数为 240 左右的重核，其核子的比结合能约为 7.6 MeV，而中等质量原子核(如 $A=120$)的比结合能约为 8.5 MeV，两者的差值为 0.9 MeV.由于铀$^{235}_{92}$U 共有 235 个核子，因此裂变过程中释放出的总能量为(235)×(0.9 MeV)≈200 MeV.

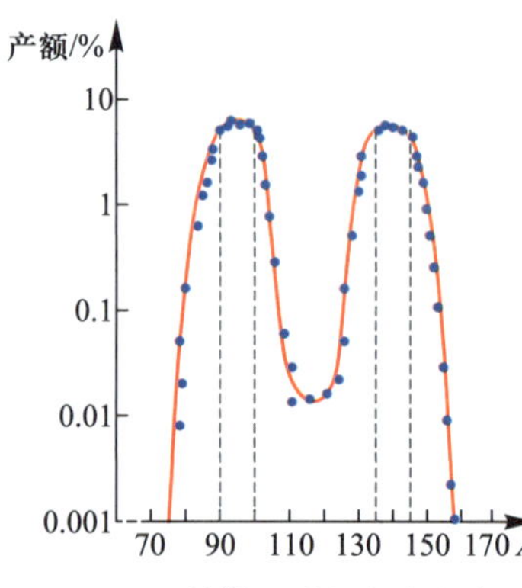

图 16-12 铀$^{235}_{92}$U 裂变碎片按质量数的分布.图中显示，铀裂变后绝大多数的碎片质量数在 90~100 和 135~145 之间

铀核裂变很复杂，裂变的产物多种多样，碎片的质量数分布如图 16-12 所示.裂变反应式一般可表示为

$$^{235}_{92}\mathrm{U}+^{1}_{0}\mathrm{n}\rightarrow^{236}_{92}\mathrm{U}^{*}\rightarrow\mathrm{X}+\mathrm{Y}+k(^{1}_{0}\mathrm{n})\quad(k=1,2,\cdots)\tag{16-19}$$

式中的$^{236}_{92}U^*$是铀核的中间激发态，维持时间只有10^{-12} s，此后即告分裂，X 和 Y 称为**核碎片**（fission fragments）．裂变产物中的中子数可以不同，比较多的情况是产生两个或三个中子，比如

$$^{235}_{92}U+^{1}_{0}n \rightarrow ^{141}_{56}Ba+^{92}_{36}Kr+3(^{1}_{0}n)$$

$$^{235}_{92}U+^{1}_{0}n \rightarrow ^{140}_{54}Xe+^{94}_{38}Kr+2(^{1}_{0}n)$$

大多数情况下，重核分裂成两块碎片，称为**二分裂变**；但也有少数分裂成三块或四块碎片的，分别称为**三分裂变**和**四分裂变**，这是我国物理学家钱三强、何泽慧夫妇于 1946 年发现的．重核的裂变与带电液滴的分裂过程相似．如图 16-13 所示，铀$^{235}_{92}U$吸收一个中子$^{1}_{0}n$后变成具有过剩能量的$^{236}_{92}U^*$，这一过剩的能量将引起铀核剧烈振动，使铀核发生变形，形如哑铃状．在电磁斥力的作用下，两端逐渐拉开，哑铃颈部变细，最后分裂成两块碎片．

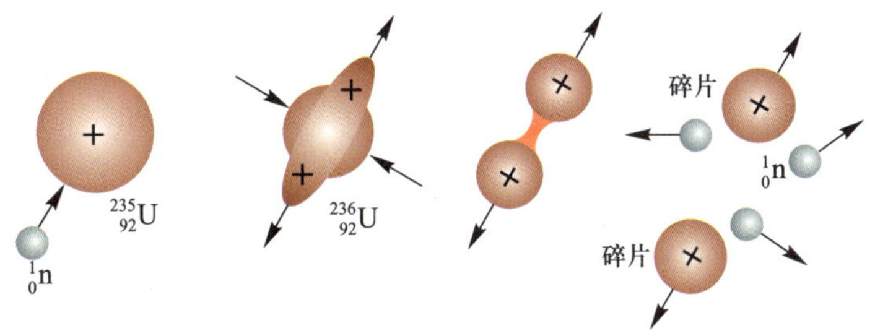

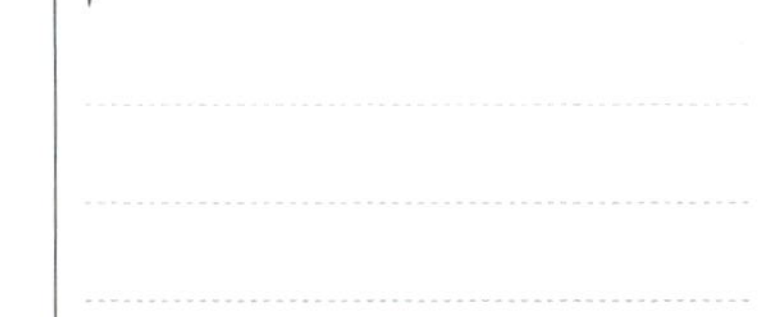

图 16-13 $^{235}_{92}U$吸收一个中子后首先变成处于高激发态的$^{236}_{92}U^*$，并发生剧烈振动．在电磁斥力作用下哑铃状原子核越拉越长，最后分裂成碎片，同时放出三个中子

铀$^{235}_{92}U$发生裂变过程的形式多种多样，各过程裂变后放出的中子数也不尽相同．平均来说，一个铀核裂变产生的中子数是 2.5 个．每次裂变产生的中子可以继续用来轰击其他铀核，从而使核裂变反应可以延续下去，形成所谓**链式反应**（chain reaction），如图 16-14 所示．如果对链式裂变反应不加控制，则在瞬间将形成雪崩式的裂变反应，同时释放出巨大的能量．原子弹（atomic bomb）爆炸就是一种雪崩式的链式裂变反应．

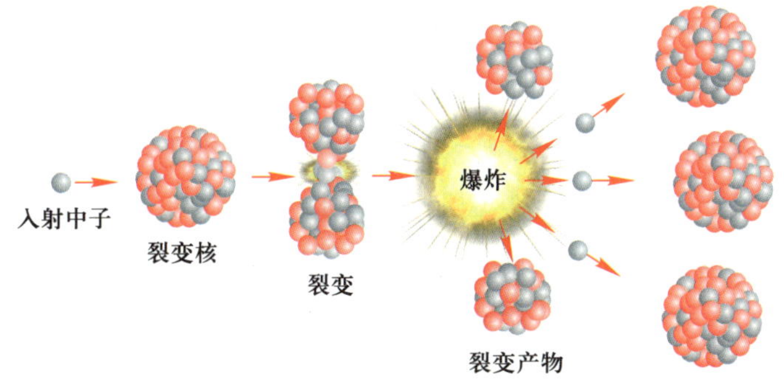

图 16-14 原子核裂变的链式反应示意图

如果能对裂变的链式反应加以控制，限制裂变原子核周围的中子数，使链式反应缓慢进行，就能实现核能的和平利用．1942 年美籍意大利裔物理学家费米（E.Fermi，1901—1954）建成了世界上第一座可控链式反应装置，称为**核反应堆**（nuclear reactor）．如今，分布于世界各国的大型核电厂就是核反应堆的重要应用，它为现代工业发展提供了大量的能源．

核裂变

16-4-2 原子核聚变

图 16-2 显示，轻核($A<20$)的比结合能远小于相对较重的原子核.这就预示着，当两个或两个以上的轻核结合成较重的原子核时，会有能量释放出来，这一过程称为**核聚变**(nuclear fusion).宇宙中的能量主要来源于核聚变.太阳和其他恒星之所以光芒四射，就是因为轻核聚变.人们对太阳光进行光谱分析发现，太阳中存在大量的氢和氦，这表明太阳的巨大能量来自氢核转变为氦核的聚变反应.

核聚变反应释放的能量非常巨大，如果能对聚变反应加以控制，那将是一个非常有前景的能量来源.目前实验室研究的核聚变反应主要有

$$ {}_{1}^{2}\mathrm{H}+{}_{1}^{2}\mathrm{H}\rightarrow{}_{1}^{3}\mathrm{H}+{}_{1}^{1}\mathrm{H} \tag{16-20}$$

$$ {}_{1}^{2}\mathrm{H}+{}_{1}^{3}\mathrm{H}\rightarrow{}_{2}^{4}\mathrm{He}+{}_{0}^{1}\mathrm{n} \tag{16-21}$$

$$ {}_{1}^{2}\mathrm{H}+{}_{1}^{2}\mathrm{H}\rightarrow{}_{2}^{3}\mathrm{He}+{}_{0}^{1}\mathrm{n} \tag{16-22}$$

$$ {}_{1}^{2}\mathrm{H}+{}_{2}^{3}\mathrm{He}\rightarrow{}_{2}^{4}\mathrm{He}+{}_{1}^{1}\mathrm{H} \tag{16-23}$$

反应式(16-20)中，两个氘核结合后生成一个氚核和一个质子；反应式(16-21)中，一个氘核与一个氚核结合后生成一个氦核和一个中子.综合两个反应式可得到，三个氘核在核聚变反应中转变为一个氦核、一个质子和一个中子，同时释放出 21.6 MeV 的能量.反应式(16-22)和(16-23)的综合聚变结果与前者相同.据此分析，平均每个氘核放出的能量是 7.2 MeV，平均每个核子放出的能量是 3.6 MeV.而在铀${}_{92}^{235}\mathrm{U}$的裂变过程中平均每个核子放出的能量是(200 MeV)/235=0.85 MeV.氘核聚变时，每个核子释放的能量是铀核裂变时的四倍，显然核聚变比核裂变释放的能量更大.

要实现核聚变并非易事，因为要把两个原子核压入核力起主导作用的范围(2×10^{-15} m)之内，首先必须克服质子之间强大的电磁斥力作用.两个质子在这一范围具有的电势能约为 1.2×10^{-13} J(0.72 MeV).这就是说，平均每个质子必须具有 0.6×10^{-13} J 的动能，才能在相互碰撞中产生聚变反应.按经典的热运动理论公式 $E=3kT/2$ 进行估算，相应的温度 T 可达 3×10^{9} K.这是一个相当高的温度.但是考虑到粒子具有一定的势垒贯穿概率以及部分粒子的动能比平均动能 $3kT/2$ 大得多，因此根据理论估算，一般温度达到 10^{8} K 就有条件引发聚变反应.这仍是一个非常高的温度，在这一温度下原子完全电离，形成**等离子体**.在如此高温下实现的聚变反应称为**热核反应**(thermonuclear reaction).除了温度条件外，聚变反应还应满足两个条件：①等离子体密度必须足够大；②等离子体的温度和密度必须维持足够长的时间.

16-4-3 热核聚变的几种约束

实现热核聚变主要有三种形式。

1. 引力约束聚变——太阳能

太阳依靠它巨大的质量而产生强大的引力，把处于高温（10^7 K）的等离子体约束在一起发生热核聚变反应.太阳每秒燃烧 5×10^{16} kg 氢，放出约 3.2×10^{31} J 的能量，这相当于爆炸 900 亿颗百万吨级氢弹.尽管太阳每时每刻照射到地球上的能量仅占它产生能量的 5×10^{-12}，但仍是地球上目前使用的所有能源的 10 万倍.

2. 惯性约束聚变——氢弹

氢弹爆炸是一种惯性约束聚变.氢弹的主要原料是含有 ${}^{238}_{92}U$ 的氘化锂（${}^6Li{}^2H$），首先通过 ${}^{235}_{92}U$ 裂变点火，产生高温高压，同时放出大量中子，中子与 ${}^6Li$ 发生核反应

$$ {}^1_0n+{}^6_3Li\rightarrow{}^4_2He+{}^3_1H $$

反应中产生的氚与氘在高温高压下进一步发生聚变反应

$$ {}^2_1H+{}^3_1H\rightarrow{}^4_2He+{}^1_0n $$

反应中生成的中子，其动能达 14 MeV，能使廉价的 ${}^{238}_{92}U$ 发生裂变，从而导致裂变—聚变—裂变，整个过程在瞬间完成，放出巨大的能量.图 16-15 是我国第一颗氢弹爆炸成功的情景.

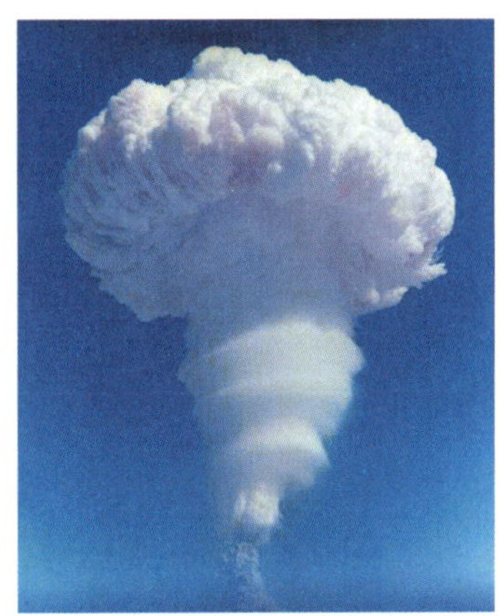
图 16-15　1967 年 6 月 17 日，我国第一颗氢弹在罗布泊爆炸成功

氢弹的聚变反应，从本质上讲，是利用惯性力将高温等离子体进行动力学约束产生的.多年来，人们一直致力于实现人工控制的惯性约束研究.激光惯性约束是其中的一个方案：它是利用强激光从四面八方均匀地照射在封有氘和氚混合气体的微小靶丸上，从而产生高温（10^8 K）和高压（10^{17} Pa），引起聚变反应.

3. 磁约束——可控聚变反应

磁约束可控聚变反应装置被认为是未来能源的希望所在，它主要是依靠洛伦兹力实现磁场对等离子体的约束.磁约束装置的种类很多，其中前景比较看好的要数环流器，又称**托卡马克**（tokamak）装置，如图 16-16 所示.它的主体是一个充有氘或氘、氚混合气体的环形真空室，外面绕有线圈，形成一个大型的螺绕环，通电时在真空室内产生环向磁场 $\boldsymbol{B}_t$，使等离子体在垂直于磁感应线方向受到约束.环形真空室套在一个变压器铁芯上，作为变压器的次级线圈.当变压器初级线圈中通有脉冲电流时，真空室内的等离子体中就会感应出环形大电流 I.由于等离子体存在电阻，因此电流通过时会产生热量，对等离子体加热，使其温度急剧升高.同时等离子体电流将产生环绕自身的磁场 $\boldsymbol{B}_\varphi$，$\boldsymbol{B}_t$ 和 $\boldsymbol{B}_\varphi$ 合成螺旋形磁场，对等离子体起约束和稳定作用.核聚变反应就在环形真空室中进行.

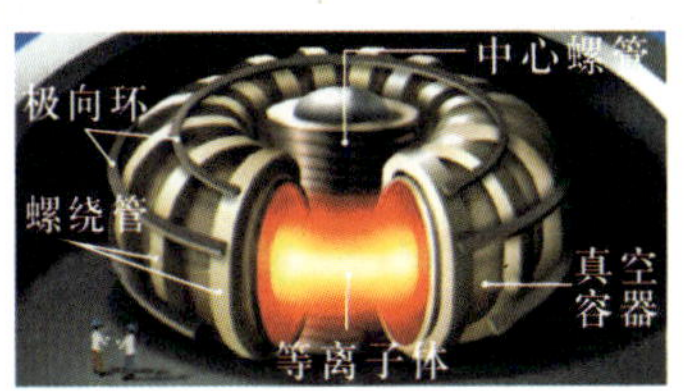

图 16-16　托卡马克装置

思考题

16-1 为什么许多重核都不稳定?

16-2 设重核 X 和重核 Y 具有相同的质量,但重核 X 比 Y 具有更大的结合能.试问:哪一种重核更不稳定?

16-3 如果某种放射性元素的半衰期为 50 a,这是否意味着 100 a 之后这种元素全部衰变殆尽?

16-4 镭($^{226}_{88}Ra$)的半衰期为 1 600 a,而太阳系生成至今约有 50 亿年.为什么至今在自然界仍然能发现镭的存在?

16-5 为什么测定样品的碳同位素含量可以推算出样品的年代?

16-6 请说出 α 射线、β 射线和 γ 射线的重要区别.

16-7 为什么在核聚变中产生的核废料比在核裂变中产生的核废料要少?

16-8 相对而言,核聚变反应较难实现的主要原因有哪些?

16-9 在核聚变和核裂变中有什么相同之处和不同之处?

16-10 重原子核裂变反应中的生成物对人体有危害吗?

习题

16-1 碳核的半径约为 3×10^{-15} m,其质量为 12 u.求该原子核的平均密度,这一密度是水的密度的多少倍?

16-2 中性$^{16}_{8}O$ 的质量为 15.994 9 u.试计算$^{16}_{8}O$ 的结合能和比结合能.

16-3 求反应式$^{14}_{7}N+^{2}_{1}H\rightarrow^{4}_{2}He+^{12}_{6}C$ 的质量亏损.已知$^{14}_{7}N$ 的质量为 14.003 07 u,$^{2}_{1}H$ 的质量为 2.014 10 u,$^{12}_{6}C$ 的质量为 12.000 00 u,$^{4}_{2}He$ 的质量为 4.002 60 u.

16-4 完成以下反应方程式:

(1) $^{1}_{1}H+^{19}_{9}F\rightarrow^{16}_{8}O+?$; (2) $^{30}_{15}P\rightarrow^{30}_{14}Si+?$;

(3) $^{35}_{17}Cl+?\rightarrow^{32}_{16}S+^{4}_{2}He$.

16-5 放射性元素镭($^{226}_{88}Ra$)的半衰期为 1 600 a,现有 1 g 的镭元素样品,问在 1 s 内有多少镭原子核发生衰变?

16-6 碘同位素^{131}I 样品的半衰期为 8.04 d.已知样品发货时,测得其放射性活度为 5.0×10^{-3} Ci,及至样品进入实验室时,测得其放射性活度为 4.2×10^{-3} Ci.试求这两次测量间经过的时间.

16-7 已知铀(^{235}U)裂变一次释放出的能量为 200 MeV.设某一核电站供热的功率为 3 000 MW.试测算每天至少需要消耗多少铀(^{235}U)原料.

欧洲核子研究组织(CERN)成立于1954年,位于日内瓦附近法国与瑞士的边界,是目前世界上最大的粒子物理研究实验室.CERN建有世界上最大的正负电子对撞机(LEP)和超级质子同步加速器(SPS).图中大圆是LEP,周长达到27 km,能够把粒子加速到每秒运动11 000周,接近光速.小圆是SPS.1998年CERN开始制造一台大型强子对撞机,2008年启动运行,而且还可以把它投入中微子物理学领域的研究.2019年,新一代高亮度LHC升级项目在进行中,预计于2026年正式开始运行,这将大大提升LHC的性能.(图片取材CERN网页.)

第17章 粒子物理简介

我们居住的这个客观世界是由物质构成的,但是物质的最基本组成部分是什么?这一问题古代的哲学家早就提出过,但是至今却还没有一个最终的答案.人类已经走过了相当长的历史阶段,在不断地努力探索中,对物质的基本构成已经有了许多新的发现.本章就当今人类对微观物质世界的认识作简单介绍.

17-1 基本粒子

17-1-1 基本粒子——一个历史的概念

早在公元前 400 年，古希腊哲学家德谟克利特（Democritus，约公元前 460—前 370）就提出了“原子”的概念，猜测所有物质都是由一些不可分割的基本单元组成的.这一思想沉睡了两千多年，直至 1803 年，英国科学家道尔顿（J.Dalton，1766—1844）重新提出原子论，认为：“所有物质都是由‘单质原子’或‘复合原子’（分子）组成的，这些原子不可分割”，并用他的原子理论成功解释了许多化学现象.可是到了 1897 年汤姆孙发现电子后，人们开始意识到原子并不是不可分割的，中性原子可以分割出带电粒子.进入 20 世纪以后，质子和中子相继被发现，并证实了它们是构建原子核的“砖石”.这时，人们开始把质子、中子、电子看作物质世界的基本单元，并把它们和光子一起称为**基本粒子**（elementary particle）.

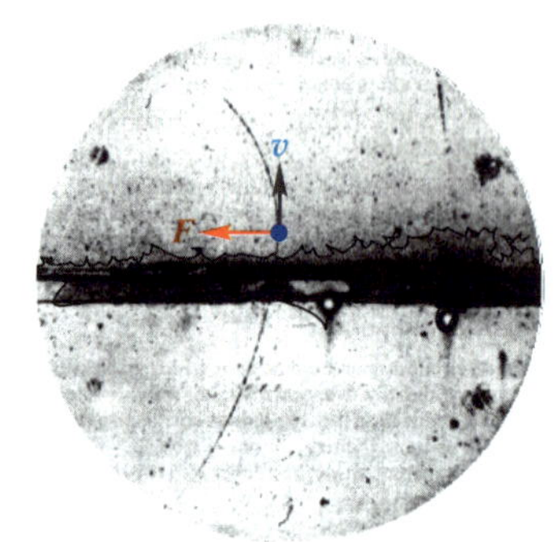

图 17-1 磁场垂直于纸面向内，铅板厚度为 6 mm，运动粒子受到洛伦兹力的作用.下部径迹曲率较小，表明速度较大；上部曲率较大，表明速率较小，这是因为粒子经过铅板后速度减小.根据径迹弯曲的方向，粒子应该带正电荷

1932 年（同年发现了中子），安德森（Carl D.Anderson，1905—1991）发现了正电子.当时，安德森负责用云室（cloud chamber）来观测宇宙射线.所谓云室，是一个充满过冷水气的容器.当带电粒子通过云室时，在粒子周围会出现细小水珠，从而可以观察带电粒子的径迹，分析其特性.图 17-1 是一张当时拍摄的实验照片，整个云室放在磁场中，磁场方向垂直于纸面向里，中间是一块薄铅板.照片上的一条带电粒子径迹当时让人费解，根据径迹的曲率，粒子的质量和带电荷量应与电子相仿，但是从径迹弯曲的方向分析，又无法确认是电子.安德森断言它应该是一个**正电子**（positron）.

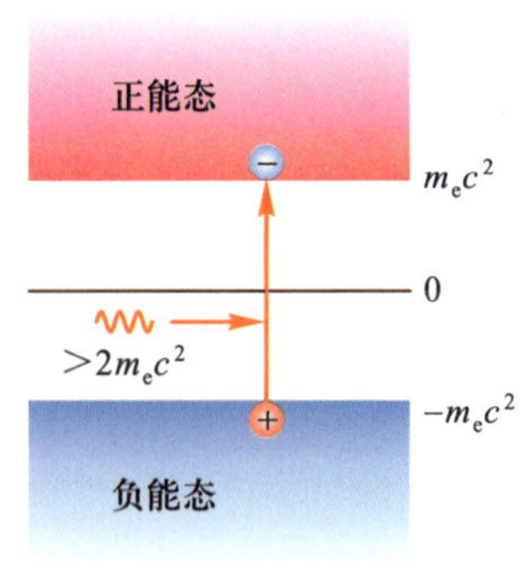

图 17-2 狄拉克的电子能态图.存在一个能量大于 m_ec^2 的连续能态和一个能量小于 $-m_ec^2$ 的负能态.当一个电子从负能态跃入正能态时，便产生了一对正、负电子

在此之前，英国物理学家狄拉克（P.Dirac，1902—1984）根据相对论性波动方程曾经预言存在**反电子**（正电子），这是因为根据相对论能量与动量的关系，有 $E^2=p^2c^2+m^2c^4$，满足关系式的能量 E 可以取正号，也可以取负号.习惯上我们只选择正号，不考虑负能量的解.但是从数学上描述电子运动的相对论性方程则要求存在对应于负能量状态的波函数.对此，狄拉克认为通常负能量状态被电子占满，因此一般观察不到它们，只有在负能电子海中出现一个空穴时才能作为一个正电子被发现，图 17-2 是狄拉克理论的能态图.图中同时指出了正电荷产生的机制，当一个处于负能态的电子吸收了一个能量大于 $2m_ec^2$ 的光子后，就会跃迁到正能态，成为一个可观测的电子，同时在负能态出现一个可观测的正电子.正负电子总是成对出现的，如图 17-3 所示.同样，当电子跃入负能态的空穴中时，正、负电子将消失，同时放出光子，这一现象称为**湮没**（annihilation）.

安德森的实验发现证实了狄拉克的预言，使人们对“基本粒子”的认识有了一个质的飞跃.早先,人们认为“基本粒子”是构成物质的永恒不变的单元,它们既不能产生,也不能消失.可是现在人们发现实际情况并非如此,在适当的条件下,电子可以成对地产生和湮没.这就是说,“基本粒子”可以相互转化,物质的各种形态可以相互转化.

除了电子以外,其他粒子也都具有相应的**反粒子**(antiparticle).20 世纪 50 年代,反质子和反中子(与中子有不同的磁矩符号)相继被发现.以后随着一个个反粒子甚至反核素、反原子被发现(其中反粒子 $\overline{\Sigma}^-$ 是我国物理学家王淦昌于 1959 年发现的),一个反物质的世界如同沉睡的地下宫殿逐渐呈现在人们的眼前.

自发现正电子以后,人们在宇宙射线中又发现了 μ 子、π 介子…….20 世纪 50 年代后,随着高能粒子加速器的发展,人们在实验室里又发现了一大批新粒子.并且发现,即便像中子这样的中性粒子,内部也有电荷分布,这表明它们具有内部结构.更深层次的物质结构奥秘有待我们去发掘.对基本粒子的探索有待于不断深入,“基本粒子”并不“基本”,“基本粒子”一词不过是一个发展着的历史概念.

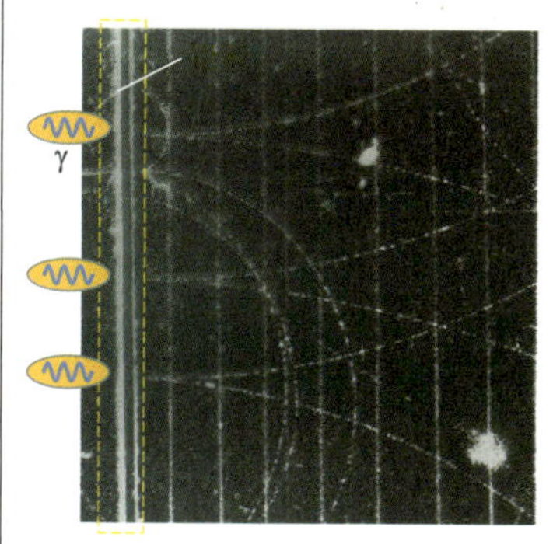

图 17-3 能量为 300 MeV 的 γ 光子打在铅板上,在云室中出现正、负电子对的轨迹.磁场垂直于纸面向里,正电子向上偏转,电子向下偏转

 阅读 正电子的发现

17-1-2 粒子的相互作用

基本粒子间的一切转化是通过相互作用来实现的,归纳起来共有四种基本相互作用,它们分别是**引力相互作用**(gravitational interaction)、**电磁相互作用**(electromagnetic interaction)、**弱相互作用**(weak interaction)和**强相互作用**(strong interaction).事实上,就本质而言,自然界中一切可观测的力都可以归结为这四种基本作用之一.

引力相互作用是人们认识得最早的一种力,关于它的第一个理论是牛顿在 1666 年建立的万有引力理论.引力是一种**长程力**(作用距离→∞),虽然它在质量巨大的天体之间表现得十分强大,但是它在微观领域却是微不足道的.引力的作用强度只是电磁力的 10^{-39} 倍,比其他三种基本相互作用都要小得多.

电磁相互作用是我们比较熟悉的力,它的作用强度是强力的 10^{-2} 倍.可以毫不夸张地说:除了引力之外,电磁力几乎是所有宏观力的成因.例如物体之间的摩擦力、各种材料内部的张力等.电磁力和引力一样也是一种长程力,但是不论在宏观世界还是在微观领域它都发挥着极其重要的作用.在原子核与电子结合成原子、原子与原子结合成分子等方面,电磁力的作用功不可没.

弱相互作用一般而言很难被觉察,它是一种**短程力**,“力所能及”的范围约为 10^{-17} m.弱力的一个重要特点是作用力微弱,作用强度只是强力的 10^{-5} 倍.它没有本领把任何粒子束缚成一个稳定的系统,甚至连不稳定系统也做不到.它的主要作用表现在支配一些粒子的衰变和俘获.

强相互作用是四种基本作用中强度最大的,是电磁力的一百多倍.它也是一种短程力,作用范围约为 10^{-15} m.核子之间的作用就是一种强相互作用力.

现代物理学认为,微观粒子之间的相互作用是通过互换粒子实现的.这种被互换的粒子称为**场粒子**(field particle)或**交换粒子**(exchange particle).电磁力的场粒子是**光子**;强力的场粒子可能是**胶子**(gluon)(意指:把粒子黏合在一起)和**介子**(meson);弱力的场粒子是 W 和 Z **玻色子**;引力的场粒子可能是**引力子**(graviton)(尚待实验证实).四种基本相互作用的特点见表 17-1.

表 17-1 四种基本相互作用

相互作用	相对强度	力程	场粒子
强力	1	短程力,10^{-15} m	胶子
电磁力	10^{-2}	长程力,∞	光子
弱力	10^{-5}	短程力,10^{-17} m	$W^{\pm}$、Z^0 玻色子
引力	10^{-39}	长程力,∞	引力子

17-1-3 粒子的分类

所有粒子按照其参与相互作用的情况可以分为三类,它们分别是:**强子**(hardron)、**轻子**(lepton)以及场粒子.

(1) 强子是指一切参与强相互作用的粒子,它又可分为**介子**和**重子**(baryon).介子和重子的主要区别在于它们的质量和自旋.

介子的名字来源于汤川秀树的提议,认为它的质量应介于电子和质子之间而得名(以后人们发现有些介子的质量大于质子).介子的自旋为 0 或 1,介子衰变的最后产物是电子、正电子、中微子和光子.

重子的质量等于或大于质子的质量,它们的自旋都是半整数(1/2 或 3/2).在重子中,又把质子和中子称为核子,其余的称为**超子**(hyperon).除了质子外,所有重子经一系列衰变后,最终的衰变物都包含质子.现在人们认为,强子有内部结构,它是由更基本的单元——**夸克**(quark)组成的.

(2) 轻子是指那些不参与强相互作用的粒子,自旋为 1/2.至今已知的轻子只有六个,它们分别是电子(e^-)、μ 子(μ^-)、τ 子(τ^-)以及相应的中微子 ν_e、ν_μ、ν_τ.六个轻子都有相应的反粒子.以前一直认为中微子的静质量为零,但现今的研究表明,中微子的静质量也许不等于零.一些粒子的基本性质见表 17-2.

除此之外,粒子与粒子相互碰撞时有时会出现极其短暂的结合,其平均寿命的数量级只有 10^{-23} s,这种状态称为**共振态**(resonance state).共振态具备了粒子的一些基本性质,如果把共振态也算作粒子,那么现已发现的粒子数超过了 800 个.

表 17-2 一些粒子的基本性质

类别	粒子	符号	反粒子	质量/(MeV · c^{-2})	轻子数 L_e	L_μ	L_τ	重子数 B	奇异数 S	寿命/s	主要衰变方式
轻子	电子	e^-	e^+	0.511	+1					稳定	
	μ 子	μ^-	μ^+	105.7		+1				$2.197\ 03\times10^{-6}$	$e^-,\bar{\nu}_e,\nu_\mu$
	τ 子	τ^-	τ^+	1 784			+1			$<4\times10^{-13}$	$\mu^-\bar{\nu}_\mu\nu_\tau,e^-\bar{\nu}_e\nu_\tau$
	电子中微子	ν_e	$\bar{\nu}_e$	<7.3	+1					稳定	
	μ 子中微子	ν_μ	$\bar{\nu}_\mu$	<0.27		+1				稳定	
	τ 子中微子	ν_τ	$\bar{\nu}_\tau$	<24			+1			稳定	
强子											
介子	π 介子	$\pi^\pm$	$\pi^\mp$	139.6				0	0	2.60×10^{-8}	$\mu^+\nu_\mu$
		π^0	自身	135.0				0	0	0.83×10^{-16}	2γ
	K 介子	K^+	K^-	493.7				0	+1	1.24×10^{-8}	$\mu^+\nu_\mu,\pi^+\pi^0$
		K_S^0	$\bar{K}_S^0$	497.7				0	+1	0.89×10^{-10}	$\pi^+\pi^-,2\pi^0$
		K_L^0	$\bar{K}_L^0$	497.7				0	+1	5.18×10^{-8}	$\pi^\pm e^\mp\bar{\nu}_e,3\pi^0$
											$\pi^\pm\mu^\mp\bar{\nu}_\mu$
	η 介子	η	自身	548.8						$<1\times10^{-18}$	$2\gamma3\pi$
		η'	自身	958						2.2×10^{-21}	$\eta\pi^+\pi^-$
重子	质子	p	$\bar{p}$	938.3				+1	0	稳定	
	中子	n	$\bar{n}$	939.6				+1	0	920	$pe^-\bar{\nu}_e$
	Λ 超子	Λ^0	$\bar{\Lambda}^0$	1 115.7				+1	−1	2.6×10^{-10}	$p\pi^-,n\pi^0$
	Σ 超子	Σ^+	$\bar{\Sigma}^-$	1 189.4				+1	−1	0.8×10^{-10}	$p\pi^0,n\pi^+$
		Σ^0	$\bar{\Sigma}^0$	1 192.5				+1	−1	6×10^{-20}	$\Lambda^0\gamma$
		Σ^-	$\bar{\Sigma}^+$	1 197.4				+1	−1	1.48×10^{-10}	$n\pi^-$
	Ξ 超子	Ξ^0	$\bar{\Xi}^0$	1 314.9				+1	−2	2.9×10^{-10}	$\Lambda^0\pi^0$
		Ξ^-	$\bar{\Xi}^+$	1 321.3				+1	−2	1.64×10^{-10}	$\Lambda^0\pi^-$
	Ω 超子	Ω^-	$\bar{\Omega}^+$	1 672.5				+1	−3	0.82×10^{-10}	$\Xi^0\pi^0,\Lambda^0K^-$

17-2 守恒定律

能量守恒、动量守恒、角动量守恒、电荷守恒……这些都是自然界中物质的一切变化过程必须遵从的基本规律.在粒子领域,人们设想的一些粒子的反应或衰变过程即使不违反上述几个我们已经很熟悉的守恒定律,却也从来没有发现过,例如 $p\to\pi^0+\mu^+$.这是因为微观粒子在反应或衰变过程中,除了要遵从上述几个基本守恒定律外,还必须满足几个新的物理量的守恒定律.

17-2-1 重子数和轻子数

重子数和轻子数是粒子物理中的两个重要物理量.

重子数(baryon number),记为 B,规定:所有的重子 $B=1$,重子的反粒子 $B=-1$,其他粒子 $B=0$.粒子在衰变或反应过程中必须遵从重子数守恒定律,即粒子在衰变或反应前后,总重子数相等.

轻子数(leptonic number)可分为三类:e 轻子数、μ 轻子数和 τ 轻子数,分别记为 L_e、L_μ、L_τ.对于电子 e^- 和它相应的中微子 ν_e 有 $L_e=1$,它们的反粒子 e^+ 和 $\bar{\nu}_e$,有 $L_e=-1$,其他粒子 $L_e=0$;对于 μ^- 和 ν_μ 有 $L_\mu=1$,它们的反粒子 μ^+ 和 $\bar{\nu}_\mu$ 有 $L_\mu=-1$,其他粒子 $L_\mu=0$;同样对于 τ^- 和 ν_τ 有 $L_\tau=1$,它们的反粒子 τ^+ 和 $\bar{\nu}_\tau$ 有 $L_\tau=-1$,其他粒子 $L_\tau=0$.粒子在衰变或反应过程中必须遵从轻子数守恒定律,即粒子在衰变或反应前后总轻子数相等.

比如,考查中子的衰变式 $n \to p+e^-+\bar{\nu}_e$.衰变前轻子数为零,衰变后的总轻子数为 $0+1+(-1)=0$,因此轻子数守恒;衰变前重子数 $B=+1$,衰变后 $B=+1+0+0=+1$,因此重子数也守恒.反观前面提及的反应式 $p \to \pi^0+\mu^+$,由于轻子数和重子数均不守恒,因此过程不可能发生.

17-2-2 同位旋 I 和同位旋分量 I_z

在表 17-2 中我们发现,有些粒子的质量很接近,但带电荷量不同,如 p 和 n,π^+、π^- 和 π^0,K^+ 和 K^0 等.每一组这样的粒子,可以看成同一种粒子处于不同的电荷态,并用量子数 I 和 I_z 表示,分别称为粒子的同位旋(isobaric spin)和同位旋分量.

同位旋与粒子的角动量相似,当同位旋为 I 时,它的 z 分量可有 $I, I-1, \cdots, -(I-1), -I$,共 $2I+1$ 个取值.核子有两个不同的电荷态,故 $2I+1=2$,$I=1/2$,I_z 的两个不同的取值为 1/2 和 −1/2,分别代表质子 p 和中子 n.π 介子有三个电荷态,故 $2I+1=3$,$I=1$,I_z 的三个取值为 1,0,−1,分别代表 π^+、π^0 和 π^-.仅由单一粒子构成组的粒子(如 Λ^0 等)有 $I=I_z=0$.

在强相互作用中,I 和 I_z 守恒;在电磁相互作用中,I 守恒,但 I_z 不守恒;在弱相互作用中 I 和 I_z 都不守恒.

17-2-3 奇异数

20 世纪 50 年代,许多新的粒子都是 π 介子在大气层中与质子或中子发生相互作用时被发现的.但是人们发现,其中的 K 介子、Λ 超子、Σ 超子,在产生和衰变过程中都表现出一些奇异的性质.于是人们把这些粒子称为**奇异粒子**(strange particle).奇异性主要表现为:

(1)这些粒子的产生是通过强相互作用高速实现的,作用时间只有 10^{-23} s 数量级,但是它们的衰变却不是强相互作用,而是表现出半衰期为 10^{-10} ~ 10^{-8} s 的弱相互作用特征;(2)这些奇异粒子总是成对产生的,例如:$\pi^-+p\to K^0+\Lambda^0$;而从未见到反应的最终结果只有一个奇异粒子,例如:$\pi^-+p\to K^0+n^0$(尽管反应前 π 介子有足够的能量).

为了解释这些奇异性质,人们引入了新的量子数 S,称为**奇异数**(strangeness).从对大量实验事实的分析和研究中,人们总结出一条规律:**由强相互作用引起的反应前、后奇异数的代数和不变**,称为**奇异数守恒定律**.但在弱相互作用中不遵守奇异数守恒定律.表 17-2 中列出了一些奇异粒子的奇异数.

事实上,以上涉及的各量子数并不是完全独立的,对于强子它们满足盖耳曼-西岛(M.Gell-Mann & Nishijima)关系式,即

$$Q=I_z+\frac{B+S}{2} \tag{17-1}$$

令 $Y=B+S$,Y 称为**超荷**(hypercharge).

17-2-4 正反共轭和宇称

正反共轭(charge conjugation)是指:把一个体系的每个粒子改换成它的反粒子的过程,记作 C.如果把体系中的每个粒子都改换成其反粒子时,相互作用不变,这种性质称为**正反共轭不变性**.现在已经知道,在强相互作用和电磁相互作用下正反共轭不变.

宇称(parity)是粒子物理中的一个重要概念,可以通俗地把它理解为一种“左右交换”.所谓**宇称不变性**就是指“左右交换不变”,或者说“镜像与原物对称”.把描述粒子状态的波函数 $\Psi(\boldsymbol{r})$ 中的坐标 $\boldsymbol{r}$ 变换成 $-\boldsymbol{r}$ 的过程称为**空间反演**(space inversion),其作用符号用 P 表示,称为**宇称算符**,有

$$P\Psi(\boldsymbol{r})=\Psi(-\boldsymbol{r}) \tag{17-2}$$

如果将宇称算符再一次作用于波函数,则有

$$P^2\Psi(\boldsymbol{r})=\Psi(\boldsymbol{r}) \tag{17-3}$$

可见 P 具有两个本征值($P=\pm1$).当 $P=1$ 时,体系有 $\Psi(\boldsymbol{r})=\Psi(-\boldsymbol{r})$,这一性质称为**偶宇称**(even parity);当 $P=-1$ 时,体系有 $-\Psi(\boldsymbol{r})=\Psi(-\boldsymbol{r})$,这一性质称为**奇宇称**(odd parity).如果在一个过程中,体系的宇称保持不变,亦即**一个可实现的物理过程,其镜像过程同样也能实现**,则称为**宇称守恒**.

1956 年以前,人们一直认为宇称在一切核反应或衰变过程中都守恒.但在

那一年,李政道和杨振宁针对当时物理学界所遇到的"$\tau-\theta$ 之谜"提出了在弱相互作用过程中宇称可以不守恒.这一结论不久由吴健雄从实验中得到证实.

在描述粒子体系时,除了引入正反共轭和空间反演的基本概念外,还需引入时间反演概念.把描述物理过程的时间变量换成它的负量,亦即把时间进程倒过来,这一过程称为**时间反演**(time reversal)记作 T.粒子的强相互作用和电磁相互作用都具有时间反演下的不变性.尽管宇称守恒在弱相互作用时不成立,但是在一切形式的、满足相对论量子场论中,任何相互作用经任意次序的联合 TCP 变换都是不变的,这一规律称为 **TCP 定理**.

用以上所提及的守恒定律和对称关系,就可以说明粒子的衰变或反应过程哪些可以发生,哪些不会发生.

例 17-1

试用轻子数守恒定律判断下列两个衰变过程是否能实现:(1) $\mu^-\to e^-+\bar{\nu}_e+\nu_\mu$;(2) $\pi^+\to\mu^++\nu_\mu+\nu_e$.

解 (1) 反应式左边 $L_\mu=1$、$L_e=0$,反应式右边 $L_e=1+(-1)=0$,$L_\mu=0+0+1=1$.因为两边轻子数相等,所以衰变可以实现.

(2) 反应式左边没有轻子,所以轻子数为零,反应式右边 $L_\mu=-1+1+0=0$,$L_e=0+0+1=1$.因为两边轻子数不等,所以衰变不能实现.

例 17-2

试用奇异数守恒定律判断下列两个反应过程是否能实现:(1) $\pi^0+n\to K^++\Sigma^-$;(2) $\pi^-+p\to\pi^-+\Sigma^+$.

解 (1) 从表 17-2 查得,反应前 $S=0+0=0$;反应后 $S=1+(-1)=0$.奇异数守恒,反应可以实现.

(2) 反应前 $S=0+0=0$;反应后 $S=0+(-1)=-1$.反应前后奇异数不守恒,反应不能实现.

17-3 夸克 标准模型

迄今为止,人们发现的粒子已有数百种之多,并有不断增加的趋势.这么多粒子是否都是"基本"的呢?

1932 年中子被发现以前,人们已经发现了数十种不同的原子核,并认为它们是构成物质的基本单元.但是直至发现中子后人们才明白,所有不同的原子核其实都只是两种更基本粒子(中子和质子)的组合.马克思曾经有过一句名言:"历史上常有惊人的相似之处".今天所发现的那么多粒子是否也是仅由少数几种更基本的粒子构成的呢?

17-3-1 夸克模型

我们已经注意到一些轻子也许是“基本粒子”,目前还没有关于它们的大小和内部结构的信息.但是大量的强子却存在较复杂的内部结构,绝大多数都会衰变成其他各种强子.1964 年,盖耳曼(M.Gell-Mann)和茨威格(G.Zweig)各自独立地提出了强子结构的模型,认为所有强子都是由三种更基本的“积木块”堆积而成,这样的“积木块”称为**夸克**(quark).最初提出的夸克有三种,它们分别是**上夸克**(up 或 u)、**下夸克**(down 或 d)和**奇异夸克**(strange 或 s),且各有相应的**反夸克**(antiquark).夸克的自旋都是 1/2,因此都为费米子.夸克的带电特性较独特,u、d 和 s 分别带电荷$+2e/3$,$-e/3$ 和$-e/3$.在此期间,我国科学家也独立地提出了强子的层子结构模型,分别与 u、d、s 相对应.为与国际交流方便,现已通用夸克模型.

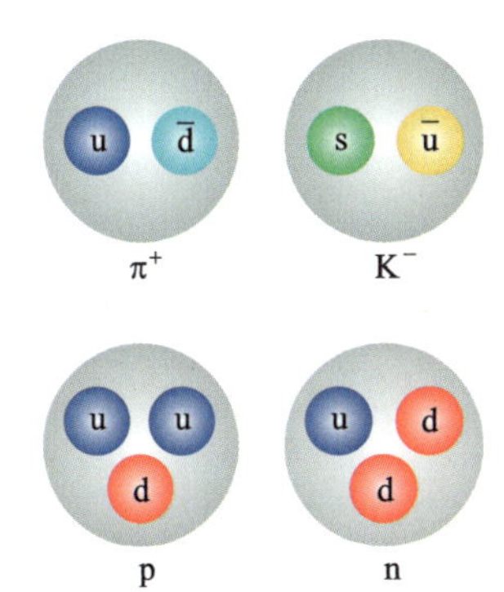

图 17-4 两个介子和两个重子的夸克组成

夸克模型认为,所有介子都由一个夸克和一个反夸克组成;所有重子都是由三个夸克组成的,所有反重子都是由三个反夸克组成.图 17-4 是几种强子的夸克组成.

初期的夸克模型在对当时已知粒子的分类方面是相当成功的,但是以后发现,有些实验中粒子的衰变速率与理论预言有较大的出入.1970 年,格拉肖(S.Glashow,1932—)等一些物理学家提出了第四种夸克,称为**粲夸克**(charm 或 c),其带电荷为$+2e/3$,同时引入了新量子数——粲数 C.对于粲夸克 $C=+1$,其反夸克 $C=-1$,其他夸克 $C=0$.粲数 C 在强相互作用和电磁相互作用中守恒.

1974 年,美籍华裔物理学家丁肇中(S. C. C. Ting, 1936—)和里希德(B.Richter,1931—2018)各自独立地发现了一种以共振态形式出现的新粒子,并各自命名为 J 和 Ψ,以后人们把这种粒子称为 J/Ψ 粒子.新粒子的特点与众不同,质量很大(3 100 MeV/c^2),寿命出人意料的长(约 10^{-20} s,是普通共振态粒子的 1 000 倍).如果粲夸克的质量比较大,则 J/Ψ 粒子的独特性质就可以得到合理的解释.理论计算很快发现,这个新粒子是粲夸克和其反夸克的组合($c\bar{c}$).不久又发现了一些新粒子,可以看成($\bar{c}d$)、($c\bar{d}$)的夸克组合.这些粒子都具有质量大、寿命长的特点.

1977 年,莱德曼(L.M.Ledermann,1922—2018)在实验中发现了质量为 9.5 GeV/c^2的 Ψ^-粒子.为了说明新粒子的性质,又引入了第五种夸克,称为**底夸克**(bottom 或 b).Ψ^-粒子是底夸克和其反夸克的组合($\bar{b}b$).从对称性考虑,还应该存在第六种夸克,称为**顶夸克**(top 或 t).直至 1994 年,美国费米国家实验室宣布华裔物理学家叶恭平发现了 t 夸克存在的证据,并于 1995 年 3 月正式宣布发现了 t 夸克.最新测量得到 t 夸克的质量为 178 GeV/c^2,不确定度为 7.5 GeV/c^2.

如今,物理学家相信只有 6 种夸克,包括反夸克共有 12 种,表 17-3 列出了各种夸克的基本性质.

表 17-3 夸克和反夸克的性质

名称	符号		自旋	电荷		质量/($GeV \cdot c^{-2}$)	重子数		奇异数		粲数		底数		顶数	
上夸克	u	$\bar{u}$	1/2	$2e/3$	$-2e/3$	0.33	1/3	−1/3	0	0	0	0	0	0	0	0
下夸克	d	$\bar{d}$	1/2	$-e/3$	$e/3$	0.34	1/3	−1/3	0	0	0	0	0	0	0	0
奇夸克	s	$\bar{s}$	1/2	$-e/3$	$e/3$	0.54	1/3	−1/3	−1	+1	0	0	0	0	0	0
粲夸克	c	$\bar{c}$	1/2	$2e/3$	$-2e/3$	1.5	1/3	−1/3	0	0	+1	−1	0	0	0	0
底夸克	b	$\bar{b}$	1/2	$-e/3$	$e/3$	4.5	1/3	−1/3	0	0	0	0	+1	−1	0	0
顶夸克	t	$\bar{t}$	1/2	$2e/3$	$-2e/3$	178	1/3	−1/3	0	0	0	0	0	0	+1	−1

夸克模型提出不久,人们就发现某些由夸克组成的粒子违反泡利不相容原理.比如重子 Ω^-(sss)由三个奇夸克组成,三个夸克的自旋都是 1/2,显然违反了泡利不相容原理.同样的例子有 Δ^{++}(uuu)和 Δ^-(ddd).

为解决这一问题,物理学家猜测夸克具有附加特性——**色荷**(color charge),这一性质与电荷相似,只是存在着**红**、**绿**、**蓝**三种不同的色荷.三种色荷中和后呈"白"色.为满足不相容原理,重子中的三个夸克必须具有不同的"色";介子中正、反夸克的色量子数必须相反.任何强子都呈白色,即其色量子数都为零.这样问题就自然解决了,只是夸克的数目增加了三倍.

研究夸克之间相互作用的理论称为**量子色动力学**(quantum chromodynamics, QCD),它认为夸克之间的作用实际上是色荷之间的作用(同带电粒子之间电荷相互作用一样).因此强力在量子色动力学中又称为**色力**(color force).

17-3-2 标准模型

标准模型(standard model)是关于粒子及其相互作用的一个大统一理论.它涉及三个基本粒子的家族:(1)轻子,(2)六个夸克,(3)传递各种相互作用的场粒子.这些粒子是我们目前探测到的最深层次的粒子,故而暂且称之为**基本粒子**.

长期以来,理论物理学家一直都梦想建立一个能够综合自然界所有相互作用的统一理论.爱因斯坦首先在统一引力和电磁相互作用方面做了大量的工作,可以算是在建立大统一理论工作中迈出了第一步.

在 1961 至 1967 年间,格拉肖、萨拉姆(A.Salam,1926—1996)以及温伯格(S.Weinberg,1933—)提出了弱力与电磁力统一的**电弱理论**(electroweak theory),该理论的基本思想是:在低能状态,由于光子与中间玻色子的质量不同,从而使弱相互作用与电磁相互作用存在较大的区别;然而在高能状态(>100 GeV),这种区别将消失,两种相互作用归并为一种.从高能态到低能态,相互作用所表现出的行为称为**对称破缺**(symmetry-broken).这是因为在高能态的作用力**相似**(或**对称**),而在低能态这种对称性被破坏.电弱理论预言了传递中间玻色子 $W^{\pm}$ 和 Z^0 的存在,并预测了它们的质量(接近 100 GeV/c^2).这一预言在 1983 年由实验得到了证实,在理论上获得了很大的成功.

此后,人们又开始考虑强相互作用与电弱相互作用的统一问题.在高能物理中,二者统一的理论称为**大统一理论**(grand unified theory 或 GUT).一些大统一理论都有一个共同的特征:预测重子数守恒可能被破坏,质子的寿命不会无限长,大约为 10^{30} a(宇宙的年龄为 10^{10} a 左右).有些 GUT 理论预言,存在磁单极,但是直至今日人们还没有找到确凿的实验证据.

一般认为中微子的静质量为零,但是绝大多数的 GUT 理论认为中微子必须具有非零质量.如果中微子有质量,则可能发生**中微子振荡**(neutrino oscillation).所谓振荡是指不同类型中微子之间的相互转换.据报道,1998 年科学家在日本用 Super-Kamiokande 中微子探测器发现了 μ 介子和 τ 介子之间的振荡.

以上所述的大统一理论只涉及强、弱和电磁三种相互作用的统一,并不包括引力.理论物理学家一直都梦想把四种基本的相互作用都统一起来.看来,在科学探索的征程上还有漫长的道路要走.

思考题

17-1 强子与轻子的主要区别表现在哪些方面?

17-2 重子和介子具有哪些性质?它们的主要区别是什么?

17-3 在原子核中,两个质子的相互作用是否服从弱相互作用的规律?

17-4 一个重子的反粒子与一个介子相互作用,能够产生一个新的重子吗?

17-5 试简述粒子物理中标准模型的基本特征.

17-6 重子、反重子、介子和反介子,它们分别是由几个夸克构成的?如何说明重子具有半整数自旋,介子的自旋为 0 或 1?

习题

17-1 一个能量为 2.09 GeV 的光子,产生一个正负质子对.已知其中质子的动能为 95.0 MeV,求反质子的动能.

17-2 一个中性的 π 介子(静能为 E_0 = 135 MeV)衰变成两个能量相同的光子.求光子能量、动量及其频率.

17-3 以下的反应能够发生吗?请说明理由.

(1) $\pi^- + p \to p + \pi^+$;

(2) $\bar{p} + p \to p + \pi^+$;

(3) $\gamma + p \to n + \pi^0$.

17-4 试确定以下反应式中,中微子的类型.

(1) $\pi^- \to \mu^- + ?$;

(2) $? + n \to p + e^-$;

(3) $? + p \to \mu^- + p + \pi^+$;

(4) $? + n \to p + \mu^-$;

(5) $\Lambda^0 \to p+\mu^- +?$.

17-5 以下哪些反应或衰变满足奇异数守恒条件?

(1) $K^+ \to \mu^+ + \nu_\mu$;

(2) $n+K^+ \to p+\pi^0$;

(3) $K^+ + K^- \to \pi^0 + \pi^0$;

(4) $p+K^- \to \Lambda^0 + \pi^0$.

17-6 试确定以下夸克组合的电荷、重子数、奇异数和粲数.

(1) uds; (2) $c\bar{u}$; (3) ddd; (4) $d\bar{c}$.

金刚石和石墨都是晶体，且都是由纯粹的碳元素构成.但是两者有着完全不同的物理性质.金刚石可以制作成钻石，坚硬无比，透光性好，折射率大，在阳光下色彩绚丽，显示其美丽高贵；而石墨质地柔软，漆黑不透明.究其原因，仅仅是因为它们有着完全不同的晶体结构.

第18章 固体物理简介

固体物理学是研究固体的结构及其组成粒子(原子、离子、电子等)之间相互作用与运动规律，从而阐明其性能与用途的科学.固体可以分为晶体(crystal)和非晶体(amorphous matter)两种.晶体具有确定的熔点而非晶体却没有(例如玻璃、柏油等).以下仅就晶体的微观结构以及性能作简单介绍.

18-1 晶体的结构

18-1-1 晶体

由 X 射线、电子或中子在晶体中衍射的实验结果，通过分析可以探知晶体的结构.晶体是由离子、原子或分子按一定的方式构成结构单元，并在空间中以一定的规则周期性重复排列而成的.这种周期性是晶体的基本特征.每一个结构单元称为**基元**(basis)，基元可以由单个原子或多个原子构成.在描述晶体的结构时，常用一个点来代表基元中的某个确定位置(比如基元的重心)，这个点称为**格点**(lattice point)，又称**结点**，格点构成的基元作周期性排列形成的“骨架”结构称为**晶格**(crystal lattice).

$$晶体结构=基元+晶格$$

除了周期性外，每一种晶体还有自己特有的对称性.为了同时反映晶格的对称性，往往取结构较大的重复单元，称为**晶胞**(cell)来讨论.根据坐标系和对称性可以把晶体分为七大晶系，它们是**立方晶系**、**六方晶系**、**四方晶系**、**三方晶系**、**正交晶系**、**单斜晶系**和**三斜晶系**.每一晶系根据其晶胞的面中心或体中心上是否包含格点，又可分为一种或几种类型，例如，立方晶系包含有简单立方、体心立方和面心立方三种，如图 18-1 所示，七个晶系共有 14 种不同类型.

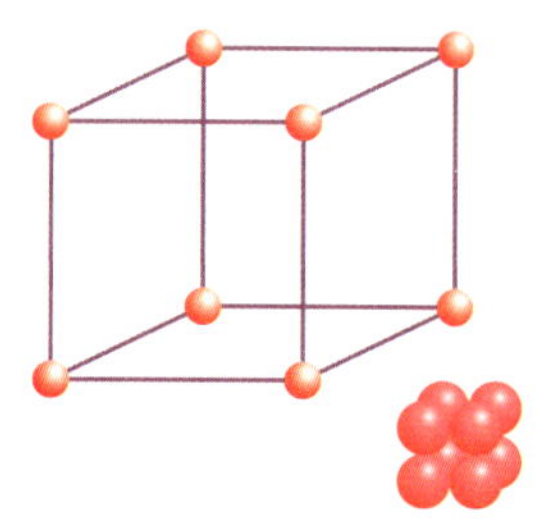

(a) 简单立方

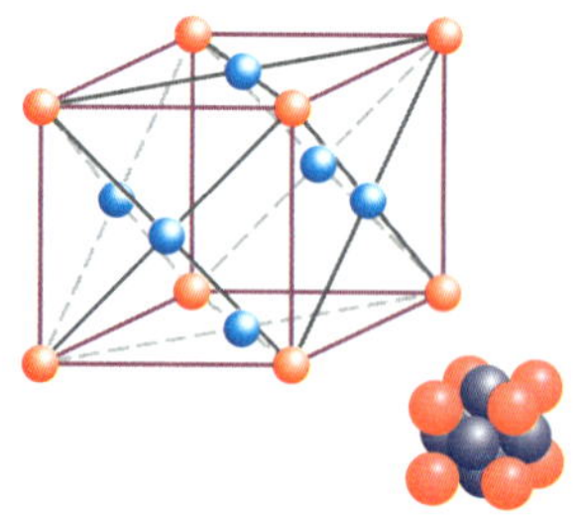

(b) 面心立方

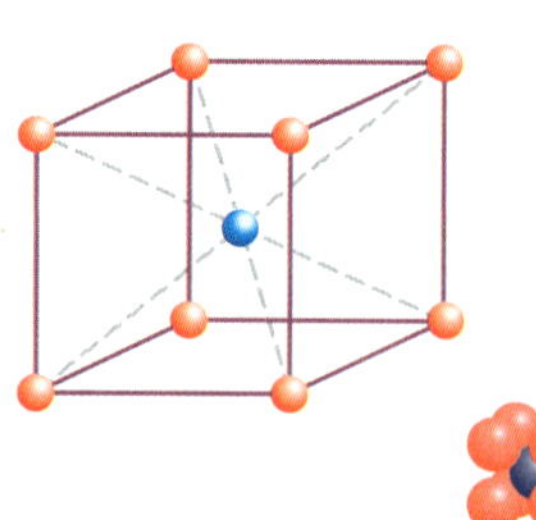

(c) 体心立方

图 18-1 立方晶系中的三种类型

18-1-2 几种常见的晶体结构

1. 体心立方和面心立方结构

体心立方和面心立方是两种常见的简单晶体结构，由同一种元素的原子组成，基元只有一个原子，如图 18-1(b)和(c)所示.碱金属 Li、Na、K 等具有体心立方结构，Al、Ca、Cu 等具有面心立方结构.

图 18-2 是氯化钠晶体的结构，乍看似乎属于简单立方，其实不然.Na^+离子和 Cl^-离子各自构成面心立方晶格，相互套在一起，基元含有一个钠离子和一个氯离子.具有这种结构的化合物很多，比如 NaI、KCl、MgO、LiF、KBr 等.

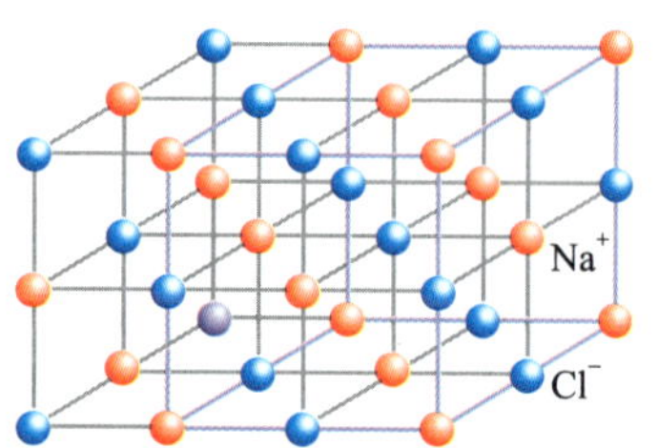

图 18-2 NaCl 晶体结构

2. 六方密积结构

六方密积结构如图 18-3 所示，在上下两个六角形层面中间插入另一原子层，该层原子在底面的投影点正好位于一个等边三角形的几何中心.大约有 30 种金属元素(如 Be、Mg、Zn 等)属于这种结构.

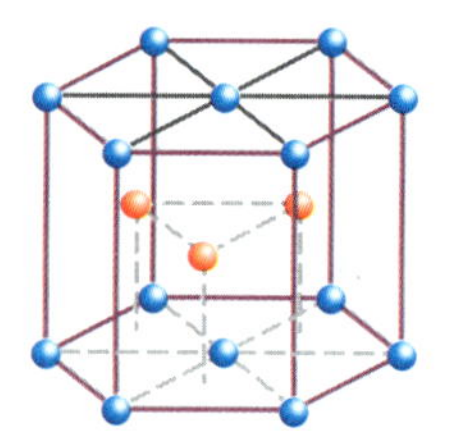

图 18-3 六方密积结构

3. 金刚石结构

金刚石由碳原子组成，其结构如图18-4 所示.在面心立方晶胞内还有四个碳原子，分别位于四根对角线的 1/4 处.虽说金刚石由单一碳原子组成，但它的基元却由两个原子构成(图中的 A 和 B).整个金刚石晶格可以看成由沿体对角线互相错开 1/4 长度的两个面心立方套构而成.半导体元素 Si、Ge 等也具有这种结构.

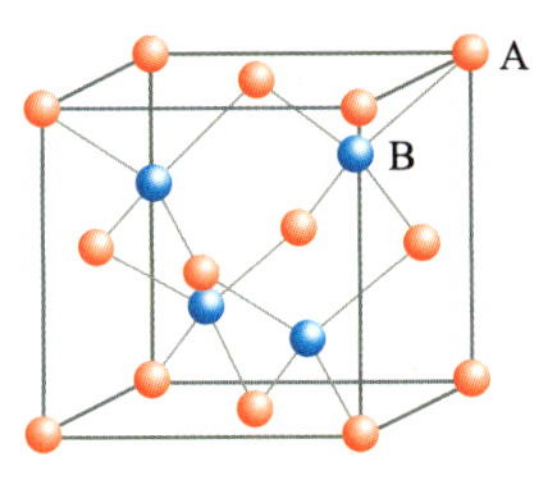

图 18-4 金刚石结构

其他一些结构在此不一一列举.

18-2 晶体的结合类型与能带

18-2-1 结合力与晶体分类

晶体的分类取决于其结合力的性质，现分别介绍如下：

1. 离子晶体

离子晶体(ionic crystal)由正、负离子组成，依靠离子间的静电作用结合成晶体.最典型的离子晶体是由电离能较小的碱金属与电子亲和力较大的卤素或氧族元素结合成的化合物，比如 NaCl 晶体.正负离子由库仑力相互吸引，同时根据泡利不相容原理，两闭合壳层的电子云因重叠而产生排斥力，当两种力相互平衡时形成稳定的离子键.

由于离子晶体结合力强，因此熔点高、硬度大、电子导电性弱.

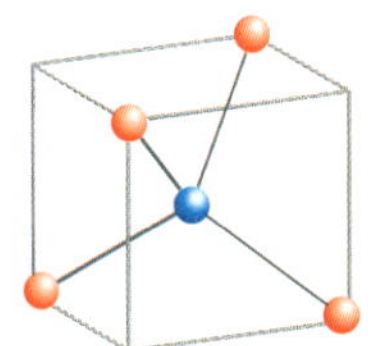
图 18-5 金刚石结构中一个碳原子贡献出四个价电子与周围四个碳原子形成共价键，从而构成四面体结构.一个碳原子在中心，与它共价的四个碳原子在四个顶角上

2. 共价晶体

以共价键相结合的晶体称为**共价晶体**(covalent crystal)，氢分子是以共价键结合的典型例子.两个氢原子各有一个 1s 电子，当结合成分子时，两电子集中在两核之间为两原子共有，它们的自旋反向平行，形成共价键.共价键的主要特征是“饱和性”和“方向性”.金刚石是最典型的共价晶体，其碳原子的电子组态为 $1s^22s^22p^2$，每个碳原子可以贡献四个价电子与周围的四个碳原子形成四个共价键，如图 18-5 所示.

共价晶体结合力很强，并具有高熔点和高硬度.由于价电子定域在共价键上，因此这类晶体的电导率低，一般属于绝缘体或半导体.

3. 金属晶体

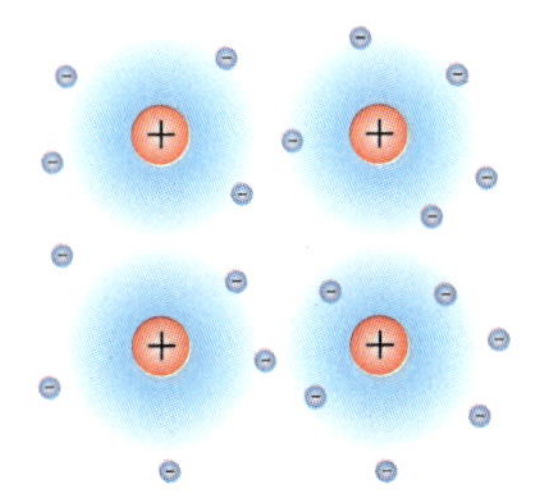
图 18-6 价电子脱离原子后在金属晶体中自由运动，形成电子气，各个离子实则在各自的平衡位置附近作微振动

在**金属晶体**(metallic crystal)中，原子失去了它的部分或全部价电子而成为**离子实**.这些脱离了原子的电子在整个晶体内自由运动，它们不再属于某一个原子，而为全体离子实所共有.整个金属晶体宛如一个有序排列的正离子阵列浸没

在电子海中，如图 18-6 所示.金属键就是靠共有化价电子与离子实之间的相互作用而形成的.

金属键没有饱和性和明显的方向性，故金属晶体通常按密堆积的规则排列.金属的结合很牢固，有很高的硬度和熔点.根据金属键的特点，金属具有良好的导电和导热性能.

4. 分子晶体

分子晶体(molecular crystal)的结构单元是分子，分子之间的相互作用力为范德瓦耳斯力，故这种晶体的结合力称为范德瓦耳斯键.范德瓦耳斯力很弱，所以分子晶体的结合力很小，熔点很低，硬度很小.大部分有机化合物晶体和二氧化碳、二氧化硫、氢、氯等以及一些惰性气体在低温下形成的晶体都属分子晶体.

5. 氢键晶体

中性的氢原子通常只和一个其他原子形成共价键.但是，由于氢原子所特有的性质，在一定条件下一个氢原子可以同时与两个原子相结合，这种结合力称为氢键(hydrogen bond).冰是一种氢键晶体，H_2O 分子之间靠氢键结合，氢原子与其中的一个氧原子结合较强，而与另一个氧原子结合较弱.

晶体结合的性质取决于组成晶体的原子结构以及原子束缚电子能力的强弱.实际晶体中原子间的作用较为复杂，往往是多种键同时存在.

18-2-2 能带

不同种类的晶体具有不同的导电特性.如何用晶体结构的微观理论去解释宏观上不同的导电特性呢？我们将引入能带理论.

设想有 N 个完全相同的原子构成一个系统，原子与原子之间的距离足够大以至于可以忽略它们之间的相互作用，这时每个原子都有相同的电子组态和能级.从整个系统考虑，能级结构与孤立原子基本相同，只是一个能级表示 N 个原子构成的系统的能态.

现设想原子间距逐渐缩小，使整个原子体系过渡为实际晶体.这时，电子除了受本身原子的势场作用外，还受到相邻原子的势场作用.这种作用对于原子中的芯电子影响不大，但对于外层价电子影响较明显.这些电子不再属于各自的原子，而被整个晶体中原子所共有，这就是所谓的电子共有化.电子共有化引起波函数发生畸变，价电子波函数由局部向周围更多的原子延伸覆盖，同时引起原来的系统能级发生分裂，原来的一个能级分裂成 N 个能级，它们密集排列形成了能带(energy band).我们把由于价电子能级分裂而形成的能带称为价带(valence band).由于 N 值非常大($N\sim10^{24}$)，因此能带中的能级可看成连续分布.相邻两个能带之间的区域称为禁带(forbidden band)，禁带中没有能级.价带上面没有被电子占据的能带称为空带，如图 18-7 所示.

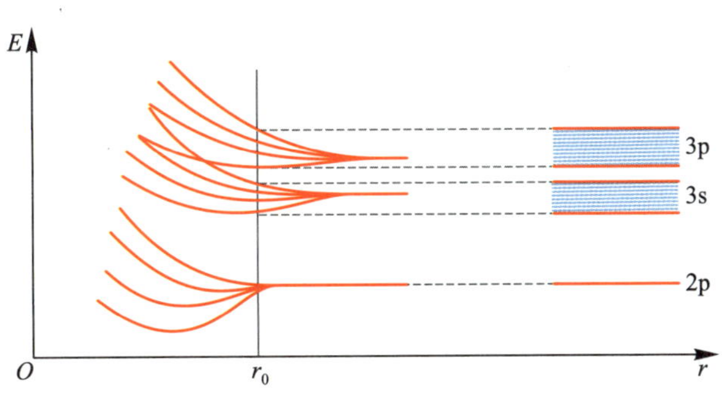

图 18-7 随着原子间距逐渐变小,能级开始分裂,形成能带.r_0 为实际晶体中原子间距.以金属钠为例,外层 3s 态电子的能级分裂明显,形成价带.价带以上是空带(对应于 3p 态).钠原子芯电子(2p 态)能级基本不受影响.随着原子间距进一步缩小,3s 和 3p 能带将发生部分重叠,同时内层 2p 能级开始分裂成能带

能带的性质决定了晶体的导电特性.当能带被电子填满时,由于电子没有自由活动的空间,以至在外电场中形成不了电流,这好比停车场被汽车占满,没有留下任何通道,以至车辆无法进出一样.填满电子的能带称为**满带**,满带不具备导电条件.照此分析,未被电子占满的能带具有导电特性,这样的能带称为**导带**(conduction band).一般导体材料的能带都有相同的结构,即价带未被电子填满,或者虽被填满但与上层空带发生部分重叠,如图 18-8(a)所示.以金属钠(Na)为例,它的电子组态为 $1s^22s^22p^63s$,根据泡利不相容原理,3s 价带可以容纳 $2N$ 个电子,而价电子总数只有 N 个,所以金属钠是导体.又比如金属镁(Mg),它的电子组态是 $1s^22s^22p^63s^2$,价电子总数为 $2N$,刚好填满 3s 价带.按理说镁应该是绝缘体,但是因为 3s 能带与上层的 3p 空带部分重合,为电子拓展出了新的自由活动空间,所以仍然表现出导体特性.

绝缘体(insulator)的能带结构完全不同于导体,其价带被电子充满,价带与上层空带之间的禁带宽度较大,为 3~6 eV,因此不具有导电特性,如图 18-8(b)所示.在一般外电场的作用下,或者当晶体受到热激发或光激发时,会有少量电子从满带跃迁到空带上,从而引发极其微弱的导电性.但是如果外电场很强,致使大量电子跃过禁带进入空带,这时绝缘体就变成了导体.这一现象称为**电介质击穿**(dielectric breakdown).

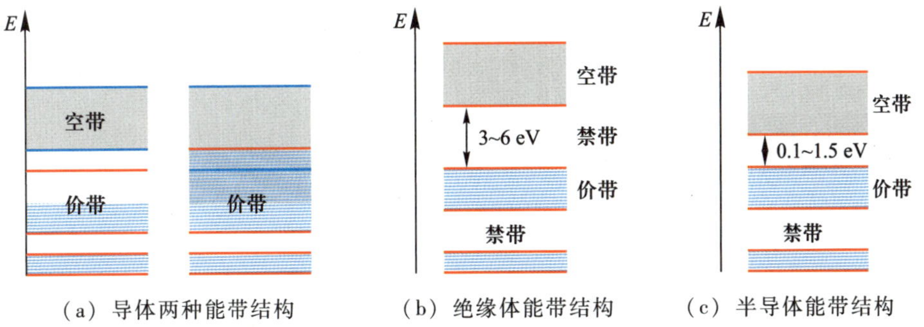

(a) 导体两种能带结构 (b) 绝缘体能带结构 (c) 半导体能带结构

图 18-8 晶体的导电特性取决于晶体的能带结构.导体能带中有较大的空间未被价电子填满,因此具有导电特性.绝缘体的价带填满了电子,因此不具备导电条件.半导体的价带虽然也是满带,但是由于禁带的宽度很小,获取少量的能量就能将满带中的电子激发到上层空带上,从而产生导电特性

半导体(semiconductor)的导电特性介于导体和绝缘体之间,它的能带结构与绝缘体相似,在绝对零度时价带被电子填满.但是其禁带宽度与绝缘体相比要小得多,为 0.1~1.5 eV,如图 18-8(c)所示.因此,获取不多的能量就可以将电子激发到空带上去产生导电特性.一般随着温度的升高,由于热激发会使大

量电子进入上层空带，从而形成导带．半导体的导电特性对于温度变化很敏感，就禁带宽度为 1 eV 的纯半导体而言，在室温下导带中的电子数可以是10 ℃时的两倍．

18-3 金属的自由电子模型

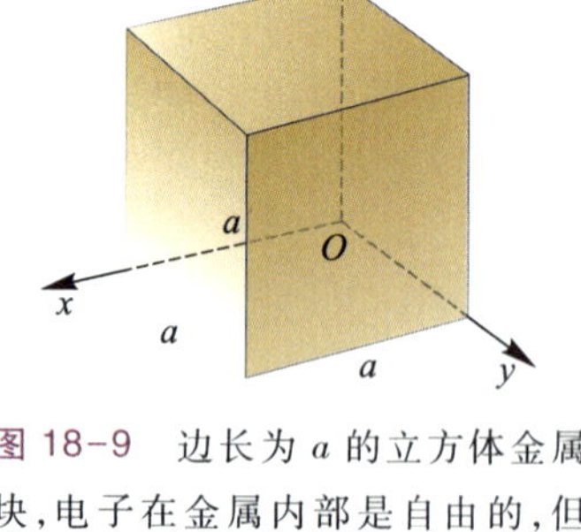

图 18-9 边长为 a 的立方体金属块，电子在金属内部是自由的，但受到表面势垒的束缚

研究金属中的电子能态，将使我们对金属的许多特性获得本质上的认识．早在 1900 年，特鲁德（P.K.L.Drude，1863—1906）为了解释金属的导电和导热性质就提出了**自由电子模型**的理论．以后经洛伦兹和索末菲等人的改进和发展，对金属的一些重要性质可以给出一定的解释．虽然模型过于简单，理论存在一定的局限性，但是却能说明一些问题．自由电子模型假设价电子在金属中处于自由状态，除了电子与离子可以发生碰撞之外，电子之间、电子与离子之间没有相互作用，但是在金属表面存在无限势垒，电子不能脱离表面的束缚．

以边长为 a 的正方体金属块为例，如图 18-9 所示，可以认为自由电子处于一个三维无限深方势阱中．在 15-8-1 节中，我们曾处理过一维无限深方势阱的问题，用同样的方法可以建立三维无限深方势阱的薛定谔方程，并解出其波函数为

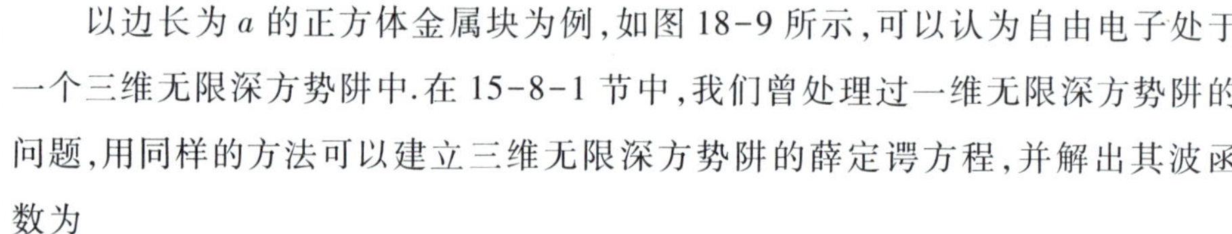

$$\psi(x,y,z)=A\sin\frac{n_x\pi x}{a}\sin\frac{n_y\pi y}{a}\sin\frac{n_z\pi z}{a} \tag{18-1}$$

式中的 n_x、n_y、n_z 分别为三个量子数．对应量子态的能量为

$$E=\frac{\pi^2\hbar^2}{2m_ea^2}(n_x^2+n_y^2+n_z^2) \tag{18-2}$$

可见，金属中自由电子的能量只能取分立值．

18-3-1 电子的态密度

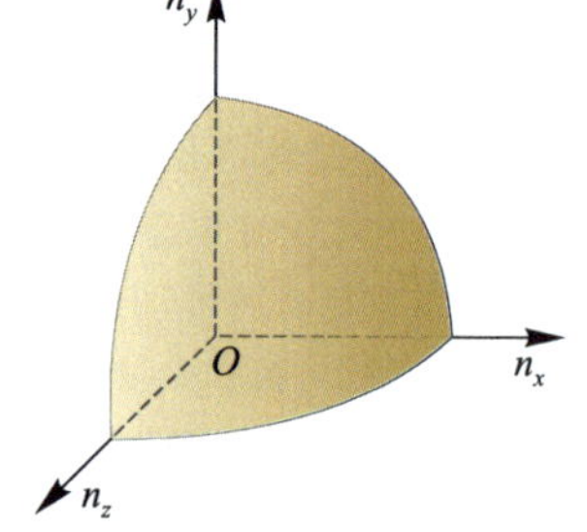

图 18-10 对于确定的能量值 E，满足式（18-2）的球面上每个点代表一个量子态，1/8 球面上的点数代表对应于能量 E 的量子态数，1/8 球体内的点数代表能量小于 E 的量子态数

金属的许多性质与电子数随能量的分布有关，为此有必要先了解状态数随能量的分布．根据式（18-2），对于确定的能量值 E 可以有三个量子数 n_x，n_y，n_z 的多种组合，每一种组合对应于一个量子态，因此电子的能级是简并的．若以（n_x，n_y，n_z）为坐标，则式（18-2）可表示为一个半径为 $R=(2m_ea^2E/\pi^2\hbar^2)^{1/2}$ 的球面，如图 18-10 所示．满足式（18-2）的每一组量子数是球面上的一个点，每一点代表一个可能的量子态，或者说，代表一种可能的电子状态．能量值小于 E 的某个量子态由球体内一点表示．因为 n_x，n_y，n_z 只能取正整数，所以球体

内一个点对应于一个单位体积.能量小于 E 的量子态数就等于 1/8 球体内的点数.又因为每个点包含两个自旋相反($m_s=\pm1/2$)的状态,所以量子态总数为

$$N_s=2\frac{1}{8}\cdot\frac{4}{3}\pi R^3=\frac{1}{3}\frac{(2m_eE)^{3/2}V}{\pi^2\hbar^3} \tag{18-3}$$

式中 $V=a^3$ 为金属块的体积.

单位能量区间内的量子态数称为**能态密度**或**态密度**(density of states),用 $g(E)$ 表示,由式(18-3)对 E 求导可得

$$g(E)=\frac{\mathrm{d}N_s}{\mathrm{d}E}=\frac{(2m_e)^{3/2}V}{2\pi^2\hbar^3}E^{1/2} \tag{18-4}$$

18-3-2 费米-狄拉克分布

现在我们将了解电子在各量子态的分布情况.按照经典理论,粒子数按能态的分布遵从玻耳兹曼分布律,与 $\mathrm{e}^{-E/kT}$ 成正比,然而这一规律并不适用于电子.原因有两个:一是它与泡利不相容原理相抵触.玻耳兹曼分布对处于某个能态的粒子数没有限制,在绝对零度($T=0$ K)时所有电子位于系统的最低能态($n_x=n_y=n_z=1, m_s=\pm1/2$),而泡利不相容原理则要求每个能态只能有一个电子,在绝对零度时电子从最低能态开始逐一向上填满各可能的能级,直至某个值 E_{F0}.能量值大于 E_{F0} 的能级没有电子,如图 18-11 所示.二是玻耳兹曼分布适用于全同但可区分的粒子,而金属中交叠在一起的电子是不可区分的.根据粒子的不可区分性和泡利不相容原理,金属中的自由电子按能量的分布服从**费米-狄拉克分布律**(Fermi-Dirac distribution law),电子能量为 E 的能态的概率为

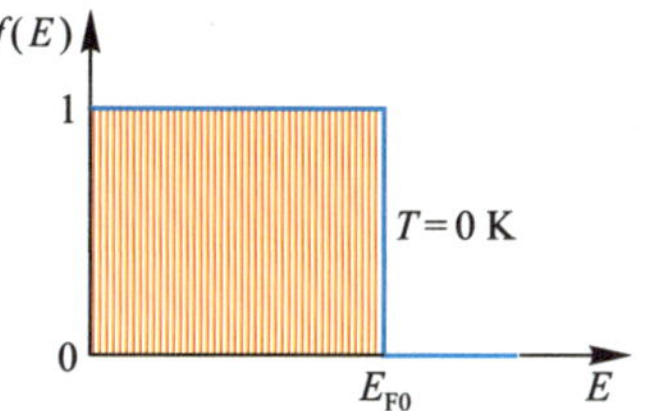

图 18-11 在绝对零度时,能量小于 E_{F0} 的能级被电子填满,能量大于 E_{F0} 的能级没有电子.随着温度 T 的升高,在大于 E_{F0} 的能级上会出现越来越多的电子

$$f(E)=\frac{1}{\mathrm{e}^{(E-E_F)/kT}+1} \tag{18-5}$$

式中的 E_F 称为**费米能**(Fermi energy),相应的能级称为**费米能级**(Fermi level).一般而言,E_F 与温度有关,E_{F0} 表示 $T=0$ K 时的费米能.固体导体(比如金属)的费米能随温度变化很小,可以近似认为 $E_F=E_{F0}$,但对于半导体就另当别论了.图 18-12 是不同温度下的费米-狄拉克分布曲线.当 $T=0$ K 时,如果 $E<E_{F0}$,则有 $f(E)=1$;如果 $E>E_{F0}$,则有 $f(E)=0$.这表明在绝对零度时费米能级以下的能态全部被电子填满,而费米能级以上的能态没有电子.当 $E=E_F$ 时,$f(E)=1/2$,表示电子出现在费米能级的概率为 1/2.一般把平均粒子数等于 1/2 的量子态的能量定义为费米能级.

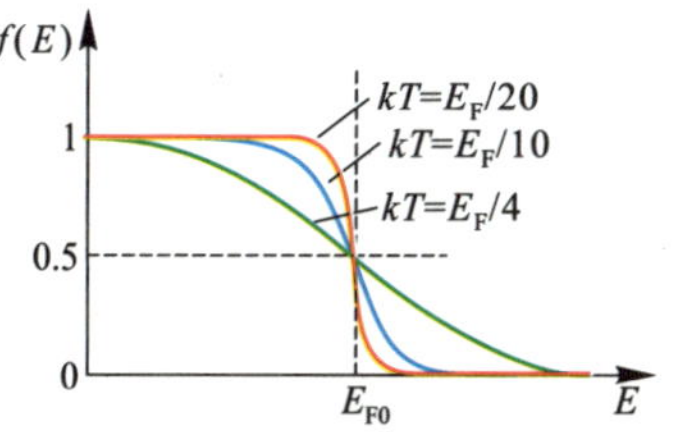

图 18-12 不同温度时的费米-狄拉克分布曲线.$E=E_F$ 时 $f(E)=1/2$,表示电子出现在费米能级的概率为 1/2.当 $E<E_F$ 时,$f(E)>1/2$;当 $E>E_F$ 时,$f(E)<1/2$.当温度升高时,会有更多的电子位于 E_F 以上的能态

$f(E)$ 给出了在温度为 T、能量为 E 时电子出现的概率,由式(18-4),在能量区间 $\mathrm{d}E$ 内的量子态数目为 $g(E)\mathrm{d}E$,而每一量子态只能占据一个电子,因此

dE 内的电子数可表示为

$$dN=g(E)f(E)dE=\frac{(2m_e)^{3/2}VE^{1/2}}{2\pi^2\hbar^3}\frac{1}{e^{(E-E_F)/kT}+1}dE \tag{18-6}$$

总电子数 N 可由绝对零度时的费米能 E_{F0} 来表示,这是因为 E_{F0} 以下的各个能态正好被电子填满.由式(18-3)可得

$$N=\frac{(2m_e)^{3/2}VE_{F0}^{3/2}}{3\pi^2\hbar^3} \tag{18-7}$$

因而,费米能 E_{F0} 可表示为

$$E_{F0}=\frac{3^{2/3}\pi^{4/3}\hbar^2}{2m_e}n^{2/3} \tag{18-8}$$

式中 $n=N/V$ 称为**电子数密度**(electron number density).

由式(18-6)可以得到自由电子的总能量以及平均能量.为简单起见,我们以绝对零度时的情况加以讨论.

dE 区间内的电子数为 dN,能量为 $EdN=Eg(E)f(E)dE$.当 $T=0$ K 时,费米能分布在 $E=0$ 到 $E=E_{F0}$ 之间,有 $f(E)=1$,在 $E>E_{F0}$ 时有 $f(E)=0$.因此,所有电子的总能量为

$$E=\int_0^{\infty}Eg(E)f(E)dE=\int_0^{E_{F0}}Eg(E)dE=\frac{2}{5}\frac{(2m_e)^{3/2}V}{2\pi^2\hbar^3}E_{F0}^{5/2}$$

由式(18-7),可得自由电子的平均能量为

$$\bar{E}=\frac{E}{N}=\frac{3}{5}E_{F0} \tag{18-9}$$

按经典理论,绝对零度时电子的动能为零,但是根据量子理论,即使在绝对零度时电子还是具有一定的能量.

例 18-1

在低温下,金属铜的自由电子数密度为 $8.45\times10^{28}\ m^{-3}$,试根据自由电子模型计算铜的费米能量.

解 由于铜是金属,因此可以用 E_{F0} 取代 E_F.

$$E_{F0}=\frac{3^{2/3}\pi^{4/3}\hbar^2}{2m_e}n^{2/3}$$

$$=\frac{3^{2/3}\pi^{4/3}(1.055\times10^{-34}\ J\cdot s)^2(8.45\times10^{28}\ m^{-3})^{2/3}}{2(9.11\times10^{-31}kg)}$$

$$=1.126\times10^{-18}J=7.04\ eV$$

这一能量值远大于在常温下的 kT,因此完全有理由可以近似认为 E_F 以下的能态几乎被电子占满,而在 E_F 以上的能态几乎没有电子.

例 18-2

(1)计算在绝对零度时铜质材料中自由电子的平均能量;(2)如果能量均分定理对此系统仍适用,那么铜块中大量电子热运动所显示的温度是多少?(3)如果一个电子的动能等于费米能量,那么它的速度是多少?

解 (1) 由上一例题的结果可得电子的平均能量

$$\overline{E}=\frac{3}{5}E_{F0}=\frac{3}{5}\times(7.04\ \text{eV})\approx 4.22\ \text{eV}$$

(2) 由粒子的平均平动动能为 $3kT/2$ 可得

$$T=\frac{2\overline{E}}{3k}=\frac{2\times(6.75\times10^{-19}\ \text{J})}{3\times(1.38\times10^{-23}\ \text{J}\cdot\text{K}^{-1})}\approx 3.26\times10^{4}\ \text{K}$$

因为铜的汽化温度为 2 868 K,所以在 3.26×10^4 K 的温度下,铜早已汽化了.

(3) $E_F=\frac{1}{2}mv_F^2$

$$v_F=\sqrt{\frac{2E_F}{m}}=\sqrt{\frac{2\times(1.126\times10^{-18}\ \text{J})}{9.11\times10^{-31}\ \text{kg}}}\approx 1.57\times10^{6}\ \text{m}\cdot\text{s}^{-1}$$

v_F 称为**费米速度**,由此可见,即使在 $T=0$ K 时电子的速度也并不为零,且高达 $10^6\ \text{m}\cdot\text{s}^{-1}$ 数量级,这与经典理论所给出的结论完全不同.

18-4 半导体

18-4-1 半导体的结构与特性

半导体是一类导电特性介于金属和绝缘体之间的材料,在常温下,其电阻率为 $10^{-4}\sim10^{7}\ \Omega\cdot\text{m}$.而金属的电阻率约为 $10^{-8}\ \Omega\cdot\text{m}$,绝缘体的电阻率为 $10^{14}\sim10^{20}\ \Omega\cdot\text{m}$.从 18-2-2 节中已经知道,半导体的能带结构与绝缘体相似,只是其禁带宽度比绝缘体小得多,为 0.1~1.5 eV.在绝对零度时价带被电子填满,导带是空着的.随着温度的升高,部分电子会被激发到导带,同时在价带中留出空的量子态,称其为**空穴**(hole),致使原来拥挤的价带有所疏松.在外电场作用下,导带中的电子将参与导电,同时在价带中邻近电子将跃入空穴,同时又留出新的空穴由其他电子来填补,以此类推.电子依次沿逆电场方向填补空穴,其产生的效果等同于正电荷沿电场方向流动,从而形成电流,如图 18-13 所示.因此半导体导带中的电子和价带中的空穴都可以导电,电子和空穴统称为**载流子**(charge carrier).载流子的数目随温度的升高按指数规律上升,因此半导体的导电特性对温度极其敏感.这一点正好与金属的情形相反,金属的电导率随温度的升高反而减小.没有杂质和缺陷的纯净半导体,其导电机理属于电子和空穴的混合导电,这种半导体称为**本征半导体**(intrinsic semiconductor).本征

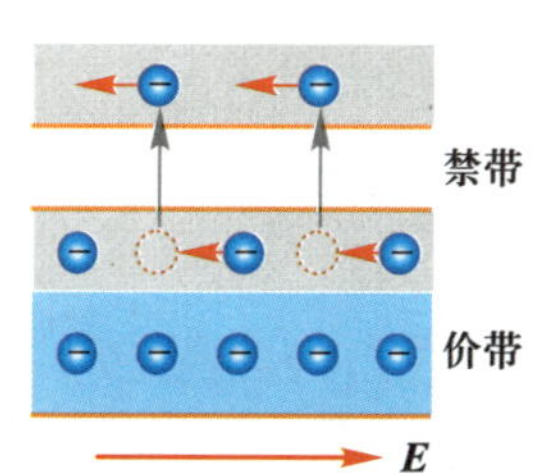

图 18-13 在一定的温度下,一部分电子从价带激发到导带,同时在价带中留出了空穴.在电场力作用下,导带中的电子逆电场方向运动,价带中的电子逆电场方向依次填补空穴,从而形成了电流

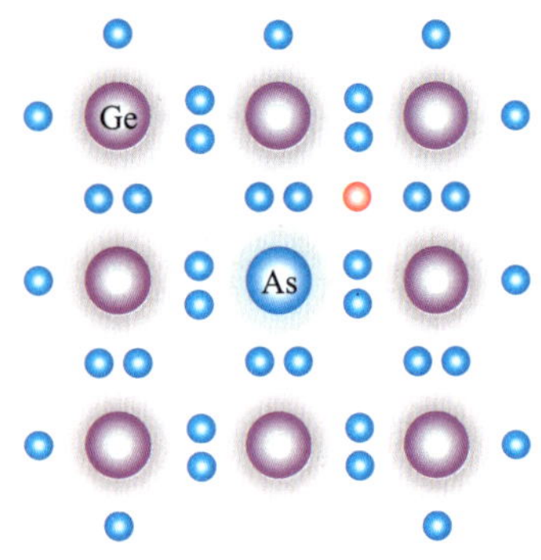

(a) 五价砷原子在锗晶体中取代了一个锗原子，与周围相邻的四个锗原子形成共价键.多余的一个电子在常温下成为自由电子

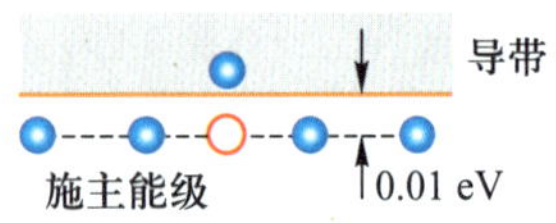

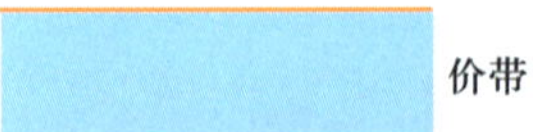

(b) 由于施主能级紧靠导带低端，杂质原子上的价电子容易激发到导带上成为自由电子

图 18-14

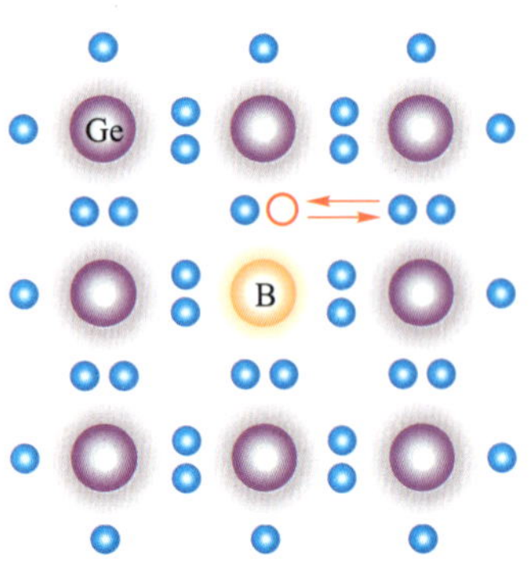

(a) 三价硼原子在锗晶体中取代了一个锗原子，与周围相邻的四个锗原子形成共价键还缺少一个电子，形成一个空穴

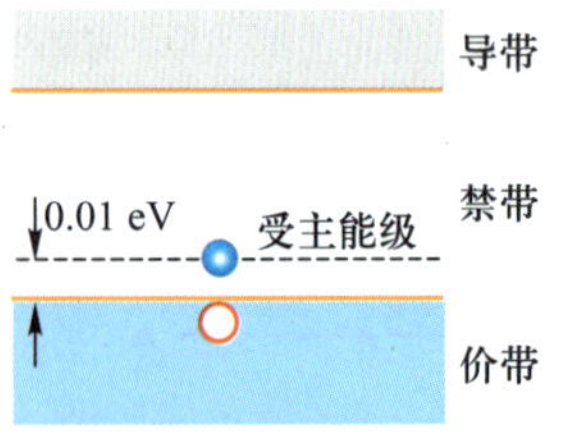

(b) 受主能级位于价带上方紧靠价带顶端，因此价带中的电子容易激发到受主能级上，从而在价带中留出空穴

图 18-15

半导体的导电性能并不理想，只有在较高温度时才具有本征半导体的性质，实际中应用的一般都是**杂质半导体**，即在高纯度的半导体中添加少量杂质，称为**掺杂**(doping).掺杂后的半导体可以大大提高导电性能.

半导体硅 Si 和锗 Ge 都具有金刚石晶体结构，每个原子形成四个共价键，与邻近四个原子相连接.以锗为例，设想有少量五价的杂质原子砷 As 掺入其中，一个砷原子在锗晶体中取代了一个锗原子.由于砷原子的外层有五个价电子，其中四个与相邻的四个锗原子形成共价键，剩余的一个电子由于受砷原子的束缚较弱，容易被热激发而在晶格中比较自由地运动，如图 18-14(a)所示.这个多余的价电子称为**逾量电子**，砷原子在失去一个价电子后成为一个逾量正电荷.我们可以把逾量电子和逾量正电中心看成一个类似于氢原子的模型来计算它们之间的结合能.这个能量又称为杂质的电离能，它表示逾量电子从束缚态激发到导带所需的能量.一般五价杂质的电离能远小于半导体的禁带宽度，例如，砷在锗中的掺杂所产生的电离能约为 0.01 eV，而禁带宽度约为 1 eV，如图 18-14(b)所示.因此杂质原子上的电子很容易激发到导带上去，在温度不高时，导带中的电子主要来源于杂质.由于五价原子能提供导电电子，故称这种杂质原子为**施主**(donor)，相应的杂质能级称为**施主能级**(donor level).这种主要靠杂质电子导电的半导体称为**电子型半导体**，又称 **n 型半导体**.

如果我们把三价的杂质原子(比如硼 B)注入锗晶体中，从而取代一个锗原子，则由于它的外层只有三个价电子，要与周围四个锗原子形成共价键还缺少一个电子，因而形成一个空穴，见图 18-15(a).空穴可以吸引其他原子上的电子来填充，以致出现一个新的空穴，这相当于空的能量状态由一个原子移动到另一个原子上去.我们可以把获得电子的杂质原子视为负电中心，空穴被负电中心束缚.同样可以用氢原子模型的方法计算出空穴的电离能.这个能量值也约为 0.01 eV，远小于禁带宽度 1 eV.因此在常温下，价带中的电子很容易被激发到杂质原子空的能量状态上去，而在价带中留出可参与导电的空穴.三价元素掺杂的半导体主要靠空穴导电，故称**空穴型半导体**，又称 **p 型半导体**.由于三价原子具有接受电子的特性，故称为**受主**(acceptor)，相应的杂质能级称为**受主能级**(acceptor level)，受主能级位于价带上方，如图 18-15(b)所示.

18-4-2 pn 结

在一块半导体单晶上进行三价元素和五价元素的杂质注入，并对不同部分的杂质浓度进行控制，可以得到一块一边是 p 型、另一边是 n 型的半导体.在室温下，杂质基本上被电离，n 区的电子要向 p 区扩散，同时 p 区的空穴要向 n 区扩散，从而在这两个区域交界面的附近形成所谓的 pn 结（p-n junction），n 区一侧因缺少电子而带正电，p 区一侧因缺少空穴而带负电，如图18-16 所示.pn 结附近的空间电荷区在建立的过程中形成电场 $\boldsymbol{E}$，其方向由 n 区指向 p 区，称为内建电场（internal electric field）.内建电场将阻碍扩散的进一步发展，当两者达到平衡时扩散停止，这时在 pn 结附近形成势垒，电阻很大.

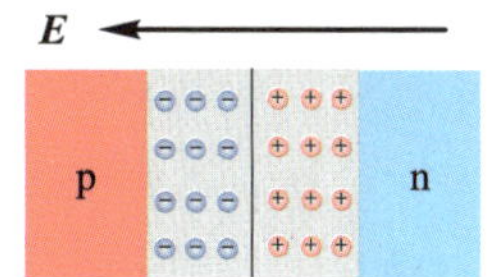

图 18-16 pn 结示意图.当 p 型半导体与 n 型半导体接触时，电子和空穴相向扩散，在 pn 结附近形成空间电荷区，同时建立起内建电场

当在 pn 结上加正向电压（p 区接正极，n 区接负极）时，则外电场将削弱内建电场，使空间电荷区变窄，电阻减小，载流子扩散占主导而形成电流，如图 18-17（a）所示，这个方向称为通流方向.如果在 pn 结加上反向电压，这时外电场与内建电场方向一致，使空间电荷区加宽，电阻增大，如图 18-17（b）所示，这个方向称为阻流方向.由此可见，pn 结具有整流特性，其整流特性曲线如图 18-17（c）所示.二极管单向导电特性的依据就是 pn 结的工作原理.

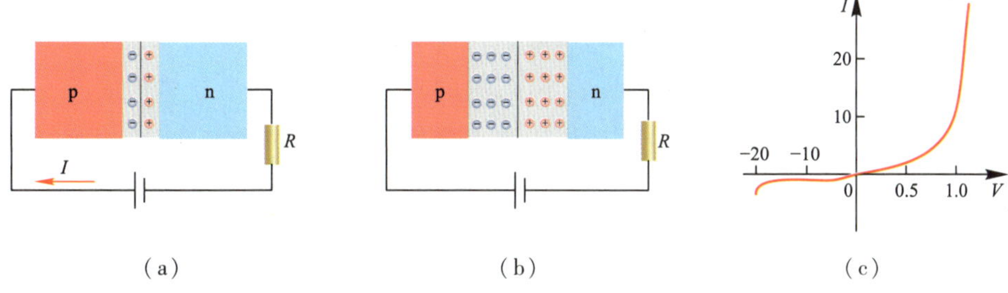

（a） pn 结正向导通
（b） pn 结反向阻流
（c） pn 结整流特性曲线
图 18-17

18-4-3 半导体器件

pn 结是许多半导体器件的核心，以它为基础可以做成整流、检波、控制、开关、放大等多种半导体器件，这些半导体器件在现代高新技术中扮演着不可替代的重要作用.以下简单介绍几种常见半导体器件.

1. 发光二极管（LED）与太阳能电池

发光二极管（图 18-18）的核心部分是一块由 p 型半导体和 n 型半导体组成的晶片，当 pn 结处于正向电压偏置时，p 区的空穴和 n 区的电子进入 pn 结区域而产生复合，从能带理论来理解，就是导带下部的电子越过禁带与价带中的空穴中和.在这一过程中由于电子的能量要减少，因此会有能量释放出来.对于某些半导体，如砷化镓、磷化镓等，这部分能量是以辐射光子的形式释放出来，能量的大小取决于不同半导体的禁带宽度，从而发出不同频率的光.发光二极管被广泛用于数字显示，如电子钟、电子设备、汽车仪表板等.

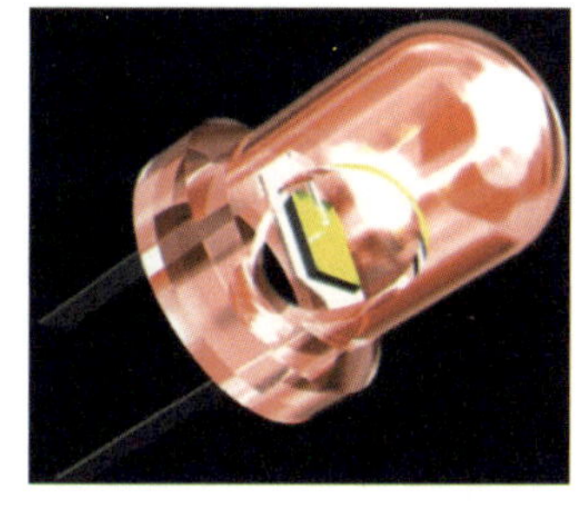
图 18-18 发光二极管

与上述相反的过程则将产生光生伏打效应（photovoltaic effect）.当 pn 结受到光照时，半导体的原子由于获得了光能而释放出电子，从而出现了电子-空穴对，并在“内建电场”的作用下，将电子驱向 n 区，将空穴驱向 p 区.这样，在 n 区便会有过剩电子，而在 p 区则会有过剩空穴.这样，就会在 pn 结附近形成与原来的内建电场方向相反的光生电场.光生电场除了能抵消内建电场的作用以

外，还能使 p 区带正电，使 n 区带负电. 于是，在 n 区和 p 区之间产生了电动势，此时若是将外电路接通，便会有电能输出. 这样的半导体器件常称为**太阳能电池**（solar cell）.

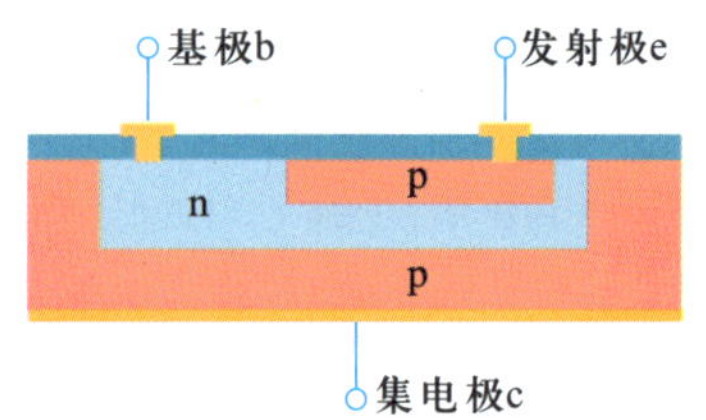

（a） pnp 型晶体管由两块 p 型半导体，中间夹一薄层 n 型半导体构成

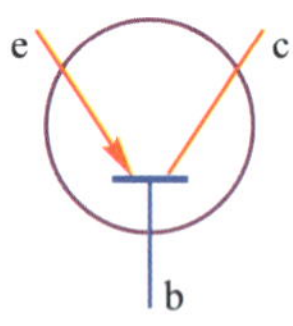

（b） pnp 型晶体管的电路标记

图 18-19

2. 晶体管

1956 年诺贝尔物理学奖授予美国的三位科学家肖克利（W. Shockley，1910—1989）、巴丁（J. Bardeen，1908—1991）和布拉坦（W. Brattain，1902—1987），以表彰他们对半导体的研究和**晶体管**（transistor）效应的发现. 晶体管的发明是 20 世纪中叶科学技术领域有划时代意义的一件大事. 与电子管相比，晶体管有体积小、耗电少、寿命长、易固化等优点，它的诞生使电子学发生了根本性的变革，它加快了自动化和信息化的步伐，从而对人类社会的经济和文化产生不可估量的影响.

晶体管由两个 pn 结组合而成，分 pnp 型和 npn 型两种. 鉴于它们的工作原理基本相同，我们就以 pnp 型晶体管为例作详细介绍.

pnp 型晶体管是由两块 p 型半导体，中间夹一薄层 n 型半导体构成的，一侧的 p 区称为**发射极**（emitter），记作 e；另一侧的 p 区称为**集电极**（collector），记作 c；中间的 n 区称为**基极**（base），记作 b，如图 18-19（a）所示. pnp 型晶体管在电路中的标记如图 18-19（b）所示.

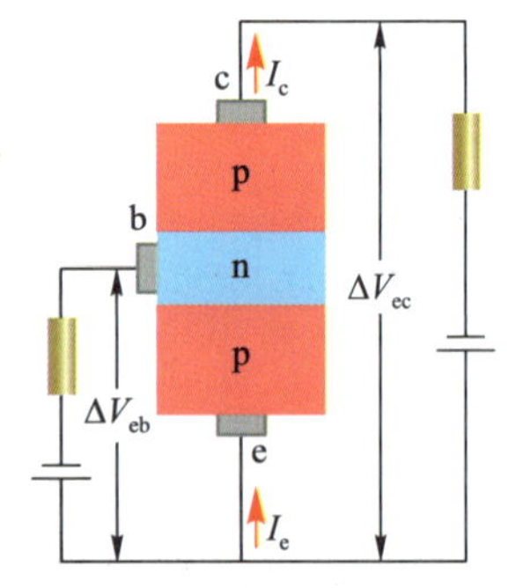

图 18-20 晶体管工作原理图. 基极电流 I_b 的较小变化将引起集电极电流 I_c 较大的变化

pnp 型晶体管的工作原理如图 18-20 所示. 发射极 e 的电势高于集电极 c 的电势，电势差为 ΔV_{ec}；发射极 e 和基极 b 的电压取正向偏置，基极 b 和集电极 c 的电压取反向偏置. 一般发射极的掺杂浓度要比基极高得多，因此从发射极到基极通过 pn 结的电流 I_e 以空穴为主. 由于基极半导体很薄，且掺杂浓度低，因此只有少量空穴在基极与电子复合，绝大多数的空穴将加速越过反向偏置的 pn 结进入集电极，形成集电极电流 I_c. 在基极空穴不断与电子复合，同时在正向偏压 ΔV_{eb} 作用下从基极拉走空穴，不断提供可复合的电子，当两者达到动态平衡时就形成了基极电流 I_b. 基极电流虽小，但它的些许变化将引起集电极电流的较大变化. 在适当配置偏压的情况下，集电极电流 I_c 与基极电流 I_b 成正比，即

$$I_c=\beta I_b \tag{18-10}$$

这时的晶体管可以看作一个电流放大器，β 称为**电流增益**（current gain）其值一般为 10～100.

3. 集成电路

2000 年，诺贝尔物理学奖颁发给了一位 77 岁的老人杰克 · 基尔比（J.S. Kilby，1923—2005）以表彰他早在 1958 年发明了世界上第一块**集成电路**（integrated circuit），见图 18-21. 当今世界，标志着现代文明的汽车、飞行器、宇宙飞船、机器人、手表、照相机、计算机以及各种先进的通信设施和互联网……无一例外地建立在集成电路技术的基础之上.

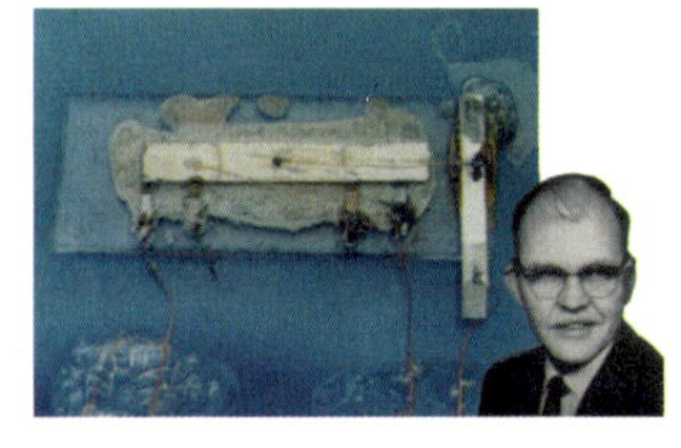
图 18-21 1958 年 9 月，杰克 · 基尔比发明了世界上第一块集成电路

集成电路是把各种电路元件（包括晶体管、二极管、电阻等）都制作在一

块小小的硅片上，现代技术已经很容易在一块 1 cm^2 的硅片上同时制作数千万个元器件. 自集成电路发明算起，集成度的提高几乎以每年翻一番的速度发展着.

在真空电子管时代，大尺寸器件和伴随而来的高能耗限制了元器件使用的数量，制约了高性能电路的设计. 以后，小型化、高可靠性的半导体器件解决了以上问题，但是又出现了新的矛盾. 对于一个复杂电路，涉及数十万个半导体元器件，数百万个连接点需要人工焊接和测试，如何解决这个问题？这还得乞助于新的技术. 集成电路发明的初衷只是为了解决半导体器件之间的接线问题. 然而集成电路发明以后，一个额外的收获是它的小型化和高速响应. 响应速度一般取决于电路中电信号的传播速度（$0.3\ m\cdot ns^{-1}$），而小型化和元器件的高度集成度可以大大提高响应速度，这对于现代小型化高速计算机是非常重要的.

杰克·基尔比的名字被列入美国发明家名人堂，与汽车的发明人亨利·福特、电灯的发明人爱迪生和飞机的发明人莱特兄弟比肩. 有人这样评价这位现代信息技术的奠基者："杰克·基尔比是为数不多的几个人之一，他可以环顾世界并对自己说：我改变了世界."

思考题

18-1 晶体与非晶体的主要区别表现在哪些方面？

18-2 晶体的结合力可以有哪几种？各有何特征？

18-3 导体、半导体、绝缘体的能带结构有何不同？试从能带观点定性说明它们的导电特性.

18-4 为什么半导体掺杂后，其导电性能大大提高？

18-5 为什么本征半导体只有在较高温度条件下才具有一定的导电特性？

18-6 说明 n 型半导体与 p 型半导体的区别.

习题

18-1 已知金属钠的质量密度为 $9.71\times10^2\ kg\cdot m^{-3}$，且每个钠原子只有一个价电子. 求其：(1) 载流子数密度；(2) 费米能；(3) 费米速度.

18-2 设金属银在温度为 700 K 时，出现某一能态的概率为 0.955. 求相应能态的能量值.（已知银的费米能为5.48 eV.）

附　录

附录 1　常用物理学常量

国际科学联合会理事会科学技术数据委员会(CODATA)2018 年国际推荐值				
物理量	符号	数值	单位	相对标准不确定度
真空中的光速	c	299 792 458	$m \cdot s^{-1}$	精确
普朗克常量	h	$6.626\ 070\ 15 \times 10^{-34}$	$J \cdot s$	精确
约化普朗克常量	$h/2\pi$	$1.054\ 571\ 817 \cdots \times 10^{-34}$	$J \cdot s$	精确
元电荷	e	$1.602\ 176\ 634 \times 10^{-19}$	C	精确
阿伏伽德罗常量	N_A	$6.022\ 140\ 76 \times 10^{23}$	mol^{-1}	精确
摩尔气体常量	R	$8.314\ 462\ 618 \cdots$	$J \cdot mol^{-1} \cdot K^{-1}$	精确
玻耳兹曼常量	k	$1.380\ 649 \times 10^{-23}$	$J \cdot K^{-1}$	精确
理想气体的摩尔体积(标准状态下)	V_m	$22.413\ 969\ 54 \cdots \times 10^{-3}$	$m^3 \cdot mol^{-1}$	精确
斯特藩-玻耳兹曼常量	σ	$5.670\ 374\ 419 \cdots \times 10^{-8}$	$W \cdot m^{-2} \cdot K^{-4}$	精确
维恩位移定律常量	b	$2.897\ 771\ 955 \times 10^{-3}$	$m \cdot K$	精确
引力常量	G	$6.674\ 30(15) \times 10^{-11}$	$m^3 \cdot kg^{-1} \cdot s^{-2}$	2.2×10^{-5}
真空磁导率	μ_0	$1.256\ 637\ 062\ 12(19) \times 10^{-6}$	$N \cdot A^{-2}$	1.5×10^{-10}
真空电容率	ε_0	$8.854\ 187\ 812\ 8(13) \times 10^{-12}$	$F \cdot m^{-1}$	1.5×10^{-10}
电子质量	m_e	$9.109\ 383\ 701\ 5(28) \times 10^{-31}$	kg	3.0×10^{-10}
电子荷质比	$-e/m_e$	$-1.758\ 820\ 010\ 76(53) \times 10^{11}$	$C \cdot kg^{-1}$	3.0×10^{-10}
质子质量	m_p	$1.672\ 621\ 923\ 69(51) \times 10^{-27}$	kg	3.1×10^{-10}
中子质量	m_n	$1.674\ 927\ 498\ 04(95) \times 10^{-27}$	kg	5.7×10^{-10}
里德伯常量	R_∞	$1.097\ 373\ 156\ 816\ 0(21) \times 10^{7}$	m^{-1}	1.9×10^{-12}
精细结构常数	α	$7.297\ 352\ 569\ 3(11) \times 10^{-3}$		1.5×10^{-10}
精细结构常数的倒数	α^{-1}	$137.035\ 999\ 084(21)$		1.5×10^{-10}
玻尔磁子	μ_B	$9.274\ 010\ 078\ 3(28) \times 10^{-24}$	$J \cdot T^{-1}$	3.0×10^{-10}
核磁子	μ_N	$5.050\ 783\ 746\ 1(15) \times 10^{-27}$	$J \cdot T^{-1}$	3.1×10^{-10}
玻尔半径	a_0	$5.291\ 772\ 109\ 03(80) \times 10^{-11}$	m	1.5×10^{-10}
康普顿波长	λ_C	$2.426\ 310\ 238\ 67(73) \times 10^{-12}$	m	3.0×10^{-10}
原子质量常量	m_u	$1.660\ 539\ 066\ 60(50) \times 10^{-27}$	kg	3.0×10^{-10}

附录 2 国际单位制

1948 年召开的第九届国际计量大会作出了决定，要求国际计量委员会创立一种简单而科学的、供所有米制公约组织成员国均能使用的实用单位制.1954 年第十届国际计量大会决定采用米（m）、千克（kg）、秒（s）、安培（A）、开尔文（K）和坎德拉（cd）作为基本单位.1960 年第十一届国际计量大会决定将以这六个单位为基本单位的实用计量单位制命名为“国际单位制”，并规定其符号为“SI”.以后 1974 年的第十四届国际计量大会又决定增加将物质的量的单位摩尔（mol）作为基本单位.因此，目前国际单位制共有七个基本单位.

国际单位制有两个辅助单位，即弧度和球面度.

SI 导出单位是由 SI 基本单位按定义式导出的，其数量很多，有些单位具有专门名称.

国际单位制是计量学研究的基础和核心.特别是七个基本单位的复现、保存和量值传递是计量学最根本的研究课题.

2018 年第 26 届国际计量大会通过的“关于修订国际单位制的 1 号决议”将国际单位制的七个基本单位全部改为由常数定义.此决议自 2019 年 5 月 20 日（世界计量日）起生效.

1. SI 基本单位及其定义

量的名称	单位名称	单位符号	单位定义
时间	秒	s	当铯频率 $\Delta\nu_{Cs}$，也就是铯-133 原子不受干扰的基态超精细跃迁频率，以单位 Hz 即 s^{-1} 表示时，将其固定数值取为 9 192 631 770 来定义秒.
长度	米	m	当真空中光速 c 以单位 $m\cdot s^{-1}$ 表示时，将其固定数值取为 299 792 458 来定义米，其中秒用 $\Delta\nu_{Cs}$ 定义.
质量	千克（公斤）	kg	当普朗克常量 h 以单位 $J\cdot s$ 即 $kg\cdot m^2\cdot s^{-1}$ 表示时，将其固定数值取为 $6.626\,070\,15\times10^{-34}$ 来定义千克，其中米和秒用 c 和 $\Delta\nu_{Cs}$ 定义.
电流	安[培]	A	当元电荷 e 以单位 C 即 $A\cdot s$ 表示时，将其固定数值取为 $1.602\,176\,634\times10^{-19}$ 来定义安培，其中秒用 $\Delta\nu_{Cs}$ 定义.
热力学温度	开[尔文]	K	当玻耳兹曼常量 k 以单位 $J\cdot K^{-1}$ 即 $kg\cdot m^2\cdot s^{-2}\cdot K^{-1}$ 表示时，将其固定数值取为 $1.380\,649\times10^{-23}$ 来定义开尔文，其中千克、米和秒用 h，c 和 $\Delta\nu_{Cs}$ 定义.
物质的量	摩[尔]	mol	1 mol 精确包含 $6.022\,140\,76\times10^{23}$ 个基本单元.该数称为阿伏伽德罗数，为以单位 mol^{-1} 表示的阿伏伽德罗常量 N_A 的固定数值.一个系统的物质的量，符号 n，是该系统包含的特定基本单元数的量度.基本单元可以是原子、分子、离子、电子及其他任意粒子或粒子的特定组合.
发光强度	坎[德拉]	cd	当频率为 540×10^{12} Hz 的单色辐射的光视效能 K_{cd} 以单位 $1\ m\cdot W^{-1}$ 即 $cd\cdot sr\cdot W^{-1}$ 或 $cd\cdot sr\cdot kg^{-1}\cdot m^{-2}\cdot s^3$ 表示时，将其固定数值取为 683 来定义坎德拉，其中千克、米、秒分别用 h，c 和 $\Delta\nu_{Cs}$ 定义.

2. 包括 SI 辅助单位在内的具有专门名称的 SI 导出单位

量的名称	单位名称	单位符号	其他表示示例
[平面]角	弧度	rad	1
立体角	球面度	sr	1
频率	赫[兹]	Hz	s^{-1}
力	牛[顿]	N	$kg\cdot m\cdot s^{-2}$

续表

量的名称	单位名称	单位符号	其他表示示例
压力,压强,应力	帕[斯卡]	Pa	$N \cdot m^{-2}$
能[量],功,热量	焦[耳]	J	$N \cdot m$
功率,辐[射能]通量	瓦[特]	W	$J \cdot s^{-1}$
电荷[量]	库[仑]	C	$A \cdot s$
电压,电动势,电位,(电势)	伏[特]	V	$W \cdot A^{-1}$
电容	法[拉]	F	$C \cdot V^{-1}$
电阻	欧[姆]	Ω	$V \cdot A^{-1}$
电导	西[门子]	S	$A \cdot V^{-1}$
磁通量	韦[伯]	Wb	$V \cdot s$
磁通[量]密度,磁感应强度	特[斯拉]	T	$Wb \cdot m^{-2}$
电感	亨[利]	H	$Wb \cdot A^{-1}$
摄氏温度	摄氏度	℃	
光通量	流[明]	lm	$cd \cdot sr$
[光]照度	勒[克斯]	lx	$lm \cdot m^{-2}$

SI 辅助单位的定义：

弧度是一圆内两条半径之间的平面角,这两条半径在圆周上所截取的弧长与半径相等.

球面度是一立体角,其顶点位于球心,而它在球面上所截取的面积等于以球半径为边长的正方形面积.

3. SI 词头

因数	词头名称		符号	因数	词头名称		符号
	英文	中文			英文	中文	
10^{1}	deca	十	da	10^{-1}	deci	分	d
10^{2}	hecto	百	h	10^{-2}	centi	厘	c
10^{3}	kilo	千	k	10^{-3}	milli	毫	m
10^{6}	mega	兆	M	10^{-6}	micro	微	μ
10^{9}	giga	吉[咖]	G	10^{-9}	nano	纳[诺]	n
10^{12}	tera	太[拉]	T	10^{-12}	pico	皮[可]	p
10^{15}	peta	拍[它]	P	10^{-15}	femto	飞[母托]	f
10^{18}	exa	艾[可萨]	E	10^{-18}	atto	阿[托]	a
10^{21}	zetta	泽[它]	Z	10^{-21}	zepto	仄[普托]	z
10^{24}	yotta	尧[它]	Y	10^{-24}	yocto	幺[科托]	y

附录 3　地球和太阳的一些常用数据

1. 有关地球的一些常用数据

平均密度	5.52×10^{3} kg · m^{-3}
质量	5.97×10^{24} kg
平均半径	6.37×10^{6} m
平均轨道速度	29.8 km · s^{-1}
地球与太阳的距离	1.50×10^{11} m

2. 有关太阳的一些常用数据

平均密度	1.41×10^{3} kg · m^{-3}
质量	1.99×10^{30} kg
平均半径	6.96×10^{8} m
太阳表面的温度	5 780 K
太阳中心的温度	1.50×10^{7} K

习题答案

参考文献

郑重声明

读者意见反馈

为收集对教材的意见建议，进一步完善教材编写并做好服务工作，读者可将对本教材的意见建议通过如下渠道反馈至我社。

咨询电话　400-810-0598

反馈邮箱　hepsci@pub.hep.cn

通信地址　北京市朝阳区惠新东街4号富盛大厦1座

高等教育出版社理科事业部

邮政编码　100029

防伪查询说明

用户购书后刮开封底防伪涂层，使用手机微信等软件扫描二维码，会跳转至防伪查询网页，获得所购图书详细信息。

防伪客服电话　(010) 58582300